新工科建设系列教材

# IPv6 网络——基础、安全、过渡与部署（第2版）

王相林　编著

电子工业出版社

Publishing House of Electronics Industry

北京·BEIJING

## 内 容 简 介

本书的内容组织依据 IPv6 协议正式标准 RFC 8200，突出 IPv6 基础、安全、过渡与部署的新知识。内容涵盖 IPv6 基础知识、IPv6 协议首部结构、IPv6 地址结构、ICMPv6 和邻居发现协议、IPv6 路由协议、IPv6 安全机制、移动 IPv6 技术、IPv6 过渡技术、IPv6 网络访问配置和地址分配设置、IPv6 技术配置实验、IPv6 网络部署等。

本书力求讲清楚 IPv6 基础知识的来龙去脉、实验配置的基本方法，使读者在学习时结合 IPv6 应用，达到易学会用、触类旁通的目的。

本书适合作为高等学校"IPv6 网络"相关课程的教学用书，也适合学习 IPv6 网络知识的一般读者或 IT 专业人员阅读。

**图书在版编目（CIP）数据**

IPv6 网络：基础、安全、过渡与部署 / 王相林编著. —2 版. —北京：电子工业出版社，2022.7

ISBN 978-7-121-43674-1

Ⅰ．①I… Ⅱ．①王… Ⅲ．①互联网络－通信协议－高等学校－教材 Ⅳ．①TN915.04

中国版本图书馆 CIP 数据核字（2022）第 095450 号

责任编辑：戴晨辰　　　　　　特约编辑：田学清
印　　刷：三河市君旺印务有限公司
装　　订：三河市君旺印务有限公司
出版发行：电子工业出版社
　　　　　北京市海淀区万寿路 173 信箱　　　邮编：100036
开　　本：787×1092　　1/16　　印张：21.75　　字数：628 千字
版　　次：2015 年 6 月第 1 版
　　　　　2022 年 7 月第 2 版
印　　次：2023 年 3 月第 2 次印刷
定　　价：69.90 元

# 前　言

IPv6 技术和应用发展迅速，新标准、新技术不断涌现，各种新思路、新方案层出不穷。IPv6 部署与"新型基础设施"关系紧密，IPv6 技术为"新基建"夯实基础，IPv6 网络实现了从"可用"到"好用"。

IPv6 技术对网络安全起着不可替代的关键作用，一个国家对 IPv6 发展及部署的力度、对 IPv6 技术的掌握程度成为衡量国家能力的主要依据。从个人手机应用到公共网络的各个领域，IPv6 技术和知识日益凸显其核心作用，激发了人们学习 IPv6 知识的热情。

2017 年 7 月，IETF 发布 IPv6 协议正式标准 RFC 8200，说明 IPv6 基本技术已经成熟，从技术的角度已经具备高度的可用性。2021 年 9 月 1 日，中国 IPv6 标准工作组正式成立。

IPv6 协议的标准还在不断发展和完善，基础的标准已经成熟和稳定，如 IPv6 协议规范、路由寻址、地址体系等。但是在物联网、云计算、5G、移动 IPv6、IPv6 网络管理等标准领域还有大量工作要做。

2017 年 11 月，中共中央办公厅、国务院办公厅印发《推进互联网协议第六版（IPv6）规模部署行动计划》，明确提出 IPv6 发展的总体目标、路线图和重点任务，是加快推进中国 IPv6 规模部署、促进互联网演进升级和健康创新发展的行动指南。中国各政府部门、企事业单位、科研机构等积极响应，纷纷制定具体落地实施方案和工作计划。中国成立推进 IPv6 规模部署专家委员会，中国 IPv6 部署呈加速发展态势。

2020 年 4 月 20 日，国家发展和改革委员会首次明确了新型基础设施的范围。新型基础设施是以新发展理念为引领，以技术创新为驱动，以信息网络为基础，面向高质量发展需要，提供数字转型、智能升级、融合创新等服务的基础设施体系。以 IPv6 为基础的下一代互联网将为"新基建"夯实基础，新型基础设施主要包括信息基础设施、融合基础设施、创新基础设施。

截至 2020 年 7 月，中国三大基础电信企业 LTE 网络已分配 IPv6 地址用户数 12.17 亿。中国已申请 IPv6 地址资源总量达到 50209 块（/32），位居世界第二；中国在互联网中通告的 AS 数为 609 个。在已通告的 AS 中，支持 IPv6 的 AS 数为 325 个，占比 53.4%。

工业和信息化部联合中央网信办发布了《IPv6 流量提升三年专项行动计划（2021—2023 年）》，明确了中国 IPv6 发展的重点任务，标志着中国 IPv6 发展经过网络就绪、端到端贯通等关键阶段后，正式步入"流量提升"时代。

欧洲地区互联网注册网络协调中心（RIPE NCC）宣布截至北京时间 2019 年 11 月 25 日 22:35，全球最后一批 IPv4 地址被完全耗尽。截至 2021 年 2 月，18 个国家的 IPv6 能力率突破 40%，43 个国家突破 20%，IPv6 部署已成大势所趋。

截至 2021 年 3 月，中国 IPv6 互联网活跃用户数已达 4.86 亿，约占中国网民的 49.15%，IPv6 地址资源位居世界第二。

随着 5G、云计算和物联网的不断发展，IPv6 网络成为国家核心基础设施，人们对 IPv6 基础、安全、过渡与部署等方面的知识不断提高，掌握 IPv6 理论知识、技术及应用方法的愿望日益迫切。

围绕 IPv6 技术人才培养，编写理论与新知识融合、实践与新技术标准衔接的教材成为共识。教材教学内容要新、补充新技术、突出重点、讲透难点，让读者明白所学，知道所用，使读者知其然更知其所以然，理论与实践融合，易学易懂，达到触类旁通的目的。

本书第 1 版是在 2015 年出版的。第 2 版编写保持了原书的写作结构，围绕 IPv6 基础、标准、安全、过渡与部署进行，补充了新标准、新知识、新技术，对原书内容进行了修改和完善，删除了第 1 版中的一些过时内容，并对书中内容涉及的专业术语、英文缩写词进行了补充和修订。

第 2 版编写在阅读大量 2016 年以来有关 IPv6 理论、标准制定、技术发展等文献的基础上，立足于 IPv6 协议新标准、新知识，突出 IPv6 标准、安全、过渡与部署的发展。编写内容围绕理论、技术、应用的核心知识展开。

本书第 2 版主要增加了以下内容。

（1）IPv6 协议正式标准 RFC 8200、IPv6 协议标准领域和相关工作组、IPv6 协议相关标准、中国 IPv6 标准工作组、IPv6 创新协议标准 IPv6+。

（2）新的 IPv6 扩展首部创建方法、地址配置的两个协议及三种模式、邻居发现协议（NDP）地址解析分析。

（3）IPv6 路由协议的主要改进内容、RIPng 协议的特点、OSPFv3 协议的特征、OSPFv3 协议的路由计算过程。

（4）IPv6 网络存在的安全隐患、安全隐患的主要根源及对策、IPv6 协议安全设计的思路。

（5）移动 IPv6 通信过程中的主要步骤、移动 IPv6 的新特性、移动 IPv6 安全机制、移动 IPv6 节点切换方式。

（6）IPv6 过渡技术的特点、NAT64 与 DNS64、运营商采用的过渡技术。

（7）路由器 IPv6 配置命令、IPv6 地址分配的设置方式。

（8）IPv6 部署与新型基础设施。IPv6 网络部署持续进展的原因、IPv6 网络部署行动计划、IPv6 技术将为"新基建"夯实基础。

本书第 2 版修改、删减的内容主要包括：本书与 IPv6 协议标准 RFC 8200 不符合的内容；计算机网络寻址、网络协议与层次绑定等内容；IPv6 协议在网络安全上改进的部分内容；IPv6 过渡技术中一些不再用的技术及内容；IPv6 在国外部署的部分内容；一些过时的 IPv6 技术内容。

本书写作内容依据 RFC 8200，围绕 2017 年推进 IPv6 规模部署行动计划的要求，结合技术发展，深入探讨 IPv6 过渡、推广、部署采用的策略，写作内容均是 IPv6 网络建设和应用的主要知识。

作者编写内容力求通俗易懂，在讲清楚 IPv6 基本知识的基础上，注重对 IPv6 深层次内容的介绍，突出 IPv6 安全、过渡与部署。给出 IPv6 网络访问配置和地址分配设置、技术配置实验章节，引导读者从动手实践层面掌握 IPv6 网络配置、应用的基本方法。为读者以后研究、应用 IPv6 网络打下基础、积累知识。

本书包含配套教学资源，读者可登录华信教育资源网（www.hxedu.com.cn）注册后免费下载。

本书适合作为高等学校"IPv6 网络"相关课程的教学用书，也适合学习 IPv6 网络知识的一般读者或 IT 专业人员阅读。

作者写作的初衷是期望读者能通过阅读本书，增加对 IPv6 网络学习的兴趣、提升 IPv6 知识能力，为进一步学习打下基础。

IPv6 处在快速发展时期，新技术、新知识、新应用不断涌现，IPv6 标准、技术、安全、过渡与部署等诸多方面还处在不断发展、完善的过程中，需要不断补充新的知识。由于作者水平有限，书中难免存在疏漏、不妥之处，请读者批评指正。在此向阅读和使用本书的读者表示感谢。编者的电子邮件地址为 wangedu@163.com。

编　者

2021 年 10 月

# 目　录

# 第1章 IPv6 基础知识

## 1.1 IPv6 协议在网络协议结构中的位置

### 1.1.1 计算机网络的物理结构

计算机网络的物理结构分为资源子网和通信子网两个部分，资源子网也称为网络边缘，通信子网也称为网络核心。

资源子网负责计算机网络中数据的发送和接收，是源端节点和目的端节点，资源子网的设备包括联网的计算机设备，如计算机、网络打印机、手持移动设备等，用作计算机网络的端节点。

通信子网负责数据的传输、交换和连接，以及通信控制，通信子网可以设计成两种信道：点到点信道和广播信道。不同的信道与计算机网络拓扑有关。通信子网的设备主要有路由器、交换机等，用作计算机网络中的交换节点和访问节点。

计算机网络中有 3 种节点：端节点、访问节点、交换节点。通信子网中有访问节点和交换节点，端节点位于资源子网。

（1）端节点位于资源子网，一般是发送、接收和处理数据的通用计算机，也称为数据终端设备（Data Terminal Equipment，DTE）。用于发送数据的计算机称为源端节点，用于接收数据的计算机称为目的端节点。

（2）访问节点位于通信子网边缘，可以连接处于资源子网的计算机设备。访问节点连接发送端节点，构成发送方。访问节点连接接收端节点，构成接收方。访问节点也称为数据电路终端设备（Data Circuit-terminating Equipment，DCE），如调制解调器等。

（3）交换节点位于通信子网内部，用于转接和交换数据信号，存储转发是交换节点的主要工作。计算机网络采用分组交换方式，分组由交换节点进行存储转发。

计算机网络的两级子网及网络节点如图 1-1 所示。

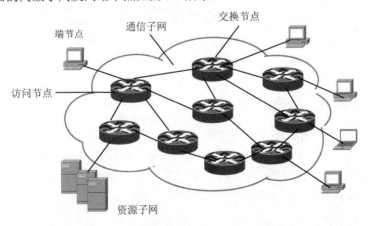

图 1-1　计算机网络的两级子网及网络节点

### 1.1.2　计算机网络协议体系结构的设计思想

#### 1．计算机网络协议体系结构层次的划分

计算机网络按照两级子网的结构，把计算机网络的功能划分为 5 个层次，自底向上依次划分如下。

（1）计算机设备及端系统和通信子网的连接处，以及网络中节点与节点之间的物理连接处应划分为一个层次，用于实现物理连接，称为物理层，位置在网络中的各个节点上。

（2）网络中相邻节点之间实现可靠传输的功能应划分为一个层次，称为数据链路层，位置在相邻节点上，即在网络中的每个节点上。

（3）源主机节点和目的主机节点之间实现网络传输的功能可划分为一个层次，称为网络层，位置在协议数据单元（Protocol Data Unit，PDU）传输路由经过的各个节点上，传输路由由从源主机节点、中间经过的节点，到达目的主机节点。

（4）在源端节点到目的端节点，即两个通信的计算机设备之间，为实现应用进程可靠传输所提供的功能应划分为一个层次，称为运输层，位置在端节点上，位于资源子网。

（5）网络应用之间的可靠传输可划分为一个层次，称为应用层，位置在端节点上。

#### 2．协议数据单元

计算机和计算机网络中传输的是二进制位流，计算机网络中计算机设备之间通信采用的是二进制语言，这些二进制位流携带控制信息和数据信息，用计算机网络协议将这些二进制位流构成 PDU。PDU 有一定的语法格式，由若干字段组成，若干二进制位组成一个字段，字段值有确定的语义，代表通信双方彼此可以理解的含义。同步用来协调哪些 PDU 先传输，哪些 PDU 后传输，以及在一些 PDU 传输后，下面应该传输哪些 PDU，即各种 PDU 出现的顺序是遵循一定规程的，也就是说是可预知的，这就是同步。

PDU 由控制部分和数据部分组成，控制部分又可分为协议头（首部）和协议尾，由若干字段组成，表示通信中用到的双方可以理解和遵循的协议；数据部分由数据字段组成，为需要传输的信息内容。PDU 的控制部分是该层次的协议，数据部分一般为上一层次的 PDU。PDU 格式如图 1-2 所示。

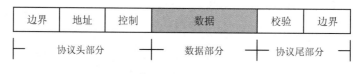

图 1-2　PDU 格式

### 1.1.3　当代计算机网络协议体系结构

计算机网络体系结构一般划分为 5 个层次，自顶向下依次为应用层、运输层、网络层、数据链路层、物理层，对应的 PDU 分别称为报文（Message）、报文段（Segment）、分组（Packet）、帧（Frame）、位流（Bits）。5 层计算机网络协议体系结构的层次如图 1-3 所示。

计算机网络协议体系结构描述了在计算机网络设计时应该遵循的层次功能划分，每层协议的标识和格式，层与层之间的联系，层与层之间接口的实现方法，以及层与层之间服务的关系和对等层的概念。

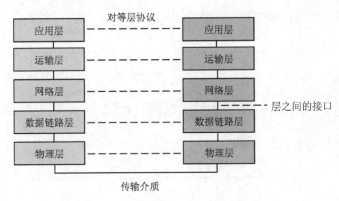

图 1-3　5 层计算机网络协议体系结构的层次

计算机网络体系结构也称为"洋葱头"式的体系结构，在发送方，需要传输的应用数据自顶向下依次经过应用层、运输层、网络层、数据链路层和物理层，在经过每层时，都要加上该层的协议头信息，在数据链路层上不仅要加上协议头信息，还要加上协议尾信息，组成数据链路层的PDU，称为帧。自顶向下构成每层的 PDU 的这一过程称为协议封装，也称为协议打包。

网络中传输的协议数据单元，经过网络中的路由器和交换机的中间节点时，需要根据中间节点的层次结构，进行协议拆封和再封装。到达接收方后，在接收方自底向上依次经过物理层、数据链路层、网络层、运输层和应用层进行拆封（也称为拆包），最后把应用数据交给应用进程。

不同系统中的同一层称为对等层，在打包和拆包过程中实现了对等层之间的通信，用虚线标识，好像是两个对等层在通信一样，而实际的信号通路在发送端系统垂直向下、经过网络传输介质连接到通信的另一端，用实线标识。对等协议的打包、拆包通信过程如图 1-4 所示。

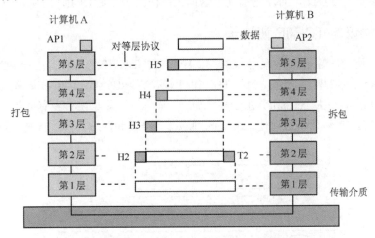

图 1-4　对等协议的打包、拆包通信过程

## 1.1.4　计算机网络协议层次与网络拓扑中网络节点的对应位置

计算机网络协议层次与网络拓扑中网络节点的对应位置如图 1-5 所示。

### 1．标识说明

（1）用带圈数字表示网络协议层次，如②表示第 2 层数据链路层。

（2）端节点层次包括应用层、运输层、网络层、数据链路层、物理层。

（3）访问、交换节点层次包括网络层、数据链路层、物理层。若通信子网采用帧中继网络，则访问、交换节点层次包括数据链路层、物理层。

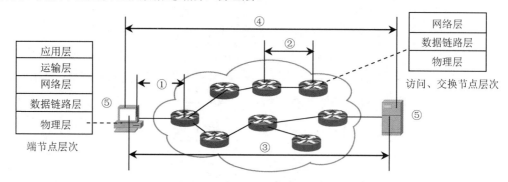

图 1-5　计算机网络协议层次与网络拓扑中网络节点中对应位置

**2．计算机网络协议层次与网络中节点的对应位置**

（1）应用层⑤，处在端节点主机上，以客户端/服务器端方式提供网络应用服务。

（2）运输层④，处在端节点之间，屏蔽下面通信子网的差异，在源端节点到目的端节点之间实现可靠数据传输，为应用进程提供可靠的运输连接。

（3）网络层③，处在源节点与目的节点之间，提供分组的寻址和路由，提供无连接的"尽力交付"网络服务。

（4）数据链路层②，处在相邻节点之间，如端节点与访问节点之间、访问节点与交换节点之间、交换节点之间。

（5）物理层①，处在节点之间，每个节点都要提供物理接口，一般标识在端节点与访问节点之间。此时，端节点为 DTE，对应物理连接器插头；访问节点是 DCE，对应物理连接器插座。

## 1.1.5　IPv6 协议与 TCP/IP 协议簇

TCP/IP 协议研究内容是在 1974 年发布的。1983 年，TCP/IP 协议正式用于 ARPANet。TCP/IP 协议簇是 Internet 采用的网络协议，简称 TCP/IP 协议，TCP/IP 协议是 Internet 的语言。TCP/IP 协议是事实上的计算机网络工业标准，由于种种原因，国际标准化组织并没有把 TCP/IP 协议纳为国际标准，但是 TCP/IP 协议是目前使用最多的网络体系结构和网络协议。TCP/IP 协议的层次结构如图 1-6 所示。

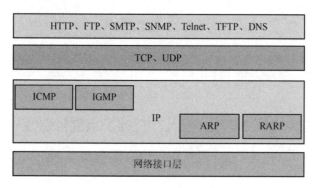

图 1-6　TCP/IP 协议的层次结构

与开放系统互连参考模型（Open System Interconnection Reference Model，OSI）的协议层次相比，在 TCP/IP 协议中没有定义相应的物理层和数据链路层，而是结合这两层的特性给出了一个网络接口层，从技术层面上讲，这是 TCP/IP 协议很重要的设计思想。TCP/IP 协议不规定物理层和数据链路层的内容，只要能够把 IP 分组作为数据封装在这些底层网络的帧中传输，就可以与所有类型的通信子网进行网络协议捆绑。这些底层网络可以是各种局域网、广域网、无线网、移动网等。这种设计思想，真正实现了不同网络的互联，是 TCP/IP 协议得以长期应用和发展的核心技术。

TCP 和 IP 协议是 TCP/IP 协议中最重要的两个协议。TCP 是面向连接的网络协议，实现端到端的可靠数据传输，是一个复杂的传输层协议，以弥补无连接 IP 网络服务存在的缺陷，为应用层进程提供可靠的运输服务。IP 协议实现计算机网络的互联和网络中计算机的寻址，提供无连接的分组服务，是尽力交付的服务。IP 协议的版本号为 4，称为 IPv4 协议。版本号为 6，称为 IPv6 协议。IPv4 协议与 IPv6 协议都属于网络层协议，但是互相不兼容。采用 IPv6 协议的网络称为 IPv6 网络。

# 1.2 IPv6 协议的研究历程

## 1.2.1 IPv4 协议需要改进的原因

IP 协议属于 TCP/IP 协议中的网络层协议，是最核心的协议。IPv4 协议的技术文档 RFC 791 是 1981 年发布的，自 1983 年 1 月 TCP/IP 协议正式用作 ARPANet 的协议以来，IPv4 协议以其简单性、易用性获得了巨大的成功。

在 Internet 快速发展的过程中，IPv4 协议在设计时存在的局限性逐渐凸显。以 IPv4 地址日益匮乏为例，截至 2013 年 12 月，全球上网人数已经达到 22.7 亿，而 IPv4 协议仅能提供 2.5 亿个左右的 IP 地址。IPv4 地址被快速大量消耗引起了国际互联网组织的高度重视，与此同时，多种用于缓解 IPv4 地址消耗的措施应运而生。

### 1. 缓解 IPv4 地址消耗的主要措施

（1）网络地址转换（Network Address Translation，NAT）允许多个使用不同内网（专用、私有）IPv4 地址的内网主机，通过同一个公网（外网）IPv4 地址来连接 Internet。NAT 被广泛用于企事业单位及各种商业机构。

（2）动态主机配置协议（Dynamic Host Configuration Protocol，DHCP）实现了 IPv4 地址的按需分配，当主机关闭的时候，其 IPv4 地址就会被收回，优化了 IPv4 地址在网络中的使用。

（3）变长子网掩码（Variable Length Subnet Mask，VLSM）在分类 IPv4 地址的基础上，从主机号部分借出一定的位数作为网络号，从而增加网络号的位数，实现对现有地址空间的充分利用。

（4）无类别域间路由（Classless Inter-Domain Routing，CIDR）在 VLSM 技术上发展起来，实现了路由汇聚，使得一个 IP 地址就能代表 ISP 提供的几千个 IP 地址，从而减轻了 Internet 中路由器寻址的负担。

（5）内网地址，也称为专用 IP 地址，当只需要进行内网通信时，主机无须拥有一个公网 IPv4 地址，只需要使用内网地址（如 10.0.0.0/8、172.16.0.0/12 或 192.168.0.0/16）。内网地址与 NAT 技术被广泛地配合使用。

尽管采用了一些缓解 IPv4 地址消耗的措施，但仍然无法从根本上消除 IPv4 地址将被耗尽的现实。2011 年，互联网名称与数字地址分配机构（Internet Corporation for Assigned Names and Numbers，ICANN）将其最后的 468 万个 IPv4 地址平均分配给全球 5 个区域 Internet 注册处（Regional Internet Registry，RIR），并正式宣布全球的 IPv4 地址已被耗尽。

2011 年 1 月，ICANN 将最后两块 IPv4 地址空间 39.0.0.0/8 和 106.0.0.0/8 分配给亚太互联网络信息中心（Asia-Pacific Network Information Center，APNIC）。2011 年 4 月 15 日，APNIC 宣布已经将 IPv4 地址分配完毕。中国从 2014—2015 年逐步停止分配 IPv4 地址。

早在 20 世纪 90 年代初，人们就意识到了对 IPv4 协议升级和修改的需求，网络世界迫切需要一种新的网络协议出现，以满足网络技术和网络应用迅速发展的需要。

**2．IPv4 协议的局限性及需要改进的主要原因**

（1）IP 地址空间的局限性。IPv4 地址为 32 位（bit），但最初的 IPv4 地址分配很不合理，浪费了大量的地址空间。尽管日后采用了多种延长 IPv4 地址使用的技术，但随着 Internet 应用规模的不断扩大，WALN、4G、5G、移动无线（Mobile Wireless，MW）、物联网等产业迅速发展，接入 Internet 的设备种类日益增多，需要更多的 IP 地址，

（2）缺乏对安全性的支持。TCP/IP 协议最初的设计目标是用在军用网络中，且认为使用网络的人都是可靠的，没有考虑网络安全问题。长期以来，人们认为安全问题在网络协议的低层中并不重要，都把网络安全问题交给高层（应用层）处理。但即使应用层数据是加密的，携带应用层数据的 IP 分组仍然会受到攻击。另外，IP 安全（IP Security，IPSec）协议仅作为 IPv4 协议的一个可选项，并不是 IPv4 协议的组成部分。

（3）IPv4 网络中的节点配置很复杂。在将主机节点接入网络时，一般需要专业人员的指导和帮助，需要对网络节点设置 IP 地址、子网掩码、网关地址、域名系统（Domain Name System，DNS）地址，还需要对网络节点进行路由配置。而网络用户更喜欢"即插即用"，希望计算机节点连接在网络上以后立刻可以使用，实现网络设备的自动识别和自动配置。

（4）缺乏对服务质量（QoS）的支持。IPv4 网络提供尽力交付的服务，当初只考虑网络中传输的是一些文本数据，只提供尽力交付的基本网络服务，没有考虑对传输多媒体（音频、视频）数据的支持。不提供 QoS 保证，如带宽、时延、误码率和抖动等。IPv4 不能满足日益增长的业务类型对 QoS 的需求。

（5）不支持移动通信传输。20 世纪 90 年代中期，各种无线、移动业务的发展要求互联网能够提供对移动性的支持。移动 IPv4 中必须有外地代理，需要使用较多的 IP 地址。IPv4 本身的缺陷会给移动 IPv4 带来诸多问题，这些问题涉及三角路由、安全、源路由过滤、转交地址分配等。

（6）IPv4 地址的层次分配缺乏统一的分配和管理，地址分配与网络拓扑结构无关，使得路由效率很低，必须寻找采用分级地址寻址来汇聚和简化路由选择的方法。CIDR 的出现在一定程度上缓解了 IPv4 地址利用不充分的问题，但是 CIDR 缺乏地址汇聚性，影响网络寻址和路由选择的性能。

（7）NAT 问题。NAT 采用公网（公有）IP 地址和内网（私有）IP 地址映射，允许 Internet ISP 和内网（Intranet）共用一个公网 IPv4 地址，内网用户通过运输层端口号地址加以区分。但是 NAT 破坏了 IP 地址的唯一性与稳定性，使用内网 IP 地址的用户在 Internet 上是不可见的，NAT 的设计思想显然不符合 IP 协议设计时端到端连接的设计理念。NAT 直接导致许多网络安全协议无法运行。

IPv4 协议面临的问题已经无法用填补漏洞的办法解决，需要设计新的 IP 协议，这个新的 IP 协议就是 IPv6 协议，IPv6 协议的研究和应用已经成为"不得不做的事情"。

## 1.2.2　IPv6 协议的研究思路

IPv6 是下一代 Internet 协议（Internet Protocol next generation，IPng）的实现。

20 世纪 90 年代初期，Internet 工程任务组（Internet Engineering Task Force，IETF）开始着手 IPng 的制定工作。IETF 在 RFC 1550 中给出了征求新 IP 协议的呼吁。IETF 技术文档（Request for

Comments，RFC）也称为"请求文件评注"。

1991 年 12 月，IETF 发布了 RFC 1287《未来的 Internet 体系结构》，该文档内容包括对 Internet 将来发展的基本估计，以及 Internet 协议中需要改进的领域，这些内容是在 1991 年 1 月的 Internet 体系结构委员会（Internet Architecture Board，IAB）会议上确定的研究方向。1992 年 6 月，IETF 公开征求对 IPng 的建议，1993 年，IETF 成立了 IPng Area 工作组，给出了对 IPng 技术标准进行评议的 RFC 1726，提出了 17 条评议标准。

按照 RFC 1726 的评议标准，推荐了如下 3 条主要的 IPng 建议。

### 1．Internet 通用体系结构

Internet 通用体系结构（Common Architecture for the Next Generation Internet Protocols，CATNIP）是由 IPv7、TP/IX 演变而来的，

IPv7 是 1992 年由 Robert Ullmann 提出的。1993 年给出的 RFC 1475 对 TP/IX 进行了更详细的描述，其标题为 *TP/IX：The Next Internet*，TP/IX 有 64 位地址。

CATNIP 的技术文档是 RFC 1707。CATNIP 的地址格式采用 OSI 的网络服务访问点（Network Service Access Point，NSAP），综合 ISO 的无连接网络协议（Connectionless Network Protocol，CLNP）、IETF 的 IP 协议和 Novell 的 IPX 协议，目的是建立一个公共的平台，使得这个公共平台可以支持当时所有流行的运输层协议，实现协议之间的互操作性。

### 2．简单增强 IP 协议

简单增强 IP 协议（Simple Internet Protocol Plus，SIPP）的形成经历了以下几个研究阶段。

（1）IP in IP 和 IPAE：IP in IP 是 1992 年提出的建议，计划采用两个 IPv4 层来解决 Internet 地址的匮乏，一层用于全球骨干网络，另一层用于某些特定的范围。1993 年，这个建议得到了进一步发展，名称也改为 IP 地址封装（IP Address Encapsulation，IPAE），并且被采纳为 SIP 的过渡方案。

（2）简单 IP（Simple IP，SIP）：由 Steve Deering 在 1992 年 11 月提出，想法是把 IP 地址改为 64 位，并且去除 IPv4 中一些过时的字段。这个建议由于其简单性立刻得到了许多公司的支持。

（3）PIP（Paul's Internet Protocol）：由 Paul Francis 提出，PIP 是一个基于新结构的 IP。PIP 支持 16 位的可变长地址，地址间通过标识符进行区分，它允许高效的策略路由并实现可移动性。1994 年 9 月，PIP 和 SIP 合并，称为 SIPP。

SIPP 试图结合 SIP 的简单性和 PIP 路由的灵活性。SIPP 去掉了 IPv4 首部的一些字段，使得首部很小，且采用了 64 位地址。与 IPv4 将选项作为 IP 首部的基本组成部分不同，SIPP 把 IP 选项与首部进行了隔离。选项（如果有）将被放在首部后的分组中并位于传输层协议首部之前。使用这种方法后，路由器只有在必要的时候才会对选项首部进行处理，这样就提高了对所有数据进行处理的性能。

SIPP 汲取了 IPv4 的精华，通过升级网络软件就可以从 IPv4 网络过渡到 SIPP，并可以与 IPv4 实现互操作，SIPP 可以运行在高性能的异步传输模式（Asynchronous Transfer Mode，ATM）网络和低速的无线网络上。SIPP 采用可扩展的 64 位地址，目的是在分层地址结构中提供更多级别，在每层中都可以分别完成各自的选路，加入群地址，以标识网络中的不同区域。通过改变 IP 首部中选项的编码方式，提高转发效率，也为引入新的选项提供支持。SIPP 为支持实时业务对 QoS 的要求引入了"流"的概念，可以对属于特定业务流的数据进行标识。SIPP 中加入了关于身份认证、数据一致性和保密性的内容。SIPP 的技术文档是 RFC 1710。

### 3．在 CLNP 更大编址上的 TCP/UDP 协议

TUBA（The TCP/UDP Over CLNP Bigger Addressed）是一个简单 Internet 寻址和路由协议，主张利用 OSI 的 CLNP 代替 IP，TCP/UDP 协议和其他上层协议运行在 CLNP 之上。CLNP 通过使用 NSAP 可以提供比 IPv4 地址空间更好的层次性，NSAP 地址可以是任意长度的，通常是 20 字节，可以标识足够的地址空间。TUBA 的技术文档是 RFC 1347。

## 1.2.3　IPv6 协议的制定过程

### 1．IPv6 协议草案标准 RFC 2460 的制定过程

依据 RFC 1726 提出的 17 条评议标准，IETF 认为 CATNIP 不够完整，不考虑采用，而 SIPP 和 TUBA 也存在各自的问题，需要进行改进。

1994 年 7 月，IETF 以 SIPP 为 IPng 的基础，对 SIPP 进行了改进，改进内容包括：把地址位数由 64 位增加到 128 位的固定长度、路由首部增强技术、IPv4 的 CIDR 技术，以及 TUBA 的自动配置和过渡技术等。所给出的新的 IP 协议称为 IPv6 协议，提出 IPngIPv6 的推荐版本。

1994 年 9 月，在加拿大多伦多 IETF 会议上，IPng Area 工作组给出了 RFC 1752（*The Recommendation for the IP Next Generation Protocol*），RFC 1752 概述了 IPng 的需求，规定了 IPngPDU 的格式，提出了 IPng 在寻址、路由选择、安全等方面的措施，可以说，RFC 1752 的发表是 Internet 发展过程中的一个里程碑。

IETF 的专家们认为 IPng 应侧重于网络的容量和网络的性能，不应该仅以增加地址空间为唯一目标。IPv6 继承了 IPv4 的优点，并根据 IPv4 多年来运行的经验进行了大幅度的修改和功能扩充，比 IPv4 的处理性能更加强大和高效。IPv6 与 IPv4 是互不兼容的，但 IPv6 与 TCP/IP 协议中的其他协议兼容，IPv6 完全可以取代 IPv4。与 Internet 发展过程中涌现的其他技术概念相比，IPv6 可以说是引起争议最少的一个。

1995 年，Cisco 公司的 Steve Deering 和 Nokia 公司的 Robert Hinden 起草完成了 IPv6 协议的草案；1995 年 12 月，在 RFC 1883 中公布了 IPv6 协议规范的建议标准；1996 年，IETF 发起建设全球 IPv6 实验床 6Bone；1996 年 7 月和 1997 年 11 月，先后发布了版本 2 和版本 2.1 的 IPv6 协议草案建议标准。

6Bone 被设计为一个类似全球性层次化的 IPv6 网络，同实际的互联网类似，它包括顶级转接提供商、次级转接提供商和站点级组织机构。由顶级提供商负责连接全球范围的组织机构，顶级转接提供商之间通过 IPv6 的 BGP-4 扩展通信，次级转接提供商也通过 BGP-4 连接到区域性顶级转接提供商，站点级组织机构连接到次级转接提供商，站点级组织机构也可以通过默认路由或 BGP-4 连接到其提供商。6Bone 最初开始于虚拟网络，它使用 IPv6-over-IPv4 隧道过渡技术。因此，它是一个基于 IPv4 互联网且支持 IPv6 传输的网络，后来逐渐建立了纯 IPv6 连接。截至 2009 年 6 月，6Bone 网络技术已经支持了 39 个国家的 260 个组织机构。

IETF 于 1998 年 12 月发布了 IPv6 协议草案标准 RFC 2460，1999 年完成了 IETF 要求的协议审定和测试。

与此同时，1998 年，IETF 启动了 IPv6 教育研究网 6REN 建设，1999 年成立了 IPv6 论坛，开始正式分配 IPv6 地址，设计出用于测试 IPv6 设备互操作性的填补测试（Plugtest）方案。2000 年，欧洲电信标准协会（European Telecommunication Standards Institute，ETSI）进行了多次现场测试（Plugtest），2001 年，主流操作系统（如 Windows、Linux、Solaris 等）开始支持 IPv6。2003 年，主要的网络硬件厂商开始推出支持 IPv6 网络协议的产品，设计了 "IPv6 Ready" 测试标准。

### 2．IPv6 协议的正式标准 RFC 8200 制定过程

2011 年开始，用在个人计算机和服务器系统上的主流操作系统基本都支持 IPv6，如 Windows 7 及之后的 Windows、Mac OS X Panther（10.3）、Linux 2.6、FreeBSD 和 Solaris。

2012 年 6 月 6 日，国际互联网协会举行了世界 IPv6 启动纪念日，这一天，全球 IPv6 网络正式启动。多家知名 Internet 内容提供商（Internet Content Provider，ICP），如 Google、Facebook 和 Yahoo 等，于当天全球标准时间 0 点（北京时间 8 点）开始永久性支持 IPv6 访问。

截至 2013 年 9 月，互联网 318 个顶级域名中的 283 个支持 IPv6 接入它们的 DNS，约占 89.0%。其中，276 个域名包含 IPv6 黏附记录，共 5138365 个域名在各自的域内拥有 IPv6 地址记录 。

2016 年 11 月 7 日，Internet 体系结构委员会（Internet Architecture Board，IAB）发表声明：建议各标准开发组织的网络标准完全支持 IPv6，不再考虑 IPv4；同时，希望 IETF 在新增或扩展协议中不再考虑 IPv4 协议的兼容，IETF 未来的协议工作重点在于优化和使用 IPv6。

IPv6 维护工作组（6Man）负责维护和推进 IPv6 协议规范和寻址体系结构，于 2015 年 7 月在 IETF 93 上开始致力于推进 IPv6 核心规范向互联网标准的发展。该工作组确定了多个需要更新的 RFC，包括 RFC 2460，并决定通过合并其他 9 个 RFC 和 2 个勘误表的更新对其进行修订和重新分类。

第一份草案"草案-ietf-6man-rfc2460bis"于 2015 年 8 月发布，经过几次修改后，最终版本于 2017 年 5 月作为"草案-ietf-6man-rfc2460bis-13"提交审查，RFC 2460 的所有变更汇总在该草案附录 B 中，并依据发起变更的互联网草案进行排序。该文件在 6Man 中经过了广泛的审查，该版本作为互联网标准发布得到了广泛支持。

RFC 2460 和后续的 RFC（RFC 5095、RFC 5722、RFC 5871、RFC 6437、RFC 6564、RFC 6935、RFC 6946、RFC 7045、RFC 7112）定义了研究并遵循多年的 IPv6 规范。IETF 决定将这些 RFC 与勘误表结合到一个 RFC 中。

经过多年的研究和探索，2017 年 7 月 14 日，IETF 发布了 IPv6 协议的正式标准 RFC 8200（Internet Protocol，Version 6（IPv6）Specification）。RFC 8200 称为全 Internet 标准（Full Internet Standard，FIS），全标准编号是 STD 86，汇总了所有 IPv6 相关的 RFC。可以说，RFC 8200 是 RFC 2460 及其他相关 RFC 和勘误表的组合版本。

### 3．需要说明的两个概念

（1）由于地址格式和 PDU 格式不同，因此 IPv6 协议与 IPv4 协议是互不兼容的，是两种不同的网络层协议，IPv6 协议不是 IPv4 协议的简单演变，而是有实质性的改进。IPv6 协议能够与网络层之上的其他 Internet 协议兼容，如 TCP、UDP、HTTP 和 DNS 等，但是为了使这些协议能够支持 128 位的地址或 IPv6 协议的其他特性，需要在一些地方做一些必要的修改。

（2）IPv6 协议和 IPng 在概念上是有区别的，IPng 是在 IPv4 的地址空间出现危机时提出的，地址即将耗尽和路由表的过度膨胀是促使 IPng 产生的直接原因。IPng 更像是为"修订 IP"而提出的一个概念性的名称，没有一个具体的协议称为 IPng，它是所有有关下一代 Internet 协议的总称，而 IPv6 协议是 IPng 中一个具体的协议。

## 1.2.4　IPv6 协议的主要特征

（1）IPv6 协议具有巨大的地址空间，地址资源近乎无限，IPv6 地址从 IPv4 地址长度 32 位扩大到 128 位，即扩大了 4 倍，使网络地址空间增加了 $2^{96}$ 倍，它能够在 40 亿个 IPv4 网络地址的基础上增加约 340 万亿个 IPv6 网络地址。

$2^{32}$：4294967296；

$2^{128}$：340282366920938463374607432768211456。

IPv6 采用可实现路由汇聚和管理的层次化地址结构，可以在地址格式设计优化、地址分配合理等方面开展更有效的工作，并为将来预留了 85%的地址。IPv6 地址取消了广播地址，增加了任播地址。

IPv6 地址空间按照不同的地址前缀划分。将地址按路由结构划分出层次，更好地适应 ISP 层次结构与网络组网层次结构，有利于路由汇聚的实现，减小路由器和路由表占用的空间。

（2）IPv6 提供地址自动配置，实现地址自动配置是 IPv6 重要的进步。自动配置分为有状态和无状态两种。连接到 IPv6 网络的一个网络节点的网络接口，把数据链路层的 IEEE EUI-64 地址作为主机标识，结合连接的 ISP 所提供的 64 位网络标识，能够自动获得 128 位的唯一 IPv6 地址，实现"即插即用"。

（3）IPv6 协议首部由一个基本首部和多个扩展首部构成，采用 40 字节的固定首部，降低了处理复杂度，提高了路由效率，减少了延时。通过扩展首部适应网络服务新的要求，体现较好的适应性、灵活性、可扩展性。

（4）IPv6 对 ICMPv4 进行了改进，构成了 ICMPv6。ICMPv6 增加了邻居发现新功能，取代了原来的地址解析协议（ARP），在 IPv6 环境下可以通过使用链路本地地址及 ICMPv6 报文来获得网络层的信息。提供邻居发现协议、支持移动 IPv6。

（5）IPv6 的分段只发生在源节点，避免了在网络中间节点分段带来的诸多问题，减少了复杂度，提高了效率。

（6）IPv6 把 IPSec 协议作为 IPv6 协议的组成部分，通过 AH 扩展首部、ESP 扩展首部实现网络的安全性，提供认证和加密等安全机制。用户可以对网络层的数据进行加密，并对 IP 报文进行校验。

（7）提供 QoS 支持，IPv6 提供增强的多播（Multicast）支持及对流控制（Flow-Control）支持，这使得网络上的多媒体应用有长足发展的机会，为 QoS 控制提供良好的网络平台。

IPv6 基本首部中包含一个 8 位的通信类型（Traffic Class）字段和一个新的 20 位的流标签（Flow Label）字段，分别用来识别通信的类型和传输的业务，支持资源的预分配，对网络应用所需的带宽和时延提供保证。

（8）IPv6 协议对移动性提供内置的支持，移动 IPv6 中许多基本概念与移动 IPv4 相同或类似，但移动 IPv6 中取消了外地代理的概念，定义了一种转交地址，移动节点通过自动地址配置得到转交地址。

移动 IPv6 定义了用于移动的第二类路由扩展首部，以及家乡地址选项。在移动 IPv6 中，动态家乡代理地址发现机制采用任播地址，在家乡网络上只有一个家乡代理向移动节点返回应答信息，在实现上更加有效和可靠。

（9）IPv6 路由简化，IPv6 基本首部中去除了校验和字段，这意味着当中间路由器在转发 IPv6 数据流量时，如果对 IPv6 的基本首部或扩展首部进行更新，那么无须对校验和重新进行计算，提高了路由器的处理性能。

（10）更加有利于物联网，IPv6 地址的无限充足意味着在人类世界，每件物品都能分到一个独立的 IP 地址。因此，IPv6 技术的运用，将会让信息时代从人机对话进入机器与机器互连的时代，让物联网变得真实，所有的家具、电视、相机、手机、电脑、汽车等全部都可以成为物联网的一部分。

（11）网络实名管理更可行，IPv6 的一个重要应用就是网络实名制下的互联网身份证。目前，基于 IPv4 的网络之所以难以实现网络实名制，一个重要原因就是 IP 资源的共用，不同的人在不同的时间段共用一个 IP，IP 和上网用户无法实现一一对应。但 IPv6 可以直接给该用户分配一个固定的 IP 地址，这样实际上就实现了实名制。

（12）病毒和"蠕虫"是最让人头疼的网络攻击。但这种传播方式在 IPv6 网络中就不再适用，因为 IPv6 的地址空间实在是太大了，如果这些病毒和"蠕虫"还想通过扫描地址段的方式来找到有可乘之机的其他主机，犹如大海捞针。

## 1.2.5 IPv4 协议与 IPv6 协议的主要差异

IPv4 协议与 IPv6 协议的主要差异如表 1-1 所示。

表 1-1 IPv4 协议与 IPv6 协议的主要差异

| 特　征 | IPv4 协议 | IPv6 协议 |
| --- | --- | --- |
| 地址位数 | 地址长度为 32 位（4 字节） | 地址长度为 128 位（16 字节） |
| 对 IPSec 协议的支持 | 对 IPSec 协议的支持是可选的 | 对 IPSec 协议的支持是必需的 |
| QoS 支持 | 首部中没有优先级字段 | 首部中有流标识字段，可给出优先级 |
| 分段位置 | 主机和路由器均要进行分段 | 仅在源主机进行分段 |
| 数据包大小 | 对数据链路层数据包大小没有要求 | 数据链路层必须支持 1280 字节的数据包 |
| 首部校验和 | 首部中包含校验和字段 | 首部中没有校验和字段 |
| 选项处理 | 首部中包含可选项字段 | 将可选项字段转移到扩展首部 |
| 数据链路层地址解析 | ARP 使用广播发送请求帧，进行数据链路层地址解析 | 采用多播的邻居节点请求报文 |
| 组管理 | 使用组管理协议（IGMP）管理本地子网成员 | 用多播监听发现（MLD） |
| 路由器发现 | 用 ICMP 路由发现报文判断最佳默认网关的 IP 地址 | ICMPv6 的路由请求报文和路由通告报文实现 |
| 对本地链路所有节点的传输 | 采用广播地址将协议包发送到子网的所有节点 | 采用链路本地范围的所有节点的多播地址 |
| 地址配置 | 手工配置 IP 地址或通过 DHCP 配置 | 自动配置 IPv6 地址 |
| DNS 记录格式 | DNS 采用资源记录格式 A | DNSv6 采用资源记录格式 AAAA |

## 1.2.6 IPv6 带来的技术新思维

### 1．IPv6 地址实现自动化配置

由于 IPv6 地址空间庞大到足以为每粒沙子都分配地址的数量级，因此靠人脑的记忆去手敲地址进行配置几乎是不现实的。虽然 IPv4 也可以通过 DHCP 自动配置，但是它们的本质是不同的。DHCP 是 IPv4 协议本身之外的服务，即用户需要搭建 DHCP 服务器，需要 DHCP 客户端。IPv6 自动配置是 IPv6 协议标准的一部分。一个 IPv6 网络终端，简单开机后就会自动获得 IPv6 地址。

### 2．利用 IPv6 特性自动选择最优路径

很多企业为了提升可靠性，会同时选择多个运营商的出口线路，在 IPv4 网络环境中，采用在某个出口路由器或负载均衡 NAT 设备配置均衡策略，终端按策略通过 NAT 选择适合的线路连接互联网。由于扁平化的 IPv4 的路由负载分配没有规律，只能依靠收集维护大量 IP 地址的信息策略，因此路由配置非常复杂，很难达到理想的均衡水平。

而 IPv6 采用的源/目标地址选择的机制和策略，不用通过特别的设备和策略设置，就可以实现多条线路的负载均衡。

在 IPv6 网络环境中，每个运营商的 IPv6 地址都可以配置在同一终端网卡上，每个运营商的 IP 都有明显的区隔，网卡根据目标 IP 自动选择源地址，路由器则根据目标地址自动选择最短路径，即最合理的线路，实现负荷均衡。

可以将多条线路的源地址配置在相同或不同的网卡上，当需要发送数据时，根据选择的不同目标，遵循 RFC 3484 给出的规则进行匹配，确定最适合的源 IPv6 地址，通过目标 IP 长度匹配选择最合适的路由。

### 3．IPv6 地址聚合、层次化是 IPv6 技术的核心内容

若从满足网络地址数量的角度来看，IPv6 地址长度并不需要 128 位。例如，MAC 地址长度为 48 位就已经满足了全球所有网卡编码的唯一性需求。身份证编码长度采用 18 位十进制数，11 位十进制数就能编址百亿级别的人口，而整个地球的人口都不足百亿。身份证号码不采用连续编址，而采用分层编码，编码的前 6 位代表省、市、区，中间 8 位代表出生年月日，后 4 位才代表个人的唯一 ID，通过身份证号码，可以很快确定这个人出生时的归属地等信息。

若像 IPv4 地址那样来分配 IPv6 的 128 位地址空间，则会产生无数条离散的路由条目，扩充数倍的路由器处理能力也难以应对。IPv6 地址编码采用分层次的设计，在一开始通过严格的分层设计规划，不仅带来地址管理上的方便，而且使得路由效率更高。IPv6 地址分层设计是体现 IPv6 优势的核心、关键思维。

### 4．IPv6 不再采用广播地址，末梢（Stub）网络规模可以更大、更扁平

在 IPv6 网络环境中，一个网段（链路）可以拥有 64 位二进制数编址的主机，相当于 43 亿×43 亿个海量地址，若还使用广播方式解析数据链路层地址，则根本无法实现。IPv6 采用邻居发现协议解析机制，将亿万台设备的 MAC 地址进行散列分组。按照 EUI-64 规则，IPv6 地址与 MAC 地址呈现一一对应规则，将所有处在同一个网段中的主机按照其 MAC 地址的低 24 位进行取模散列，就会得到一个值，用该值作为一个多播地址，该机制一下子把多播域缩短了很多。解析单个 IPv6 的数据链路层地址的请求只需要发给此主机的某个接口上对应监听的一个多播地址，使得末梢网络规模可以更大、更扁平，相关内容可参考 RFC 3513。

IPv6 带来了许多技术新思维，需要人们在很多方面做出改变，用简单的方式去理解 IPv6。

# 1.3　IPv6 协议标准及制定过程

## 1.3.1　IPv6 协议标准制定组织

### 1．IETF

IETF 成立于 1985 年底，是全球互联网最具权威的技术标准化组织，IETF 的主要任务是负责互联网相关技术规范的研发和制定，当前绝大多数国际互联网技术标准均出自 IETF。IETF 对计算机网络和数据通信领域标准化进展起着至关重要的作用。

IETF 是 IPv6 协议标准制定的主导者。IETF 年会是一群热爱互联网技术的人的论坛，每年轮流在世界各地召开 3 次会议，讨论与网络运行操作、网络设备开发及软件实现相关的解决方案，以及未来会普及的协议、标准和产品。

IETF 组织结构分为三类，第一类是互联网体系结构委员会（Internet Architecture Board，IAB），第二类是互联网工程指导委员会（The Internet Engineering Steering Group，IESG），第三类是工作组（Work Group，WG）。

IAB 负责互联网社会的总体技术建议，并任命 IETF 主席和 IESG 成员。IAB 和 IETF 是互联网社会（Internet Society，ISOC）的成员。IAB 成员由 IETF 参会人员选出，主要负责监管各个工作组的工作状况。

IESG 的主要职责是接收各个工作组的报告，对他们的工作进行审查，然后对他们提出的各种各样的标准、建议提出指导性的意见，从工作的方向、质量和程序上给予一定的指导。

IETF 大量的技术性工作均由其内部的各种工作组承担和完成。

IETF 产生的技术文档为文本格式文件，IETF 产生两种文件，一种称为 Internet Draft，即互联网草案，另一种称为 RFC，也称为意见征求书（请求文件评注）。

RFC 产生的过程是一种自下而上的过程，由研究人员自发提出，然后在工作组中讨论，讨论以后再交给 IESG 进行审查。如果想成为 RFC，必须先提交 Internet Draft。

RFC 的状态（Status）包括互联网标准（Internet Standard）、标准草案（Draft Standard）、信息的（Informational）、拟议标准（Proposed Standard）、实验（Experimental）、当前最好惯例（Best Current Practice）、历史的（Historic）。

IETF 主要包括以下工作内容。

（1）详细说明互联网协议的设计思路、发展、用途，研究、解决相应的标准、技术问题。

（2）向 IESG 提出针对互联网协议标准及用途的建议。

（3）促进互联网研究任务组（IRTF）的技术研究成果向互联网社群推广。

（4）为互联网用户、研究人员、行销商、承包人及管理者等提供信息交流的论坛。

IETF 的研究工作分为 8 个重要的领域，技术性工作均由成立的工作组承担。工作组依据研究课题而组建，先由一些研究人员通过邮件自发地对某个专题展开研究，当研究较为成熟后，可以向 IETF 申请成立兴趣小组（Birds Of a Feather，BOF）开展工作组筹备工作。筹备工作完成后，经过 IETF 上层研究认可，即可成立工作组。

## 2. IEEE

电气与电子工程师协会（Institute of Electrical and Electronics Engineers，IEEE）由美国电气工程师协会和无线电工程师协会于 1963 年合并而成。作为全球最大的专业技术组织，IEEE 在电气及电子工程、计算机、通信等领域发表的技术文献数量占全球同类文献的 30%。IEEE 成员大部分是电子工程师、计算机工程师和计算机科学家。

IEEE 致力于电气、电子、计算机工程和与科学相关领域的开发和研究，在太空、计算机、电信、生物医学、电力及消费性电子产品等领域制定了 1300 多个行业标准，现已发展成为具有较大影响力的国际学术组织。

## 3. ITU-T

国际电信联盟电信标准委员会（ITU Telecommunication Standardization Sector，ITU-T）是一个政府间的国际标准组织，它是国际电信联盟（ITU）管理下的专门制定电信标准的分支机构。目前 ITU-T 有一个 IP 标准计划，其中包括 IPv6 技术标准的研究。ITU-T 已在 IP 标准领域与 IETF 展开合作。

ITU-T 创建于 1993 年，其前身是国际电报电话咨询委员会（International Telegraph and Telephone Consultative Committee，CCITT），总部设在瑞士日内瓦。ITU 是联合国下属的组织，所以由该组织提出的国际标准比其他组织提出的类似技术规范更正式。

由 ITU-T 制定的国际标准通常被称为建议（Recommendations）。ITU-T 的各种建议的分类由一个首字母代表，称为系列，每个系列的建议除分类字母以外还有一个编号，如 X.500，其中 X 是系列，而 500 是系列号，由"."进行间隔。

与 IETF 不同，ITU-T 发布的技术标准不是开放的，一般不提供免费下载。

### 4．ETSI

欧洲电信标准化协会（European Telecommunications Standards Institute，ETSI）是由欧共体委员会在 1988 年批准建立的一个非营利性的电信标准化组织，总部设在法国南部的尼斯。ETSI 作为一个被 CEN（欧洲标准化协会）和 CEPT（欧洲邮电主管部门会议）认可的电信标准协会，其制定的推荐性标准常被欧共体作为欧洲法规的技术基础而采用并被要求执行。

ETSI 技术机构可分为三种：技术委员会及其分会、ETSI 项目组和 ETSI 合作项目组。ETSI 包括财经委员会、欧洲电信标准观察组、工作协调组、专家安全算法组、全球移动多媒体合作组、用户组、新观点，以及 ETSI 和 ECMA 协调组等 8 个特别委员会。

ETSI 下设 13 个技术委员会，与计算机网络、数据通信有关的技术委员会主要如下。

（1）ECMA TC32，通信网络和系统的交互型连接技术委员会是一个 ETSI 和 ECMC 合作的机构，为专业电信网领域起草 ECMA 标准和技术报告。该领域包括专业电信网的结构、业务、管理、窄带或宽带专用综合业务网的协议、用于通信的计算机等。

（2）TCNA（Network Aspects）网络总体技术委员会为所有现存网及新网提供通用的网络特性，包括定义网络模型、网络结构、网络功能和用户网络接口的基本结构。

（3）ETSI 具有公众性和开放性，不论主管部门、用户、运营者、研究单位都可以平等地发表意见。对市场敏感，按市场和用户的需求制定标准，用标准来定义产品，指导生产。针对性和时效性强。

### 5．IANA

互联网编号分配机构（The Internet Assigned Numbers Authority，IANA）成立于 1970 年。IANA 负责分配互联网中重要的号码资源，对大量互联网协议中使用的重要资源号码进行分配和协调，制定 IANA 注册表用于规范重要资源号码的编码规则，满足不同需求和引用。

IANA 的工作任务包括以下三个方面。

（1）域名。IANA 管理 DNS 域名根、.int、.arpa 域名，以及 IDN（国际化域名）资源。

（2）数字资源。IANA 协调全球 IP 地址和 AS（自治系统）号，并将它们提供给各区域 Internet 注册机构。

（3）协议分配。IANA 与各标准化组织一同管理协议编号系统。

IANA 相关服务由公共技术标识符部（Public Technical Identifiers，PTI）提供。PTI 是互联网名称与数字地址分配机构（The Internet Corporation for Assigned Names and Numbers，ICANN）的附属机构。ICANN 是一个非营利性的国际组织，其行使 IANA 的职能，成立于 1998 年 10 月，负责协调 IANA 的职责范围。

ICANN 负责对全球标识符系统及其安全稳定的运营进行协调，包括 IP 地址的空间分配、协议标识符的指派、通用顶级域名（gTLD）、国家和地区顶级域名（ccTLD）系统的管理、根服务器系统的管理，以及字符集、时区数据库、时区的规划等。

IANA 负责 IPv6 地址的分配，把 IPv6 地址分配给全球 5 个区域 Internet 注册机构（RIR），各 RIR 再负责所管辖区域 IP 地址的分配。5 个 RIR 如下。

（1）欧洲地区互联网注册网络协调中心（RIPE-NCC），欧洲、中东、中亚区域。

（2）亚太互联网络信息中心（APNIC），亚洲、太平洋区域。

（3）非洲互联网络信息中心（AFRINIC），非洲区域。

（4）美洲网络编号注册局（ARIN），加拿大、美国和一些加勒比岛屿区域。

（5）拉丁美洲和加勒比互联网络信息中心（LACNIC），拉丁美洲和一些加勒比岛屿区域。

IANA 注册表主要有：IPv6 参数集[IANA-6F]、Internet 协议编号分配表[IANA-PN]、ONC 网络标识符（Netids）[IANA-NI]、网络层协议标识符（NLPID）[IANA-NL]、协议注册表[IANA-PR]、IPv6 扩展首部标识[IANA-EH]等。

IANA 注册表对 RFC 8200 提供支持，许多注册表中的规范源于 RFC 2460 引用。现在 IANA 已经更新这些引用以适应 RFC 8200。

IANA-EH 定义及描述如表 1-2 所示。

表 1-2　IANA-EH 定义及描述

| 协议号 | 内容描述 | 对应参考的 RFC |
| --- | --- | --- |
| 0 | IPv6 Hop-by-Hop Option | RFC 8200 |
| 43 | Routing Header for IPv6 | RFC 8200、RFC 5095 |
| 44 | Fragment Header for IPv6 | RFC 8200 |
| 50 | Encapsulating Security Payload | RFC 4303 |
| 51 | Authentication Header | RFC 4302 |
| 60 | Destination Options for IPv6 | RFC 8200 |
| 135 | Mobility Header | RFC 6275 |
| 139 | Host Identity Protocol | RFC 7401 |
| 140 | Shim6 Protocol | RFC 5533 |
| 253 | Use for experimentation and testing | RFC 3692、RFC 4727 |

许多国家和地区都成立了各自的互联网名称与数字地址分配机构，负责从 RIR 中获取 IP 地址等资源后在本国或本地区分配与管理事务。例如，中国互联网络信息中心（China Internet Network Information Center，CNNIC）是经国家主管部门批准，于 1997 年 6 月 3 日组建的管理和服务机构，行使国家互联网络信息中心的职责。

### 6．与 IPv6 有关的 RFC 有 559 个

IPv6 协议的标准还在不断发展和完善，各种新思路、新方案层出不穷。基础的标准已经成熟和稳定，如 IPv6 协议规范、路由寻址、地址体系等。但是，在物联网、云计算、5G、移动 IP、IPv6 网络管理等标准领域还有大量工作要做。

由于现在的互联网更多采用 B/S 或 C//S 模式，最重要的参与者就是用户终端和内容平台之间的交互，软件操作系统对 IPv6 的支持也日益迫切。从 IPv6 产业链角度来看，运营商采购设备负责搭建 IPv6 骨干网络和接入网络，相对来说易于实现，而产业链的两端，用户和网络内容提供商（ICP）才是确保 IPv6 具有网络生命力的根基。体现在 IPv6 标准方面，需要进一步完善 IPv6 协议簇，操作系统底层实现对 IPv6 的充分支持。另外，应用软件要全面基于 IPv6 Socket 编程，提供全面的 IPv6 应用。

截至 2021 年 9 月，IETF 给出的文档标题含有 IPv6 关键字的 RFC 有 559 个，时间跨度为 1995—2021 年，最新的 RFC 编号为 2021 年 8 月发布的 RFC 9099。RFC 8200 最新一次更新（Last Updated）时间为 2020 年 2 月 4 日。

## 1.3.2 IPv6 技术标准工作的领域

### 1. IPv6 技术标准工作领域和工作组

随着互联网产业和网络技术的迅速发展，IPv6 实验网和商用网也随着技术的积累和应用的推进不断发展，基于 IPv6 技术的产品逐渐趋于成熟，IPv4 网络向 IPv6 网络的过渡和迁移已是"势在必行"。需要加快 IPv6 技术标准化的进程，用标准化推进 IPv6 规模应用的开展。

IETF 对 IPv6 技术标准的研究主要分为 8 个领域，分别是应用、通用、互联网、操作与管理、路由、安全、传输、实时应用与基础设施。每个研究领域均有 1～3 名领域主管（Area Directors，AD），负责本领域的日常运转。每个领域又由多个工作组组成，每个工作组均有 1～2 名工作组主席，主持本组的日常工作。目前，针对 IPv6 协议、规范、过渡、部署和演进比较活跃的工作组主要有：互联网领域的 6LoWPAN、6Man；操作与管理领域的 6renum、v6Ops 等。由于协议设计工作量大，因此 IPv6 协议的研究不由单个工作组进行，而由多个工作组共同推动。此外，有些工作组不专门负责制定 IPv6 标准，但其工作和 IPv6 具有密切的关系，如制定 DHCPv6 标准的 DHCP 工作组等。

部分与 IPv6 技术标准有关的工作组及所涉及的技术标准如表 1-3 所示。

表 1-3　部分与 IPv6 技术标准有关的工作组及所涉及的技术标准

| 领域 | 工作内容 | 工作组 | 形成的标准 | 时间 |
|---|---|---|---|---|
| IPng | 下一代互联网基础协议 | IPNGWG | RFC 3542 等 4 项 | 1994.11.17—2001.12.06 |
| IPng | 下一代互联网过渡技术 | NGTRNAS | RFC 2921 等 16 项 | 1994.12.23—2003.08.15 |
| 互联网 | IPv6 相关标准 | IPv6 | RFC 4620 等 77 项 | 止于 2008.03.28 |
| 操作与管理 | IPv6 站点多宿主问题 | Multi 6 | RFC 4177 等 5 项 | 止于 2008.03.28 |
| 传输 | 翻译技术 | BEHAVE | RFC 6889 等 22 项 | 2004.09.29—2013.10.17 |
| 互联网 | 低功率 WPAN 与 IPv6 兼容问题 | 6LoWPAN | RFC 6775 等 6 项 | 2005.03.03— |
| 互联网 | IPv6 运维和协议扩展 | 6Man | RFC 6980 等 24 项 | 2007.09.25— |
| 互联网 | 动态主机配置 | DHC | RFC 7037 等 81 项 | 1991.01.01 |
| 互联网 | 端口控制协议 | PCP | RFC 6887/6970 | 2010.08.31 |
| 互联网 | 源地址认证 | SAVI | RFC 6620/6959 | 2008.07.22 |
| 互联网 | 隧道技术 | Software | RFC 67040 等 17 项 | 2005.12.01 |
| 操作与管理 | IPv4/ IPv6 共存网络相关问题 | v6Ops | RFC 6883 等 54 项 | 2002.08.22 |
| 互联网 | 弃用 IPv4 相关问题 | Sunset4 | 无 | 2012.04.05 |

2016 年底，IETF 的 IAB 发布规定，将来的 IETF 协议制定和优化工作应该基于 IPv6 进行，即对新的 IPv6 相关扩展协议不再要求和 IPv4 协议兼容。

### 2. 6Man 工作组的工作内容

IETF 6Man 是制定、升级和推荐 IPv6 协议成为互联网标准的工作组，负责维护 IPv6 基础技术，6Man 在 IETF 内具有高度的话语权。6Man 评估其他工作组提出的修改或扩展 IPv6 协议的技术文档，该技术文档在发布以前必须征得 6Man 的认可和支持。6Man 对 IPv6 标准更新时非常谨慎，原则上并不支持对 IPv6 标准进行频繁、过多的修改。

2017 年，6Man 在对 RFC 2640 进行更新后，发布了新版的 IPv6 技术规范 RFC 8200，实现了 IPv6 从"标准草案"（Draft Standard）到"正式标准"（Standard Track）的转变，RFC 8200 的发布说明 IPv6 基本技术已经成熟，从技术的角度已经具备高度的可用性。

RFC 8200 构成了 IPv6 技术体系的核心和基础。与 IPv6 相关的技术都构建在 RFC 8200 基础之上，如基于 IPv6 的源路由 SRv6。其他新的 IPv6 标准制定时必须参考 RFC 8200，并遵循其中的规范和定义。

6Man 讨论的立项文档："记录路径的 MTU 的扩展报头""用于 IPv6 被动式性能测量方式的 TLV 参数在扩展包头中的定义""利用扩展 SLAAC 生成临时地址"等，均是在 IPv6 基础技术上提出的新的优化方案。

6Man 特别重视保护用户的隐私和信息安全性。例如，"利用扩展 SLAAC 生成临时地址"提出扩展 SLAAC，从而生成随时间可变的随机化接口标识符，通过地址可变限制监听者基于 IPv6 地址收集和关联用户行为的时间窗口。

SRv6 是 IETF 的主要工作热点之一，工作内容形成从 IPv6 过渡技术标准高潮之后的另外一次标准化高潮，由于 SRv6 是基于 IPv6 的路由扩展首部实现的，因此很多文档也在 6Man 中展开讨论，如 SRv6 的 OAM（操作维护管理）文档。

### 3．与 IPv6 网络运营相关的 v6Ops

v6Ops 的研究需求主要来自运营商和用户，v6Ops 负责讨论如何在网络中部署和运营 IPv6，为 IPv6 的运行提供指南。v6Ops 研究的重点包括以下内容。

（1）向纯 IPv6 网络的演进已成为新的热点，考虑到纯 IPv6 是网络演进的必然趋势。2016 年，v6Ops 开始进行纯 IPv6 网络的体验。纯 IPv6 方面的工作组文档如"CDN 场景下 464XLAT 的优化建议"，464XLAT 是一种基于无状态翻译和有状态翻译的纯 IPv6 过渡技术，目前受到业界的高度关注。该文档提出了在 464XLAT 架构下，纯 IPv4 客户端或终端在访问双栈的 CDN（内容分发网络）节点、缓存及其他网络时遇到的问题，即在目的节点配置了 IPv6 地址的情况下，由于客户端通过 DNS（域名系统）只能获得目的地的 IPv4 地址，因此数据流只能通过 NAT64 设备访问目的服务器，而不能直接通过 IPv6 访问，相当于走了一条非最优的路径，该文档建议对 464XLAT 进行优化，并提出了 3 条优化建议。

（2）v6Ops 研究 IPv6 网络运营的需求规范。例如，路由器和客户侧 CPE（用户终端设备）的功能定义，其中 RFC 8585 定义了对 IPv6 CPE 路由器的基本要求，特别是对于过渡技术的支持，与 RFC 7084 不同之处在于提出了对于 464XLAT 的支持，464XLAT 采用翻译方式进行 IPv4 over IPv6。而 RFC 7084 仅要求支持双栈、DS-Lite 和 6RD，其中，DS-lite 集合了 4in6 隧道和 NAT44 功能，6RD 是点到多点的自动隧道技术，这也说明了 464XLAT 的应用范围从移动宽带场景逐渐向固定宽带接入场景延伸。

（3）v6Ops 解决 IPv6 运营过程中出现的具体问题，或者将这些问题转交给其他工作组解决。例如，文档"首跳路由器的邻居缓存记录"，通常 IPv6 节点采用 RFC 4861 确定邻居的数据链路层地址、发现和维护可达性信息，在终端采用一个新的 IPv6 地址时，其首跳路由器的邻居发现状态不可见导致到达的数据包被丢弃。v6Ops 建议将该工作转到 6Man 进行。v6Ops 也支持在 IPv6 运营方面的实践和经验分享。

### 4．面向网络可编程的 SRv6 技术

（1）分段路由（Segment Routing，SR）是一种源路由技术，SRv6 是构建在 IPv6 数据平面的源路由技术，结合 IPv6 技术和软件定义网络（Software Defined Network，SDN）架构实现网络的可编程。2020 年 3 月发布的 RFC 8754，标志着 SRv6 基本封装格式的标准化，这是 SRv6 标准化的重要里程碑。SRv6 的核心文档 SRv6 网络编程目前已经过了工作组最后修订（Working Group Last

Call，WGLC）阶段，处在 IESG 审核阶段。

（2）SRv6 是基于 IPv6 扩展的分段路由解决方案，标准 SRv6 的 128 位分段标识（Segment ID，SID）采用 IPv6 地址格式的 SID，相比 SR-MPLS 格式的 SID，SRv6 SID 具备可路由属性，简化域间路径创建，在 IPv6 网络中快速建立端到端路径、支持可编程，SRv6 结合集中式和分布式控制平面的协同支持，能灵活满足各种业务和网络功能的需求。

（3）SRv6 标准的主要热点在 OAM 和压缩等工作上，SRv6 的 OAM 文档已经成为工作组文档，随着 OAM 工作的推动成熟，SRv6 基础特性基本完成标准化工作。压缩工作是 SRv6 领域的重点，竞争也非常激烈，业界已经提出了多个方案，如 G-SRv6、Micro Segment 等。从技术上看，这两种方式相互兼容，未来可以共同推进。

（4）SRv6 促进网络的智能化（Programmable），从技术角度来看，SRv6 可以简化网络的状态和协议，适应云网融合和 5G 发展的趋势，可以提供更好的网络可编程能力，在跨域方面也比 SR-MPLS 更易部署，可以满足更多的网络需求和技术要求，如面向 5G/云应用的网络架构体系标准的应用，包括网络切片、IFIT（随流测量技术）和应用感知 IPv6 网络（Application-aware IPv6 Networking，APN6）等。

### 5．IPv6 对物联网的支持

IPv6 具有海量的地址空间和自动地址配置能力，是给物联网节点提供连接的最佳网络技术。物联网的节点资源有限，这些网络节点具有有限的存储空间、计算处理、能量供应和带宽资源，而且物联网终端运行的环境相对常规终端来讲条件更加多变和苛刻，这些都决定了在这类网络上需要对 IPv6 协议进行适配和优化，从而使 IPv6 适应在资源有限的节点组成的网络上运行，这些网络简称 6lo 网络。

IETF 在 IPv6 与物联网融合方面的工作主要分布在 6lo、6TiSCH 等工作组。6lo 主要研究将 IPv6 适配在多种类型的 6loWPAN 通信技术上并制定相关标准，发布的文档主要有"6lo 网络上的地址受保护的邻居发现协议""6lo 骨干网路由器""6loWPAN 选择性分段恢复"等。

6TiSCH 负责制定运行在 IEEE 802.15.4 时隙信道调频（TSCH）模式上的 IPv6 架构和技术标准，TSCH 是在 2012 年引入并作为 IEEE 802.15.4 的 MAC 部分的增补，IPv6 over TSCH 的网络架构已经成熟。

## 1.3.3　中国成立 IPv6 标准工作组

2021 年 9 月 1 日，中国 IPv6 标准工作组正式成立。IPv6 标准工作组是在中央网信办、国家发展和改革委员会、工业和信息化部、国家市场监管总局指导支持下成立的专业标准化组织。

在推进 IPv6 规模部署的过程中，标准化工作是前提和基础，IPv6 标准工作组由中国通信标准化协会牵头成立，汇聚国内各方力量，统筹推进 IPv6 国家标准、行业标准和团体标准的研制，为 IPv6 的部署和改造提供标准指引。

中国 IPv6 标准工作围绕业务需求和技术需求展开。

（1）4 个业务需求：持续推进网络改造，提升网络质量；提高固定终端、网络和 App 支持，突破终端短板；深化行业应用改造，激发创新活力；强化安全保障能力，确保安全运行。

（2）6 个技术需求：IPv6 功能的提升；核心网、域名解析、根服务器等技术的提升；IPv6 与 IPv4 的互联互通；网络安全和内容安全；全球经济一体化；制定 IPv6 终端标准。

中国 IPv6 标准工作组的 3 项主要工作。

（1）加强统筹布局：充分发挥通信标准化协会平台作用，汇聚产学研用各方力量，积极组织开展 IPv6 标准化研制工作，为 IPv6 部署改造和应用推广提供指导。

（2）完善标准体系：在国家标准方面，基于 TC485 等现有体系架构，积极推进 IPv6 监测评测、IPv6 新技术、IPv6 垂直行业应用等方面的国家标准建设；在行业标准方面，结合新形势、新要求，加强 IPv6 网络、协议、设备、质量、安全等相关行业标准和团体标准的研制和推进工作；在国际标准方面，参与 IETF、ITU-T、ETSI 等 IPv6 国际标准化工作，由"点"及"面"加快布局，积极推动将中国自主知识产权的标准转化为国际标准。

（3）注重标准推广：各有关方面进一步加强协同，深化 IPv6 相关标准成果的推广和应用，促进 IPv6 端到端网络质量提升、产业发展和应用创新，构建广泛的 IPv6 应用生态。

中国大学、科研机构、设备商和电信运营商在 2015 年以前就积极参与了 IPv6 相关标准的制订工作，如清华大学提交的 IVI 和 SAVI 已经是正式的 RFC，中国电信提交了 draft-sun-v6Ops-laft6 草案，中国移动和 Nokia 联合更新了双栈的标准 RFC 6535，H3C 也提出了 draft-bi-savi-wlan-02 草案等。

# 1.4 IETF 制定的 IPv6 协议相关标准

## 1.4.1 IPv6 过渡技术的 RFC

### 1. 双栈类的 RFC 4213

双栈方式需要网络中的每个节点都同时运行 IPv4 和 IPv6 两个协议栈。每个协议栈处理各自的数据包，相当于在同一套网络硬件上构建了 IPv4 和 IPv6 两个完全隔离的网络。当网络节点（包括网络两端的主机和服务器、网络中负责转发的交换机和路由器）收到一个数据包时，拆包检查 IP 报文首部的版本号字段，若是 v4 则转入 IPv4 协议栈进行处理，若是 v6 则转入 IPv6 协议栈进行处理。双栈方式虽然解决了 IPv4 和 IPv6 两个版本共存的问题，但是对网络运营商来说，需要在网络设备上同时运行 IPv4 和 IPv6 两套协议栈及对应的 IPv4 和 IPv6 路由协议，设备的压力和运维管理的工作量都极大提升，出现问题时的故障定位也更为复杂。

### 2. 协议翻译类的 RFC 6146、RFC 6219

属于协议翻译类的有 NAT64（RFC 6146）、IVI（RFC 6219）等。IPv4 和 IPv6 的协议翻译技术除了需要完成 IPv4 网络中 NAT 的地址映射功能，还需要完成 IPv6 和 IPv4 报文格式（尤其是协议首部）的转换。

协议翻译方式把相互独立的 IPv4 和 IPv6 网络互联起来，这样网络中的各节点只需要运行单独一套 IPv4 或 IPv6 协议栈，设备压力和运维管理工作量相对双栈方式大为减少，但协议翻译方式需要专用的协议翻译设备，这个设备很容易成为网络的瓶颈，同时，由于协议翻译方式隐藏了原始 IP 地址等信息，因此会削弱 IPv6 中的可溯源能力。

### 3. 隧道相关技术的 RFC

隧道技术包括 6to4（RFC 3056）、ISATAP（RFC 5214）、teredo（RFC 4380）、DS-lite（RFC 6334）、6rd（RFC 5569）等。在网络环境不支持双栈方式，而支持纯 IPv4 或纯 IPv6 网络的情况下，隧道技术通过将 IPv4 封到到 IPv6 报文中，或者将 IPv6 封装到 IPv4 报文中，透明地在两种不同的网络协议环境下传输数据。

隧道技术虽然解决了双栈需要同时运行两套协议栈的问题，但是隧道技术需要将原始 IP 分组增加 IPv4 或 IPv6 的报文首部，分组文的长度会变得过长，需要考虑不同网络协议环境对 MTU 的限制，这种过长的报文也容易引起数据包丢失。

### 1.4.2　移动 IPv6 相关标准

#### 1. IPv6 的跨区切换

移动网络的环境相比固定接入有很大的变化，在 IP 网络中，这种变化带来的影响更大。在传统的 IP 通信中，通信的两个端点 IP 地址是不能发生变化的，若发生变化，则连接将会中断。而在移动通信中，移动终端的位置不断变化，会从一个网段跨越到其他网段，这种应用场景和固定接入完全不同。IPv6 的跨区切换主要解决的问题是终端在两个接入点（一般是接入路由器）间进行流量切换的同时保持会话不中断。跨区切换在原始 IPv4 协议栈的设计中没有涉及，后来随着应用的发展而补充了移动 IPv4 相关技术标准。而 IPv6 协议在一开始设计时就充分考虑了 IP 通信网的移动性问题，IPv6 对移动网络的支持更好。适用于 3GPP/3GPP2 环境或 WLAN 环境的技术文档有 RFC 3775、RFC 6275、RFC 5268、RFC 5568、RFC 5270、RFC 5271 等。

#### 2. 移动 IPv6 的安全性

移动 IPv6 为了保证在终端移动过程中 IP 地址不会发生变化而采用了家乡代理等技术，而这些"中间节点"类技术的引入容易引起仿冒、"中间人攻击"漏洞，为了解决这些安全性问题，移动 IPv6 利用 IPv6 的 IPSec 特性和其他一些技术来保证移动 IPv6 的安全性。对应的技术文档包括 RFC 3776、RFC 4877、RFC 4285、RFC 4449、RFC 6618 等。

#### 3. 移动代理（Proxy Mobile）IPv6 相关技术标准

传统的移动 IPv6 需要终端节点参与网络切换，终端节点在漫游时要定时发送更新信息等信令给家乡（Home）节点，这种架构对终端的要求比较高。为降低对终端的要求，移动代理 IPv6 将原来终端需要参与的跨区切换、维护等工作转移到终端最近接入的接入点（一般是接入路由器），从而极大地降低终端的实现复杂度和电池使用量。对应的技术文档包括 RFC 5213、RFC 6543、RFC 6279、RFC 6475。

### 1.4.3　与物联网相关的 IPv6 协议

低耗能无线个人域网（Low-Power Wireless Personal Area Networks，6LoWPAN）是随着物联网的发展而出现的新技术。物联网传感器大多计算能力弱、存储空间小，IPv6 协议栈对物联网传感器而言太大、太复杂，远远超过其计算和存储能力，并且 IPv6 协议栈中有些功能在物联网传感器中使用的并不多。6LoWPAN 的主要工作就是将 IPv6 协议栈轻量级化，适用于物联网传感器，相关标准如下。

#### 1. LoWPANs 环境下的 IPv6 相关定义（RFC 4919）

相比传统的网络节点，物联网中的传感器无线传输距离更短、带宽（码率）更低、功耗也更低，传感器本身的存储空间和处理能力都较弱。RFC 4919 定义了适应物联网传感器 IPv6 做出的修改，如拓扑结构、报文长度、服务发现、安全等内容。

#### 2. 与 IEEE 802.15.4 网络的集成（RFC 4944、RFC 6282）

IEEE 802.15.4 标准，即 IEEE 用于低速无线个域网（LR-WPAN）的物理层和媒体接入控制层规范。该协议支持消耗功率最少，一般在个人活动空间（10m 直径或更小）工作的简单器件。RFC 4944、RFC 6282 定义了 IEEE 802.15.4 网络中 IPv6 的链路本地地址格式、无状态自动配置、报文头压缩等内容，但有关的邻居发现、路由协议等内容还在进一步完善。

### 1.4.4 IPv6 创新协议标准"IPv6+"

#### 1．IPv6+的提出

IPv6 网络是构建工业万物互联的基础，业界在 IPv6 基础之上创造性地提出了"IPv6+"。IPv6+时代是由 5G 和云计算驱动的。IPv6+时代不只是一个地址，一个协议栈，它还解决了云网融合、业务感知和体验，以及智能应用等核心问题。IPv6+实现了智能网络的最佳体验。

数据通信网络在经历了网络可达的本地（Native）IP 时代、多业务综合承载的多协议标识交换（Multi-Protocol Label Switching，MPLS）时代后，迎来了自动化、智能化、云网协同的 IPv6+时代。2019 年 9 月，中国推进 IPv6 规模部署专家委员会指导成立了 IPv6+技术创新工作组，2020 年 10 月，ETSI IPE（IPv6 Enhanced innovation，IPv6 增强创新）工作组成立，全球共图 IPv6+产业发展，旨在通过 IPv6 实现万物全联接，进一步实现万物互联到万物智联。

IPv6+是基于 IPv6 的升级，在灵活联接、可保障超大带宽、自动化运维、确定性转发、低时延保障和安全六个维度全面提升 IP 网络能力。IPv6+成为下一代互联网的新起点。

中国华为公司基于 IPv6+创新体系推出了智能云网，通过打造数字化、智能化、服务化的下一代互联网，实现人、机、物全场景的智能联接及确定性的业务体验。智能云网是数字经济时代的"电网"，把强大的智能和算力输送给企业和个人，为数字经济提供新动能。

#### 2．IPv6+标准的驱动力

随着 5G 的兴起和不断发展，人与人的通信将进一步延伸到物与物、人与物的智能联接，使网络技术进入更加广阔的行业和领域，进而涌现丰富多样的垂直行业业务，如车联网、工业控制、环境监测、移动医疗等。随着应用领域的持续扩展，网络需要支持的节点和联接数会越来越多。IPv6 可以提供海量的地址空间和无处不在的联接，从而满足 5G 及垂直行业对网络规模和联接数的需求。各种垂直行业的业务存在差异性，为了满足垂直行业对网络的差异化需求，IPv6 本身所具有的灵活性和可扩展性，为垂直行业的业务创新提供必需的技术支持。

IPv6+以 SRv6、网络切片、随流检测、新型多播和应用感知网络等技术为代表，结合智能化的"网络自动驾驶"创新技术，可以满足万物互联、千行百业上云带来的多云一网、智能联接、智能运营、智能运维等需求，实现真正的网随云动、万物智联。

在 IPv6+时代，SRv6 为网络编程和算力网络（Computational Force Network，CFN）的实现提供了创新平台，通过可编程空间，网络运营商能实现"网络即计算机"（Network as Computer）和"网络即服务"（Network as Service）。IPv6+的愿景是通过增强网络智能来感知算力、调度服务，与云网融合，最终实现算网一体。

#### 3．与IPv6+相关的标准组织

与 IPv6+相关的标准组织包括 IETF、ETSI、中国通信标准化协会（China Communication Standards Association，CCSA）。这些组织分别有各自工作的侧重点，又相互协调，推动 IPv6+标准在不同平面的延展，共同构建 IPv6+标准的制定和推广平台。

IETF 与 IPv6+相关的领域主要为：INT（Internet Area，互联网域）、RTG（Routing Area，路由域）和 OPS（Operations and Management，运维管理域），其中相关的工作组主要包括 6Man（IPv6 Maintenance）、SPRING（Source Packet Routing In Networking）和 v6Ops（IPv6 Operations）等。其中，6Man 负责 IPv6 相关标准的制定，SPRING 负责 SRv6 相关标准的制定，v6Ops 负责 IPv6 部署和运维相关标准的制定。

ETSI 是欧洲地区性信息和通信技术（ICT）标准化组织，主要负责与网络架构和部署相关的规范，与 IPv6+相关的主要工作组是 IPv6 ISG（Industry Specification Group）。

CCSA 是中国的通信行业标准组织，负责中国通信领域行业标准的制定，其中，TC3 的 WG1 和 WG2 为负责 IPv6+框架和协议扩展规范制定的主要工作组。

### 4．IPv6+在各标准组织的标准布局

IPv6+在内容上包括基于 IPv6 扩展和增强的多个创新技术方案，在标准上对应一个协议簇，在各标准组织上形成了一个有机结合的协议标准体系。IPv6+涵盖的技术标准规范分为为 IPv6+ 1.0、IPv6+ 2.0 和 IPv6+ 3.0。IPv6+涵盖的标准规范在标准组织中的分布如表 1-4 所示。

表 1-4　IPv6+涵盖的标准规范在标准组织中的分布

| 技术课题 | | IETF | CCSA |
| --- | --- | --- | --- |
| IPv6+ 1.0 | SRv6 | 需求、框架、协议扩展 | 框架、协议扩展 |
| IPv6+ 2.0 | VPN+ | 架构、管理模型、数据面/控制面扩展 | 架构、管理接口、数据面/控制面扩展 |
| | IFIT | 框架、协议扩展 | 需求、框架、协议扩展 |
| | BIER6 | 需求、封装、协议扩展 | 封装、协议扩展 |
| | SFC | 需求、封装、协议扩展 | |
| | DetNet | 需求、架构、数据面/控制面 | |
| | G-SRv6 | 需求、封装、协议扩展 | 封装、协议扩展 |
| IPv6+ 3.0 | APN6 | 需求、框架、协议扩展 | 框架、协议扩展 |

IPv6+创新也逐步在 ETSI 上开展与架构和部署相关的标准工作。其中，在 IPv6 ISG 中发布了包含 IPv6 实践、演进及 IPv6+创新的技术白皮书，并在 ETSI ISG 中立项了 IPv6+ 2.0 随流信息测量（In-situ Flow Information Telemetry，IFIT）的技术需求和框架。

### 5. 与 SRv6 基础能力有关的技术标准文档

IPv6+ 1.0 的主体是在 IPv6 的基础上引入 SRv6 网络编程能力，基于 SRv6 可以在 IPv6 网络中提供 VPN、TE、FRR 等特性。SRv6 基础能力的标准布局如表 1-5 所示。

表 1-5　SRv6 基础能力的标准布局

| 需求与框架 | RFC8753 |
| --- | --- |
| 控制器 | PCEP for Policy、BGP for Policy、SR BGP LS |
| 管理面 | SRv6 base、SRv6 IS-IS、SRv6 BGP、SRv6 PCEP、SRv6 TE、SRv6 OSPF |
| 控制面 | SRv6 IS-IS、SRv6 OSPF、SRv6 BGP、SRv6 PCEP |
| 数据面 | SRv6 network programming、SRH |

SRv6 网络编程的框架在 IETF 草案 *draft-ietf-spring-srv6-network-programming* 中定义，主要描述了 SRv6 网络编程概念和 SRv6 功能集。该草案已经通过 SPRING 的最后意见征集（Last Call）。CCSA 也分别在 TC3 WG1 和 WG2 中进行了与 SRv6 相关标准的制定。包括《基于 SRv6 的网络编程技术要求》《基于 SRv6 的 VPN 网络技术要求》《基于 SRv6 的 IP 承载网络总体技术要求》。

SRv6 故障保护和相关功能测试通过了立项，开始标准化进程，包括《SRv6 网络故障保护技术要求》《SRv6 技术功能与性能测试要求》《基于 SRv6 的 VPN 网络测试要求》。

SRv6 的报文首部格式在 IETF 草案 RFC 8754 中定义，主要描述了 SRv6 报文首部（SRH）的封装格式定义，这是 SRv6 标准成熟的一个重要标志和里程碑。

# 1.5　协议分析工具

## 1.5.1　网络协议分析工具用途

免费、开源的网络协议分析工具 Ethereal 现在已经改名为 Wireshark，其使用方法基本是一样的。借助网络协议分析工具 Wireshark，可以观察网络现象，查看各层网络协议数据单元的格式、各字段的内容、网络协议的封装、分析网络的流量，可以更好地理解网络体系结构的层次及协议，可以分析各种网络服务的底层工作原理和过程。

在 Window 环境中 Ethereal/Wireshark 与协议包捕获软件 Winpcap 配合使用；在 Linux 环境中，Ethereal/Wireshark 与协议包捕获软件 Libpcap 配合使用。

可以通过搜索官网分别下载 Winpcap、Ethereal、Ethereal 官方用户手册、Wireshark。

使用 Ethereal/Wireshark 对 IPv6 协议包（分组）进行分析，以便帮助人们理解 IPv6 协议的格式和特征，使得 IPv6 协议"看得见，摸得着"。

下面以 Linux 环境为例，通过简单的例子来说明使用 Ethereal/Wireshark 对 IPv6 协议包分析的方法。给出使用 Wireshark 对来自 IPv6 协议包进行捕获和分析的过程，在给出的 Ethereal/Wireshark 的应用例子中，假设发送 IPv6 协议包的节点的 IPv6 地址为

2001:da8:6000:291:6e62:6dff:fe53:d4be

### 1．设置捕获滤波器（Capture-Options）

Wireshark 设置捕获滤波器的界面如图 1-7 所示。

### 2．选择需要进行捕获的网卡

在 Wireshark 中选择需要进行捕获的网卡，如图 1-8 所示，选中网卡后双击即可。

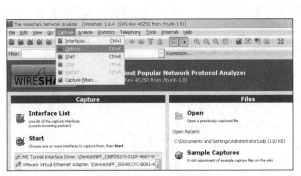

图 1-7　Wireshark 设置捕获滤波器的界面　　　　图 1-8　选择需要进行捕获的网卡

### 3．在弹出的窗口中选择"Capture Filter"

在弹出的窗口中选择"Capture Filter"，Wireshark 的"Capture Filter"界面如图 1-9 所示。

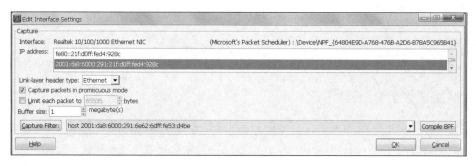

图 1-9　Wireshark 的 "Capture Filter" 界面

### 4．添加滤波器规则

首先将默认规则全部删除，Wireshark 的添加滤波器规则界面如图 1-10 所示。

图 1-10　Wireshark 的添加滤波器规则界面

上述步骤完成后，即可进行 IPv6 协议包的捕获和分析。例如，最简单的方法是通过 "#ping6" 命令进行 IPv6 节点的连通性测试，输入命令

#ping6 2001:da8:6000:291:21f:d0ff:fed4:928c

Wireshark 将会捕捉 "#ping6" 命令产生的 ICMPv6 协议包，Wireshark 捕获 ICMPv6 协议包的界面如图 1-11 所示。

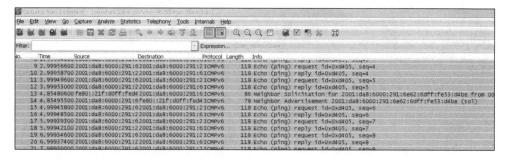

图 1-11　Wireshark 捕获 ICMPv6 协议包的界面

可以对捕获的 ICMPv6 协议包进行分析和查看，双击图中的某行 ICMPv6 协议包，再在 Wireshark 协议层次列表框中查看该 IPv6 协议包对应的协议层次，在 Wireshark 协议代码框中查看

用十六进制显示的 IPv6 协议、ICMPv6 协议各字段代码的内容。同理，可以用类似的方法捕获其他 IPv6 协议包并进行分析。

## 1.5.2　用 Wireshark 分析 IPv6 协议的例子

下面给出一个用 Wireshark 分析 IPv6 协议身份认证扩展首部（AH）的例子。在所设计的 IPv6 安全应用环境下（这里省略该安全应用环境的描述），在主机 A 终端执行"#ping6"命令，测试与对方通信主机的连通性，用 Wireshark 捕获所产生的 ICMPv6 邻居通告报文协议包，输入命令

$$\text{#ping6 –I eth0 fe80::20c:29ff:fe25:f91e}$$

使用 Wireshark 抓包工具对两主机间的 ICMPv6 邻居通告报文协议包进行分析，Wireshark 捕获邻居通告报文协议包的结果如图 1-12 所示。

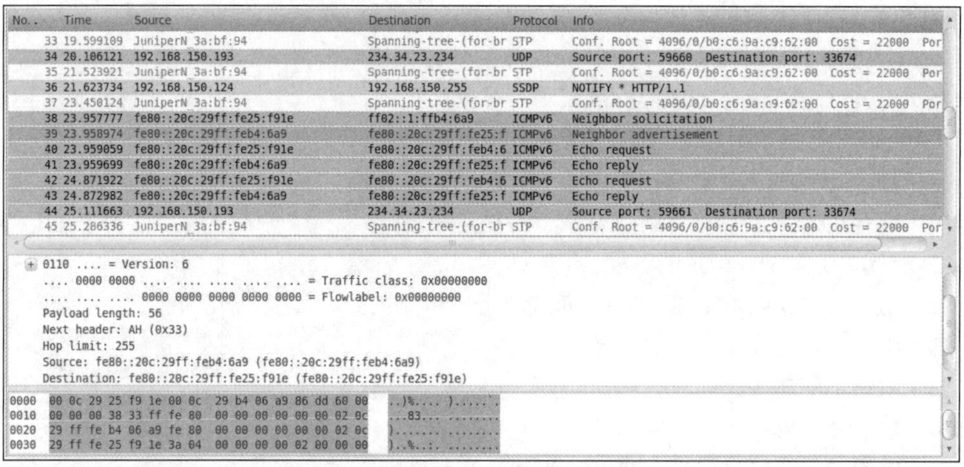

图 1-12　Wireshark 捕获邻居通告报文协议包的结果

在中间的协议层次列表框中可以看到下一个首部的值为十六进制的 0x33，标识下一个首部为 AH，可以进一步按协议层次对 AH 协议包进行分析。AH 协议包的首部数据内容的示例如图 1-13 所示。

请读者在阅读各种 IPv6 相关协议时，用 Ethereal/Wireshark 网络协议分析工具进行对应 IPv6 协议包的捕获和分析。

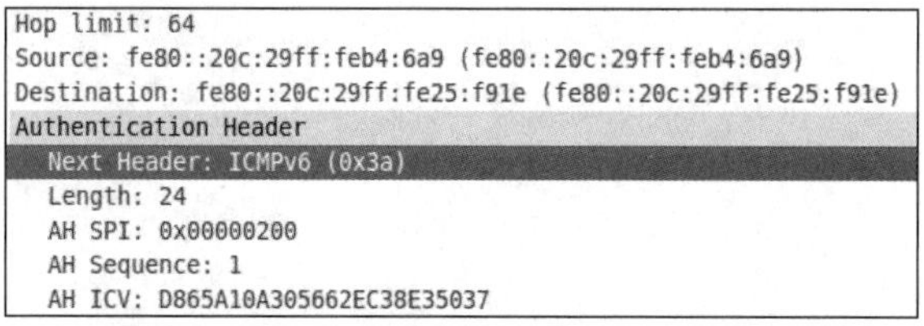

图 1-13　AH 协议包的首部数据内容的示例

# 1.6　思考练习题

1-1　计算机网络的开放性指的是什么？

1-2　计算机网络中的两个节点通过什么互相通信？

1-3　为什么说人类社会中人们之间的谈话会也用到协议和分层的概念？

1-4　Internet 发展过程中的里程碑技术是什么？

1-5　写出 IPv4 协议存在的不足。

1-6　IPv6 协议的目标是什么？

1-7　写出 IPv4 协议的局限性及需要改进的主要原因。

1-8　举例说明网络协议 3 个要素的含义。

1-9　写出计算机网络体系结构分层的思路。

1-10　画出网络协议层次与网络拓扑中网络节点的对应位置。

1-11　常用的计算机网络体系结构有哪些？

1-12　人们身边的计算机网络协议在哪里？

1-13　简述 IPv6 协议研究的历程。

1-14　写出 IPv6 协议的主要特征。

1-15　用列表的形式给出 IPv4 协议与 IPv6 协议的比较。

1-16　与 IPv6 技术有关的国际标准组织有哪些？

1-17　写出中国发展 IPv6 技术的原因。

1-18　查看 RFC 的方法有哪些？

1-19　查看和分析 IPv6 网络协议报文有哪些方法？

1-20　写出 RFC 8200 制定的过程。

1-21　为什么说 IPv6 协议和 IPng 在概念上是有区别的？

1-22　IPv6 带来的技术新思维主要有哪些？

1-23　RFC 的状态有哪些？

1-24　IPv6 技术标准工作领域和工作组主要有哪些？

1-25　中国 IPv6 标准工作组的 3 项主要工作是什么？

1-26　与物联网相关的 IPv6 协议有哪些？

1-27　IPv6+提出的原因是什么？

# 第 2 章　IPv6 协议首部结构

## 2.1　IPv6 协议数据单元的结构

### 2.1.1　IPv6 协议数据单元

IPv6 协议数据单元称为分组（Packet）。考虑习惯讲法和方便理解，有时也将 IPv6 协议数据单元称为数据报。在讲到分组交换时，分为面向连接的虚电路分组交换和无连接的分组交换，IP 交换属于分组交换，这是经常把 IP 分组称为 IP 数据报的原因。

IPv6 协议数据单元在 RFC 2460 中定义。在 TCP/IP 协议中，各种数据格式常以 4 字节（32 位）为单位描述。IPv6 分组的格式如图 2-1 所示。

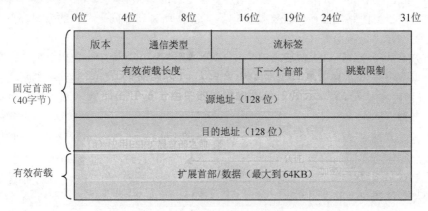

图 2-1　IPv6 分组的格式

IPv6 分组由固定首部（Base Header）和有效荷载（Payload）组成，有效荷载又包括扩展首部（Extension Header）和数据。固定首部有 40 字节，包含 8 个字段，扩展首部是可选的，长度可变，之后是数据。"首部"有时也称为"报头"。IPv6 分组各部分的组成如图 2-2 所示。

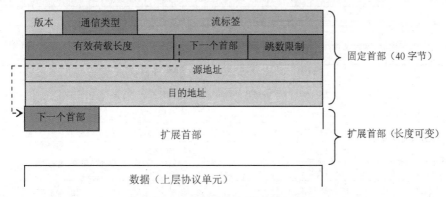

图 2-2　IPv6 分组各部分的组成

IPv6 分组在固定首部后面允许有零个或多个扩展首部，再后面是数据。具有多个可选扩展首部的 IPv6 分组的一般格式如图 2-3 所示。

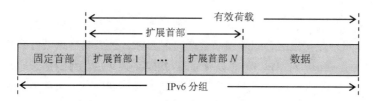

图 2-3  具有多个可选扩展首部的 IPv6 分组的一般格式

IPv6 分组固定首部中 8 个字段的作用描述如下。

（1）版本（Version），占 4 位，指明 IP 协议的版本，对 IPv6 该字段取值 0110，即十进制数 6。

（2）通信类型（Traffic Class），占 8 位，用于网络流量的分类管理，接收到的每个 IPv6 分组或分段的通信类型取值可能与发送方的取值不同（中间设备可能会修改该字段值），当前使用的通信类型字段用于区分服务（DS）和显式拥塞通知（ECN），二者定义可参考 RFC 2474、RFC 3168，即用于区分不同 IPv6 分组的类别或优先级。

（3）流标签（Flow Label），占 20 位，用于发送方节点将每个分组与一个给定的资源分配相联系，这里的"流"是指 Internet 上从特定源站点到特定目的站点（单播或多播）的一系列分组，在这个流经过的路径上的路由器应保证支持特定的 QoS。所有属于同一个流的分组都具有相同的流标签。流标签的定义可参考 RFC 6437。

（4）有效荷载长度（Payload Length），占 16 位，用于指出除固定首部以外的字节数，包括扩展首部和数据（上层协议单元），字段的最大值为 65535（64KB），即有效荷载的最大长度可以是 64KB。对于超过 64KB 的有效荷载，该字段值会被设置为 0，并用逐跳选项扩展首部中的超大有效荷载选项处理。

（5）下一个首部（Next Header），占 8 位，分为两种情况：①若 IPv6 分组没有扩展首部，则该字段值指出固定首部后面的数据交付给 IP 层上哪一个高层协议，如 6 或 17 分别对应 TCP 或 UDP；②若 IPv6 分组有扩展首部，则该字段值指出第一个扩展首部的类型，用来描述后续的扩展首部和其他相关的协议。

IPv6 分组中下一个首部字段对应 IPv4 分组中的协议字段，IPv6 分组中下一个首部字段的可能取值如表 2-1 所示。

表 2-1  IPv6 分组中下一个首部字段的可能取值

| 下一个首部的取值（十进制） | 下一个首部的内容及含义 |
| --- | --- |
| 0 | 逐跳选项首部 |
| 1 | ICMPv4 |
| 2 | IGMPv4 |
| 4 | IPv4 封装 |
| 5 | IST（Internet Stream Protocol，Internet 流协议） |
| 6 | TCP |
| 8 | EGP（Exterior Gateway Protocol，边界网关协议） |
| 9 | IGP（Interior Gateway Protocol，内部网关协议） |
| 17 | UDP |
| 41 | IPv6 封装 |
| 43 | 路由扩展首部（RH） |
| 44 | 分段扩展首部（FH） |
| 46 | 资源预留协议（RSVP） |
| 47 | 通用路由封装（GRE） |

| 下一个首部的取值（十进制） | 下一个首部的内容及含义 |
| --- | --- |
| 50 | 加密的封装安全荷载（ESP）扩展首部 |
| 51 | 身份认证扩展首部（AH） |
| 58 | ICMPv6 |
| 59 | 没有下一个扩展首部 |
| 60 | 目的选项扩展首部 |
| 88 | EIGRP（Enhanced Interior Gateway Routing Protocol，增强型内部网关路由协议） |
| 89 | OSPF |
| 108 | IP 有效荷载压缩协议 |
| 115 | L2TP（第 2 层隧道传输协议） |
| 132 | SCTP（流控制传输协议） |

（6）跳数限制（Hop Limit），占 8 位，用于限制分组在网络中经过的路由器数目，避免无用的分组在网络中"兜圈子"。源站点在发送分组时按规则设定跳数限制值，网络中的每台路由器在转发分组时，都将该字段值减 1，当分组中该字段值为 0 时丢弃该分组，并发送一个 ICMPv6 超时报文。

（7）源地址（Source Address），占 128 位，标识发送分组的网络中源节点的 IP 地址，源地址必须是单播地址。

（8）目的地址（Destination Address），占 128 位，标识接收分组的网络中目的节点的 IP 地址，目的地址可以是单播地址，也可以是多播地址。

下面给出一个 IPv6 协议报文分析的示例，使读者对 IPv6 协议有一个直观的了解。

```
Ethernet II, Src: 00:04:56:64:6f:fc, Dst: 00:e0:fc:06:7a:d8
    Destination: 00:e0:fc:06:7a:d8 (CiscoTe_06:7a:d8)
    Source: 00:04:56:64:6f:fc (DellPcba_64:6f:fc)
    Type: IPv6 (0x86dd)
Internet Protocol Version 6
    Version: 6
    Traffic class: 0x00
    Flow label: 0x00000
    Next header: ICMPv6 (ox3a)
    Hop limit: 128
    Source address: 1::7146:3e23:e38c
    Destination address: 1::1
Internet Control Message Protocol: v6
    Type: 128 (Echo Request)
    Code: 0
    Checksum: 0x9675 (Correct)
    ID: 0x0000
    Sequence: 0x0001
    Data: (32 bytes)
```

其中，版本字段值为 6，说明这是一个 IPv6 分组，通信类型字段值为 0x00，流标签字段值为 0x00000，有效荷载长度字段值为 40 字节，下一个首部字段值为 0x3a（十进制的 58），表示上层协议为 ICMPv6，跳数限制字段值为 128，源地址字段值为 1::7146:3e23:e38c，目的地址字段值为 1::1。本示例的下部分为 ICMPv6 的内容。

## 2.1.2 IPv6 协议与 IPv4 协议的比较

### 1. IPv4 协议的基本知识

IPv4 协议是在 1974 年开始研制的，最初用于 ARPANet，目的是在网络硬件受到损坏后，尽量减少对整个网络的影响，把网络中复杂的可靠性问题留到网络边缘解决。IPv4 协议实现了提供尽力交付的服务，采用 IP 地址这一逻辑地址实现了网络的互联，以及网络中计算机设备网络接口的连接标识，为不同网络和网络中计算机设备的互连起着重要作用。

IPv4 协议数据单元称为分组，因 IPv4 协议采用分组服务，故 IPv4 协议数据单元也称为 IPv4 数据报。IPv4 分组格式分为固定首部和可变部分。固定首部有 20 字节，含有 12 个字段，其中有 3 个字段用于分组的分段处理。可变部分含有可选字段，长度可变，为了符合以 32 位为一个单位的描述要求，有时需要填充位。IPv4 分组的格式如图 2-4 所示。

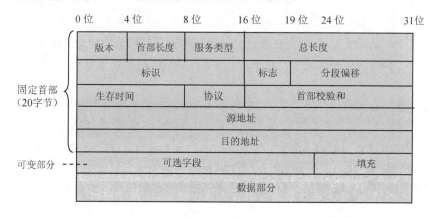

图 2-4　IPv4 分组的格式

IPv4 分组每个字段的含义如下。

（1）版本，占 4 位，记录 IP 协议的版本。这里使用的 IP 协议版本为 4，即 IPv4。通信双方使用的 IP 协议版本要一致，该字段值为 0100。

（2）首部（报头）长度，占 4 位，表示 IP 分组首部的长度（以组为单位，一个单位为 4 字节），取值为 5～15，默认值为 5，即固定首部为 20 字节。IPv4 分组首部长度中包括选项部分，选项占据的长度由该字段指明。

（3）服务类型，占 8 位，其格式为 PPPDTRC0，其中 PPP 3 位定义了 8 个优先级，D 位为延迟，T 位为吞吐量，R 位为可靠性，C 位是新增的，表示选择更小代价路由，最后一位未使用。优先级、延迟、吞吐量、可靠性、更小代价路由可任意组合。主机通过此字段告诉子网它所要求的服务，该字段早期很少使用，1998 年以后随着多媒体信息传输需求的增加，该字段开始引起重视。

（4）总长度，占 16 位，指包含首部（固定首部+选项）和数据部分以字节为单位的总长度，最大为 65535 字节。

（5）标识，占 16 位，它是一个计数器，产生分组的编号。当把一个分组分成多个分段（IP 分组）时，属于同一个分组的多个 IP 分段的字段值相同。

（6）标志，占 3 位，DF 位表示分组是否可分段，该位为 1 时表示不能分段，因为目的端可能不能重装配分段，为 0 时表示可以分段；MF 位表示是否为最后一个分段，为 0 时表示是最后一个分段，为 1 时表示后面还有分段。当有 N 个分段时，前 N-1 个数据分段的 M 位都为 1。

（7）分段偏移，占 13 位，指出本分段数据相对其所属分组起点的偏移量，以 8 字节为单位，即计算时偏移值应乘以 8。每个分段的长度是 8 字节（64 位）的整数倍。分段也称为分片。

（8）生存时间，占 8 位，用来限制 IP 分组在网络中存在的时间。以秒（s）为单位，每经过一个节点递减 1，在等待时可加倍递减。当该字段值减为 0 时将其丢弃，以防止分组在网中无限制传输。

（9）协议，占 8 位，该字段与上层协议有关，指明 IP 分组应传送给哪个运输进程，用编号表示，如 TCP 为 6，UDP 为 17 等。具体编号在 RFC 1700 中定义。

（10）首部校验和，IP 分组首部的校验和。该字段在每个节点中都必须重新计算，因为生存时间、标志、分段偏移等字段值经过每个节点时都可能发生变化。

（11）源地址和目的地址，各占 32 位，分别表示源节点、目的节点地址。

（12）选项，为可选内容，最多 10 组，共 40 字节，为后续版本提供新的功能而预留，或者为特定的应用提供一种灵活性以避免为了支持少数应用而增大头部长度。选项字段很少使用。目前已定义了 5 类选项，其实现的功能分别如下。

① 安全性，指明数据的安全程度（机密程度）。

② 严格源路径选择，给出完整的路径，数据包需要沿此路径传送。

③ 松散源路径选择，给出不能遗漏的路由器列表。

④ 记录路由，使每台路由器都附上其 IP 地址。

⑤ 时间标识，使每台路由器都附上地址及时间标识。

可以看出，IPv4 协议并不进行差错控制，差错控制将由数据链路层实现。

**2．IPv6 协议首部与 IPv4 协议首部的比较**

IPv6 协议与 IPv4 协议是互不兼容的两个网络层协议，IPv6 是在 IPv4 基础上的改进。IPv6 协议首部与 IPv4 协议首部的比较如图 2-5 所示。

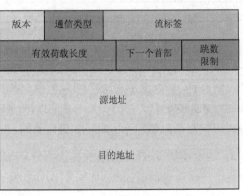

（a）IPv4 协议首部　　　　　　　　　　　　（b）IPv6 协议首部

图 2-5　IPv6 协议首部与 IPv4 协议首部的比较

IPv6 协议与 IPv4 协议首部字段的比较及特征如表 2-2 所示。

表 2-2　IPv6 协议与 IPv4 协议首部字段的比较及特征

| IPv4 首部的字段 | IPv6 首部的字段 | 比较及在 IPv6 中的特征 |
| --- | --- | --- |
| 版本（4 位） | 版本（4 位） | 功能相同，IPv6 中该字段值为 6 |

| IPv4 首部的字段 | IPv6 首部的字段 | 比较及在 IPv6 中的特征 |
|---|---|---|
| 首部长度（4 位） | | IPv6 分组固定首部为 40 字节 |
| 服务类型（8 位） | 通信类型（8 位） | 具有类似的功能 |
| | 流标签（20 位） | 用于标识 IPv6 数据流 |
| 总长度（16 位） | 有效荷载长度（20 位） | 具有类似的功能 |
| 标识（16 位） | | IPv6 中分段处理方式不同 |
| 标志（3 位） | | IPv6 中分段处理方式不同 |
| 分段偏移（13 位） | | IPv6 中分段处理方式不同 |
| 生存时间（8 位） | 跳数限制（8 位） | 具有类似的功能 |
| 协议（8 位） | 下一个首部（8 位） | 具有类似的功能 |
| 首部校验和（16 位） | | IPv6 中由数据链路层和高层处理校验和 |
| 源地址（32 位） | 源地址（128 位） | IPv6 中地址位数扩大到 128 位 |
| 目的地址（32 位） | 目的地址（128 位） | IPv6 中地址位数扩大到 128 位 |
| 选项（长度可变） | | IPv6 中采用扩展首部方法 |
| 填充（长度可变） | | IPv6 中没有 |

可以看出 IPv6 协议首部去掉了 IPv4 协议中的 5 个字段，这 5 个字段是首部长度、标识、标志、分段偏移和首部校验和。例如，考虑到数据链路层和运输层都有差错检验功能，取消了 IPv4 中的首部校验和字段。增加了一个流标签字段，源地址和目的地址字段的地址位数扩大到 128 位。IPv4 协议中的服务类型字段由 IPv6 协议中的通信类型字段替代。IPv4 协议中的生存时间、协议和总长度字段被重新命名，并对位置等稍做修改，对应形成 IPv6 协议中的跳数限制、下一个首部和有效荷载长度字段。

需要注意的是，IPv6 采用 40 字节的固定首部，采用扩展首部适应各种传输选项的需要，IPv6 采用与 IPv4 不同的分段处理方式。

IPv4 协议与 IPv6 协议是网络层协议的两个版本，是互不兼容的，但是二者在功能实现和应用描述上并没有本质上的区别，可以从数据、控制和管理 3 个平面理解和分析。在数据平面，以尽力交付方式来存储转发数据分组；在控制平面，以静态或动态的方式获得路由信息，决定对数据分组的转发路径；在管理平面，提供必要的设备和信息，为网络管理、维护提供支持。

### 3. 路由器转发 IPv4 分组的过程

（1）检验首部校验和，先进行校验和计算，将计算结果与保存在 IPv4 分组固定首部的首部校验和字段值进行比较。

（2）检查版本字段，看该分组是否按 IPv4 协议要求封装。

（3）递减生存时间字段值。若发现生存时间字段值为 0，则向源节点发送一个 ICMPv4 报文，告诉该分组已经超时，并丢弃该分组。若生存时间字段值大于 1，则将该字段值递减 1。

（4）处理首部选项，检查是否存在首部选项，若存在，则进行相应的处理。

（5）进行路由选择，用 IP 目的地址与路由表中的路由表项进行对照，确定转发该分组的路由器接口、下一跳地址。若没有合适的路由，则按默认路由处理；若没有默认路由，则向源节点发送一个"目的不可达"或"主机不可达"ICMP 报文，丢弃该分组。

（6）处理数据分段和拆分，若分组总长度字段值大于转发接口的 MTU，并且分组标志字段中 DF 位的值为 0，则允许对分组进行拆分。若 DF 位的值为 1，则不允许对分组进行拆分，向源节点发送一个"目的不可达"ICMP 报文，并丢弃该分组。

（7）计算首部校验和，重新计算新的分组首部校验和，将计算结果值更新分组首部校验和字段值。

（8）转发分组，依据路由选择结果转发 IPv4 分组。

#### 4．路由器转发 IPv6 分组的过程

（1）检查版本字段，看该分组是否按 IPv6 协议要求封装。

（2）递减跳数限制字段值。若跳数限制字段值为 1，则向源节点发送一个"超时"ICMPv6 报文，并丢弃该分组。若该字段值大于 1，则递减 1 并更新该字段值。

（3）检查下一个首部字段值，依次进行处理。

（4）进行路由选择，用 IPv6 目的地址与路由表中的路由表项进行对照，确定转发该分组的路由器接口、下一跳 IPv6 地址。若没有合适的路由，则按默认路由处理；若没有默认路由，则向源节点发送一个"目的不可达"或"主机不可达"ICMPv6 报文，丢弃该分组。

（5）处理有效荷载长度字段值，若转发接口的链路 MTU 小于有效荷载长度字段值与 40 字节之和，则向源节点发送一个"数据包过大"ICMPv6 报文，丢弃该分组。

（6）依据路由选择结果转发 IPv6 分组。

通过比较路由器转发 IPv4 分组和转发 IPv6 分组的过程，可以看到转发 IPv6 分组的过程很简单，可以简化分组首部经过路由器的计算过程，提高路由器转发分组的效率。

# 2.2　IPv6 协议的扩展首部

## 2.2.1　IPv6 协议扩展首部概述

#### 1．扩展首部的用法

IPv6 协议对 IPv4 协议首部的一些字段进行了删除或改进，把 IPv4 协议首部中的可选项实现的功能，通过设计用 IPv6 协议中的扩展首部来实现，在需要的情况下把扩展首部插入 IPv6 固定首部和数据部分之间。IPv6 协议中的扩展首部是可选的，只在需要时才插入，使得 IPv6 分组的生成更加灵活和高效，提高了分组的转发效率，也给新选项的设计和集成带来了方便。IPv6 协议通过扩展首部设计，增强了 IPv6 协议的可扩展性。

若 IPv4 分组的首部使用了选项，则 IPv4 分组途经的每台路由器均要对这些选项逐一检查和处理，而实际情况是许多选项信息是途经的路由器不使用的，即没有必要做处理。IPv6 分组把原来 IPv4 首部中的选项内容放在扩展首部中，带有扩展首部的 IPv6 分组途经的路由器均不处理扩展首部（除了路由扩展首部和逐跳选项扩展首部），而将扩展首部留给路径两端的源端节点和目的端节点来处理，这样就大大提高了路由器的转发效率。

每个扩展首部都由若干字段组成，长度各不相同。但要求每个扩展首部的长度应为 8 字节（64 位）的整数倍，这样规定是为了满足扩展首部位置对齐的要求。

每个扩展首部的第一个字段都是下一个首部字段，由下一个首部字段构成扩展首部指针链表。若同时存在多个扩展首部，则扩展首部的排列有顺序要求。若下一个首部字段值为 59，则表示没有扩展首部（该首部为最后一个首部）。

#### 2．扩展首部的标识

下一个首部字段值指明是否有下一个扩展首部，以及下一个扩展首部是什么，因此 IPv6 首部

和扩展首部可以连接起来，从基本的 IPv6 固定首部开始，逐个连接各扩展首部。IPv6 常用的扩展首部名称及功用如表 2-3 所示。

表 2-3　IPv6 常用的扩展首部名称及功用

| 扩展首部的名称 | 扩展首部的功用 |
| --- | --- |
| 逐跳选项 | 需要在路径上每跳（节点）进行确认处理 |
| 路由 | 指定分组转发必须经过的网络中间节点 |
| 分段 | 当传输的分组超过路径最大传输单元时，需要在源端节点上分组 |
| 目的选项 | 只有到目的地才需要处理的内容 |
| 身份认证 | 对分组及高层协议进行认证，实现数据完整性和数据来源的确认 |
| 封装安全有效荷载 | 提供数据机密性、数据验证、数据完整性和数据抗重放攻击 |

IPv6 分组中扩展首部的连接如图 2-6 所示，图中有 3 个 IPv6 分组，第一个 IPv6 分组的下一个首部字段值为 6，表明基本首部之后为 TCP 首部和数据；第二个 IPv6 分组有路由扩展首部，其后为 TCP 首部和数据；最后一个 IPv6 分组有较复杂的首部链，IPv6 基本首部后有路由扩展首部，然后是身份认证扩展首部，最后是 TCP 首部和数据部分，对应的下一个首部字段值分别为 43、51、6。

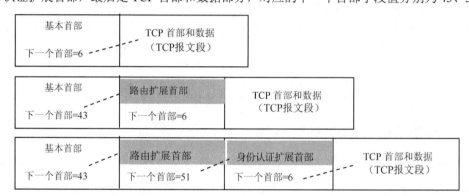

图 2-6　IPv6 分组中扩展首部的连接

### 3．扩展首部的顺序

一个 IPv6 分组可以有多个扩展首部，但是只有一种情况允许同一类型的扩展首部在一个分组中多次出现，而且各扩展首部在出现时应有一定的顺序，RFC 8200 规定了扩展首部应该依照的顺序。扩展首部出现的顺序及名称如表 2-4 所示。

表 2-4　扩展首部出现的顺序及名称

| 扩展首部出现的顺序 | 扩展首部名称 |
| --- | --- |
| 1 | IPv6 基本首部（RFC 8200） |
| 2 | 逐跳选项扩展首部（RFC 8200） |
| 3 | 目的选项扩展首部 1（由目的选项首部中指定的网络节点依次进行处理）（RFC 8200） |
| 4 | 路由扩展首部（RFC 8200） |
| 5 | 分段扩展首部（RFC 8200） |
| 6 | 身份认证扩展首部（RFC 4302） |
| 7 | 封装安全有效荷载扩展首部（RFC4303） |
| 8 | 目的选项扩展首部 2（仅由目的节点进行处理） |
| 9 | 高层协议首部（如 TCP、UDP、ICMPv6） |

从以上 IPv6 扩展首部出现的顺序可知，在同一个 IPv6 分组中只有目的选项扩展首部可以出现两次，并且仅限于分组中包含路由扩展首部的情况，而这两个目的选项扩展首部的处理是不相同的。其他扩展首部至多出现一次。

上述顺序并不是绝对的，前面已提及，在分组的其余部分要加密时，ESP 首部必须是最后一个扩展首部。同样，逐跳选项扩展首部优先于其他扩展首部，因为每个接收 IPv6 分组的节点都必须对该选项进行处理。

如果高层协议首部也是一个 IPv6 首部（封装），那么此高层首部之后可以紧随其自己的扩展首部，这些扩展首部也遵循上述规定的顺序。

## 2.2.2 逐跳选项扩展首部

### 1. 逐跳选项扩展首部的格式

逐跳选项扩展首部（Hop-by-Hop Options Header，HHOH）中最实质的是选项字段的内容，该字段描述了数据分组转发的特性。从源节点到目的节点的路由上的每个节点，即每个转发分组的网络节点（路由器）都检查逐跳选项中的信息。逐跳选项扩展首部结构和扩展首部的选项格式如图 2-7 所示。

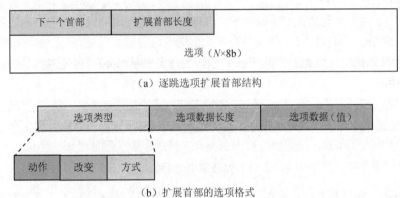

（a）逐跳选项扩展首部结构

（b）扩展首部的选项格式

图 2-7　逐跳选项扩展首部结构和扩展首部的选项格式

逐跳选项扩展首部各部分的含义如下。

（1）下一个首部，长度为 8 位，该字段的作用与 IPv6 分组中的下一个首部字段的作用相同。

（2）扩展首部长度，长度为 8 位，标识逐跳选项扩展首部的长度，该长度以 8 字节为单位，不包含扩展首部的第一个 8 位，该字段限制了扩展首部长度最多为 2048 字节，如果选项扩展首部只有 8 字节，那么该字段值为 0。为了保证该长度是 8 字节的整数倍，需要使用填充位，用于确保 8 字节的边界。

（3）选项，IPv6 扩展首部中的每个选项都可以包含零个或一个以上选项，选项以“类型-长度-值”（Type Length Value，TLV）的格式编码。RFC 8200 规定，该选项只能取 Pad0 或 PadN 选项。

### 2. IPv6 扩展首部中的选项

每个选项包含 3 个字段。

（1）选项类型：该字段为 8 位标识符，指明了选项的类型，也确定了节点对该选项的处理方法，即使目的节点不能够识别选项，也可以由该字段的前 3 位编码翻译出选项的类型，用后 5 位标识符填充方式或超大有效荷载。

选项类型字段的第 1、2 位标识符表示目的节点在不能识别特定的选项时应该采取的动作，共有如下 4 种选项类型：①00——忽略此选项，完成对扩展首部其余部分的处理；②01——丢弃整个包（分组）；③10——丢弃包，不论该包的目的地址是否是多播地址，都向该包的源地址发送一个 ICMPv6 参数问题报文；④11——丢弃包，如果该包的目的地址是单播地址或任播地址（非多播地址），那么向该包的源地址发送一个 ICMPv6 参数问题报文。

选项类型的第 3 位标识符指明在协议包从源地址到目的地址的传送过程中，选项数据的值是否可以改变：①若为 0，则不允许改变；②若为 1，则可以改变。

选项类型的第 4、5、6、7、8 位，共 5 位标识符，目前给出 4 种编码组合：00000——Pad1；00001——Pad N；00010——超大有效荷载；00101——路由器告警。

（2）选项数据长度：该字段为 8 位整数，表示选项数据字段的长度（以字节为单位），选项长度不包括选项类型和选项数据长度字段。该字段最大值为 255。

（3）选项数据：指与该选项相关的特定数据，可以是一系列字段的集合，这些字段既可以描述分组发送的某些特性，又可以用于填充。

### 3．Pad1 和 PadN

逐跳选项扩展首部和目的地选项扩展首部都包含两个填充选项：填充选项 1（Pad1）和填充选项 N（PadN）。

填充选项用于满足单元边界对齐的要求，保证选项中的特定字段位于期望的边界之内，通常在选项之前进行填充，当有多个选项时，也会在两个选项之间进行填充。填充物就是 Pad1 和 PadN。

Pad1 的作用是插入一个填充字节，PadN 的作用是插入两个或多个填充字节，Pad1 和 PadN 的格式如图 2-8 所示。

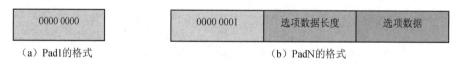

（a）Pad1的格式　　　　　　　　　　　（b）PadN的格式

图 2-8　Pad1 和 PadN 的格式

Pad 1 很特别，它只有 8 位，全部置为 0，没有选项数据长度字段和其他选项数据。

Pad N 包括如下字段：选项类型字段，该字段值为 1；选项数据长度字段，该字段值为当前所有填充字节数；选项数据字段，为零个或多个填充字节。

Pad N 的选项类型值用 0000 0001 标识，它使用多个字节来填充扩展首部。如果扩展首部需要 $N$ 字节填充，那么选项数据长度字段值为 $N-2$，即选项数据字段占 $N-2$ 字节，选项数据字段值全部置为 0。再加上 1 字节的选项类型字段、1 字节的选项数据长度字段，一共填充了 $N$ 字节。

### 4．超大有效荷载选项

在 IPv6 的固定首部中，有效荷载长度字段占 16 位，IPv6 分组的最大有效荷载长度为 65535 字节。其实 IPv6 是能够发送大于 65535 字节的数据分组的，以适应 MTU 值很大的网络传输的需要，IPv6 通过逐跳选项扩展首部的超大有效荷载选项实现这一需要。

当传输更长的有效荷载时，需要用超大有效荷载（Jumbo Payload Length，JPL）选项，此时选项类型的值为 1100 0010。选项长度（8 位）定义下一个字段的大小，单位为字节，固定值为 0000 0100，标识为 4 字节（32 位），表示超大有效荷载的最大长度是 $2^{32}-1$（4294987295）字节。因为有对齐限制，所以超大有效荷载的选项必须从 4 字节的倍数开始，从扩展首部的开始计算还要加上 2 字节，即超大有效荷载选项从（$4n+2$）字节开始，其中 $n$ 是一个整数。具有超大有效荷载选项的逐跳选项扩展首部格式如图 2-9 所示。

| | | 选项类型 | 选项长度 |
| | | 1100 0010 | 0000 0100 |
| 下一个首部 | 扩展首部长度 | 1100 0010 | 0000 0100 |
| 超大有效荷载长度（4 字节） | | | |

图 2-9　具有超大有效荷载选项的逐跳选项扩展首部格式

此时，由于整个具有超大有效荷载选项的逐跳选项扩展首部只有 8 字节，因此扩展首部长度的字段值为 0。超大有效荷载选项从扩展首部的第 3 字节开始，第 3 字节为扩展首部类型，其值为 194；第 4 字节为超大有效荷载选项数据长度，其值为 4。选项的最后一个字段为超大有效荷载长度，指明包括逐跳选项扩展首部在内，但不包括 IPv6 首部，IPv6 分组中所包含的实际字节数。

只有沿途的每台路由器都能够处理时，节点才能使用超大有效荷载选项来发送大型 IP 分组。因此，该选项在逐跳选项扩展首部中使用，要求沿途的每台路由器必须检查此信息。超大有效荷载选项允许 IPv6 分组的荷载长度超过 65535 字节，最多可以为 $2^{32}$ 字节，超过了 40 亿字节。如果使用该选项，那么不再使用 IPv6 首部中的 16 位有效荷载长度字段，并且该字段值设置为 0，扩展首部中的超大有效荷载长度字段值不小于 65535。如果不满足这两个条件，那么接收包的节点应该向源节点发送 ICMPv6 出错报文，通知有问题发生。

需要注意的是，如果 IPv6 分组中有分段扩展首部，那么不能同时使用逐跳选项扩展首部选项，因为使用逐跳选项扩展首部选项时不能对分组进行分段。

### 5. 路由器告警选项

路由器告警选项用于告知路由器该 IPv6 分组中的内容需要进行特殊处理，用于多播监听发现（MLD）和资源预留协议（RSVP）。

路由器告警选项格式中的选项类型字段值为 00101（十进制的 5），选项长度字段值为 00010（十进制的 2），选项数据字段值为 16 位的 0。具有路由器告警选项的逐跳选项扩展首部格式如图 2-10 所示。

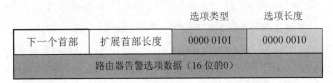

| | | 选项类型 | 选项长度 |
| 下一个首部 | 扩展首部长度 | 0000 0101 | 0000 0010 |
| 路由器告警选项数据（16 位的0） | | | |

图 2-10　具有路由器告警选项的逐跳选项扩展首部格式

## 2.2.3　路由扩展首部

### 1. 路由扩展首部的用途与格式

IPv6 中的路由扩展首部（Routing Header，RH）用来指出 IPv6 分组在从源节点到目的节点的过程中，需要经过的一个或多个网络中间节点（路由器），替代 IPv4 中所实现的源选路由。源选路由允许用户指定 IP 分组在网络中传输所经过的路径，即到达目的地沿途必须经过的路由器。路由扩展首部的格式如图 2-11 所示。

| 下一个首部 | 扩展首部长度 | 路由类型 | 剩余段数 |
| 类型相关数据 | | | |

图 2-11　路由扩展首部的格式

IPv6 路由扩展首部有 4 个字段，各占 1 字节，其中，下一个首部字段和扩展首部长度字段对所有的扩展首部都是一样的，区别主要是路由类型字段和剩余段数字段。

路由类型字段表示所使用的路由扩展首部的类型，对应的类型相关数据的内容为该 IPv6 分组需要经过的中间路由器的 IP 地址。RFC 8200 规定不再使用路由类型 0。路由类型 2 用于支持 IPv6 移动性，允许将分组从通信端直接路由到移动节点的转交地址，路由扩展首部提供移动节点的当前位置信息，对应类型相关数据的内容中包括移动节点的家乡地址。

剩余段数字段表示到达目的地址之前还需要经过的路由器的个数，即在到达最终目的地址前等待被访问的中间节点列表，这些路由器是分组在到达最终目的地之前必须经过的。扩展首部的其余部分为类型相关数据，与路由扩展首部类型相关，其长度使得整个路由首部的长度为 8 字节的倍数。

### 2. 路由扩展首部最初的设计思路和实现机制

由源节点构造 IPv6 分组必须经过路由器列表，并构造路由扩展首部。路由扩展首部中包括分组传输经过的路由器列表、最终目的节点地址和剩余段数。

源节点（源点）发送分组时，将 IPv6 首部目的地址设置为路由扩展首部列表中的第一台路由器的地址。

该分组在网络中转发，直到抵达路径中的第一站，即 IPv6 首部的目的地址（选路首部列表中的第一台路由器），只有该路由器才能检查路由扩展首部，沿途的其他中间路由器都会忽略该路由扩展首部。

在第一站和所有后续其他站中，路由器检查路由扩展首部，以确保剩余段数与地址列表一致。若剩余段数字段值等于 0，则表示此路由器节点实际上是该分组的最终目的地址。

若此节点不是该分组的最终目的地（终点），则它将自己的地址从 IPv6 首部的目的地址字段中取出，并以路由扩展首部列表中的下一个节点地址来替代，同时，节点将剩余段数字段值减 1。然后将分组发往下一跳。列表中 IP 地址涉及的其他节点重复此过程，直到分组到达最终目的地。

IPv6 分组在经过一个中间路由器时，路由扩展首部的处理过程如下。

（1）当前 IPv6 分组固定首部中的目的地址要与路由扩展首部中地址列表中的（（$N$ - 剩余段数字段值）+ 1）地址互换，其中 $N$ 为扩展首部中地址列表的地址总数。

（2）剩余段数字段值减 1。

（3）按下一跳地址转发分组。

IPv6 路由扩展首部实现机制的示例如图 2-12 所示。

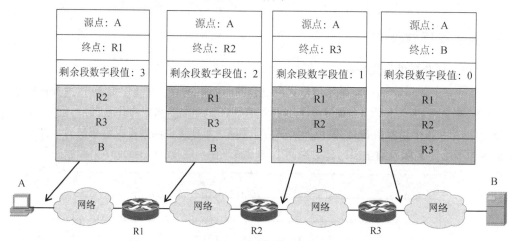

图 2-12　IPv6 路由扩展首部实现机制的示例

在路由扩展首部应用中的终点地址与通常描述的含义不同，通常描述的终点地址讲的是 IPv6 分组的目的地址（最后终点）。这里的终点地址在从一台路由器到另一台路由器时发生变化，主机 A 把 IPv6 分组通过路由器 R1、R2、R3 发送到主机 B，需要指出目的地址在 IPv6 分组固定首部中，在经过每台路由器时，随着路由器的不同，这些地址也随之改变。

### 3. 路由扩展首部的进一步讨论

IPv4 源选路由通过 IPv4 分组的选项实现，对用户可以指定的中间路由器的个数有一定限制，IPv4 首部的选项部分可以有 40 附加字节，最多只能填入 10 个 32 位地址的列表。此外，由于路径上的每台路由器都必须处理整个地址列表，而不论该路由器是否在列表中，因此 IPv4 源选路由对分组的处理很慢。IPv6 采用路由扩展首部选项可以获得很好的处理性能。

当路由器发现一个不能识别路由类型的路由扩展首部时，需要检查剩余段数字段值，分别进行两种不同的判断处理：若剩余段数字段值为 0，则忽略路由扩展首部，继续处理分组中由路由首部中下一个首部字段标识的下一个首部；若剩余段数字段值不为 0，则丢弃该分组，同时向源节点发送一个代码（Code）为 0 的 ICMPv6 参数错误报文，并指出无法识别的路由类型。

如果在处理完分组内部的路由首部之后，中间节点决定转发分组到其 MTU 值小于分组尺寸的链路上，那么该节点必须丢弃该分组，并向发送分组的源地址发送一个 ICMPv6 分组过大（ICMP Packet too big message）报文。

IPv6 路由首部和其状态的定义可参考 IANA-RH，IPv6 路由首部的分配原则可参考 RFC 5871。

## 2.2.4  分段扩展首部

当源节点发送的 IPv6 分组比到达目的节点所经过路径上的最小 MTU 值还要大时，需要对这个分组进行分段。

IPv6 协议通过分段扩展首部（Fragment Header，FH）实现分组的分段。IPv6 协议只允许源节点对分组进行分段，简化了中间节点对分组的处理。每个分段作为单独的封包（分组）发送，由接收方重组。

而在 IPv4 网络中，对于超出本地链路允许长度的分组，中间节点路由器可以进行分段，这种处理方式要求路由器必须完成额外的工作，并且在传输过程中分组可能被多次分段。例如，以太网允许传送的 MTU 为 1500 字节，要发送一个 4000 字节的 IP 分组，需要分成 3 段，每段均小于 1500 字节，才可以在以太网链路上传送。前方有些链路可能具有更小的 MTU，如 576 字节，这种链路上的路由器必须将已经分成 1500 字节的 IP 分段分成更小的段。

IPv6 网络中通过使用路径 MTU 发现机制，源节点可以确定源节点到目的节点之间的整条链路中能够传送的最大分组长度，从而避免中间路由器的分段处理。RFC 8200 中规定 IPv6 网络中最小的 MTU 为 1280 字节，并建议将链路配置为至少可以传送 1500 字节分组。

IPv6 规范建议所有节点都执行路径 MTU 发现机制，并只允许由源节点分段，在发送任意长度的分组之前，必须检查源节点到目的节点的路径，计算出无须分段就可以发送的分组的最大长度。如果要发送超出此长度的分组，那么必须由源节点进行分段。

IPv6 分段扩展首部的格式如图 2-13 所示。

| 下一个首部 | 保留 | 分段偏移值 | 保留 | M 标识 |
|---|---|---|---|---|
| 标识 | | | | |

图 2-13  IPv6 分段扩展首部的格式

分段扩展首部的字段如下。

（1）下一个首部字段，此 8 位字段在所有的 IPv6 首部中都是相同的。

（2）保留，此 8 位字段目前未用，设置为 0。

（3）分段偏移值字段，与 IPv4 的分段偏移字段很相似。此字段共 13 位，以 8 字节为单位，表示此分组（分段）中数据的第一个字节与原来整个分组中可分段数据部分的第一个字节之间的位置关系，若该值为 175，则表示分段中的数据从原分组数据部分的第 175×8 = 1400 个字节开始。分段偏移值最大为 8191，即标识 8191×8 = 65528 字节。

（4）保留字段，此 2 位字段目前未用，设置为 0。

（5）M 标识，表示是否有后续分段。若该值为 1，则表示后面还有后续分段；若该值为 0，则表示这是最后一个分段。

（6）标识字段，该字段与 IPv4 的标识字段类似，但是此处为 32 位，而在 IPv4 中为 16 位。源节点为每个被分段的 IPv6 分组都分配了一个 32 位标识符，用来唯一标识最近（在分组的生存时间内）从源地址发送到目的地址的分组。

需要进行分段的原分组在源节点中被分为一系列分段发送出去，每个分段的大小应与传输路径上的最小 MTU 值适应。每个分段单独封装为一个 IPv6 分组。

没有进行分段的分组称为原 IPv6 分组，原分组包括两部分：不可拆分（分段）部分和可拆分部分。

不可拆分部分包括 IPv6 分组的固定首部，以及在发往目的节点的途中必须由路由器和目的节点处理的扩展首部和数据，不可拆分部分可能有以下 3 种情况：①只有基本首部，没有扩展首部；②基本首部加上逐跳选项扩展首部；③基本首部加上目的选项扩展首部与路由扩展首部。

IPv6 分组中可拆分部分包括有效荷载和只能在到达最终目的地时才处理的扩展首部。将原分组中可拆分部分按顺序从左到右分成若干分段，并使用分段扩展首部标识，除最后一个分段之外，每个分段的长度都是 8 字节的整数倍。一个 IPv6 原分组的分段过程如图 2-14 所示。

在一个 IPv6 分组的各分段传输到目的节点以后，分段将重组为原 IPv6 分组，只有具有相同源地址、目的地址和分段标识的分段才可以重组。

重组后的分组中的不可分段部分由第一个分段（该分段的分段偏移值为 0）中的不可拆分部分组成。用第一个分段的分段扩展首部中的下一个首部字段值，设置不可拆分部分最后一个首部中的下一个首部字段值。根据不可拆分部分的长度和最后一个分段扩展首部中的分段偏移值，计算出重组后的分组的有效荷载长度。重组后的可拆分部分由各分段的分段数据部分组成，各分段在重组后的可拆分部分中的相对位置可以由其分段偏移值计算得出。

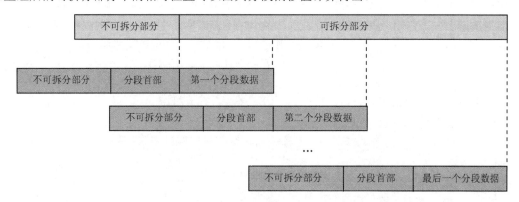

图 2-14　一个 IPv6 原分组的分段过程

若在收到 IPv6 分组的第一个分段之后的 60s 内，没有接收到与该分段相关的全部分段，则必须终止这次重组，并丢弃已经收到的该 IPv6 分组的所有分段，此时若收到了第一个分段，则向发送分段的源节点发送分段重组超时的 ICMPv6 报文（报文类型 = 3、代码 = 1）。若一个分段的数据部分的长度不是 8 字节的整数倍，但 M 标识置 1，则丢弃该分段，向发送分段的源节点发送参数问题 ICMPv6 报文（报文类型 = 4、代码 = 0）。若重组后的 IPv6 分组的有效荷载长度超过 65535 字节，则丢弃该分组，向发送分段的源节点发送参数问题 ICMPv6 报文（报文类型 = 4、代码 = 0），并且指针指向分段的分段偏移值字段。

需要指出的是，IPv6 认为 MTU 小于 1280 字节的数据包是非法的，处理时会丢弃 MTU 小于 1280 字节的数据包（除非它是最后一个包），这有助于防止碎片（Fragment）攻击。

## 2.2.5　身份认证扩展首部

身份认证扩展首部（Authentication Header，AH）的作用是实现数据的完整性和对分组来源的确认，完整性保证数据在传输过程中没有被篡改过，分组来源的确认保证分组确实来自源地址所标识的接口。AH 用在一对主机或一对安全网关之间，也可以用在主机和安全网关之间，提高端到端之间通信的安全性。AH 由 RFC 2402 描述，AH 是 IP 安全架构的一部分。IP 安全架构由 RFC 2401 定义。

AH 的位置在需要由路由器处理的扩展首部之后，这些扩展首部是逐跳选项扩展首部、路由扩展首部、分段扩展首部。要求 AH 的位置在只能由分组的目的地址处理的扩展首部之前，这些扩展首部是目的选项扩展首部。AH 的格式如图 2-15 所示。

| 下一个首部 | 荷载长度 | 保留字 |
|---|---|---|
| 安全参数索引 | | |
| 序列号 | | |
| 认证数据（长度可变） | | |

图 2-15　AH 的格式

AH 包含的字段的含义如下。

（1）下一个首部，此 8 位字段对所有的 IPv6 首部都是相同的。

（2）荷载长度，占 8 位，指明 AH 中的序列号和认证数据的长度，以 32 位（4 字节）为单位，不计前 2 位（序列号前的位数），该字段值为 AH 首部的长度减 2。

（3）保留字，占 16 位，全置 0，供以后使用。

（4）安全参数索引（Security Parameter Index，SPI），占 32 位，标识一个安全关联（SA）。把目的地址与安全协议结合起来。索引值 0 保留为本地使用，1~255 的索引值由 ICNAA 保留，供以后使用。

（5）序列号，占 32 位，取值为无符号的 32 位整数，表示一个递增的计数器值，每发送一个分组，该字段值加 1。发送方与接收方在建立一个 SA 时，计数器值被初始化为 0，使用该 SA 发送的第一个分组的序列号为 1。不允许循环使用序列号，当计数器值增加到 $2^{32}$ 时，需重置为 0，此时通信双方必须重新协商 SA 和获取新的密钥。序列号可以用来实现反重发攻击，若刚收到的分组的序列号与已经接收到的分组的序列号相同，则将该分组丢弃。

（6）认证数据，该字段的长度是可变的，要求必须是 32 位的整数倍。该字段包含经数字签名的报文摘要，可用来鉴别源节点和检查 IP 分组的完整性。该字段可能包含填充位，对于 IPv6，填充位要保证使整个 AH 的长度是 64 位的整数倍。

AH 有两种使用（操作）方式：传输模式（Transport Mode）和隧道模式（Tunnel Mode）。

传输模式下 AH 在 IPv6 分组中的位置如图 2-16 所示，可以把 AH 看作一个端到端的荷载，把 AH 插入原 IP 首部和 TCP、UDP、ICMP 等上层协议之间，或者插入其他已经插入的 IPsec 首部之前。

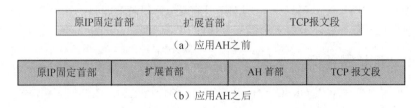

| | | |
|---|---|---|
| 原IP固定首部 | 扩展首部 | TCP报文段 |

（a）应用AH之前

| | | | |
|---|---|---|---|
| 原IP固定首部 | 扩展首部 | AH 首部 | TCP 报文段 |

（b）应用AH之后

图 2-16　传输模式下 AH 在 IPv6 分组中的位置

应用 AH 之前的其他扩展首部可以是逐跳选项扩展首部、路由选择扩展首部和分段扩展首部。目的选项扩展首部可以出现在 AH 之前或之后。

隧道模式下的 AH 应用在主机和安全网关中，AH 包括原（内部）IP 分组固定首部在内的 IPv6 分组。隧道模式下的 AH 的位置与传输模式是一样的。隧道模式下 AH 在 IPv6 分组中的位置如图 2-17 所示。

| | | | | | |
|---|---|---|---|---|---|
| 新的 IP 首部 | 扩展首部 | AH | 原IP首部 | 扩展首部 | TCP 报文段 |

图 2-17　隧道模式下 AH 在 IPv6 分组中的位置

## 2.2.6　封装安全荷载扩展首部

封装安全荷载（Encapsulation Security Payload，ESP）扩展首部不仅提供端到端的数据加密功能、无连接的完整性服务、数据源认证、抗重放服务，还提供对通信流机密性的限制，所提供的这些服务由 SA 在建立时确立的选项和应用所在的位置确定。机密性可以单独使用，数据源认证和无连接的完整性服务是彼此相关的服务，可以与机密性服务结合起来提供给用户，只有在选择数据源认证时，才可以选择抗重放服务。通信流机密性一般选择隧道模式，在安全网关上实现通信流机密性最为有效。

ESP 扩展首部的格式如图 2-18 所示。

| | | |
|---|---|---|
| 安全参数索引 | | |
| 序列号 | | |
| 荷载数据（长度可变） | | |
| 填充数据 | 填充数据长度 | 下一个首部 |
| 认证数据（长度可变） | | |

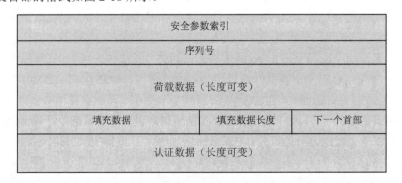

图 2-18　ESP 扩展首部的格式

ESP 扩展首部包含的字段的含义如下。

（1）安全参数索引，占 32 位，标识一个 SA。与 AH 中的安全参数索引字段功能相同。

（2）序列号，占 32 位，取值为无符号的 32 位整数，表示一个递增的计数器值，当 SA 建立时，通信双方把计数器值初始化为 0。默认情况是建立抗重放机制，此时序列号不允许循环使用，要求在发送 $2^{32}$ 个分组之前，通信双方的计数器都应该复位。序列号是强制使用的，即使接收方并不想建立抗重放机制。

（3）荷载数据，长度可变，若加密荷载的算法需要使用加密同步数据，则可以放在该字段中。

（4）填充数据，长度可变，用于使荷载在正确的位置结束，可以填充 1～255 字节的数据。该字段的主要作用是保证加密功能的正常实现。例如，采用的加密算法要求明文是某个数量字节的整数倍，或者要求确保加密后的分组以 4 字节（32 位）为边界，或者用于隐藏有效荷载的实际长度。

（5）填充数据长度，占 8 位，取值为无符号的 8 位整数，单位为字节，填充数据的长度。

（6）下一个首部，占 8 位，同 IPv6 协议中下一个首部的功用一样。

（7）认证数据（长度可变），要求必须是 32 位的整数倍。内容为除认证数据字段以外的 ESP 扩展首部数据的完整性检验值（ICV）。

ESP 扩展首部也有传输模式和隧道模式两种使用方式，提供主机之间、安全网关之间、主机与安全网关之间的安全服务。在传输模式下，ESP 扩展首部的位置在原 IP 首部之后，上层协议之前。传输模式下 ESP 扩展首部在 IPv6 分组中的位置如图 2-19 所示。

图 2-19　传输模式下 ESP 扩展首部在 IPv6 分组中的位置

在隧道模式下，ESP 扩展首部的位置在原 IP 首部之前，新 IP 首部和新扩展首部之后。隧道模式下 ESP 扩展首部在 IPv6 分组中的位置如图 2-20 所示。

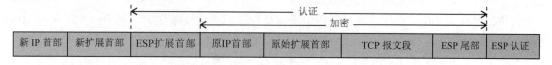

图 2-20　隧道模式下 ESP 扩展首部在 IPv6 分组中的位置

如果希望对整个 IPv6 分组同时提供数据认证、数据完整性、上层 PDU 加密等保护，那么可以将 AH、ESP 扩展首部、ESP 尾部结合起来使用。

## 2.2.7　目的选项扩展首部

目的选项扩展首部（Destination Option Header，DOH）携带只需要目的站点检验的可选信息，为中间节点或目的节点指定分组的转发参数。例如，目的选项扩展首部可用在移动节点和家乡代理之间交换注册信息。

使用目的选项扩展首部有两种方式。

（1）若存在路由扩展首部，且目的选项扩展首部的顺序在路由扩展首部之前，则目的选项扩展首部指定在每个中间节点都要转发或处理的选项。

（2）若不存在路由扩展首部，且目的选项扩展首部的顺序在路由扩展首部之后，则目的选项扩展首部指定在最后的路由器节点要转发或处理的选项。

类似逐跳选项扩展首部，目的选项扩展首部提供了一种随 IPv6 分组来交付可选信息的机制。其余的 IPv6 扩展首部，如分段扩展首部、AH 和 ESP 扩展首部，每次都是出于某个特定的理由定义的，而目的选项扩展首部则是为目的节点定义的新选项。目的选项扩展首部将使用前面所描述的构造选项的格式。目的选项扩展首部的格式如图 2-21 所示。

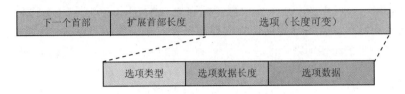

图 2-21　目的选项扩展首部的格式

目的选项扩展首部包含的字段的含义如下。

（1）下一个首部，此 8 位字段对所有的 IPv6 首部都是相同的。

（2）扩展首部长度，占 8 位，为无符号整数，以 8 字节为单位，具体应用时，该字段值为不包括前 8 字节在内的目的选项扩展首部的长度。

（3）选项，包含一个或多个 TLV 编码的选项，该字段长度是可变的，需要保证整个首部的长度都是 8 字节的整数倍。目的选项扩展首部中的选项主要是 Pad 1 和 Pad N。

选项字段的使用方法与逐跳选项扩展首部类似。使用目的选项的一个例子是移动 IPv6。RFC 3775《IPv6 对移动性的支持》中给出了用目的选项扩展首部绑定更新选项的描述。

通过编码方式实现目的节点不同处理的要求，目的选项信息有两种可能的方式：一种方式是将目的信息作为一个单独的扩展首部，此时选项类型字段的前两位的取值为 11；另一种方式是将目的信息作为目的选项扩展首部的一个选项，此时，选项类型字段的前两位的取值可以为 00、01、10。

## 2.2.8　定义新的 IPv6 扩展首部

RFC 8200 规定，在一般情况下，不推荐定义新的 IPv6 扩展首部，除非没有可以用来将要增加的新扩展首部定义为其选项的现有 IPv6 扩展首部。若非要制定新的 IPv6 扩展首部，建议提供一个为什么现有的 IPv6 扩展首部不能用于所需新功能的详细技术说明，相关内容可参考 RFC 6564。

不建议定义需要逐跳行为的新的 IPv6 扩展首部，建议用目的选项扩展首部来替代所要定义的新的 IPv6 扩展首部，可以由目的节点检查处理对应的选项信息，这样，可以提供更好的处理和向后兼容性。

新的 IPv6 扩展首部的格式如图 2-22 所示。

新的 IPv6 扩展首部包含的字段的含义如下。

（1）下一个首部字段，此 8 位字段对所有的 IPv6 首部都是相同的。若是新的 IPv6 扩展首部，则该字段的取值应参考 IANA-PN 定义的标识，并报备、等待批准。

（2）扩展首部长度，占 8 位，为无符号整数，以 8 字节为单位，具体应用时，该字段值为不包括前 8 字节在内的目的选项扩展首部的长度。

（3）首部定义数据，该字段对应新的 IPv6 扩展首部的功能要求，长度是可变的，需要保证整个首部的长度是 8 字节的整数倍。

图 2-22　新的 IPv6 扩展首部的格式

### 2.2.9　IPv6 扩展首部与 IPv4 选项的比较

IPv6 扩展首部与 IPv4 选项的比较如表 2-5 所示。

表 2-5　IPv6 扩展首部与 IPv4 选项的比较

| IPv4 中的情况 | IPv6 中的情况 | IPv4 中的情况 | IPv6 中的情况 |
| --- | --- | --- | --- |
| 无操作和选项结束选项 | Pad 1 和 Pad N | IPv4 基本首部中的分段字段 | 分段扩展首部 |
| 记录路由选项 | 无 | 无 | AH |
| 时间戳选项 | 无 | 无 | ESP 扩展首部 |
| 源路由选项 | 路由扩展首部 | | |

IPv6 与 IPv4 还有一些重要的差异。

（1）IPv6 通过逐跳选项扩展首部中的超大有效荷载选项,极大地扩展了 IP 分组的长度,由 IPv4 的 65535 字节扩大到 IPv6 的 4294967295 字节。

（2）IPv6 要求每条链路的最小 MTU 为 1280 字节,而 IPv4 的最小 MTU 为 68 字节。

（3）在 IPv6 中,要求所封装的 UDP 首部中必须有首部校验和字段,原因是 IPv6 首部中没有首部校验和字段,UDP 首部校验和字段的作用是验证 UDP 首部及数据的完整性。而 IPv4 首部中有首部校验和字段,由 IPv4 封装的 UDP 首部校验和字段是可选的。

# 2.3　IPv6 协议与相邻层协议的关系

### 2.3.1　高层协议使用时的一些规则和上层校验和计算

#### 1．IPv6 协议与高层协议使用时的一些规则

（1）最大报文生成时间,IPv6 协议中用跳数限制字段取代了 IPv4 协议中的生存时间（TTL）字段,IPv6 协议不为上层提供控制分组在网络中的生存时间服务。依赖 IP 层生存期的协议需要自己提供机制,用来检测和丢弃旧的协议包。

（2）最大上层协议荷载,最大上层协议荷载与最大报文段长度（MSS）对应,在计算时需要考虑 IPv6 协议的首部比 IPv4 协议的首部长。

（3）对于携带路由扩展首部的分组的应答,在 RFC 2460 中基于安全性考虑,对携带路由扩展首部的分组的应答给出规定:上层协议给出的应答协议包不允许携带相应的路由扩展首部,除非已经确认收到的协议包的源地址,以及路由首部的完整性和真实性。

### 2．上层校验和计算

IPv6 协议与 IPv4 协议相比有了很大的变化，用 IPv6 协议替代 IPv4 协议后相邻层次协议会受到影响吗？这里涉及最多的是 IPv6 协议与运输层协议的无缝连接，运输层为了利用 IPv6 协议提供的网络服务，需要做一些细微的变化，以适应 IPv6 协议。

IPv4 网络中上层校验和计算涉及 TCP 和 UDP，将伪首部作为校验和计算的内容，该伪首部内容包括 IPv4 源地址和目的地址字段。

在 IPv6 协议中也需要对 TCP、UDP、ICMPv6 的校验和计算进行改进，使得能够在校验和计算中包含 IPv6 地址等内容。在 IPv6 协议中，UDP 的校验和是必需的，而在 IPv4 协议中是可选的。ICMPv6 也将伪首部包含在校验和计算中。IPv6 伪首部格式如图 2-23 所示。

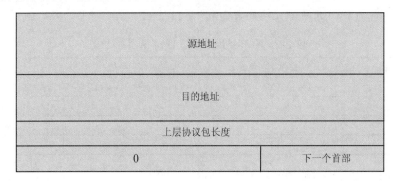

| 源地址 |  |
|---|---|
| 目的地址 |  |
| 上层协议包长度 |  |
| 0 | 下一个首部 |

图 2-23　IPv6 伪首部格式

IPv6 伪首部包括源地址、目的地址、上层协议包长度、下一个首部。IPv6 伪首部与上层协议构成校验和计算的内容。

## 2.3.2　IPv6 协议与底层网络协议

底层网络属于通信子网的范畴，这些底层网络可以是各种各样的物理网络，如以太网、帧中继网络、ATM 网络、点到点网络（PPP）等。底层网络协议包括数据链路层和物理层协议，底层网络协议将对 IPv6 分组进行封装，需要对所携带的 IPv6 分组进行标识和定界。底层网络协议包括局域网络、广域网络、无线网络和移动网络协议。目前以太网协议已经成为局域网络的主流协议，PPP 协议成为使用较多的广域网络协议，还有 ATM 协议、帧中继协议、IEEE 802.11 协议等。

IPv6 协议与 IPv4 协议是属于网络层的互不兼容的协议。在对网络层协议设计时，对网络体系结构中除网络层之外的其他层次，如网络层之上的运输层和应用层，以及网络层之下的数据链路层和物理层，不应产生过大的影响。

IPv6 技术的开发需要提供对底层网络的支持，也就是说，IPv6 协议在不需要对 IP 层之上的运输层进行改动的基础上，应尽可能地与不同的物理网络融合在一起。IPv6 技术可以实现的这一特征称为适应一切的 IP（IP over Everything）。

IPv6 技术对底层网络的支持，涉及两个主要内容：一个是 IP 层独立于数据链路层，IP 层通过底层网络提供的接口，将 IPv6 数据包作为底层网络的数据链路层协议数据单元（帧）的数据部分，数据链路层的接口驱动程序在 IPv6 数据包上加上数据链路层协议首部，把帧在底层网络中传输。另一个是 IPv6 独立于物理网络传输介质，这是因为当 IPv6 数据包从一个网络传输到另一个网络时，不可能会事先知道所要经过的物理网络的类型。IP 协议只关心目的地址，并且必须找到一条通往该地址的路径，而不考虑所使用的网络硬件。

计算机网络体系结构中数据链路层的协议数据单元（帧）格式独立于被传输的高层协议，第2层协议数据单元中的协议字段标识其有效荷载部分所承载的第3层协议类型，一些底层网络常用的协议字段值如表2-6所示。

表2-6　一些底层网络常用的协议字段值

| 底层网络 | IPv4 协议 ID | IPv6 协议 ID | 底层网络 | IPv4 协议 ID | IPv6 协议 ID |
|---|---|---|---|---|---|
| 以太网 | 0x0800 | 0x86DD | ATM 网络 | 0x0800 | 0x86DD |
| PPP | 0x0021 | 0x0057 | Cisco HDLC | 0x0800 | 0x86DD |
| 帧中继网络 | 0xCC | 0x8E | | | |

## 2.3.3　IPv6 与数据链路层 MTU

RFC 1883 规定 IPv6 对数据链路层所要求的最小 MTU 为 1280 字节，RFC 8200 建议将数据链路层配置为至少可以传送长度为 1500 字节的数据包，这个长度对应以太网封装的 IPv6 MTU。对于不支持可配置 MTU 长度的数据链路层，必须提供一个对 IPv6 透明的数据链路层的拆分和重组方案。

IPv6 支持使用 ICMPv6 的分组过大报文的路径 MTU 发现过程，允许通过采用分段扩展首部的方法，传输长度超过 1280 字节的 IPv6 数据包，可参考 RFC 8201。一些底层网络所支持的数据链路层 MTU 如表2-7所示。

表2-7　一些底层网络所支持的数据链路层 MTU

| 底层网络 | MTU | 底层网络 | MTU |
|---|---|---|---|
| 以太网（用以太网 II 封装） | 1500 | PPP | 1500 |
| 以太网（用 IEEE 802.3 封装） | 1492 | x.25 分组交换 | 1200 |
| IEEE 802.5 令牌环 | 可变 | 帧中继网络 | 1592 |
| FDDI（分布式光纤数据接口） | 4352 | ATM 网络 | 9180 |
| ARCNet 星形网 | 9072 | | |

## 2.3.4　底层网络对 IPv6 协议的封装

RFC 2464 定义和描述了以太网数据链路层协议对 IPv6 分组的封装。IPv6 协议的以太网类型代码是 0x86DD。以太网类型（Ethernet Type）字段占 2 字节，标识以太网有效荷载，即上层协议数据单元，若对 IPv6 分组进行封装，则该字段值为 0x86DD；若对 IPv4 分组进行封装，则该字段值为 0x0080。以太网帧对 IPv6 分组的封装如图2-24所示。

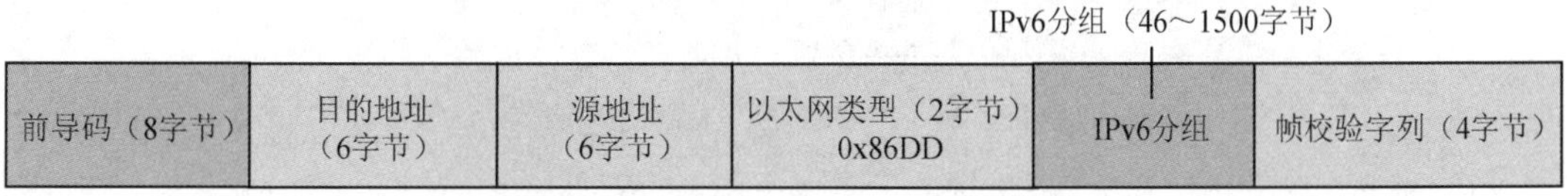

图2-24　以太网帧对 IPv6 分组的封装

与 PPP 相关的 IPv6 控制协议是 IPv6CP，在 RFC 2472 中给出了在 PPP 上传输 IPv6 数据包方法的描述，给出了 IPv6CP 的描述和定义，也说明了如何在 PPP 链路上形成 IPv6 链路本地地址。

IPv6CP 的主要功用是负责建立和配置在 PPP 上的 IPv6 通信。依据网络协议封装原理，当 PPP 帧中协议字段值被设置为 0x0057 时，表示 PPP 帧中的数据为 IPv6 数据包，即一个 IPv6 数据包被封装在一个 PPP 帧内。当协议字段值被设置为 0x0021 时，表示 PPP 帧中的数据为 IPv4 数据包。支持 IPv6 的 PPP 链路的 MTU 应配置为符合 IPv6 分组要求的最小 MTU，即 1280 字节。PPP 帧对 IPv6 分组的封装如图 2-25 所示。

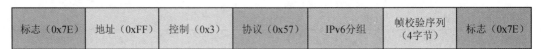

图 2-25  PPP 帧对 IPv6 分组的封装

## 2.3.5  IPv6CP 的配置选项

IPv6CP 通过一套独特的选项对 IPv6 参数进行协商，这些选项字段的格式与标准的链路控制协议（Link Control Protocol，LCP）类似，目前为 IPv6CP 定义好的选项有两个：一个是接口标识符（Interface Identifier），它提供了一种方式来协商一个 64 位的接口标识符，它在 PPP 链路中必须是唯一的；另一个是 IPv6 压缩协议（IPv6 Compression Protocol，IPv6CP），IPv6CP 被用来协商一个特殊的数据包压缩协议，该协议只适用于在 PPP 链路上进行传输的 IPv6 数据包，该选项默认状态是不开启。

IPv6 的地址自动配置功能以最小的代价支持简单的管理和客户配置，对客户端的前缀分配可以通过路由器发现来实现。ISP 为了让 IPv6 分组能在用于连接 Internet 的非对称用户数字线（ADSL）上使用，需要采取适合的底层网络封装方式，一般是以太网上的 PPP（PPP over Ethernet，PPPoE）协议，或者 ATM 网络上的 PPP（PPP on ATM，PPPoA）协议。此外，IPv6 还对认证、授权和记账（AAA）带来了一些影响，在使用 IPv6CP 时，需要先进行验证再进行地址分配。

IPv6CP 使用与 LCP 相同的协议包交换机制，IPv6CP 数据包的交换在到达网络层协议阶段才开始，需要有对应的超时机制设置。IPv6CP 数据包封装在 PPP 数据链路层的信息字段中，其代码 ID 与 LCP 还是有区别的，代码 ID 取值 1～7，对应表示 7 种数据帧类型（Configure-Request、Configure-Ack、Configure-Nak、Configure-Reject、Terminate-Request、Terminate-Nak、Code-Reject）。IPv6CP 有一组不同的配置选项。

IPv6CP 选项用来协商 IPv6 参数，IPv6CP 选项的格式与 LCP 的配置选项格式相同。IPv6CP 接口标识选项格式如图 2-26 所示。

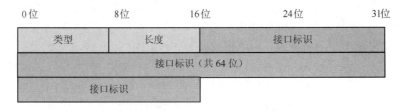

图 2-26  IPv6CP 接口标识选项格式

（1）类型，占 8 位，目前分配的值，1 为接口标识，2 为 IPv6 CP。该字段值为 1。

（2）长度，占 8 位，若类型为接口标识，则该字段值为 10，

（3）接口标识，该字段长度为 64 位，对应 IPv6 地址中的 64 位接口标识符。

若已经用 IPv6CP 选项协商了接口标识符，则可以不用进行 IPv6 无状态地址配置协议中的重复地址检测。若没有协商成功有效的接口标识符，则可以采用手工配置接口标识符。PPP 接口的链路本地地址格式如图 2-27 所示。

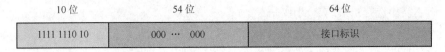

| 10 位 | 54 位 | 64 位 |
|---|---|---|
| 1111 1110 10 | 000 … 000 | 接口标识 |

图 2-27　IPv6CP 接口的链路本地地址格式

在本地链路前缀 FE80::与接口标识符之间是 54 位 0。IPv6 地址结构的相关内容可以阅读第 3 章的内容。

### 2.3.6　IPv6 与帧中继协议

帧中继协议对 IPv6 数据包的封装类似 PPP 协议，如何在帧中继链路上传输 IPv6 数据包在 RFC 2491 和 RFC 2590 中进行了规定和描述，同时描述了 IPv6 链路本地地址是如何形成的，以及如何把 IPv6 地址映射为帧中继地址。这些规定和描述的方法适用于帧中继网络中的终端节点及帧中继设备。帧中继虚拟电路可以是永久虚电路（PVC）或交换虚电路（SVC），节点之间的通信可以是一对一，也可以是一对多。帧中继接口支持的 IPv6 MTU 大小的默认值是 1592 字节。RFC 2590 也给出了关于编址机制和帧中继地址格式的描述。在帧中继网络上传输 IPv6 分组的帧中继首部格式如图 2-28 所示。

| Q.922地址<br>（2～4字节） | 控制（1 字节）0x03<br>0x03表示未编号的信息 | NLPID（1 字节）0x8E<br>0x8E表示IPv6 |
|---|---|---|

图 2-28　在帧中继网络上传输 IPv6 分组的帧中继首部格式

Q.922 地址（Q.922Address）字段是 2～4 字节，长度取决于不同的地址。控制（Control）字段值设置为 0x03，表示未编号的信息。NLPID（Next Level Protocol ID，下一级协议标识）字段值设置为 0x8E，表示数据部分为 IPv6 分组。IPv6 地址的映射采用邻居发现协议的规定。帧中继对 IPv6 分组的封装如图 2-29 所示。

| 标志（0x7E） | 地址（0xFF） | 控制（0x03） | NLPID（0x8E） | IPv6分组 | 帧校验序列<br>（2字节） | 标志（0x7E） |
|---|---|---|---|---|---|---|

图 2-29　帧中继对 IPv6 分组的封装

与 X.25 类似，帧中继采用 NLPID 字段标识所封装的有效荷载，若封装 IPv6 分组，则该字段值为 0x8E；若封装 IPv4 分组，则该字段值为 0xCC。帧中继的默认帧长度为 1600 字节，所有标志、协议、控制字段的长度都为 8 字节，可以计算出默认的 IPv6 MTU 为 1520 字节。

## 2.4　思考练习题

2-1　写出 IPv6 协议具有固定首部长度的好处。

2-2　写出 IPv6 协议数据单元的固定首部格式。

2-3　给出具有多个可选扩展首部的 IPv6 分组的一般格式。

2-4　给出 IPv6 协议与 IPv4 协议两种协议首部的比较。

2-5　简述 IPv6 协议扩展首部的使用顺序。

2-6　给出 IPv6 协议中下一个首部的标识的示例。

2-7　具有选项的扩展首部有哪些？

2-8　简述路由选择扩展首部的用法。

2-9　简述 IPv6 网络中数据分段的要求及特点。

2-10　写出 AH 在扩展首部中的位置关系。

2-11　写出 ESP 扩展首部的格式。

2-12　写出路由器转发 IPv6 分组的过程。

2-13　写出 IPv6 扩展首部与 IPv4 选项的比较。

2-14　简述 IPv6 协议与网络高层协议的关系。

2-15　简述 IPv6 协议与网络协议第 2 层的关系。

2-16　写出定义新的 IPv6 扩展首部的要求。

# 第3章  IPv6 地址结构

## 3.1  IPv6 地址技术

### 3.1.1  IPv6 地址标识方法

1998 年 7 月发布的 RFC 2373 规定了 IPv6 的地址结构，RFC 2373 替代了 RFC 1884。2003 年发布的 RFC 3513 给出了 IPv6 地址结构、地址类型的进一步描述。2003 年 8 月发布的 RFC 3587 给出了全球 IPv6 单播地址的格式规范。2006 年 12 月发布的 RFC 4291 对 RFC 3513 做了进一步的修订。之后对 RFC 4291 进行修订的技术文档有：RFC 5952、RFC 6052、RFC 7136、RFC 7346、RFC 7371。其中，RFC 7371 *Updates to the IPv6 Multicast Addressing Architecture* 是 2014 年 9 月发布的。

IPv6 地址长度是 128 位，包括 16 字节。为了便于记忆、识别和应用，规定 IPv6 地址有 3 种格式：首选格式、压缩表示格式、内嵌 IPv4 地址的 IPv6 地址格式。

#### 1. 首选格式

首选格式也称为标准的 IPv6 地址表示方式，把 IPv6 地址的 128 位二进制地址按每 16 位划分为一个位段，一共可以划分为 8 个位段。

IPv6 地址首选格式为 X:X:X:X:X:X:X:X，其中 X 表示一个位段，各位段之间用冒号间隔，这种表示方法也称为冒号十六进制表示法。X 是一个 4 位十六进制整数，每个 X 表示 16 个二进制位。

每个 IPv6 地址包括 8 个位段，每个位段包含 4 位十六进制整数，每个十六进制数表示 4 位二进制数，每个位段表示 16 位二进制数。IPv6 地址共计 128（8×4×4=128）位二进制位。

例如，一个 128 位二进制位的 IPv6 地址为

00100000 00000001 00000100 00010000 00000000 00000000 00000000 00000001

00000000 00000000 00000000 00000000 00000000 00000000 01000101 11111111

把上述 128 位二进制位的 IPv6 地址每 16 位划分为一个位段，每个位段用 4 位十六进制整数表示，各组之间由冒号间隔。注意，这里的冒号需要在英文输入方式下输入，得出该 IPv6 地址首选格式为

2001: 0410: 0000: 0001: 0000: 0000: 0000: 45ff

IPv6 地址首选格式中的每个整数都必须表示出来。用首选格式表示的 IPv6 地址与用 128 位二进制位表示的 IPv6 地址是等价的。之所以采用十六进制整数表示 IPv6 地址，是因为十六进制和二进制之间的转换很容易，表示和实现起来更方便。

#### 2. 压缩表示格式

压缩表示格式也称为零压缩表示法。在 IPv6 地址首选格式中可能包含一个或多个 0，就像上面给出的例子那样。当出现这种情况时，RFC 4291 规定 IPv6 地址结构中允许用"空隙"来表示这些 0，并且规定在一个位段 4 位十六进制整数的起始位置的 0 可以省略（压缩掉），也称为压缩位段的前导 0。例如，"02AB"可以简写为"2AB"。但是一个位段 4 位十六进制整数中间和后面的 0 不可以省略。例如，"FD05"不可以简写为"FD5"，"3A00"不可以简写为"3A"，并规定每

个位段至少有一个数字，如"0000"可以简写为"0"。例如，上面用首选格式表示的 IPv6 地址为

2001: 0410: 0000: 0001: 0000: 0000: 0000: 45ff

可采用压缩格式写为

2001: 410: 0: 1: 0: 0: 0: 45ff

为了书写方便和阅读清晰，RFC 4291 又规定当首选格式的 IPv6 地址中存在多个连续位段都是 0 时，为了进一步简化地址标识，这些多个连续位段 0 可以用两个冒号（双冒号）表示，简写为 "::"，这也称为双冒号表示法，这两个冒号表示该地址可以扩展到一个完整的 128 位地址。例如，多播地址 FF02:0: 0: 0: 0: 0: 0:2 可以简写为 FF02::2。上面的地址可以表示为 2001: 410: 0: 1:: 45ff。

需要注意的是，在使用压缩表示格式时，IPv6 标准规定双冒号在地址中只能出现一次，并且不能省略一个位段中有效的 0，如上面的地址不可以写为 2001: 41: 0: 1:: 45ff。

若确定了双冒号代表多少个被压缩的 0，则可以计算地址中有几个位段，用 8 减位段数，再将结果乘以 16。例如，地址 FF02::2 中有 2 个位段，用公式(8 − 2)×16 = 96 计算得，双冒号代表 96 位（二进制位）被压缩的 0。

### 3. 内嵌 IPv4 地址的 IPv6 地址格式

在 IPv4 和 IPv6 的共存环境中可以采用内嵌 IPv4 地址的 IPv6 地址格式，这也是 IPv4/ IPv6 过渡时期使用的特殊表示方法。RFC 4213 对处于 IPv4 向 IPv6 过渡阶段的特殊地址格式做出规定，使得在 IPv4 网络中的主机和路由器，可以动态地通过隧道方式传输 IPv6 分组。

IPv6 地址中的最低 32 位可以用于表示 IPv4 地址，内嵌 IPv4 地址的 IPv6 地址格式可以按照一种混合方式表达，即 X:X:X:X:X:X:d.d.d.d，其中 X 表示一个位段（表示 4 位十六进制数），d 表示一个十进制整数（表示 8 位二进制数）。

内嵌 IPv4 地址的 IPv6 地址格式可以分为 IPv4 兼容的 IPv6 地址和 IPv4 映射的 IPv6 地址两类。

## 3.1.2 IPv6 前缀和 IPv6 地址空间

IPv6 不支持子网掩码，只支持子网前缀标识方法。IPv6 前缀（Format Prefix，FP）采用类似 IPv4 地址中的无分类域间路由（CIDR）机制中的地址前缀。IPv6 用地址前缀来标识网络、子网和路由（选路）。IPv6 地址被分成两个部分：子网前缀和接口标识符。IPv6 地址前缀格式为

IPv6 地址/前缀长度

IPv6 地址与前缀长度之间以"/"（斜杠）区分，前缀长度是一个十进制数，指定该地址中最左边的用于组成前缀的位数，指出地址中有多少位属于网络标识。

例如，4030:0:0:0:C9B4:FF12:48BC:1A27/60 这个地址中的前缀长度为 60。

RFC 4291 给出了 IPv6 地址空间描述，内容包括：地址分配的情况、前缀、所占地址空间的比例。其中，超过 80%的地址空间是未分配的，这就为将来 IPv6 地址的分配留出了充足的余地。IPv6 的目标之一是统一整个网络世界，使 IP、IPX 和 OSI 网络能进行互操作。为了支持这种互操作性，IPv6 为 OSI 的 NSAP 和 IPX 各保留了 1/128 地址空间。IPv6 地址空间的分配情况如表 3-1 所示。

需要说明的是，RFC 4291 给出了子网和接口标识平分地址的规定，各占 64 位，在 IPv6 单播地址中可以写明其前缀长度，也可以不写其前缀长度，而采用默认前缀长度。任何少于 64 位的地址前缀标识，既可以是一台路由器前缀，又可以是包含部分 IPv6 地址空间的一个地址区域范围。例如，21BA:C3::/48 表示一台路由器前缀，而 21BA:C3:0:2A3F::/64 表示一个子网前缀。

表 3-1　IPv6 地址空间的分配情况

| 分配情况 | 地址前缀<br>（二进制） | 所占地址<br>空间比例 | 分配情况 | 地址前缀<br>（二进制） | 所占地址<br>空间比例 |
| --- | --- | --- | --- | --- | --- |
| 保留 | 0000 0000 | 1/256 | 未分配 | 101 | 1/8 |
| 未分配 | 0000 0001 | 1/256 | 未分配 | 110 | 1/8 |
| 为 NSAP 分配保留 | 0000 001 | 1/128 | 未分配 | 1110 | 1/16 |
| 为 IPX 分配保留 | 0000 010 | 1/128 | 未分配 | 1111 0 | 1/32 |
| 未分配 | 0000 011 | 1/128 | 未分配 | 1111 10 | 1/64 |
| 未分配 | 0000 1 | 1/32 | 未分配 | 1111 110 | 1/128 |
| 未分配 | 0001 | 1/16 | 未分配 | 1111 1110 0 | 1/512 |
| 可汇聚全球单播地址 | 001 | 1/8 | 链路本地单播地址 | 1111 1110 10 | 1/1024 |
| 未分配 | 010 | 1/8 | 本地站点单播地址 | 1111 1110 11 | 1/1024 |
| 未分配 | 011 | 1/8 | 多播地址 | 1111 1111 | 1/256 |
| 未分配 | 100 | 1/8 | | | |

## 3.1.3　IPv6 地址分配机构及所分配的前缀位数

网络中的一个节点可以有一个或多个接口，IPv6 地址是分配给接口的。在 IPv6 网络中，一个接口可以有一个或多个 IPv6 地址，包括单播地址、任播地址和多播地址。

其中任何一个 IPv6 地址都可以代表该节点。尽管一个网络接口能与多个单播地址相关联，但一个单播地址只能与一个网络接口相关联。每个网络接口必须至少具备一个单播地址。

IPv6 寻址模型中又提出了一个重要的例外，如果硬件有能力在多个网络接口上正确地共享其网络负载，那么多个网络接口可以共享一个 IPv6 地址。这使得从服务器扩展至负载均衡的服务器群成为可能，而不再需要在服务器的需求量上升时必须进行硬件升级。

现在，ICANN 行使 IANA 的职能，按世界地域划分区域，由 ICANN 将 IPv6 地址分配给各个区域 Internet 注册机构（RIR），再由 RIR 分配给所辖区域的国家或申请者。

注册机构实施层次化的地址分配方法，RIR 将从 ICANN 获得的前缀的地址块分配给国家 Internet 注册机构（NIR），以此类推，依次分配给本地 Internet 注册机构（LIR）或 ISP，ISP 再分配给其客户（企业或住家用户），企业再分配给企业内部的部门。每个组织都由其上一级分配一个前缀，再依次将新划分的前缀分配其下一级，在这一过程中前缀的位数越来越大，可以看出，通过前缀的划分，每个组织都代表一个路由汇聚边界。

IPv6 地址分配机构及所分配的前缀位数如图 3-1 所示。在图 3-1 中，水平线上标注的分母数字是所分配的前缀位数。

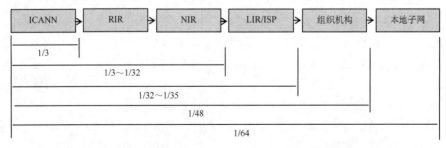

图 3-1　IPv6 地址分配机构及所分配的前缀位数

ISP 与 LIR 通常用主机密度比跟踪所分配地址的利用率，主机密度比在 RFC 3194 中描述和定义，通过合理的筹划，可以实现地址产出和地址汇聚的最优利用。

IPv6 地址指定给接口，一个接口可以指定多个地址。IPv6 地址作用域如下。

（1）Link Local 地址：本链路有效。

（2）Site Local 地址：本区域（站点）内有效，一个校园网区域是一个 Site 的例子。

（3）Global 地址：全球有效，可汇聚全球单播地址。

# 3.2  IPv6 地址分类

## 3.2.1  IPv6 地址分类概述

IPv6 地址可以分为单播、多播、任播和特殊地址 4 种基本类型，IPv6 地址的分类及构成如图 3-2 所示。

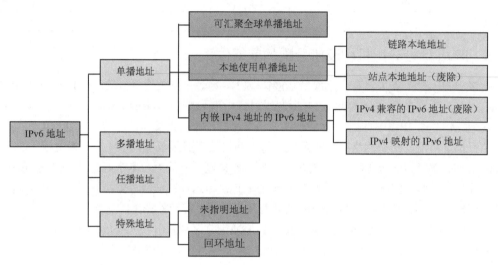

图 3-2  IPv6 地址的分类及构成

（1）单播地址（Unicast Address），用来标识网络节点的单一网络接口。单播地址又可分为可汇聚全球单播地址、本地使用单播地址、内嵌 IPv4 地址的 IPv6 地址。本地使用单播地址再分为链路本地地址、站点（组织机构区域）本地地址。内嵌 IPv4 地址的 IPv6 地址再分为 IPv4 兼容的 IPv6 地址、IPv4 映射的 IPv6 地址。单播地址用于一对一通信。

（2）多播地址（Multicast Address），用来标识一组网络接口（通常属于不同的节点）。一个多播地址确定一组 IPv6 接口，发送到多播地址的分组将发送给多播地址所标识的所有网络接口，向一个多播地址发送的分组将被该多播地址的所有成员处理。多播地址用于一对多通信。IPv6 取消了广播地址，广播寻址用多播地址实现。"多播"也称为"组播"。多播地址不能用作源地址。

（3）任播地址（Anycast Address），用来标识多个网络接口，这些接口通常属于不同的节点。任播地址是 IPv6 引入的一种新的地址类型。一个任播地址被分配给多个接口，这些接口通常位于多个节点上。向一个任播地址发送的分组将会被发往这些接口中距离最近的一个节点的网络接口，距离最近的接口指的是在路由距离（度量）上最近的接口。任播地址用于一对多中之一通信。IPv6 在单播地址空间中取出一部分用作任播地址。任播地址不能用作源地址。

（4）特殊地址，包括未指明地址、回环地址。

### 3.2.2 取消广播地址的原因

IPv6 取消广播地址的原因是，广播地址从一开始就为 IPv4 网络带来了问题。广播被用来携带去向多个节点的信息，或者被那些不知信息来自何方的节点用来发出广播请求。但是，广播可能会影响网络的性能。同一条网络链路上的大量广播意味着该链路上的每个节点都必须处理所有广播，但是其中绝大部分节点最终将忽略该广播，因为该广播信息与自己无关。

IPv6 对此的解决办法是使用一个"所有节点"多播地址来替代那些必须使用广播的情况，同时，对那些原来使用广播地址的场合，使用一些更加有限的多播地址。通过这种方法，把原来对广播携带的业务流感兴趣的节点加入一个多播地址，而其他对该广播不感兴趣的节点则可以忽略。

例如，IPv4 中的限制广播功能，在 IPv6 中，可以用链路本地范围的多播地址 FF02::1 取代和实现。需要说明的是，广播从来都不能解决信息穿越 Internet 的问题，如路由信息，而多播则提供了一个可行的方法，可以实现路由信息穿越 Internet。

### 3.2.3 IPv6 地址的一般格式

IPv6 地址是分配给网络接口的，而不是像在 OSI 中那样分配给网络节点，因此一个节点的每个接口都需要至少一个单播地址。一个接口也可以具有多个任意类型的 IPv6 地址（单播、多播或任播）。因此一个节点可以由它的任意一个接口的 IPv6 地址标识。

一个典型的 IPv6 地址由 3 个部分组成：全球路由前缀（Global Routing Prefix，GRP）、子网 ID（Subnet ID）和接口 ID（Interface ID）。IPv6 地址的一般格式如图 3-3 所示。

| 全球路由前缀<br>N 位 | 子网 ID<br>M 位 | 接口 ID<br>（128-N-M）位 |
| --- | --- | --- |

图 3-3　IPv6 地址的一般格式

IPv6 地址的一般格式各部分的作用如下。

（1）全球路由前缀用来识别分配给一个站点的某个特殊地址或一个地址范围，用于确定分配给某个节点的地址或地址范围。

（2）子网 ID 用来识别站点中的某个链接，子网 ID 也可以称为子网前缀或子网，一个子网 ID 与一个链接（链路）相关联，用于指明节点内的一个链接。可以将多个子网 ID 与一个链接相关联。

（3）接口 ID 用来识别和指明链接上的一个接口，并且接口 ID 在该链接上必须是唯一的。在 IPv6 寻址体系结构中，任何 IPv6 单播地址都需要一个接口标识符（接口 ID）。接口标识符非常像 48 位的 MAC 地址，MAC 地址由硬件编码在网卡中，由厂商固化在网卡中，而且 MAC 地址具有全球唯一性，不会有两个网卡具有相同的 MAC 地址。这些地址能用来唯一标识网络数据链路层上的接口。

IPv6 主机地址的接口标识符基于 IEEE EUI-64 格式。该格式基于已存在的 MAC 地址来创建 64 位接口标识符，这样的标识符在本地和全球范围都是唯一的。

这些 64 位接口标识符能在全球范围内逐个编址，并唯一地标识每个网络接口。这意味着理论上可有多达 $2^{64}$ 个不同的物理接口，大约有 $1.8 \times 10^{19}$ 个不同的地址，而且这也只用了 IPv6 地址空间的一半，这些地址在可预见的未来至少是足够用的。

# 3.3 IPv6 单播地址

## 3.3.1 IPv6 单播地址概述

IPv6 单播地址标识了一个唯一的 IPv6 接口，如果一个单播地址存在，那么向这个单播地址发送的分组最终会到达唯一的一个节点。一个节点可以具有多个 IPv6 网络接口。每个接口都必须具有一个与之相关的单播地址。

一个 IPv6 单播地址可看作一个两字段实体，其中一个字段为网络标识符，用来标识网络，而另一个字段为接口标识符，用来标识该网络上节点的接口。网络标识符可被划分为几部分，如子网标识，分别标识不同的网络部分。

在已定义的 IPv6 单播地址中，用于标识子网的位数与用于标识子网内主机的位数都是 64。依据 RFC 4291 规定，可以在 IPv6 单播地址中注明前缀长度，在实际应用中，这个前缀长度的默认值为 64，可以不用写出。

需要说明的是，对网络接口来讲，至少要有一个链路本地地址，可以同时拥有多个 IPv6 地址（包括单播地址、任播地址和多播地址），本地使用的单播地址有两种：链路本地地址和站点本地地址。链路本地地址用于同一条链路上的相邻节点之间的通信，站点本地地址用于同一机构中节点之间的通信。

## 3.3.2 可汇聚全球单播地址

可汇聚全球单播地址用作 IPv6 公网地址，具有可汇聚全球单播地址的 IPv6 分组，可以在全球范围内的 IPv6 网络中路由和传输。IPv6 可汇聚全球单播地址具有支持有效的多级寻址和路由能力，可以按有利于寻址的路由层次结构来组织汇聚路由，可汇聚全球单播地址的格式可以充分体现这一 IPv6 地址设计的重要特点。

每个 IPv6 可汇聚全球单播地址都有如下 3 个部分。

（1）公共拓扑（Commonality Topology），是提供接入服务的大大小小 Internet 服务提供商（ISP）的集合。分配给组织机构的前缀属于 ISP 前缀的一部分。ISP 分配给组织机构的前缀最少是/48，表示网络前缀的高 48 位。

（2）站点拓扑（Site Topology，ST），是一个组织机构内部子网的集合，组织机构使用 ISP 分配的一个/48 位前缀，可以用前缀的 49～64 位，一共 16 位，把网络划分为子网，最多可以划分为 65535 个子网。

（3）接口 ID，IPv6 地址的低 64 位用于标识接口，接口标识符唯一地标识了一个组织机构（站点）内部子网上的一个网络接口。

RFC 4291 定义的可汇聚全球单播地址格式如图 3-4 所示。

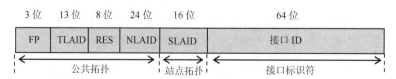

图 3-4 可汇聚全球单播地址格式

可汇聚全球单播地址格式字段的功能如下。

（1）FP：IPv6 地址中的格式前缀，占 3 位，用来标识该地址在 IPv6 地址空间中属于哪类地址。

该字段值为 001，标识这是可汇聚全球单播地址。

（2）TLAID：顶级汇聚标识符，包含最高级地址选路信息，指的是网络互联中最大的选路信息。目前，该字段为 13 位，可得到最大 8192 个不同的顶级路由。

（3）RES（保留）。该字段为 8 位，保留为将来用。最终可能会用于扩展顶级或下一级汇聚标识符字段。

（4）NLAID：下一级汇聚标识符，占 24 位。该标识符被一些组织机构用于控制顶级汇聚，以安排地址空间。换句话说，这些组织机构（可能包括大型 ISP 和其他提供公网接入的机构）能按照它们自己的寻址分级结构来将此 24 位字段分开使用。这样，一个实体可以用 2 位分割成 4 个实体内部的顶级路由，其余的 22 位地址空间分配给其他实体（如规模较小的本地 ISP）。如果这些实体得到了足够的地址空间，那么可将分配给它们的地址空间用同样的方法划分。

（5）SLAID：站点级汇聚标识符，被一些组织机构用来安排内部的网络结构。每个组织机构都可以用与 IPv4 同样的方法来创建自己内部的分级网络结构。若 16 位字段全部用作平面地址空间，则最多可有 65535 个不同子网。如果前 8 位用作该组织机构内较高级的选路，那么允许有 255 个高级子网，每个高级子网可有多达 255 个子网。

（6）接口 ID：占 64 位，标识一个节点与子网（链路）的接口，64 位长度并不是为了在一个子网中支持多达 $2^{64}$ 台可能的主机，而是为了便于把以太网使用的 48 位 MAC 地址映射为 EUI-64 地址，对应 64 位的 IEEE EUI-64 接口标识符。

现在很清楚，IPv6 单播地址可以包括大量的组合，不论是站点级汇聚标识符还是下一级汇聚标识符，都提供了大量空间，以便某些 ISP 和组织机构可以再次进行层次地址结构划分。

对应 IPv6 可汇聚全球单播地址的 3 个部分，IPv6 可汇聚全球单播地址结构提供了一种支持 3 层拓扑层次的结构：第一层 ISP 分配的前缀作为公共拓扑，用于多个 ISP 集合，可以标识多级 ISP 层次结构；第二层站点拓扑，可以标识一个组织机构内部网络的层次结构；第三层接口标识符唯一地标识了节点的接口。3 层拓扑层次的结构可以很好地符合目前 Internet 采用的层次结构，提高路由器转发分组的效率。

可以把 IPv6 可汇聚全球单播地址看作具有多个前缀的分级标识，每个前缀都描述和定义一个层次，IPv6 可汇聚全球单播地址的分级结构如图 3-5 所示。

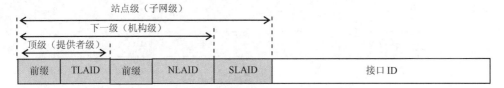

图 3-5　IPv6 可汇聚全球单播地址的分级结构

已经分配的 IPv6 单播地址及分配说明如表 3-2 所示。

表 3-2　已经分配的 IPv6 单播地址及分配说明

| 前缀（十六进制） | 前缀（二进制） | 分配说明 |
| --- | --- | --- |
| 2001::/16 | 0010 0000 0000 0001 | IPv6 Internet ARIN、APNIC、RIPE NCC、LACNIC、AFRINIC |
| 2002::/16 | 0010 0000 0000 0010 | IPv6 到 IPv4 转换机制 |
| 2003::/16 | 0010 0000 0000 0011 | IPv6 Internet RIPE NCC |
| 2400:0000::/19<br>2400:2000::/19<br>2400:4000::/21 | 0010 0100 0000 0000 | IPv6 Internet APNIC |

| 前缀（十六进制） | 前缀（二进制） | 分配说明 |
| --- | --- | --- |
| 2600:0000::/22 | 0010 0110 0000 0000 | |
| 2604:0000::/22 | 0010 0110 0000 0100 | IPv6 Internet ARIN |
| 2608:0000::/22 | 0010 0110 0000 1000 | |
| 260C:0000::/22 | 0010 0110 0000 1100 | |
| 2A00:0000::/21 | 0010 1010 0000 0000 | IPv6 Internet RIPE NCC |
| 2A01:0000::/23 | 0010 1010 0000 0001 | |
| 3FFE::/16 | 0011 1111 1111 1110 | 6Bone |

通过对 IPv6 可汇聚全球单播地址的讨论，可以给出 IPv6 地址空间大小的度量，计算出可以连接到 IPv6 Internet 站点的数量，依据格式前缀 001，长度为 13 位的 TLAID，以及长度为 24 位的 NLAID 的定义，可以将 $2^{37}$（137438953472）个有效的 48 位前缀分配给连接到 Internet 的站点，这仅用了整个 IPv6 地址空间的 1/8。

而在 IPv4 中，仅能够为连接到 Internet 的站点提供 2113389 个网络连接标识符，这个数字是把所有可能的 A 类、B 类、C 类网络 ID 相加，减去用于专用 IP 地址空间的网络 ID 计算出来的，尽管可以通过 CIDR 来更有效地使用未分配的 A 类和 B 类子网 ID，但连接到 Internet 的站点数量不会有实质性的增加，无法与连接到 IPv6 Internet 的站点数量相比。

### 3.3.3 链路本地地址

#### 1．链路本地地址格式

链路本地地址（Link Local Address，LLA）具有固定的地址格式，是 IPv6 中应用范围受限制的地址类型，链路本地地址的作用范围限制在连接到同一链路本地的节点之间，即以路由器为界的单一链路范围内，链路本地地址是自动配置的。在邻居发现等 IPv6 机制中使用该类型的地址。

链路本地地址用格式前缀"1111111010"标识，链路本地地址的组成包括两个部分：一个特定的前缀和接口 ID。前缀由 10 位格式前缀"1111111010"与 54 位"0"组成，低 64 位为接口 ID（标识符）。以上两个部分使用特定的链路本地前缀 FE80:: /64。链路本地地址格式如图 3-6 所示。

图 3-6　链路本地地址格式

当网络中的节点启动 IPv6 协议栈时，节点的每个接口会自动分配一个链路本地地址，这种机制的特点是连接在同一条链路上的两个 IPv6 节点不需要做任何配置即可通信。

链路本地前缀 FE80:: /64 是特定的，关键是怎样得到 64 位的接口 ID，获取 IPv6 接口 ID 的方法是采用 EUI-64 地址。

RFC 4291 规定，所有使用从 001 到 111 前缀的单播地址，其前缀长度都是 64 位，接口标识符 ID 的长度也是 64 位。接口标识符可以被配置为 EUI-64 接口标识符，利用接口网卡的数据链路层地址（MAC 地址，48 位硬件地址），实现网络接口的 IPv6 地址自动配置。

#### 2．EUI-48 地址

下面讨论在配置以太网接口时，如何构成基于以太网的 48 位 MAC 地址的接口标识符。48 位的以太网网卡地址（MAC 地址）符合 IEEE 802.3 的规定，MAC 地址由网卡的制造商 ID 和网卡 ID 组成。制造商 ID 称为机构唯一标识符（Organizationally Unique Identifier，OUI），有 24 位；网卡 ID 称为扩展唯一标识符（Extension Unique Identifier，EUI），有 24 位。OUI 与 EUI 一起组成 48 位地址，称为 MAC-48 或 EUI-48。

IEEE 802.3 的 EUI-48 地址标识是按照位流的发送顺序写的，第一个字节在前，依次是第二个字节、第三个字节和第四个字节，但在一个字节内部，采用的是先发送低位，后发送高位的方式。为讨论方便，按照习惯第一个字节在左，依次排列，每个字节中高位在前。IEEE 802.3 也对处在第一个字节中的单个站/组（Individual/Group，I/G）地址标志位（b0），以及全球/本地（Unicast/Local，U/L）管理标志位（b1）给出了明确规定。若 U/L 和 I/G 标志位都设置为 0，则标识一个全球管理的、单播的 MAC 地址。

### 3. 基于 EUI-64 地址的接口标识符

EUI-64 地址可以由 EUI-48 地址扩展得到。扩展的方法是在 24 位的 OUI 和 24 位的 EUI 之间插入 16 位特值 11111111 11111110（用十六进制的 FFFE 标识）。IEEE EUI-64 格式如图 3-7 所示。

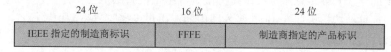

图 3-7　IEEE EUI-64 格式

EUI-64 地址与节点接口的数据链路层地址（MAC 地址）有关，可以保证接口的唯一性。MAC 地址为 48 位，而接口 ID 为 64 位，需要在 MAC 地址中插入 4 位十六进制数 FFFE，即 16 位二进制数 11111111 11111110。还需要把从高位开始的第 7 位 U/L 标志位设置为 1，需要说明的是，将 U/L 标志位由 0 设置为 1，可以有效地简化地址表示，所以也称为修订的 EUI-64。从 MAC 地址转换为 EUI-64 地址的过程如图 3-8 所示。

图 3-8　从 MAC 地址转换为 EUI-64 地址的过程

链路本地地址用于在单条链路上给主机编号。前缀的前 10 位标识的地址为链路本地地址。路由器对具有链路本地地址的分组不予处理，也不会转发这些分组。该地址的中间 54 位置为 0。而 64 位接口标识符采用如前所述的 IEEE EUI-64 结构，地址空间的这部分允许个别网络连接多达 $2^{64}-1$ 台主机。

## 3.3.4　站点本地地址

站点本地地址（Site Local Address，SLA）也是应用范围受限的地址，仅能在一个站点（一个组织机构的网络）内使用，用途类似 IPv4 中的专用地址空间（10.0.0.0/8、172.16.0.0/12、192.168.0.0/16）。

与链路本地地址不同的是，站点本地地址不是自动生成的，需要通过无状态或有状态的地址自动配置方法进行指派。站点本地地址可以供任何没有申请到 ISP 分配的可汇聚全球单播地址的组织机构使用。站点本地地址对于外部网络站点是不可达的。

站点本地地址的前 48 位是固定的，从 FEC0::/48 开始，其中前 10 位是固定的二进制位组合"1111111011"，后面是 38 位 0，然后是提供单位构建子网的 16 位子网 ID，最后是 64 位接口 ID。站点本地地址格式如图 3-9 所示。

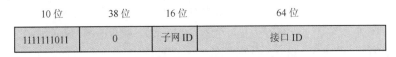

图 3-9　站点本地地址格式

站点本地地址用于在内联网中传送数据，但不允许从站点直接选路到全球 Internet。站点内的路由器只能在站点内转发包，而不能把包转发到站点外。站点本地地址的 10 位前缀与链路本地地址的 10 位前缀略有区别，后面也紧跟一串"0"。站点本地地址的子网 ID 为 16 位，而接口 ID 同样是 64 位的基于 IEEE EUI-64 的地址。

需要指出的是，IPv6 地址中存在地址分配与源地址检查的概念。由于 IPv6 地址构造是可汇聚的、层次化的地址结构，因此在 IPv6 接入路由器对用户连接时进行源地址检查，ISP 可以验证其客户地址的合法性，源路由检查出于安全性和多业务的考虑。许多核心路由器可根据需要，开启反向路由检测功能，防止源路由篡改和攻击。链路本地地址和本地站点地址为网络管理员强化网络安全管理提供方便。若某主机仅需要和一个子网内的其他主机建立联系，则网络管理员可以只给该主机分配一个站点本地地址。若某台服务器只为内部网用户提供访问服务，则可以只给这台服务器分配一个链路本地地址，使得企业网外部的任何人都无法访问这些主机。

### 3.3.5　6to4 地址和 ISATAP 地址

#### 1. 6to4 地址

6to4 地址用于 IPv6 主机或网络不需要进行明确隧道设置的情况，使得 IPv6 分组可以在 IPv4 网络上传输。6to4 地址在 RFC 3056 自动隧道机制中进行了描述，6to4 地址前缀用于创建节点的全球地址前缀，以及节点的 IPv6 可汇聚全球单播地址。

6to4 地址基于前缀 2002:wwxx:yyzz::/48，其中 wwxx:yyzz 是 IPv4 单播地址 w.x.y.z 的冒号十六进制表示。ICANN 为可汇聚全球单播地址范围内（格式前缀为 001）的 6to4 地址定义了一个 13 位的 TLA 标识符，6to4 的 TLA 标识符为 0x0002。6to4 地址格式如图 3-10 所示。

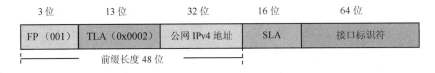

图 3-10　6to4 地址格式

前缀总长度为 48 位，其中 IPv4 地址占 32 位，必须是公网 IPv4 地址，并且要把点分十进制表示转换成冒号十六进制表示。例如，把一个 IPv4 地址为 62.2.84.115 的接口地址配置为 6to4 地址，需要写为 2002:3e02:5473::/48，该接口连接的链路上的所有 IPv6 主机都可以通过该接口，以隧道方式传输它们的 IPv6 分组。

#### 2. ISATAP 地址

站点内部自动隧道寻址协议（Intra Site Automatic Tunnel Addressing Protocol，ISATAP）用于

IPv6 主机可以通过 IPv4 网络进行通信。ISATAP 用类型标识符 0xFE 标识内嵌 IPv4 地址的 IPv6 地址。ISATAP 地址格式如图 3-11 所示。

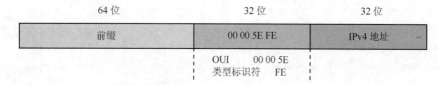

图 3-11　ISATAP 地址格式

前 64 位符合可汇聚全球单播地址中的格式。后 64 位的构成方法是：用 IEEE 给出的 OUI（24 位二进制位），该 OUI 值为 0x00 00 5E（十六进制标识），接下来的 8 位二进制位表示一个类型标识符，取值为 0xFE，用来标识后面的内嵌 IPv4 地址；最后的 32 位二进制位为内嵌 IPv4 地址，可以用点分十进制或冒号十六进制表示。例如，一台主机的 IPv4 地址为 192.168.0.1，该主机获得的 64 位地址前缀是 3FFFE:1A05:510:200::/64，可以得出该主机的 ISATAP 地址为 3FFFE:1A05:510:200:0:5EFE:192.168.0.1，该主机的链路本地地址为 FE80::5EFE:192.168.0.1，站点本地地址为 FEC0::200:0:5EFE:192.168.0.1。

# 3.4　IPv6 多播地址

## 3.4.1　IPv6 多播地址格式

多播指源节点发送的单个分组可以被指明的多个目的节点接收，实现一对多通信，多播地址有时也称为组播地址。任意位置上的 IPv6 节点，都可以监听到带有多播地址的多播分组，IPv6 节点可以随时加入或离开一个多播分组。IPv6 协议中的多播地址（Multicast Address，MA）可以通过特定的地址前缀标识，用最高 8 位的二进制位组合"1111 1111"来标识多播地址。IPv6 协议中的多播地址格式如图 3-12 所示。

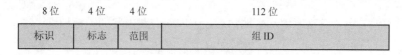

图 3-12　IPv6 协议中的多播地址格式

IPv6 协议中的多播地址格式中各字段含义如下。

（1）标识，地址格式中的第一个字节全为"1"，为多播地址。多播地址占用了 IPv6 地址空间的 1/256。

（2）标志，占 4 位。在 RFC 4291 中定义为 0、R、P、T，其中最高位必须为 0，第 2 位 R 标志是否为内嵌汇聚节点地址的多播地址，第 3 位 P 标志是否为基于单播网络前缀的多播地址，第 4 位标志该地址是由 Internet 编号机构 ICANN 指定的熟知（永久）的多播地址（T = 0），还是特定场合使用的临时多播地址（T = 1）。

（3）范围，占 4 位，用来限制多播数据流在网络中发送的范围，多播分组是只包括同一本地网、同一站点、同一机构中的节点，还是包括 IPv6 全球地址空间中任何位置的节点。范围字段值为 0~15，RFC 4291 给出的多播地址中 4 位范围字段编码如表 3-3 所示。

表 3-3 RFC 4291 给出的多播地址中 4 位范围字段编码

| 二进制 | 十六进制 | 值的含义 | 二进制 | 十六进制 | 值的含义 |
|---|---|---|---|---|---|
| 0000 | 0 | 预留 | 1000 | 8 | 机构本地范围 |
| 0001 | 1 | 站点本地范围 | 1001 | 9 | （未分配） |
| 0010 | 2 | 链路本地范围 | 1010 | A | （未分配） |
| 0011 | 3 | （未分配） | 1011 | B | （未分配） |
| 0100 | 4 | （未分配） | 1100 | C | （未分配） |
| 0101 | 5 | 站点本地范围 | 1101 | D | （未分配） |
| 0110 | 6 | （未分配） | 1110 | E | 全球范围 |
| 0111 | 7 | （未分配） | 1111 | F | 预留 |

从给出的编码值可以判断 FF02::2 是一个链路本地范围的多播地址，前 16 位的二进制位组合为 1111 1111 0000 0010。FF05::2 是一个本地站点范围的多播地址，前 16 位的二进制位组合为 1111 1111 0000 0101。

（4）组 ID，占 112 位，用于标识多播分组，最多可以编码 $2^{112}$ 个组 ID，RFC 4291 建议使用该字段的低 32 位作为组 ID，该字段的其余 80 位设置为 0，这样可以把每个组 ID 都映射到一个唯一的以太网多播 MAC 地址中。

一个 IPv6 多播地址总是以 FF 开始的，多播地址只能用作目的地址，不能用作源地址，也不能用作路由扩展首部的中间目的地址。

IPv4 中的有限广播（IPv4 地址为 255.255.255.255）和网络广播地址，可以用 IPv6 链路本地范围所有节点的多播地址 FF02:01 实现。

IPv6 有一些具有特殊含义的多播地址。

### 1．标识本地节点和链路本地范围内所有节点的多播地址

FF01:: 1：标识本地节点范围内所有节点的多播地址。

FF02:: 1：标识链路本地范围内所有节点（All nodes on the local network segment）的多播地址。

### 2．标识本地节点、链路本地和本地站点范围内所有路由器的多播地址

FF01:: 2：标识本地节点范围内所有路由器的多播地址。

FF02:: 2：标识链路本地范围内所有路由器（All routers on the local network segment）的多播地址。

FF02:: 5：OSPFv3 All SPF routers 的多播地址。

FF02:: 6：OSPFv3 All DR routers 的多播地址。

FF02:: 9：RIP routers 的多播地址。

FF05:: 2：标识本地站点范围内所有路由器的多播地址。

根据多播地址是临时的还是永久的，以及地址的范围，同一个多播标识符可以表示不同的多播分组。永久多播地址采用指定的赋予特殊含义的组 ID，组中的成员既依赖组 ID，又依赖范围。

## 3.4.2　请求节点多播地址

在 IPv6 多播地址中有一种特殊用途的请求节点多播地址，主要用于重复地址检测和获取邻居节点的数据链路层地址。

IPv6 使用邻居节点请求报文完成数据链路层地址解析，采用的是 IPv6 请求节点多播地址，请求节点多播地址由前缀 FF02::1:FF00:0/104 和单播（或任播）地址的后 24 位组成。请求节点多播

地址的地址范围为 FF02:0:0:0:0:1:FF00:0000～FF02:0:0:0:0:1:FFFF:FFFF。采用请求节点多播地址的好处是，仅把与地址解析有关的节点的地址作为目的地址，在地址解析过程中，与地址解析无关的节点不会受到干扰。

例如，链路上的节点 A 具有链路本地地址 FE80::2AA:FF:FE35:6A8B，节点 A 也一直在监听链路上目的地址为请求节点多播地址 FF02::1:FF35:6A8B 的分组。注意，这两个地址的最后 24 位二进制位相同，即最后 6 个十六进制数是一致的。同一条链路上的节点 B 发送目的地址为请求节点多播地址 FF02::1:FF35:6A8B 的邻居节点请求报文，由于链路上的节点 A 正在监听这个多播地址，因此节点 A 会处理该邻居节点请求报文，给出节点 A 的数据链路层地址，并给出响应，向节点 B 发送一个单播的邻居节点通告报文。

### 3.4.3　IPv6 多播地址映射为以太网地址

RFC 2464 规定：如果目的地址是一个多播地址，那么 MAC 地址的前 2 字节被设为 3333，而最后 4 字节是 IPv6 目的多播地址的最后 4 字节。如果目的地址是被请求节点的多播地址，那么 MAC 首部包含多播前缀 0x3333，而第三个字节为 FF，最后 3 字节包含 IPv6 请求节点多播地址的最后 3 字节，IPv6 地址格式为 FF02:0:0:0:1:FFXX:XXXX。IPv6 多播地址和以太网 MAC 地址的关系如图 3-13 所示。

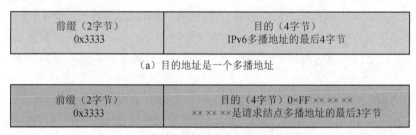

（a）目的地址是一个多播地址

（b）目的地址是被请求节点的多播地址

图 3-13　IPv6 多播地址和以太网 MAC 地址的关系

以太网 MAC 地址是目前用得最多的数据链路层地址，IPv6 单播地址与以太网 MAC 地址的联系很明确，已经有过讨论，下面讨论 IPv6 多播地址怎样映射为以太网地址。

将 128 位 IPv6 多播地址映射为 48 位以太网地址的方法如下：将 IPv6 多播地址的后 32 位直接映射为以太网地址的后 32 位，在后 32 位前面加上固定的十六进制的“33-33”（2 字节），构成与 IPv6 多播地址对应的 48 位以太网地址。例如，本地链路范围的 IPv6 多播地址为 FF02::1，对应的以太网地址为 33-33-00-00-00-01。若目的节点 IPv6 多播地址为 FF02::1:1A:22:A1，则对应的以太网地址为 33-33-01-16-22-A1。IPv6 多播地址映射为以太网地址如图 3-14 所示。

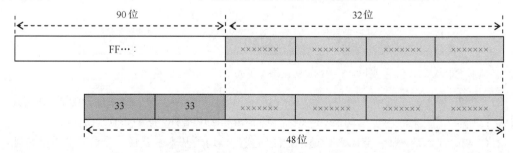

图 3-14　IPv6 多播地址映射为以太网地址

# 3.5 IPv6 任播地址

## 3.5.1 任播地址的特点

任播地址是 IPv6 协议特有的地址类型，适用于一对一组（多个）中的一个的通信需求。任播地址用来标识一组网络接口，这些接口通常属于不同的节点。

路由器会把目的地址是任播地址的分组发送给离该路由器最近的一个网络接口。任播使一种到最近节点的发现机制成为可能。

在应用中，任播地址与多播地址类似，同样是多个节点共享一个任播地址，不同的是，只有一个节点期待接收任播地址的分组。任播对提供某些类型的服务特别有用，尤其是客户端和服务器端之间不需要有特定关系的一些服务，如域名服务器和时间服务器。域名服务器不论远近都应该工作得一样好。同样，一个离得近的时间服务器，从准确性来说，更为可取。因此当一个客户端主机为了获取信息，发出请求到任播地址时，响应的应该是与该任播地址相关联的最近的服务器端主机。

任播地址在移动通信中很有用，接收方只需要是一组接口中的一个，就可以使移动用户在地理位置上不会受过多的限制。

IPv6 任播地址是从单播地址空间中划分出来的，任播地址与单播地址位于同一个地址范围，任播地址与单播地址有相同的格式，当一个单播地址属于多个接口时，它就是任播地址。仅看地址本身，节点是无法区分单播地址和任播地址的，节点需要使用明确的配置指明该地址是一个任播地址。

需要说明的是，RFC 4291 规定任播地址只能用作 IPv6 分组的目的地址，任播地址目前只能分配给 IPv6 路由器，路由器的路由结构必须知道哪些是拥有任播地址的接口，以及它们怎样获得这些接口的路由度量值。

## 3.5.2 任播地址的格式

RFC 2526 描述了任播地址的格式，规定了保留的子网任播地址和标识 ID，IPv6 协议中保留的子网任播地址格式如图 3-15 所示。

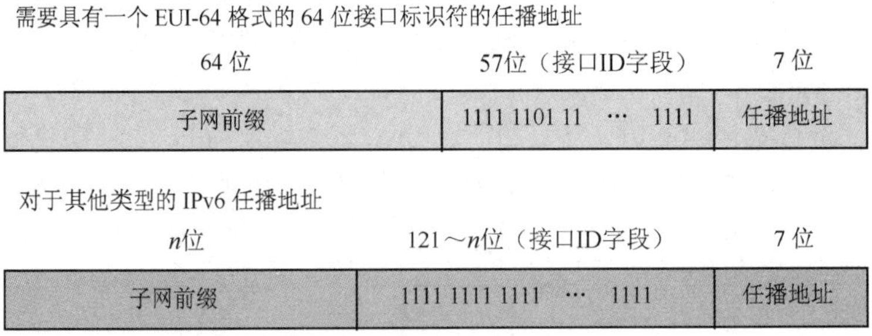

需要具有一个 EUI-64 格式的 64 位接口标识符的任播地址

| 64 位 | 57位（接口ID字段） | 7 位 |
|---|---|---|
| 子网前缀 | 1111 1101 11 … 1111 | 任播地址 |

对于其他类型的 IPv6 任播地址

| $n$位 | 121～$n$位（接口ID字段） | 7 位 |
|---|---|---|
| 子网前缀 | 1111 1111 1111 … 1111 | 任播地址 |

图 3-15 IPv6 协议中保留的子网任播地址格式

RFC 2526 规定，在每个子网内，接口标识符值 0～127 是为子网任播地址分配而保留的，0～125 和 127 为保留，126 用于移动 IPv6 家乡代理（Mobile IPv6 Home Agents）的任播。

RFC 4291 定义了子网-路由器任播地址的格式，该地址基本上就像一个通常的单播地址，不同之处是其前缀指定了子网和一个全 0 的标识符，地址中的子网前缀部分被设置为子网前缀的值，地址的其余位设置为 0，发送到这个地址上的分组会被发送到该子网中的一台路由器上。所有的路由器对与它们有接口连接的子网都必须支持这种子网路由器的任播地址。所有连接到一个子网的路由器接口，都拥有该子网的子网-路由器任播地址，用来与连接到该子网的距离最近的路由器进行通信。IPv6 中子网-路由器任播地址格式如图 3-16 所示。

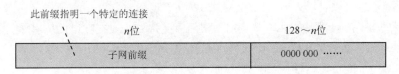

图 3-16　IPv6 中子网-路由器任播地址格式

任播选路是在有限的范围内进行的，这个有限的范围是一个子网区域。任播地址用其前缀定义了所有任播节点存在的地区。例如，一个 ISP 可能要求它的每个用户单位提供一个时间服务器，这些时间服务器共享单个任播地址。一个任播地址必定带有一个选路项，该选路项包括一些指针，指向共享该任播地址的所有节点的网络接口。

具有任播地址的主机也可能分散在全球 Internet 内，在这种情况下，相关的任播地址必须添加到遍及世界的所有路由器的路由表上，在实现上是很复杂的。

任播技术直接嵌入到路由系统中，在提供服务器复用功能和处理负载均衡方面具有突出的优势。任播技术存在的问题是攻击者能够潜在地把客户端的请求吸引到自己的主机上来，这实际上是一个身份认证问题。这个问题可以在任播分组成员向路由器登记的过程中通过身份认证过程解决。

当前规定任播地址不能作为分组的源地址，主要担心在存在多个任播分组成员的情况下，无法确定分组的来源。但在一个开放的网络中，攻击者很容易伪造任播分组的源节点。

# 3.6　IPv6 特殊地址

## 3.6.1　未指明地址和回环地址

在第一个 1/256 IPv6 地址空间中，所有地址的第一个 8 位 00000000 被保留。大部分空的地址空间用作特殊地址，这些特殊地址如下。

（1）未指明地址，这是一个全 0 地址，当没有有效地址时，可采用该地址。例如，当一个主机从网络中第一次启动时，它尚未得到一个 IPv6 地址，就可以使用这个地址，即当发出配置信息请求时，在 IPv6 分组的源地址中填入该地址。IPv6 未指明地址的格式为 0:0:0:0:0:0:0:0，如前所述，也可写成::。

（2）回环地址，在 IPv4 中，回环地址定义为 127.0.0.1。任何发送回环地址的分组必须通过协议栈到网络接口，但不发送到网络链路上。网络接口本身必须接收这些分组，就好像是从外面节点收到的一样，并传回给协议栈。回环功能用来测试主机网络协议栈的配置。IPv6 回环地址格式为 0:0:0:0:0:0:0:1 或::1。

## 3.6.2　IPv4 兼容或 IPv4 映射的 IPv6 地址

IPv6 提供了两类嵌有 IPv4 地址的特殊地址。这两类地址前 80 位均为 0，后 32 位包含 IPv4 地址，当中间的 16 位被置为十六进制的 0000 时，称为 IPv4 兼容的 IPv6 地址；当中间的 16 位被置为十六进制的 FFFF 时，称为 IPv4 映射的 IPv6 地址。

IPv4 兼容的 IPv6 地址被节点用于通过 IPv4 路由器并以隧道方式传送 IPv6 包，使用 IPv6 的计算机通过 IPv4 网络把报文发送给另一台使用 IPv6 的计算机，隧道入口、出口的节点既理解 IPv4 协议又理解 IPv6 协议。例如，IPv4 地址为 202.161.68.97，在这个 32 位二进制位的 IPv4 地址前面加上 96 个 0，给出的 0:0:0:0:0:0:202.161.68.97 就是一个合法的 IPv4 兼容的 IPv6 地址，按照压缩表示格式，该地址也可以表示为:: 202.161.68.97。

IPv4 映射的 IPv6 地址则被 IPv6 节点用于访问只支持 IPv4 的节点。IPv4 映射的 IPv6 地址用于将一个纯 IPv4 节点表示为一个 IPv6 节点，一般仅能用在纯 IPv4 节点与纯 IPv6 节点的协议转换中，不能用作源地址或目的地址。

当某个运行 IPv6 协议的计算机想把分组发送给运行 IPv4 协议的计算机时，需要使用 IPv4 映射地址。例如，IPv4 地址为 202.161.68.97，在这个 32 位二进制位的 IPv4 地址前面加上 80 个 0 和 16 个 1，构成 128 位二进制位的 IPv6 地址 0:0:0:0:0:FFFF:202.161.68.97，它是一个合法的 IPv4 映射的 IPv6 地址，按照压缩表示格式，该地址也可以表示为:: FFFF:202.161.68.97。

内嵌 IPv4 地址的 IPv6 地址格式如图 3-17 所示。

需要指出的是，IPv4 兼容的 IPv6 地址已经在 RFC 4213 中被废除，一同被废除的还有使用该地址格式的自动隧道配置机制。IPv4 映射的 IPv6 地址仅用于将只支持 IPv4 协议节点的 IPv4 地址变换为 IPv6 地址。现在，可以把 IPv4 映射的 IPv6 地址等同于内嵌 IPv4 地址的 IPv6 地址。

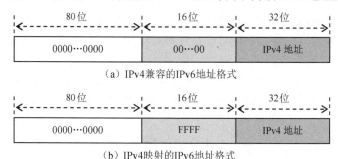

图 3-17　内嵌 IPv4 地址的 IPv6 地址格式

需要说明的是，未指明地址不分配给任何接口，用于指定给没有 IPv6 地址的设备，以及接口在链路本地地址的唯一性尚未被确认的情况。

IPv6 特殊地址的标识格式如表 3-4 所示。

表 3-4　IPv6 特殊地址的标识格式

| 特殊地址类型 | IPv6 地址格式 | 压缩格式标识 |
| --- | --- | --- |
| 未指明地址 | 0:0:0:0:0:0:0:0 | :: |
| 回环地址 | 0:0:0:0:0:0:0:1 | ::1 |
| IPv4 兼容的 IPv6 地址 | 0:0:0:0:0:0: IPv4 地址 | :: IPv4 地址 |
| IPv4 映射的 IPv6 地址 | 0:0:0:0:0:FFFF: IPv4 地址 | :: FFFF: IPv4 地址 |

### 3.6.3　IPv4 地址与 IPv6 地址的比较

IPv4 地址与 IPv6 地址的比较如表 3-5 所示。

表 3-5　IPv4 地址与 IPv6 地址的比较

| 比较项目 | IPv4 | IPv6 |
| --- | --- | --- |
| 地址长度 | 32 位 | 128 位 |

| 比较项目 | IPv4 | IPv6 |
| --- | --- | --- |
| 地址表示方法 | 点分十进制 | 冒号十六进制，零压缩、双冒号简化 |
| 分类 | A、B、C、D、E 共 5 类，CIDR | 单播、多播、任播、特殊地址 |
| 网络地址标识 | 子网掩码、前缀长度 | 前缀长度 |
| 回环地址 | 127.0.0.1 或 127.X.X.X | ::1 |
| 公网地址 | 单播地址（除专用地址之外） | 可汇聚全球单播地址 |
| 自动配置地址 | 169.254.0.0/16 | 链路本地地址 FF80::/64 |
| 多播地址 | 224.0.0.0/4 | FF00::/8 |
| 广播地址 | 有定义 | 未定义 |
| 未指明地址 | 0.0.0.0 | ::（0:0:0:0:0:0:0:0） |
| 专网地址 | 10.0.0.0/8、172.16.0.0/12、192.168.0.0/16 | 本地站点地址 |

## 3.6.4　主机 IPv6 地址和路由器 IPv6 地址

IPv6 地址是按传输类型分类的，网络中节点主机通过网卡接入 IPv6 网络，同一个网卡接口可以分配到多个 IPv6 地址，至少拥有两个 IPv6 地址，一个是用于链路本地通信的链路本地地址，另一个是可路由的可汇聚全球单播地址。可以说，IPv6 主机的同一个网络接口在逻辑上总是多宿主的。

### 1．IPv6 主机上的同一个网络接口可以分配到的单播地址

（1）接口的链路本地地址为 FE80::/10。

（2）接口的可汇聚全球单播地址为 20000::/3。

（3）回环地址为::1/128。

### 2．IPv6 主机接口要随时监听的分组地址

（1）链路本地范围内所有节点的多播地址为 FF01::1、FF02::1 的分组。

（2）以该节点接口的可汇聚全球单播地址为目的地址的分组。

（3）属于同组多播地址 FF00::/8 的分组。

### 3．IPv6 路由器上每个接口具有的单播地址

（1）链路本地地址。

（2）可汇聚全球单播地址。

（3）回环地址。

### 4．IPv6 路由器上每个接口具有的任播地址

（1）子网-路由器任播地址。

（2）可选的附加任播地址。

### 5．IPv6 路由器上每个接口随时监听的目的地址类型

（1）本地站点范围内所有节点的多播地址为 FF01::1 的分组。

（2）本地站点范围内所有路由器的多播地址为 FF01::2 的分组。

（3）链路本地范围内所有节点的多播地址为 FF02::1 的分组。

（4）链路本地范围内所有路由器的多播地址为 FF02::2 的分组。

（5）本地站点范围内所有节点的多播地址为 FF05::2 的分组。

（6）以该路由器接口的可汇聚全球单播地址为目的地址的分组。

（7）属于同组多播地址的分组。

# 3.7  IPv6 地址配置技术

## 3.7.1  IPv6 地址配置

IPv6 地址配置主要采用自动配置方法。常用的自动配置方法有：有状态自动配置协议（DHCPv6）和无状态自动配置协议。

网络中的访问节点和交换节点（如路由器）的位置处在计算机网络的核心（通信子网），端节点（如主机）的位置处于计算机网络的边缘（资源子网），需要分别讨论路由器地址和主机地址的配置方法。在默认情况下，主机接口的地址都是自动配置的，路由器接口的链路本地地址是自动配置的，路由器接口的其他类型的地址和相关的参数需要手动配置，或者通过其他方法获得。

无状态自动配置规程相对容易实现。首先，如果使用 IEEE EUI-64 数据链路层地址，那么用户可以确信自己的主机 ID 是唯一的。因此，节点要完成的工作是确定自己的数据链路层地址并计算出 EUI-64 地址，然后确定自己的 IPv6 地址。向最近的路由器询问是确定网络地址的一种方法，这就是 IPv6 中无状态自动配置的实现方式。

采用有状态自动配置时，网络用户必须保持和管理特殊的自动配置服务器，以便管理所有"状态"，即所容许的连接及当前连接的所有相关信息，该配置方法适用于有足够资源来建立和保持配置服务器的机构，不适用于没有这些资源的小型机构。对于大多数个人或小型机构，无状态自动配置是较好或较容易的解决方法，该方法允许个人节点确定自己的 IP 配置，而不必向服务器显式地请求各节点的信息。

根据 IPv6 中的定义，有状态自动配置和无状态自动配置可以共存并一起操作，两种配置方法的合作比单独使用其中一种更易于实现即插即用的 Internet 连接。例如，使用无状态自动配置，节点可以很快确定自己的 IP 地址，而且一旦获得此信息，它就可以与 DHCP 服务器交互以获得所要求的其他网络配置值。实际上，DHCPv6 也需要依靠 IPv6 无状态自动配置来简化在某些情况下的地址配置。

如果使用无状态自动配置要简单很多，那么为什么还要使用有状态自动配置呢？无状态自动配置对得到 IP 地址的节点提供最低程度的监视。任一节点可以连接到链路，通过路由器向能实现无状态自动配置的节点发出的通告来获知网络和子网信息，并构造有效的链路地址。但是，如果有 DHCPv6 服务器的支持，那么机构可以更好地控制网络可配置的节点。只有由网络管理员明确授权的节点才能通过 DHCPv6 服务器来配置。

DHCPv6 的问题在于：作为有状态自动配置协议，它要求安装和管理 DHCPv6 服务器，并要求接受 DHCPv6 服务的每个新节点都必须在服务器上进行配置。DHCPv6 服务器保存着它提供配置信息的节点列表，如果节点不在列表中，那么该节点就无法获得 IPv6 地址。DHCPv6 服务器还保持着使用该服务器的节点的状态，因为该服务器必须了解每个 IPv6 地址使用的时间，以及何时 IPv6 地址可以重新进行分配。

## 3.7.2  地址手工配置和检测

IPv6 地址标识网络中一个节点的某个网络接口的连接，一个接口地址配置的内容主要有两个：

用于标识接口的 128 位 IPv6 地址；用于标识接口属于哪个网络的前缀长度。

一个 IPv6 地址在分配给一个网络接口之后，若没有通过重复地址检测，则称该地址为临时地址，是一个试验地址，该网络接口会加入所有节点多播分组和临时地址对应的请求节点多播分组。IPv6 重复地址检测（Duplicate Address Detection，DAD）技术的思路类似 ARP，节点向一个临时地址所在的多播分组发送一个邻居请求（Neighbor Solicitation，NS）报文，若可以收到其他站点应答的邻居通告（Neighbor Advertisement，NA）报文，则证明该 IPv6 地址被使用过，是重复的。

IPv6 重复地址检测，以及无状态自动配置、地址解析、路由器发现、重定向和邻居不可达性检测均属于 IPv6 邻居发现协议的功能。邻居发现协议属于 ICMPv6 协议。

# 3.8  IPv6 地址无状态自动配置

## 3.8.1  IPv6 地址无状态自动配置的特征

无状态自动配置要求链路本地支持多播，而且网络接口能够发送和接收多播。完成自动配置的节点首先将其链路本地地址（如 IEEE EUI-64 地址）追加到链路本地前缀，构成网络接口的 IPv6 地址。这样，节点就能与同一条链路上的其他节点通信，只要同一条链路上没有其他节点使用与之相同的 EUI-64 地址。

但是，在使用该地址之前，节点必须先证实起始地址在链路本地是唯一的，节点必须确定同一条链路上没有其他节点使用与之相同的 EUI-64 地址。此时，节点必须向它打算使用的链路本地地址发送邻居请求报文。如果得到响应，那么试图自动配置的节点就得知该地址已为其他节点所使用，它必须以其他方式来配置。

需要说明的是，无状态自动配置中的地址前缀的获取是最为重要的，IPv6 地址前缀用来标识主机与路由器之间的网络（链路），主机需要的地址前缀是与主机连接的路由器接口的前缀，为获取这个前缀，需要在主机和路由器之间运行无状态自动配置协议，主机通过发送路由器请求报文发现路由器，路由器通过发送（或响应）路由器通告报文，通告链路上的前缀信息。

## 3.8.2  IPv6 主机地址自动配置过程

RFC 2462 描述了主机节点接口无状态自动配置过程，步骤如下。

（1）生成临时链路本地地址，需要用到主机节点接口的 EUI-48（MAC）地址，以及链路本地前缀 FF80::/64 与修订的 EUI-64 接口标识符。链路本地地址 = 链路本地前缀 FF80::/64 + 修订的 EUI-64 接口标识符。

（2）主机发送邻居请求报文，进行地址重复检测，确定临时链路本地地址的唯一性，若收到响应的邻居通告报文，则说明已有节点接口使用该临时链路本地地址，应停止地址自动配置；若没有收到，则确定该临时地址是唯一的，可以使用。

（3）主机发送路由器请求报文，本地链路上的路由器给出响应，发送路由器通告报文，路由器通告报文包含各种路由信息和主机配置需要的信息，如链路前缀、链路 MTU、特定路由、是否使用地址自动配置、地址的优先级和有效期等。在默认情况下，最多可以发送 3 台路由器请求报文，同时路由器周期性地发送路由器通告报文。

（4）若收到路由器通告报文，则主机根据收到的报文内容配置 MTU、重发计时器、可到达事件和跳数限制等。

（5）若收到的报文带有前缀信息选项，则进行标志位判断：若链路标志置为 1，则把报文中的前缀添加到前缀列表；若自治标志置为 1，则用前缀和修订的 EUI-64 接口标识符生成一个临时地址，通过重复地址检测来确定该临时地址的唯一性。

（6）若路由器通告报文中的管理地址标志位为 1，则用有状态自动配置协议获取其他地址。

（7）若路由器通告报文中的有状态配置标志位为 1，则用有状态自动配置协议获取其他参数。

IPv6 主机无状态地址自动配置过程如图 3-18 所示。

需要说明的是，主机节点获取一个 IPv6 地址的主要内容包括：发现链路上的网络前缀，产生一个接口标识符，验证所获得的 IPv6 地址的唯一性。

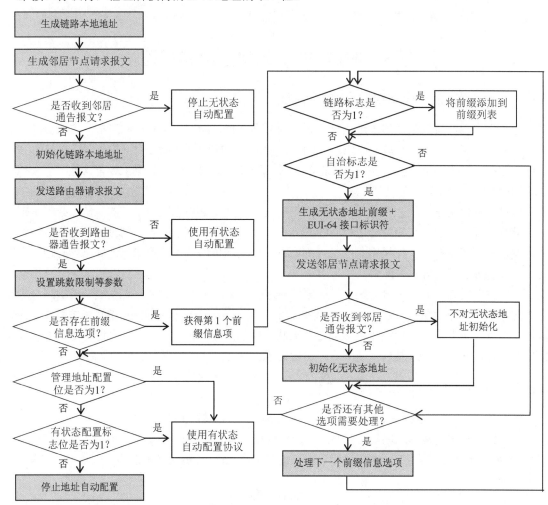

图 3-18　IPv6 主机无状态地址自动配置过程

### 3.8.3　Windows 支持的地址自动配置

Windows 操作系统支持 IPv6 协议，装有 Windows 操作系统的主机在默认状态下会自动配置的 IPv6 地址如下。

（1）给局域网接口配置由链路前缀 + 修订的 EUI-64 接口标识符组成的链路本地地址。

（2）若路由器通告报文的前缀信息选项包含一个本地站点前缀，则给接收到该路由器通告报文的局域网接口配置使用由修订的 EUI-64 接口标识符组成的站点本地地址。

（3）若路由器通告报文的前缀信息选项包含一个全球前缀，则给局域网接口配置使用由修订的 EUI-64 接口标识符组成的可汇聚全球单播地址。

（4）若路由器通告报文的前缀信息选项包含一个可汇聚全球前缀，则给局域网接口配置使用由随机生成的临时标识符组成的可汇聚全球单播地址。

（5）若计算机的接口配置了 IPv4 地址，而收到的路由器通告报文中没有自动分配的全球前缀，则给 6to4 隧道伪接口配置使用 6to4 接口标识符的 6to4 地址。

（6）给自动隧道伪接口配置使用站间自动隧道寻址协议接口标识符的链路本地地址，该链路本地地址与分配给主机接口的所有 IPv4 地址相对应。

（7）若在自动隧道伪接口上接收到的路由器通告报文的前缀信息中包含一个本地站点前缀，则给自动隧道伪接口配置使用 ISATAP 接口标识符的站点本地地址。

（8）若在自动隧道伪接口上接收到的路由器通告报文的前缀信息中包含一个可汇聚全球前缀，则给自动隧道伪接口配置使用 ISATAP 接口标识符的可汇聚全球单播地址。

（9）给主机网络接口配置回环地址（::1）和链路本地地址（FE80::1）。

# 3.9　IPv6 地址有状态自动配置 DHCPv6

## 3.9.1　DHCPv6 概述

2003 年 7 月，IETF 发布了 RFC 3315（Dynamic Host Configuration Protocol for IPv6，DHCPv6）。2018 年 11 月，IETF 发布了建议标准 RFC 8415，汇集了 RFC 4361、RFC 5494、RFC 6221、RFC 6422、RFC 6644、RFC 7083、RFC 7227、RFC 7283、RFC 7550 中对 DHCPv6 进行更新的内容。

DHCPv6 规定使用的多播地址和 UDP 端口号如下。

### 1．DHCPv6 使用的多播地址

1）All-DHCP-Agents 地址（FF02::1:2）

标识属于一个链路范围的多播地址，所有 DHCPv6 服务器端（Server）和中继代理（Relay Agent）均属于该多播分组的成员。客户端用多播地址与处在同一条链路上的所有 DHCPv6 服务器端和中继代理进行通信。

2）All-DHCP-Servers 地址（FF05::1:3）

标识属于站点范围的多播地址，站点范围内的所有 DHCPv6 服务器端均属于该多播分组的成员，被中继代理用来与 DHCPv6 服务器端进行通信。DHCPv6 中继代理通过这个地址将 DHCPv6 请求转发给所有的 DHCPv6 服务器端。

### 2．DHCPv6 使用的 UDP 端口

1）UDP 端口 546（客户端端口）

由 DHCPv6 服务器端用作到达 DHCPv6 中继代理或 DHCPv6 客户端的目的端口，也可以由 DHCPv6 中继代理用作到达 DHCPv6 客户端的目的端口。

2）UDP 端口 547（代理端口）

DHCPv6 客户端使用这个端口作为到达 DHCPv6 中继代理的目的端口。DHCPv6 中继代理使用这个端口作为到达 DHCPv6 服务器端的目的端口。

### 3．DHCPv6 定义的 13 种 DHCPv6 报文类型

DHCPv6 报文类型如表 3-6 所示。

表 3-6　DHCPv6 报文类型

| 报文类型 | 说明 |
|---|---|
| SOLICIT（1）请求定位 | 由客户端用来定位 DHCPv6 服务器端 |
| ADVERTISE（2）通告 | 由服务器端作为 SOLICIT 的响应 |
| REQUEST（3）请求 | 由客户端用来从服务器端获取信息 |
| CONFIRM（4）确认 | 由客户端用来校验它们的地址和配置参数是否仍然有效 |
| RENEW（5）更新 | 当租用期将要终止时，由客户端用来向原始 DHCP 服务器端续借自己的配置参数 |
| REBIND（6）重新绑定 | 当租用期将要终止时，由客户端用来延长地址的生存期，并向任意 DHCPv6 服务器端续借自己的配置参数 |
| REPLY（7）回复 | 由 DHCPv6 服务器端用来响应 Request（请求）、Confirm（确认）、Renew（续借）、Rebind（重新绑定）、Release（释放）和 Decline（拒绝）报文 |
| RELEASE（8）释放 | 由客户端用来释放它们的 IP 地址 |
| DECLINE（9）拒绝 | 由客户端用来指出指派给自己的一个或多个地址已经在链路上使用过了 |
| RECONFIG-INIT（10）重新配置 | 由 DHCPv6 服务器端用来向客户端通知，服务器端已经有了新的或更新过的配置信息，然后客户端必须发起请求以便获得更新过的信息 |
| INFORM-REQ（11）请求配置 | 在没有任何 IP 地址分配给客户端的情况下，由客户端发送本报文去请求配置参数 |
| RELAY-FORWARD（12）中继转发 | 由 DHCPv6 中继代理用来将客户端报文转发给服务器端。中继代理将客户端报文封装在中继转发报文的一个选项中 |
| RELAY-REPLY（13）中继回复 | 由 DHCPv6 服务器端用来通过一个中继向客户端发送报文。客户端报文被封装在中继转发报文的一个选项中。中继将此报文解包，并转发给客户端 |

需要 DHCPv6 服务器端发起配置交换的情况有：当 DHCPv6 域内链路必须被重编号时，当新的服务或应用程序已被添加并必须在客户端上配置时。DHCPv6 服务器端发送 RECONFIGURE-INIT 报文（10），接收这个报文的客户端必须发送 REQUEST/REPLY 报文交换以获得更新过的信息。

DHCPv6 报文的认证通过鉴定选项来完成。鉴定选项中携带的认证信息可用来识别 DHCPv6 报文的来源，并确认 DHCPv6 报文的内容是否改变。鉴定选项中能够使用多种认证协议。

### 3.9.2　DHCPv6 的作用和工作模式

#### 1．DHCPv6 的作用

DHCPv6 除了工作模式与 DHCPv4 类似，与 DHCPv4 不兼容，其协议内容也重新定义。

通过 DHCPv6 服务器端，可以把 IPv6 网络地址和其他配置信息通过 IPv6 网络传送给 IPv6 节点，这些信息都是通过选项来传递的，网络具有自动分配可重用的网络地址和附加配置信息的功能。

在某些情况下，用户需要使用 DHCPv6 服务器端。例如，用户会使用链路上没有 IPv6 路由器的 IPv6 主机，用户需要使用 DHCPv6 配置 IPv6 主机，以获得前缀信息。借助 IPv6 地址配置机制和 DHCPv6 服务器端，用户可以通过使用自动配置将无状态配置和有状态配置结合起来，以提供附加的配置信息。

#### 2．DHCPv6 的工作模式

DHCPv6 的应用采用客户端/服务器端模式，需要得到网络地址或其他配置信息的节点称为 DHCPv6 客户端，为客户端提供 IPv6 或其他配置信息的 IPv6 节点称为 DHCPv6 服务器端。

DHCPv6 服务器端与客户端使用 UDP 来交换 DHCPv6 报文。服务器端和中继代理使用 UDP

端口 547 监听 DHCPv6 报文，客户端使用 UDP 端口 546 监听 DHCPv6 报文。客户端使用链路本地地址或通过其他机制决定的地址来发送或接收 DHCPv6 报文，服务器端使用一个保留的链路范围多播地址接收 DHCPv6 报文。

客户端所在链路上的 DHCPv6 中继代理可以透明地在客户端和服务器端之间转发报文，支持客户端向不同链路上的 DHCPv6 服务器端发送报文。

客户端与 DHCPv6 服务器端交互可以获得的附加配置信息包括有效的 DNS 服务器等。

DHCPv6 的工作模式如图 3-19 所示。

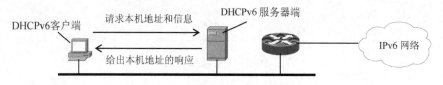

图 3-19　DHCPv6 的工作模式

因为 IPv6 中没有广播的概念，所以不像 DHCPv4 那样基于广播地址 255.255.255.255 来发现 DHCP 服务器端。DHCPv6 使用两种多播地址，用来发现网络中的 DHCP 服务器端。

DHCPv6 在执行有状态地址配置时，客户端先发送一个目的地址为多播地址的请求报文给所有的 DHCPv6 中继代理和服务器端，目的是发现网络中的 DHCPv6 服务器端。DHCPv6 服务器端接收到请求报文后，若允许主机使用 IPv6 地址和其他配置参数，则给出一个单播响应报文，该响应报文中包含主机可以使用的 IPv6 地址与配置参数。

在 IPv6 协议中，每个网卡都默认带一个链路本地地址，这个地址是由 fe80::/10 的前缀加上网卡的 MAC 地址生成的。IPv6 的链路本地地址用来在一个二层链路中唯一标识一块网卡，并且可以用来在一个二层链路中通信。

DHCPv4 客户端在发起请求时，因为还没有 IP 地址，所以源 IP 只能是未指明地址（0.0.0.0）。而 DHCPv6 客户端在发起请求时，网卡已经有 IPv6 地址，所以源 IPv6 地址就是网卡的链路本地地址，目的地址是 DHCPv6 保留的多播地址 ff02::1:2。

DHCPv6 服务器端在收到请求之后，将 IPv6 地址用单播发送给 Client 网卡的链路本地地址。其中，IPv6 地址包含在通告和应答中，这个过程与 DHCPv4 类似。

### 3.9.3　DHCPv6 报文格式

DHCPv6 报文由相同的固定格式的首部和长度可变的选项组成，报文内容按网络字节顺序存储，所有选项都连续地存储在选项区域中，各选项之间不需要填充字节。客户端和服务器之间传输的 DHCPv6 报文格式如图 3-20 所示。

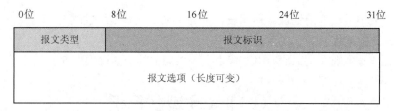

图 3-20　客户端与服务器端之间传输的 DHCPv6 报文格式

（1）报文类型，占 8 位，标识 DHCPv6 报文的类型，有 13 种 DHCPv6 报文类型。

（2）报文标识，占 24 位，用于确认报文。

（3）报文选项，长度可变，用来传输附加的信息和参数。所有选项具有相同的基本格式，一般，一个 DHCPv6 报文的报文选项字段只能有一个选项，若出现了多个选项，则每个选项的实例都被看作不同的。若一条报文中包含不应该包含的选项，则该条报文是不合法的，将被丢弃。DHCPv6 报文中的选项格式如图 3-21 所示。

图 3-21　DHCPv6 报文中的选项格式

（1）选项类型，占 16 位，用于识别选项的类型。

（2）选项长度，占 16 位，给出该选项所包含的字节数。

（3）选项数据，长度可变，选项中数据以网络字节顺序存储。

中继代理与 DHCPv6 服务器端之间交互的 DHCPv6 报文格式如图 3-22 所示。

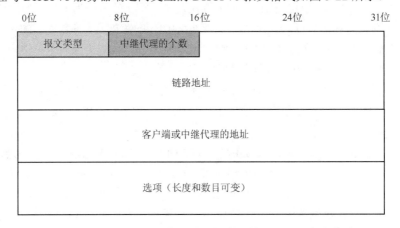

图 3-22　中继代理与服务器端之间交互的 DHCPv6 报文格式

（1）报文类型，占 8 位，RELAY-FORW（12）为中继转发，RELAY-REPL（13）为中继回复。对应的报文类型编码分别为 12 或 13。

（2）中继代理的个数，占 8 位，标识该报文途径的中继代理的个数。

（3）链路地址，属于可汇聚全球单播地址或站点本地地址，该地址被服务器端用来标识客户端的局域网。

（4）客户端或中继代理的地址，标识所转发的报文是从该地址发送的，也标识包含在选项中的信息应被转发到的地址。

（5）选项，包含中继报文选项，中继代理也可以添加其他的选项内容。

# 3.10　IPv6 域名系统

## 3.10.1　IPv6 域名系统的实现

域名系统（DNS）用于域名（主机名）与 IP 地址的相互映射。IPv6 用 DNS 来实现从主机名称到 IPv6 地址的映射。通过域名得到 IP 地址的过程称为正向解析，通过 IP 地址得到域名的过程称为反向解析。IPv6 网络中的域名系统也是采用树形结构的域名地址空间，在 IPv4 网络向 IPv6 网络过渡阶段，域名对应的地址可以是 IPv4 地址，也可以是 IPv6 地址，在完成过渡后可以只使用 IPv6 地址。

为使 DNS 适用 IPv6 网络，需要进行以下 3 个方面的修改。

（1）建立新的 IPv6 网络资源记录类型，称为 AAAA 记录类型。

（2）建立新域 IP6.int，用于增补 IPv6 主机地址以支持基本地址查找。

（3）修改现有的 DNS 查询，不仅可以处理或定位 IPv4 地址，还能够适用 IPv4 地址和 IPv6 地址共存的情况。

IPv6 与 IPv4 共同拥有一致的域名空间，域名空间的最高层为根，向下依次为顶级域（Top Level Domain，TLD）、二级域（Second Level Domain，SLD），每个域都是它上一级的子域。IPv6 DNS 在 IPv4 基础上进行了以下扩展。

（1）为每个域名到 IPv6 地址的映射定义一个资源记录类型。

（2）主域支持基于地址的搜索。

（3）把附加段操作的查询扩展到同时支持 IPv4 地址和 IPv6 地址。

在 IPv6 网络中，一台 IPv6 主机可以有多个 IPv6 地址，对应拥有多个 DNS 记录，对于正向解析，依据给出的域名，可以查询到所有已分配给该主机的资源记录。在应用中把一个 128 位的 IP 地址以网络字节的顺序（高位在前）编码在一个资源记录的数据部分中。

从网络安全方面考虑，基于 IPv6 的 DNS 作为公共密钥基础设施（PKI）系统的基础，有助于抵御网络上的身份伪装与偷窃。而采用可以提供认证和完整性等安全特性的 DNS 安全扩展（Domain Name System Security Extensions，DNSSE）协议，能进一步增强目前针对 DNS 新的攻击方式的防护，如"网络钓鱼"攻击、"DNS 中毒"攻击等，这些攻击会控制 DNS 服务器，将合法网站的 IP 地址篡改为假冒、恶意网站的 IP 地址等。

## 3.10.2　IPv6 域名地址的解析

IPv6 域名地址正向解析 DNS 记录有两种类型：AAAA 和 A6。RFC 1886 定义了 AAAA 记录类型，也称为 4A，是对 IPv4 DNS 记录类型 A 的简单扩展，由于 IPv6 地址扩大了 4 倍，所以资源记录由 A 扩大到 4A。AAAA 记录类型不支持 IPv6 地址的层次性，AAAA 记录类型值是十进制的 28。具有多个 IPv6 地址的主机对每个地址都有一个 AAAA 记录类型。AAAA 记录类型的格式如下。

```
moon.universe.com IN AAAA  4321:0:1:2:3:4:567:89ab
```

AAAA 记录类型相应的反向搜索域是 IP6.INT。反向搜索记录类型是指针记录（PTR），记录类型值是十进制的 12。地址表示形式用"."分隔的半字节 16 进制数字格式（Nibble Format），低位地址在前，高位地址在后，域后缀是"IP6.INT."。每个 IP6.INT 下的子域状态都代表了 128 位地址的 4 位。最低有效位出现在域名左边。在这种情况下不允许省略第一个 0。因此前面范例的 PTR 记录如下。

```
b.a.9.8.7.6.5.0.4.0.0.0.3.0.0.0.2.0.0.0.1.0.0.0.0.0.0.1.2.3.4.IP6.INT.IN
PTR  moon.universe.com
```

RFC 2874 定义了 A6 记录类型，用于将一个 IPv6 地址与多个 A6 记录类型建立联系，每个 A6

记录类型只包含 IPv6 地址的一部分，这些部分可以拼装成一个完整的 IPv6 地址。A6 记录类型支持 AAAA 记录类型所不具备的一些特性，如地址汇聚、地址重编号等。A6 记录类型的记录被设计用来进行网络重编号，并使 TLA 更易于管理。A6 记录类型根据可汇聚全球单播地址中的 TLA、NLA 和 SLA 项目分配的层次，把 IPv6 地址分解为若干级的地址前缀和地址后缀，构成一个地址链，每个地址前缀和地址后缀构成地址链上的一环，一个完整的地址链组成一个 IPv6 地址。在用户改变 ISP 时，若用 A6 记录类型标识的地址链中，则只需要改变地址前缀所对应的 ISP 名称。在地址分配层次中越靠近底层，需要做的改动就越少。A6 记录类型值是十进制的 38。

A6 记录类型相应的反向搜索域的根位于 IP6.ARPA，地址表示形式是二进制位串（Bit-string）标识符，以"\<"开头，十六进制地址（无分隔符，高位在前，低位在后）居中，地址后加">"，域后缀是 IP6.ARPA.。二进制位串标识符与 A6 记录类型对应，地址也像 A6 记录类型一样，可以分成多级地址链表示，每级的授权都用"DNAME"记录。DNAME 记录类型值是 39。

与 A6 记录类型对应，二进制位串标识符也支持地址层次特性。二进制位串标识符在 RFC 2673 中定义，是一种在一个域名中表示长序列二进制标识符的简洁方式。RFC 2874 中的示例也详述了相同的多宿主站点的反向搜索记录。

使用 A6 记录类型的反向映射更加复杂。以地址链形式表示的 IPv6 地址可以很好地体现 IPv6 地址的层次性，对地址汇聚和地址更新提供很好的支持。但问题是，一次完整的地址解析需要分成多个步骤进行，需要依据地址的分配层次关系，到不同的 DNS 服务器中查询，只有所有有关系的查询都成功以后，才能得到完整的解析结果。这些经过的解析过程增大了可解析所需的时延，也增加了出错的机会，需要在技术方面改进 IPv6 协议中 DNS 地址链的实现机制。

### 3.10.3　自动发现 DNS 服务器和自动域名更新

#### 1．自动发现 DNS 服务器

IPv6 协议不支持 DNS 服务器的自动配置，需要解决自动发现 DNS 服务器的问题，解决方法可以分为两类：无状态和有状态。

有状态方法中的 DNS 服务器发现方式通过类似 DHCP 的中间服务器，把 DNS 服务器的地址、域名和搜索路径等 DNS 信息通告给网络中的节点。

无状态方法需要为子网内部的 DNS 服务器配置站点范围内的任播地址，需要进行自动配置的节点以该任播地址为目的地址发送服务器发现请求，询问 DNS 服务器地址、域名和搜索路径等信息，发现请求到达距离最近的 DNS 服务器，该 DNS 服务器接收请求，给发出请求的节点应答该 DNS 服务器的单播地址、域名和搜索路径等信息。节点用 DNS 服务器的应答信息配置该节点的 DNS 信息，此后的 DNS 请求直接用 DNS 的单播地址发送给 DNS 服务器。需要说明的是，不仅可以使用站点范围内的任播地址，还可以使用站点范围内的多播地址或链路多播地址。

#### 2．自动域名更新

自动域名更新指的是 DNS 服务器能够自动跟踪网络中的每个节点，在各节点的域名与 IPv6 地址的对应关系变化时，DNS 服务器能够实现随时更新。在应用时，由于 IPv6 地址长度的增加，且可以动态改变，因此网络节点用 IPv6 地址通信更为复杂，也很难在具有动态 IPv6 地址的主机上安装服务器软件。解决方法是为每个网络节点分配一个相对固定的域名，节点之间用各自的域名通信。

自动域名更新采用客户端/服务器端模式，客户端定时向自动注册服务器发送域名注册/更新信息。自动注册服务器验证客户端域名、地址及密码的有效性，向 DNS 服务器发送动态更新信息，对相应的记录内容进行更新。

　　自动域名更新系统具有很好的可扩展性，当加入新的平台时，仅需要实现相应的客户端，不需要修改服务器端。自动域名更新系统适用于手动配置、有状态自动配置和无状态自动配置的 IPv6 网络。自动注册服务器和 DNS 服务器之间采用事务签名实现安全授权，DNS 服务器授权自动注册服务器只能动态更新它的信息。

　　随着 DHCP 和动态 IP 地址自动配置的广泛使用，对 DNS 动态更新记录的添加和删除的需要越来越多。RFC 2136 介绍了称为动态 DNS（Dynamic DNS，DDNS）的机制。使用 IPv6 之后，动态地址常使用无状态自动配置来分配，因此，每台主机都需要 DNS 更新机制来更新自己的 DNS 记录。在实现 DNS 更新时，还要考虑安全性方面的问题，最重要的是用户可以控制能够更改该用户 DNS 记录的节点。所以在实现 DNS 更新时，应该同时使用事务签名（Transaction Signatures，TSIG）或域名系统安全扩展（DNSSE）机制。

　　需要说明的是，在 IPv4 到 IPv6 过渡的过程中，需要考虑两种协议的 DNS 记录类型不同。实现 IPv4 网络和 IPv6 网络之间的 DNS 查询和响应，可以采用应用层网关 DNS-ALG 和 NAT-PT 结合的方法。在 IPv6 网络环境中，新的协议和功能要求，使得人们必须认识到 DNS 不再仅提供简单的资源定位，而要求 DNS 既可以提供类似 IPv4 DNS 的基本功能，又必须结合 IPv6 协议的新特性，结合其他协议设计实现新的功能。

# 3.11　思考练习题

3-1　IPv6 地址有哪些表示格式？

3-2　简述 IPv6 地址空间，并说明地址前缀的作用。

3-3　IPv6 地址压缩表示格式有什么规则？

3-4　IPv6 为什么取消了广播地址？

3-5　简述任播地址的特点。

3-6　简述 IPv6 一般地址格式各部分的作用。

3-7　可汇聚全球单播地址有哪些特征？

3-8　分别写出顶级汇聚标识符、站点级汇聚标识符和下一级汇聚标识符的用途。

3-9　简述链路本地地址的特征和作用。

3-10　描述 IPv6 网络的链路本地地址自动配置的原理。

3-11　写出 IPv4 兼容 IPv6 地址的用途。

3-12　写出 IPv6 网络的特殊地址和保留地址。

3-13　写出 IPv6 多播地址的格式。

3-14　写出 IPv6 具有特别含义的特殊多播地址。

3-15　网络中的节点预订多播地址时，需要做哪些事情？

3-16　为什么仅看地址本身，节点无法区分单播地址和任播地址？

3-17　简述任播选路的范围。

3-18　简述 IPv6 地址自动配置技术的特点。

3-19　DHCPv6 支持哪些新特性？

3-20　为使 DNS 适用 IPv6 网络，需要进行哪些方面的修改？

3-21　写出 IPv6 域名地址的解析中 AAAA 记录类型与 A6 记录类型的异同。

3-22　写出 DHCPv6 支持的新特性。

# 第 4 章　ICMPv6 和邻居发现协议

## 4.1　ICMPv6 概述

### 4.1.1　ICMPv6 的功用

IPv6 协议本身没有提供 IPv6 分组在网络传输过程中的传输状态报告的功能，需要通过 ICMPv6 报告 IPv6 分组在网络中的传输情况。ICMPv6 是 IPv6 的 Internet 控制报文协议（Internet Control Message Protocol for IPv6，ICMPv6），它属于 IPv6 协议的一个组成部分，与 IPv6 协议一起工作。

IPv6 中许多基础机制都是由 ICMPv6 定义及完成的，如地址冲突检测、地址解析、无状态自动获取等。IPv6 网络中的每个节点均要实现 ICMPv6，若网络中的节点不能正确处理到来的 IPv6 分组，则通过 ICMPv6 报文向源节点报告 IPv6 分组在传输过程中的出错信息和通告信息，网络中的节点可以知道网络中所传输的 IPv6 分组的情况，以及当前网络状态的重要信息。例如，大家熟悉的 ping 应用程序，它用 ICMPv6 的回送请求（Echo Request）和回送应答（Echo Reply）报文来测试一个网络节点的可达性。

ICMPv6 的技术文档是 1998 年发布的 RFC 2463、2006 年发布的 RFC 4443、2007 年发布的 RFC 4890。需要说明的是，主机可以通过接收 ICMPv6 报文获得网络的状态和 IPv6 分组的传输情况，但不能依靠所接收的 ICMPv6 报文去解决任何网络中存在的问题。

### 4.1.2　ICMPv6 对 ICMPv4 的改进

与 ICMPv4 相比，ICMPv6 实现了 IPv4 网络中的 ICMP、ARP、IGMP 的功能，ICMPv6 删除了一些不再使用的报文类型，定义了一些新的功能和报文。ICMPv6 与 ICMPv4 所在的网络层协议的比较如图 4-1 所示。

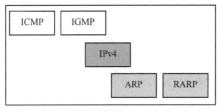
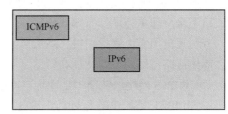

（a）ICMPv4的网络层协议　　　　　　　　　（b）ICMPv6的网络层协议

图 4-1　ICMPv6 与 ICMPv4 所在的网络层协议的比较

与 ICMPv4 相比，ICMPv6 增加的功能如下。

（1）原来 IPv4 中 Internet 组管理协议（Internet Group Management Protocol，IGMP）所实现的功能包含在 ICMPv6 中。

（2）ICMPv6 包含 IPv4 中用来把第 2 层 MAC 地址映射到 IP 地址的地址解析协议（Address Resolution Protocol，ARP）的功能。

（3）引入了邻居发现协议，通过使用 ICMPv6 报文可以确定同一条链路上的邻居的数据链路层地址、发现路由器，随时跟踪哪些邻居是可连接的，以及检测发生更改的数据链路层地址。邻居发现协议是 IPv6 协议的一个基本组成部分，邻居发现协议实现了路由器和前缀发现、地址解析、下一跳地址确定、重定向、邻居不可达检测、重复地址检测等功能。

（4）ICMPv6 还支持移动 IPv6，增加了 4 种有关移动 IPv6 的 ICMPv6 报文。

ICMPv6 的报文结构与 ICMPv4 的报文结构基本相同，ICMPv6 对报文的类型编码重新进行了定义，ICMPv6 与 ICMPv4 报文类型的比较如表 4-1 所示。

表 4-1　ICMPv6 与 ICMPv4 报文类型的比较

| 报文名称 | ICMPv4 的类型编码 | ICMPv6 的类型编码 |
| --- | --- | --- |
| 回送应答 | 0 | 129 |
| 目的不可达 | 3 | 1 |
| 分组过大 | 类型 3 代码 4 | 2 |
| 源抑制 | 4 | 无 |
| 重定向 | 5 | 137 |
| 回送请求 | 8 | 128 |
| 超时 | 11 | 3 |
| 参数问题 | 12 | 4 |
| 时间戳请求 | 13 | 无 |
| 时间戳应答 | 14 | 无 |
| 多播监听查询 | 无 | 130 |
| 多播监听报告 | 无 | 131 |
| 多播监听完成 | 无 | 132 |
| 路由器请求 | 10 | 133 |
| 路由器通告 | 9 | 134 |
| 邻居请求 | 无 | 135 |
| 邻居通告 | 无 | 136 |
| 家乡代理地址发现请求 | 无 | 144 |
| 家乡代理地址发现应答 | 无 | 145 |
| 移动前缀请求 | 无 | 146 |
| 移动前缀通告 | 无 | 147 |

## 4.1.3　ICMPv6 报文的类型和组成

ICMPv6 报文的类型和组成如图 4-2 所示。

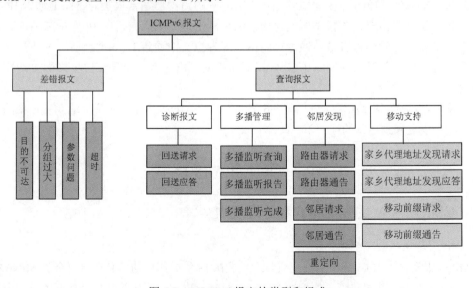

图 4-2　ICMPv6 报文的类型和组成

### 1．ICMPv6 的两类报文

ICMPv6 的控制信息主要有两种：差错报文和查询报文。

ICMPv6 差错报文用于网络诊断、控制和管理的信息，这些信息包括目的不可达、分组过长、超时、回送请求、回送应答、邻居节点发现、无状态地址配置、重复地址检测和路径 MTU 发现等。

ICMPv6 查询报文用于路径 MTU 发现（Path MTU Discovery）、邻居发现和移动 IPv6。ICMPv6 查询报文有回送请求和应答、路由器请求和通告、邻居请求和通告、组成员关系、重定向、移动支持等。

ICMPv6 和 ICMPv4 查询报文的比较如表 4-2 所示。

表 4-2　ICMPv6 和 ICMPv4 查询报文的比较

| 报文类型 | ICMPv4 | ICMPv6 | 报文类型 | ICMPv4 | ICMPv6 |
| --- | --- | --- | --- | --- | --- |
| 回送请求和应答 | 是 | 是 | 路由器请求和通告 | 是 | 是 |
| 时间戳请求和应答 | 是 | 否 | 邻居请求和通告 | ARP | 是 |
| 地址掩码请求和应答 | 是 | 否 | 组成员关系 | IGMP | 是 |
| 移动支持 | 否 | 是 | | | |

### 2．ICMPv6 报文的特殊功用

（1）地址解析，使用 ICMPv6 的邻居发现协议所定义的邻居请求（NS）和邻居通告（NA）报文来实现地址解析功能。

（2）邻居的状态跟踪，IPv6 定义了节点之间邻居的状态缓存信息，同时维护了邻居 IPv6 地址与数据链路层地址（MAC 地址）的映射关系。

（3）无状态自动配置是 IPv6 协议的一个亮点，使得 IPv6 主机能够非常便捷地连接到 IPv6 网络，实现即插即用，无须手工配置繁冗的 IPv6 地址，无须部署应用服务器为主机分发地址。无状态自动配置机制使用 ICMPv6 报文中的路由器请求（RS）和路由器通告（RA）报文。

（4）一个 IPv6 地址必须经历重复地址检测（DAD），通过检测之后才能够启用。DAD 用于发现链路是否存在 IPv6 地址冲突。

（5）前缀重编址，IPv6 路由器能够通过 ICMPv6 的路由器通告报文向链路上通告 IPv6 前缀信息。主机能够从路由器通告报文所包含的前缀信息中自动获取自己的 IPv6 单播地址。这些自动获取的地址在生存时间内有效。通过在路由器通告报文中通告 IPv6 地址前缀，并且灵活地设定地址的生存时间，能够实现网络中 IPv6 新旧前缀的平滑过渡，无须在主机终端上消耗手工重新配置地址。

（6）路由器重定向，路由器向一个 IPv6 节点发送 ICMPv6 重定向报文，通知它在相同的本地链路上有一个能更好到达目的地的下一跳。

# 4.2　ICMPv6 格式

## 4.2.1　ICMPv6 报文的一般格式和处理规则

### 1．ICMPv6 报文的一般格式

ICMPv6 报文作为 IPv6 分组的数据荷载，封装在 IPv6 分组中进行传输。每个 ICMPv6 报文之前都是一个 IPv6 固定首部和可选的扩展首部。位于 ICMPv6 首部之前的那个首部的下一个首部字

段值为 58，标识后面为 ICMPv6 报文。

携带 ICMPv6 报文的 IPv6 分组的格式如图 4-3 所示。

图 4-3　携带 ICMPv6 报文的 IPv6 分组的格式

ICMPv6 报文的一般格式如图 4-4 所示。所有的 ICMPv6 报文都有相同的常规首部结构，其中报文类型、代码、校验和 3 个字段都与 ICMPv4 类似。

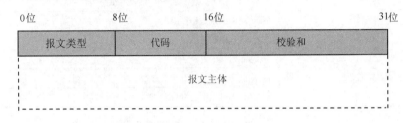

图 4-4　ICMPv6 报文的一般格式

ICMPv6 报文中各字段的功用如下。

（1）报文类型（Type），占 8 位，标识 ICMPv6 报文的类型，该字段决定了报文剩余部分的格式。若该字段最高位为 0，则表示该报文为差错报文，差错报文类型的编码值是 0~127。若最高位为 1，则表示该报文为查询报文。查询报文类型的编码值是 128~255。

（2）代码（Code），占 8 位，该字段通过不同的编码值区分某一给定类型报文中的多个不同功用的报文，它可以提供更详细的内容。例如，类型 1 标识目的不可达报文，类型 1、代码 3 表示地址不可达，类型 1、代码 4 表示端口不可达。

（3）校验和（Checksum），占 16 位，用于存放 ICMPv6 报文的校验和，该字段用来对 ICMPv6 首部和部分 IPv6 首部中数据的正确性进行校验。校验和计算用到 IPv6 首部中的源地址和目的地址。

（4）报文主体（Message Body），长度可变，该字段的内容和占用的位数依据报文类型变化，对于不同的类型和代码，报文主体可以包含不同的数据。

### 2．ICMPv6 报文的处理规则

ICMPv6 报文的处理规则如下。

（1）如果一个节点收到了一条未知类型的 ICMPv6 差错报文，那么该节点必须把它传送给上层。

（2）如果一个节点收到了一条未知类型的 ICMPv6 报文，那么将其丢弃。

（3）ICMPv6 报文的长度不能超过 IPv6 规定的 MTU 的要求。

每个 IPv6 节点都必须提供一种限速功能来限制 ICMPv6 报文发送的速率。限速功能的实现和配置可以是基于定时器的，也可以是基于带宽的，通过限速功能配置可以防止拒绝服务攻击。

## 4.2.2　ICMPv6 报文的类型

### 1．ICMPv6 差错报文的类型

RFC 4443 描述的 ICMPv6 差错报文的类型和代码如表 4-3 所示。

表 4-3　ICMPv6 差错报文的类型和代码

| 报文类型 | 报文类型字段 | 代码字段 |
|---|---|---|
| 1 | 目的不可达 | 0：没有到达目的地的路由<br>1：与目的地的通信被禁止<br>2：超出源地址的范围<br>3：地址不可达<br>4：端口不可达<br>5：对源地址失效的流入、流出策略<br>6：到目的地的无效路由 |
| 2 | 分组过大 | 发送方将代码字段值设为 0，接收方忽略代码字段 |
| 3 | 超时 | 0：传输中的跳数超出限制<br>1：分段重组超时 |
| 4 | 参数问题 | 0：遇到错误的首部字段<br>1：遇到不可识别的下一个首部字段<br>2：遇到不可识别的 IPv6 选项 |

### 2．ICMPv6 查询报文的类型

lCMPv6 查询报文的类型和名称如表 4-4 所示，其中给出了不同的报文类型，以及取决于不同报文类型的附加代码的信息。

表 4-4　ICMPv6 查询报文的类型和名称

| 报文类型 | 报文名称 | 报文类型 | 报文名称 |
|---|---|---|---|
| 128 | 回送请求 | 138 | 路由器重新编号 |
| 129 | 回送应答 | 139 | 节点信息查询 |
| 130 | 多播监听者查询 | 140 | 节点信息响应 |
| 131 | 多播监听者报告 | 141 | 反向邻居请求 |
| 132 | 多播监听者完成 | 142 | 反向邻居通告 |
| 133 | 路由器请求 | 150 | 家庭代理地址发现请求 |
| 134 | 路由器通告 | 151 | 家庭代理地址发现应答 |
| 135 | 邻居请求 | 152 | 移动前缀请求 |
| 136 | 邻居通告 | 153 | 移动前缀通告 |
| 137 | 重定向 | | |

# 4.3　ICMPv6 差错报文

## 4.3.1　目的不可达报文

ICMPv6 差错报文有 4 种类型：目的不可达、分组过大、超时、参数问题。

目的不可达（Destination Unreachable）报文是在 IP 分组不能被发送的情况下产生的，该报文被发送到发送分组的源地址。目的不可达报文的格式如图 4-5 所示。

其中，报文类型字段值为 1，表示目的不可达报文。代码字段提供关于分组没有发送出去的理由的更多信息。未使用表示该字段未用，发送方在发送该报文时，需要将该字段初始化为 0。ICMP

报文的数据部分长度可变，调用包的大小应与不包含 ICMPv6 包的最小 IPv6 的 MTU 相当。

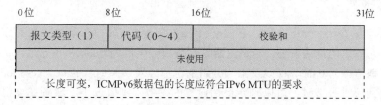

图 4-5　目的不可达报文的格式

目的不可达报文可能的代码及功用说明如表 4-5 所示。

表 4-5　目的不可达报文可能的代码及功用说明

| 可能的代码 | 功用说明 |
|---|---|
| 0 | 没有路径通向目的地<br>例如，如果一台路由器因为其路由表中没有到达目的网络的路由而无法转发数据包，那么会生成该报文。这只会在路由器没有某个默认路径条目的情况下才会发生 |
| 1 | 与目的地的通信被禁止<br>例如，如果设置了防火墙，由于数据包被过滤而不能发往内部网络的目的主机，那么会发出该报文。如果一个节点被配置为不接收未经验证的回送请求，那么也会产生该报文 |
| 2 | 超出源地址的范围<br>源地址的多播范围小于目的地址的范围 |
| 3 | 目的地址不可达<br>一个目的地址不能被解析为相应的网络地址，或者有某种数据链路层上的问题使得该节点无法达到目的网络 |
| 4 | 端口不可达<br>传输协议（如 UDP）没有监听者或没有其他方法通知发送方。例如，若一个域名系统查询被发送到一台 DNS 服务器（主机），而 DNS 服务器没有运行，则会产生该报文 |

## 4.3.2　分组过大报文

当某台路由器由于分组的大小超过输出链路 MTU 而不能转发这个分组时，它会生成一个分组过大（Packet Too Big）报文，路由器会丢弃该分组。分组过大报文的格式如图 4-6 所示。

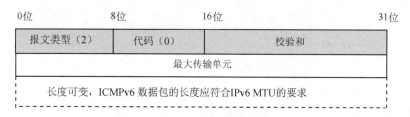

图 4-6　分组过大报文的格式

报文类型字段值为 2，表示分组过大报文。代码字段值设为 0，重要信息是 MTU 字段，它包含下一跳链路的 MTU 大小，告诉发送端节点网络可以接收的最大分组长度。

需要说明的是，一般规定，一个带有 IPv6 多播目的地址、数据链路层多播地址分组的传输，不会产生 ICMPv6 报文，而分组过大报文是一个例外。因为该 ICMPv6 报文包含下一跳链路所支持的 MTU，所以源节点可以决定后续发送时应当使用的 MTU。收到分组过大报文的主机必须通知上层进程。

### 4.3.3 超时报文

当路由器转发了一个分组之后，它通常会把跳数限制值减 1，跳数限制的作用是确保该分组不会在网络上无休止地传播下去。当路由器收到跳数限制值为 0 的 IPv6 分组，或者路由器把 IPv6 分组的跳数限制值减为 0 时，将向发出该分组的源节点发送超时（Time Exceeded）报文。

源节点收到超时报文时，可以判定最初设置的跳数限制值过小，或者在分组传送过程中出现了循环，或者有人使用了跟踪路由工具。收到的超时报文必须发送给上层进程。超时报文的格式如图 4-7 所示。

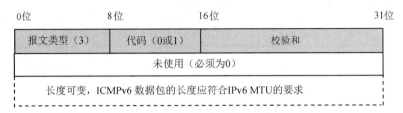

图 4-7　超时报文的格式

其中，报文类型字段值为 3，表示超时报文。若代码字段值设置为 0，则表示传输过程中超出了跳数限制；若代码字段值设置为 1，则表示分段重组超时。该 ICMPv6 报文的数据部分包含部分原始报文，其长度取决于所采用的 MTU。

传输过程中超出跳数限制这种类型的报文通常用于实现路由跟踪功能，路由跟踪有助于确定一个数据包（分组）在网络中途经的路径。

### 4.3.4 参数问题报文

如果一个 IPv6 首部中有错误，或者扩展首部出现问题，而无法完成分组传输，那么目的节点或路由器就会丢弃这个分组，并且给出参数问题（Parameter Problem）报文。参数问题报文中包含错误问题类型和错误的位置。参数问题报文的格式如图 4-8 所示。

图 4-8　参数问题报文的格式

其中，报文类型字段值为 4，表示参数问题报文。代码字段的取值是 0、1、2。指针字段指出错误发生的位置，以字节为单位，指出从报文首部开始的偏移量。指针也可能指向 ICMPv6 报文之外，这表示错误部分超出了一条差错报文可以容纳的最大尺寸。参数问题报文中代码字段的说明如表 4-6 所示。

表 4-6　参数问题报文中代码字段的说明

| 代码 | 说明 |
| --- | --- |
| 0 | 错误的首部字段 |
| 1 | 无法识别的下一个首部字段 |
| 2 | 无法识别的 IPv6 选项 |

# 4.4 ICMPv6 查询报文

## 4.4.1 回送请求报文

回送请求报文可以发送给单播地址，也可以发送给多播地址。回送请求报文的格式如图 4-9 所示。

0位
8位
16位
31位
报文类型（128）
代码（0）
校验和
标识符
序列号
数据（长度可变）

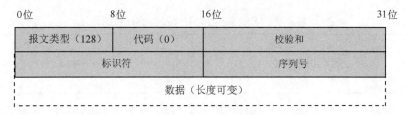

图 4-9　回送请求报文的格式

其中，报文类型字段值为 128，表示回送请求报文。代码字段在这里没有使用，该字段值设置为 0。标识符和序列号（Sequence Number）字段用于匹配请求与应答。标识符和序列号字段值由发送方主机设置。

## 4.4.2 回送应答报文

回送应答报文的格式和回送请求报文非常相似，回送应答报文的格式如图 4-10 所示。

其中，报文类型字段值为 129，表示回送应答报文。代码字段没有使用，该字段值设置为 0。标识符和序列号字段必须和回送请求报文中相应的字段匹配。回送请求报文的数据必须被完整地复制到回送应答报文中，不能有任何修改。

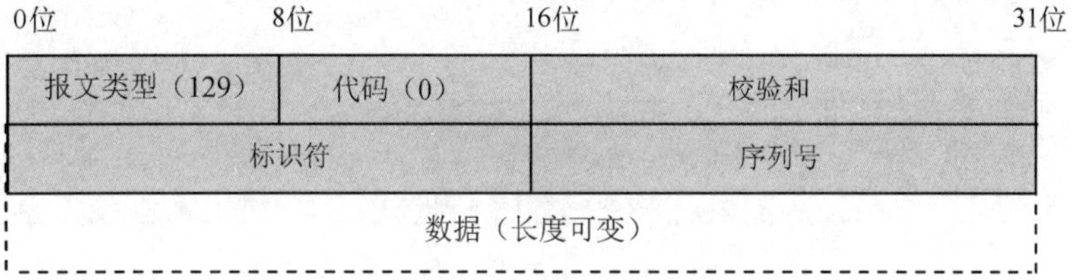

0位
8位
16位
31位
报文类型（129）
代码（0）
校验和
标识符
序列号
数据（长度可变）

图 4-10　回送应答报文的格式

如果一个上层进程发起回送请求，那么回送应答必须被传给该进程。如果回送应答报文被发往一个单播地址，那么回送应答报文的源地址必须和回送应答请求的目的地址相同。如果回送应答请求被发往一个 IPv6 多播地址，那么回送应答报文的源地址必须是收到多播回送应答请求的那个接口的一个单播地址。

# 4.5 多播监听发现协议

## 4.5.1 多播监听发现协议定义

IPv6 用 ICMPv6 报文实现多播分组管理，称为多播监听发现（Multicast Listener Discovery，MLD），MLD 是基于 IGMPv2 开发的。

多播监听者希望收到多播分组的节点。IPv6 路由器通过 MLD 协议，发现了与它直接连接的链路和出现的多播监听，同时发现了这些多播监听感兴趣的多播地址。

MLD 定义了 3 种类型的 MLD 报文：多播监听发现查询报文（又分为一般查询报文和特定多播地址查询报文），类型编码为 130；多播监听发现报告报文，类型编码为 131；多播监听发现完成报文，类型编码为 132。

可以通过报文中多播地址字段的内容区分不同的 MLD 报文，MLD 报文和所对应的 IPv6 目的地址如表 4-7 所示。

表 4-7　MLD 报文和所对应的 IPv6 目的地址

| MLD 报文 | IPv6 目的地址 | MLD 报文 | IPv6 目的地址 |
| --- | --- | --- | --- |
| 一般查询报文 | 链路本地范围所有节点（FF02::1） | 多播监听发现报告报文 | 所报告的多播地址 |
| 特定多播地址查询报文 | 所查询的多播地址 | 多播监听发现完成报文 | 链路本地范围所有节点（FF02::2） |

RFC 3810 给出了 MLD 协议第 2 版（MLDv2），MLDv2 增加了对源过滤器的支持，可以区分多播分组发出的源地址，可以监听感兴趣的内容。多播路由器通过多播路由协议收集多播监听的信息，并监听状态通告与它相邻的多播路由器。

需要注意的是，若多播路由器有多个接口连接在同一条链路上，则只需要在一个接口上实现 MLDv2。若多播监听有多个接口连接在同一条链路上，则必须在所有支持多播接收的接口上实现 MLDv2。

## 4.5.2　多播监听发现报文

发送 MLD 报文时必须包含链路本地 IPv6 源地址，跳数限制值为 1，这样做是为了确保它们留在本地网络中，因为要在相邻节点之间发送报文。

若该 IPv6 分组包含逐跳选项扩展首部，则将逐跳选项扩展首部中路由器警告选项中的选项数据字段值设置为 1。MLD 报文的一般格式如图 4-11 所示。

图 4-11　MLD 报文的一般格式

MLDv2 的报文类型有两种：MLDv2 查询报文和 MLDv2 报告报文，报文类型字段值分别为 143 和 144。实现 MLDv2 的节点必须支持 MLD 中的多播监听发现查询报文（报文类型字段值为 130）、多播监听发现报告报文（报文类型字段值为 131）和多播监听发现完成报文（报文类型字段值为 132），也必须忽略未认可的报文类型。本书中的讨论以 MLD 为例。

对应 MLD 的查询、报告、完成 3 种类型的报文，其交互过程如图 4-12 所示。

图 4-12　3 种 MLD 报文的交互过程

### 4.5.3 多播监听发现查询报文

多播监听发现查询报文的报文类型字段值为 130，由处于查询状态的多播路由器发出，用于查询邻居接口的多播监听状态，以确定哪些多播分组仍然有成员在路由器直连的链路上。

多播监听发现查询报文可以分为一般查询报文和特定多播地址查询报文。一般查询报文用于查询哪个多播地址有监听者，一般查询报文发送给链路上的所有节点多播地址 FF02::01。特定多播地址查询报文用于查询特定的多播地址是否有多播监听。

多播监听发现查询报文的格式如图 4-13 所示。

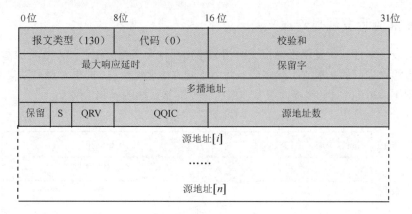

图 4-13　多播监听发现查询报文的格式

多播监听发现查询报文各字段的功用如下。

（1）报文类型，占 8 位，对于多播监听发现查询报文，该字段值为 130。

（2）代码，占 8 位，发送方在初始化时设置该字段值为 0，接收方忽略该字段。

（3）校验和，占 16 位，校验范围为整个 MLDv2 首部和 IPv6 伪首部。

（4）最大响应延时，占 16 位，指明在发送响应报告前允许的时间，单位为毫秒。

（5）保留字，占 16 位，该字段值设置为 0。

（6）多播地址，占 128 位，对于一般查询报文，该字段值设置为未指明地址（::），对于特定多播地址查询报文，该字段值为被查询的多播地址。

（7）保留，占 4 位，设置为 0。

（8）S 标志，占 1 位，为禁止路由器处理标志，若该位置 1，则指示正在接收多播的路由器在收到查询时，必须抑制正常的定时器更新。

（9）QRV，占 3 位，为查询者健壮性变量，若字段值不为 0，则为查询者所使用的健壮性变量值，该字段最大值为 7，若超过 7，则转为 0。

（10）QQIC，占 8 位，为查询间隔代码，指明查询者使用的查询间隔 QQI，单位为秒。

（11）源地址数，占 16 位，指明有多少个源地址出现在查询中，最多只能有 1500-40-8-28 = 1424 字节给源地址，该字段最多有 89 个源地址。

（12）源地址[$i$]，长度可变，$n$ 个单播地址，$n$ 由源地址数字段确定。

多播地址字段包含感兴趣的多播地址，源地址[i]字段包含感兴趣的源地址。

MLDv2 的多播监听发现查询报文可以分为以下 3 种。

（1）一般查询，用于确定哪个多播分组在链路上具有监听者，在一般查询中，多播地址字段和源地址字段值均设置为 0。一般查询是发送给本链路范围内的全节点多播地址（FF02::1）。

（2）特定多播地址查询，用来确定链路上是否有针对某个专门地址的监听者，此时，多播地址字段包含感兴趣的多播地址，源地址字段值设置为0。

（3）多播地址和源特定查询，用于知道对于多播地址，在相连的链路上，是否有指定列表终点源地址拥有监听者，此时，多播地址字段包含感兴趣的多播地址，源地址[i]字段包含感兴趣的源地址。

需要注意的是，发送多播监听发现查询报文的源地址都是有效的链路本地地址，若一个节点收到的多播监听发现查询报文的 IPv6 源地址是未指明地址（::），或者其他无效的 IPv6 地址，则必须丢弃该报文，并在日志中记录相应的警告信息。

### 4.5.4  多播监听发现报告报文

监听者发送多播监听发现报告报文给相邻路由器，向多播分组注册，作为对查询的响应，用于报告节点接口当前的多播监听状态或多播监听状态的变化情况。监听者还可以自主发送该报文。该报文类型字段值为 131。多播监听发现报告报文的格式如图 4-14 所示。

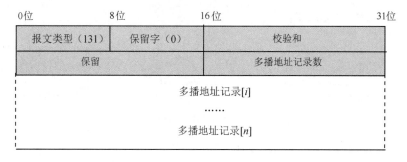

图 4-14  多播监听发现报告报文的格式

多播监听发现查询报文新出现字段的功用如下。

（1）多播地址记录数，占 16 位，表示当前报告中有多少记录。

（2）多播地址记录[i]，长度可变，n 个多播地址，n 由多播地址记录数字段确定。

这些多播地址记录中包含有关发送方正在某个接口监听的一个多播地址的信息，这个接口也用来发送报告。多播地址记录字段的内部格式如图 4-15 所示。

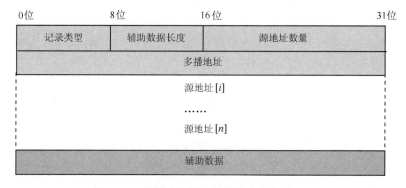

图 4-15  多播地址记录字段的内部格式

多播地址记录字段的内部格式的字段功用说明如下。

（1）记录类型，占 8 位，多播地址记录的类型包括：当前记录状态，用于节点响应其在某个接口收到的查询；过滤器模式改变记录，用于发生改变的接口发送的报告；源列表模式改变记录，用于多播监听的本地调用引起源列表的改变与特定多播地址的接口级状态条目的过滤器模式改变的不一致。

（2）辅助数据长度，占 8 位，以 32 位字为单位，若该字段值为 0，则表明没有任何辅助数据。

（3）源地址数量，占 16 位，指明当前多播地址记录中源地址的数量。

（4）多播地址，指明当前多播地址记录的所属的多播地址。

（5）源地址[*i*]，包含在当前多播地址中的单播地址。

（6）辅助数据，包含该多播地址记录的附加信息。对于 MLDv2 没有定义任何辅助数据。

需要说明的是，MLDv2 报告报文必须用 IPv6 链路本地源地址发送，若发送接口还没有得到有效的链路本地地址，则可以使用未指明地址（::）发送，未指明地址也用在邻居发现协议中。例如，为支持多播应用，在节点进行无状态自动配置时，为了进行重复地址检测，节点要加入多个多播分组，执行重复地址检测前，节点的发送接口所拥有的唯一地址是试验地址，不能用它来进行通信，此时，发送 MLDv2 报告报文必须使用未指明地址。

MLDv2 使用地址 FF02::16 作为发送时的目的地址，具有多播监听功能的多播路由器都监听该地址。

### 4.5.5 多播监听发现完成报文

当多播监听者不希望接收某一指定多播分组的报文时，会发送多播监听发现完成报文，多播监听发现完成报文的作用是通知本地路由器，多播监听者将要离开多播分组，链路（子网）上已经没有指定多播地址的这个成员。多播监听发现完成报文的地址是多播地址 FF02::02，发给链路上的所有路由器。

多播监听发现完成报文可以由网络中的任何节点产生，多播监听发现完成报文的格式如图 4-16 所示。

图 4-16　多播监听发现完成报文的格式

报文类型字段值为 132，多播地址记录数字段指出发生组成员资格变化的网络节点地址。

# 4.6　IPv6 邻居发现协议

## 4.6.1　邻居发现协议概述

### 1．邻居发现协议的特征

邻居发现协议的技术文档是 RFC 2461。邻居发现是确定邻居节点之间关系的一组进程和报文的集合。

邻居发现可以实现：路由发现、前缀发现、参数发现、地址配置、地址解析、下一跳地址确定、邻居可达性检测、重复地址检测、重定向。

邻居发现的各种功能是通过交换邻居发现报文实现的，邻居发现协议由 5 条 ICMPv6 报文组成：一对路由器请求/通告报文、一对邻居请求/通告报文，以及一条重定向报文。

网络中的节点可以通过邻居发现协议实现的功能包括：地址解析、确定数据链路层地址变化、确定邻居可达性。

网络中的主机可以通过邻居发现协议实现：发现邻居路由器、自动地址配置、地址前缀和其他配置参数。

网络中的路由器可以通过邻居发现协议实现：通告它们的状态、主机配置参数、链路前缀，告诉主机向特定目的地转发分组用的最优下一跳地址。

IPv6 中邻居发现协议定义了一种邻居不可达的检测机制,采用了重复 IP 地址检测。当一个 IPv6 网络节点在网络上出现时，直接连接在同一条链路上的其他 IPv6 节点可以通过邻居发现协议发现它，并获得该节点的 MAC 地址，IPv6 节点也可以通过邻居发现协议查找路由器，对路径上处于活动状态的邻居节点的可达性信息进行维护。

### 2．IPv6 邻居发现协议做的改进

IPv6 邻居发现协议对 IPv4 协议做了许多改进，这些改进体现在以下方面。

（1）路由器发现报文是基础协议集的一部分。对于 IPv4，需要从路由表中获取信息。

（2）路由器通告报文包含路由器的数据链路层地址。收到路由器通告报文的节点无须再发出 ARP 请求（IPv4 节点需要这么做）来获取该路由器接口的数据链路层地址。对于重定向报文也是如此，它们包含新的下一跳路由器接口的数据链路层地址。

（3）路由器通告报文包含一个链路的前缀（子网信息），再也不用配置子网掩码，它们可以从路由器通告报文中得到。

（4）邻居发现协议提供了一种易于对网络进行重新编号的机制。可以引入新的前缀和地址，而旧的前缀和地址被否定并删除。

（5）路由器通告报文使得无状态自动配置变为可能，它可以告知主机什么时候应当使用有状态自动配置（如 DHCP）。

（6）路由器可以通告一个用于链路的 MTU。

（7）一个链路可以分配到多个前缀。在默认情况下，主机从路由器中得知所有的前缀，但是也可以把路由器配置为不通告某些或所有的前缀。 在这种情况下，主机假定某个未通告的前缀目的地是远程主机，并且把数据包发送给路由器，然后路由器可以按照需要来发布重定向报文。

（8）邻居不可达检测是基础协议的一部分。邻居不可达检测在路由器出错或链路接口改变了它们的数据链路层地址的情况下，可以充分改善数据包的传输情况。它使用过期的 ARP 缓存来解决这些问题。如果邻居发现检测到连接失败，那么流量就会被发送到不可达的邻居。邻居不可达检测还能检测失效的路由器，并转换到可用的路由器上。

（9）路由器通告报文和重定向报文使用链路本地地址来识别路由器。在重新编号或使用新的全球前缀的情况下，主机也可以保持联系。

（10）邻居发现报文的跳数限制值为 255，低于这个值的请求都不会被响应。

（11）邻居发现协议被用来检测一条链路上重复的 IP 地址。

（12）标准 IP 身份验证和安全机制可以应用于邻居发现。

## 4.6.2　邻居发现协议的主要用途

### 1．路由器和前缀发现

路由器必须无条件丢弃不满足有效性检查的路由器请求报文和路由器通告报文。路由器发现

功能用来标识与给定链路相连的路由器，并获取与地址自动配置相关的前缀和配置参数。

作为对路由器请求报文的响应，路由器应周期性地发送多播路由器通告报文，来通告链路上节点的可达性。每台主机都从链路上相连的路由器上接收路由器通告报文，并建立默认路由器列表（当到达目的地的路径不可知时所使用的路由器）。如果路由器很频繁地产生路由器通告报文，那么主机能在几分钟内学习到路由器的存在，否则要使用邻居不可达检测。

路由器通告报文应包含用来确定连接可达性的前缀列表。主机通过使用从路由器通告报文中提取的前缀来确定目的地是否在连接，能否直接可达，或者是否非连接，是否仅通过一台路由器就可达。目的地是在连接的，但这个目的地没有被路由器通告报文学习到的前缀覆盖，在这种情况下，主机认为目的地是非连接的，路由器发送重定向报文给发送方。

路由器通告报文中应包含一些标志位，这些标志位通知主机怎样执行地址的自动配置，如路由器能指定主机是使用有状态地址配置还是无状态地址配置。

另外，路由器通告报文中还应包含简化网络集中管理的参数，如主机产生的数据包中使用的跳数限制的默认值或链路 MTU 值。

当主机向路由器发出路由器请求报文时，路由器应立刻发送路由器通告报文，通过这种方式加速节点的配置过程。

### 2．地址解析

IPv6 节点通过邻居请求报文和邻居通告报文将 IPv6 地址解析成数据链路层地址，对多播地址不执行地址解析。

节点通过多播邻居请求报文来激活地址解析过程，邻居请求报文用来请求目的路由器返回它的数据链路层地址。源路由器在邻居请求报文中包含它的数据链路层地址，并将邻居请求报文多播到与目标地址相关的请求节点多播地址中，目标路由器在单播的邻居通告报文中返回它的数据链路层地址。这一对报文使源路由器和目的路由器能解析出相互的数据链路层地址。

### 3．邻居节点发现过程中涉及的内容

路由器发现：主机发现连接到本地链路上的路由器。前缀发现：主机通过前缀发现过程获知本地链路上目的节点的网络前缀。参数发现：主机通过参数发现过程获知附加的操作参数，这些参数包括链路 MTU、向外发送数据包的默认跳数等。地址自动配置：不管 DHCPv6 服务器是否存在，接口均会配置适当的 IPv6 地址。地址解析：把相邻节点的 IPv6 地址解析为对应的 MAC 地址。确定下一跳：节点根据目的地址确定数据包转发的下一跳地址邻居不可达检测，节点确定相邻节点是否可以接收数据包。重复地址检测：节点确定想使用的 IPv6 地址已经被相邻节点使用。重定向功能：路由器通告主机节点存在一个更好的到达目的节点的路径（第一跳地址）。

## 4.6.3　邻居缓存和目的地缓存

IPv6 节点需要维护各种信息表格（数据结构）。主机和外部路由器在与邻居节点交互时，需要为每个接口维护一些数据结构，这些数据结构有：邻居缓存、目的地缓存、前缀列表、默认路由器列表。在这些数据结构中，邻居缓存和目的地缓存是非常重要的。

### 1．邻居缓存

邻居缓存用列表维护最近有过通信的邻居的记录，邻居缓存包含邻居不可达检测维护的信息。一个重要的信息是邻居可达性状态，邻居可达性状态有 5 种：可达、不完整、陈旧、延迟、探测。

每条记录的表项内容都包括有关邻居的数据链路层地址的信息、邻居节点的单播 IP 地址、表

示邻居是路由器还是主机的标志。该记录还包含是否有数据包正在队列中准备发往目的地的信息，有关邻居可达性的信息，以及计划进行下一次邻居不可达性检测的时间。

IPv6 节点的邻居缓存可以和 IPv4 节点中的 ARP 缓存相比。邻居缓存可以被看作目的地缓存信息的子集。

### 2．目的地缓存

目的地缓存用于维护最近有过通信的目的地的信息，包括本地目的地和远程目的地。目的地缓存通过重定向报文进行信息更新，它还包含有关 MTU 大小和往返定时器的附加信息。在远程目的地的情况下，该记录列出了下一跳路由器的数据链路层地址。

目的地缓存能把目的地 IP 地址映射成下一跳邻居的 IP 地址，该缓存通过重定向报文进行信息更新。如果在目的地缓存表项中存储与邻居发现没有直接关系的附加信息，如路径 MTU（PMTU）及由传输协议设定的往返时间，那么执行时会更加方便。

邻居通告报文中的覆盖标志位与邻居缓存和目的地缓存相联系。如果覆盖标志位的值为 1，那么邻居通告报文中的信息应当覆盖现有的邻居缓存记录，并且更新收到通告的主机的缓存中所有缓存的数据链路层地址。如果该值为 0，那么邻居通告报文不会更新缓存的数据链路层地址，但是会更新一条不存在数据链路层地址的现有邻居缓存记录。

RFC 2461 对邻居缓存和目的地缓存给出了描述和定义，邻居可达性状态是最关键的信息，一条邻居缓存记录可以处于 5 种状态之一，邻居缓存记录可以处于的 5 种状态如表 4-8 所示。

**表 4-8　邻居缓存记录可以处于的 5 种状态**

| 状态 | 说明 |
| --- | --- |
| Incomplete（不完整） | 地址解析目前正在执行中，需要等待一个响应或超时。特别指一条邻居请求报文已经被发往目的地的受请求节点多播地址，但是还未收到相应的邻居通告报文 |
| Readable（可达） | 邻居当前可达，也就是说，在上一次邻居正常起作用的 Reachable Time 内收到了肯定的确认 |
| Stale（陈旧） | 在上一次收到转发路径正常工作的肯定确认之后，经过了大于 Reachable Time 的时间。对这个邻居不会发生任何行动，直到发出一个数据包 |
| Delay（延迟） | 该邻居的 Reachable Time 已经过期了，在最后一次 Delay First-Probe Time 内有一个数据包被发出。如果在 Delay First-Probe Time 内没有收到任何确认，那么发出一条邻居请求报文，并把邻居状态改为探测，延迟的使用为上层协议提供了额外的时间来进行确认。如果没有这个额外的时间，那么有可能产生多余的流量 |
| Probe（探测） | 正在通过每经过一个 Retrans Timer 发送一条邻居请求报文来尝试获取可达性确认，直到确认 |

# 4.7　邻居发现报文格式及选项

## 4.7.1　邻居发现报文格式

邻居发现报文采用 ICMPv6 报文的格式。ICMPv6 报文中报文类型字段值为 133～137，标识为邻居发现报文。邻居发现报文由邻居发现报文首部和邻居发现报文选项组成。为了确保邻居发现报文的作用范围属于本地链路，最大跳数限制在 255 以内。邻居发现报文格式如图 4-17 所示。

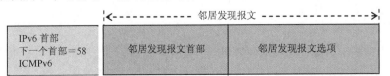

图 4-17　邻居发现报文格式

有 5 种邻居发现报文，分别是路由器请求报文、路由器通告报文、邻居请求报文、邻居通告报文、重定向报文。

当一个节点在链路上出现时，在同一条链路上的其他节点上可以通过邻居发现协议发现该节点，并获得它的数据链路层地址。节点也可以通过邻居发现协议查找路由器，维护邻居节点可达性信息。

## 4.7.2 邻居发现协议选项

### 1. 邻居发现协议选项的格式

邻居发现协议选项的格式为类型-长度-值（Type-Length-Value）。邻居发现报文可能包含一个或多个选项，有些选项可能在同一报文中出现过多次，也就是说，邻居发现报文包含长度可变的选项值字段，邻居发现协议选项的格式如图 4-18 所示。

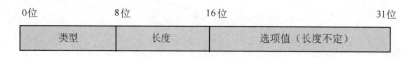

图 4-18　邻居发现协议选项的格式

类型字段指出紧随其后的是什么类型的选项，给出的 8 种类型如下。

（1）类型 1：源链路层地址。

（2）类型 2：目的链路层地址。

（3）类型 3：前缀信息。

（4）类型 4：重定向首部。

（5）类型 5：MTU。

（6）类型 7：通告间隔。

（7）类型 8：家乡代理信息。

（8）类型 9：路由信息。

长度字段指出了选项的长度。对于这个字段，0 是不合法的，带有这个值的数据包必须丢弃。长度字段的计算包含类型字段和长度字段。

### 2. 源链路层地址选项和目的链路层地址选项

源链路层地址选项和目的链路层地址选项的格式相同，如图 4-19 所示。

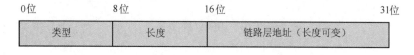

图 4-19　源链路层地址和目的链路层地址选项的格式

（1）类型字段值为 1，标识为源（发送方）链路层地址，该字段被用在邻居请求报文、路由器请求报文和路由器通告报文中；该字段值为 2，标识为目的链路层地址，此时，该字段被用在邻居通告报文和重定向报文中。

（2）长度字段的计算包括类型字段和长度字段，以 8 字节为单位。

（3）链路层地址，长度可变。

（4）前缀信息选项仅能够用在路由器通告报文中，可以为主机提供联网前缀，以及用于地址自动配置的前缀。

### 3．前缀信息选项

前缀信息选项如图 4-20 所示。

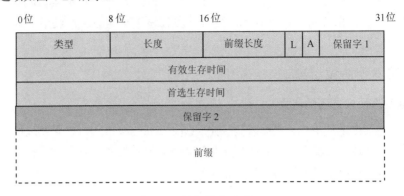

图 4-20 前缀信息选项

（1）类型，占 8 位，取值为 3。

（2）前缀长度，占 8 位，取值为 0～128。

（3）L 标志，联网标志位，该值为 1，标识该前缀可以用于联网确定；该值为 0，标识通告中没有有关该前缀是否联网或断开的属性表述。

（4）A 标志，自治地址配置位，该值为 1，标识该前缀可以用于自治地址配置。

（5）有效生存时间，占 32 位，单位为秒。

（6）首选生存时间，占 32 位，单位为秒。

（7）前缀，可以是一个 IPv6 地址，也可以是一个 IPv6 地址前缀。路由器不应为本地链路前缀发送前缀字段。

### 4．被重定向头选项

被重定向头选项只能用在重定向报文中，包含正在被重定向的 IPv6 分组的全部或部分数据。若该选项出现在其他邻居发现报文中，则必须将其忽略。被重定向头选项的格式如图 4-21 所示。

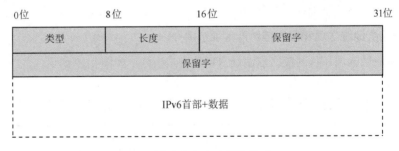

图 4-21 被重定向头选项的格式

（1）类型，占 8 位，取值为 4。

（2）IPv6 首部 + 数据，用于保证重定向报文的长度不超过 1280 字节。

### 5．MTU 选项

MTU 选项仅能够用于路由器通告报文，目的是确保链路上的所有节点使用相同的 MTU，指明所有链路都支持的最大的 MTU，若该选项出现在其他邻居发现报文中，则必须将其忽略。MTU 选项的格式如图 4-22 所示。

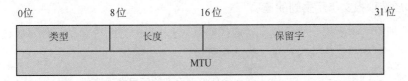

图 4-22　MTU 选项的格式

（1）类型，占 8 位，取值为 5。

（2）长度，占 8 位，取值为 1，以 8 字节为单位，表示整个选项的长度为 8 字节。

（3）MTU，占 32 位，标识建议在链路上使用的 MTU。

### 6. 通告间隔选项

通告间隔选项用于路由器通告报文，规定了用作家乡代理的路由器发送多播路由器通告报文的间隔时间，该选项的类型字段占 8 位，取值为 7。通告间隔选项的格式请参考本书 7.8.2 节。

### 7. 家乡代理信息选项

家乡代理信息选项用在家乡代理发送的路由器通告报文中，用于指定家乡代理的配置，该选项的类型字段占 8 位，取值为 8，家乡代理信息选项的格式请参考本书 7.8.2 节。

### 8. 路由信息选项

路由信息选项用于路由器通告报文，接收报文的主机指定将会添加到它们的路由表中的单个路由。路由信息选项的格式如图 4-23 所示。

使用路由信息选项，可以使主机在发送数据时做出更好的转发选择。路由信息选项中各字段的作用如下。

（1）类型，占 8 位，取值为 9。

（2）长度，占 8 位，取值为 2，以 8 字节为单位，表示整个选项的长度为 16 字节。

（3）前缀长度，占 8 位，标识对路由器有意义的前缀字段中前缀的位数。

（4）保留 1，占 3 位，该字段值设置为 0。

（5）优先级，占 2 位，表示包含在路由信息选项中的路由的优先级，用二进制编码表示为 01（高）、00（中）、11（低）。

（6）保留 2，占 3 位，该字段值设置为 0。

（7）路由生存时间，占 32 位，用于确定路由的前缀处于有效状态的时间，单位为秒，若该字段值设置为全 1，即 0xFFFFFFFF，则标识路由器生存时间为永远。

（8）前缀，占 64 位，标识路由的前缀。

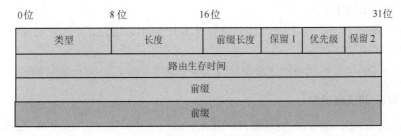

图 4-23　路由信息选项的格式

### 9．邻居选项报文与所用到的选项

邻居选项报文与所用到的选项有对应的联系，这从另一方面说明了每种邻居选项报文的功用。邻居发现报文用到的邻居发现选项如表 4-9 所示。

表 4-9　邻居发现报文用到的邻居发现选项

| 邻居发现报文 | 邻居发现选项 |
| --- | --- |
| 路由器请求 | 源链路层地址 |
| 路由器通告 | 源链路层地址 |
| | 前缀信息 |
| | MTU |
| | 通告间隔 |
| | 家乡代理信息 |
| | 路由信息 |
| 邻居请求 | 源链路层地址 |
| 邻居通告 | 目的链路层地址 |
| 重定向 | 被重定向头 |
| | 目的链路层地址 |

# 4.8　IPv6 邻居发现协议报文

## 4.8.1　动态地址配置的两个协议及三种模式

### 1．动态地址配置的两个协议

IPv6 的动态地址配置主要依赖两个协议：一个是 DHCPv6（基于 RFC 8415）；另一个是 IPv6 Stateless Address Auto Configuration（基于 RFC 4862），缩写为 SLAAC，需要通过路由器请求报文和路由器通告报文实现该协议。IPv6 的动态地址配置方式汲取了 IPv4 动态地址配置的经验，客观地说是有效和合理的。

### 2．动态地址配置的三种模式

具体应用时，经常将 DHCP 服务器配置在路由器上，或者路由器作为一个 DHCP 中继代理。IPv6 的动态地址配置有三种模式。

（1）SLAAC，Stateless Address Auto Configuration。

（2）Stateless DHCPv6。

（3）Stateful DHCPv6。

这里的 Stateful 指的就是 DHCP 服务器管理的 IP 地址，因为这些地址存在一个分配关系，需要一个程序去管理这个状态。

Stateless Address 是指这个地址分配给某个确定的主机使用，没有其他状态。

### 3．SLAAC 的实现机制

SLAAC 基于 RFC 4861 和 RFC 4862。SLAAC 在概念里不涉及 DHCPv6。SLAAC 由路由器来通告配置 IPv6 地址所需要的信息。具体工作流程是：支持 IPv6 的网卡启动的时候会发送一条报文，源 IP 地址是网卡的链路本地地址，目的 IP 地址是 ff02::2。ff02::2 是保留的多播地址，用来表示所有的路由器。这条报文用来查找当前网络中的路由器。

路由器收到路由器请求报文之后，会返回路由器通告报文。路由器通告报文的源 IP 地址是路由器的链路本地地址，目的 IP 地址是 ff02::1。ff02::1 也是保留的多播地址，用来表示所有的主机。也就是说，任意网卡发起的路由器请求报文，都会引起路由器将路由器通告报文在整个网络中发送给所有的主机。除此之外，就算没有任何路由器请求报文，路由器也应当定期向所有主机发送路由器通告报文。

无状态是路由器通告报文可以发送给网络中所有主机的基础，任何主机接收到路由器通告报文后，都能根据其中的信息完成 IP 地址配置。路由器通告报文的选项字段中通常包括如下内容。

（1）MTU，主机可以根据这个 MTU 配置自己的 MTU。

（2）路由器的 MAC 地址，0 或 $N$ 个地址前缀（链路）。

如果路由器通告报文中一个前缀的 A 标志位（Autonomous address-configuration flag）是 1，就相当于告诉网卡，自身可以从这个前缀中生成一个 IPv6 地址。网卡在局域网中的唯一标识符是 MAC 地址。在 SLAAC 中，网卡通过路由器通告报文中的前缀和自身的 MAC 地址，再根据 EUI-64 格式生成一个 IPv6 地址。SLAAC 的基础就是 IPv6 地址长度足够大，能支持这样的配置。

路由器通告报文还能带来一个潜在的配置，主机会将 IPv6 的默认网关指向路由器通告报文的源 IP 地址，也就是路由器的链路本地地址。生成的默认路由是有时效的，时间是路由器生存时间。所以需要路由器定时发布路由器通告报文（类似心跳），更新主机的默认路由，默认路由只有在路由器生存时间内才有效，这个机制是合理的，但增加了管理的复杂度，尤其是在 SDN 场景下，虚拟路由器需要定时发布路由器通告报文。

SLAAC 有两个问题：一是 IPv6 地址不可控，与主机的 MAC 地址相关；二是路由器通告报文格式比较简单，能传递的配置有限，一些复杂的主机配置无法通过路由器通告报文传递。SLAAC 简单，只需要路由器，不需要 DHCPv6 的介入，就可以完成简单的 IP 地址配置。另外，无状态地址能简化管理，只需要一些简单的程序就能完成前缀分发，不需要集中管理地址，处理多节点数据同步，与分布式架构类似。

### 4．Stateless DHCPv6

Stateless DHCPv6 是 SLAAC 和 DHCPv6 的结合。其中，IPv6 地址配置通过 SLAAC 下发，其他配置通过 DHCPv6 下发。这样能弥补 SLAAC 模式路由器通告报文所能传递配置有限的问题。

### 5．Stateful DHCPv6

Stateful DHCPv6 是完全的 DHCPv6。DHCPv6 不支持子网掩码长度、路由和默认网关，导致通过 DHCPv6 获得的 IPv6 地址，因为没有掩码长度，地址的掩码默认是 128 位。IPv6 中动态配置路由和默认网关的唯一方式是使用路由器通告报文，就算使用了 DHCPv6，也不能完全摆脱路由器通告报文，只是说在 DHCPv6 下，IPv6 地址变得可控了。所以在 IPv6 动态地址配置中，路由器通告报文是必不可少的。

在路由器通告报文中，有两个标志位 M（Managed address configuration）和 O（Other configuration），用于标识动态地址配置模式。

（1）当 M = 1 时，IPv6 地址工作在 Stateful DHCPv6 模式。

（2）当 M = 0，O = 1 时，IPv6 地址工作在 Stateless DHCPv6 模式。

（3）当 M = 0，O = 0 时，IPv6 地址工作在 SLAAC 模式。

### 4.8.2 路由器请求报文和路由器通告报文

#### 1. 路由器请求报文

路由器请求报文的格式与 ICMPv4 类似，但是增加了选项字段，以便主机能够宣布其物理地址，使路由器的应答更容易。路由器通告报文的格式与 ICMPv4 不同，这里的路由器是路由器本身，不是其他路由器。对于选项字段，一种选项是宣布路由器的物理地址，另一种选项是让路由器宣布它的 MTU 大小，第三个选项是允许路由器定义有效的和推荐的生存时间。主机节点通过发送路由器请求报文来发现链路上是否存在路由器。

IPv6 路由器不仅在接口之间转发 IPv6 分组，还通告它的存在性和位于直接连接的子网上的主机的无状态地址自动配置信息。这是通过发送路由器通告报文实现的。

路由器以一定的时间间隔发出路由器通告报文。主机也可以通过发出路由器请求报文来请求路由器通告，提示路由器不必按照固定的时间间隔，尽快发出一条路由器通告报文。路由器请求报文的格式如图 4-24 所示。

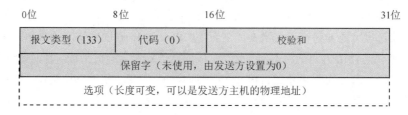

图 4-24　路由器请求报文的格式

（1）报文类型，设为 133，表示路由器请求报文。

（2）代码字段没有用，由发送方设置为 0。

（3）校验和，2 字节，用于差错检测。

（4）保留字，接下来的 4 字节没有使用，是为将来使用保留的，发送方将这些字节设置为 0，接收方会忽略它们。

（5）选项，对于一条路由器请求报文，合法的选项是发送方主机的数据链路层地址（如果知道该地址）。如果 IP 层上的源地址是未指明（全零）地址，那么不使用该字段。

若本地链路是以太网，则在以太网帧首部中源 MAC 地址为发送方网卡的 MAC 地址，目的 MAC 地址字段值为 33-33-00-00-00-02。在路由器请求报文的 IPv6 首部中，源地址为发送方接口的本地链路 IPv6 地址，或者是 IPv6 的未指明地址（::)，目的地址为本地链路范围内所有路由器的多播地址 FF02::（2）。跳数限制值为 255。

#### 2. 路由器通告报文

收到这个请求报文的路由器以一条路由器通告报文作为应答。路由器也会周期性地发出通告报文。路由器通告报文的格式如图 4-25 所示。

通过检查路由器通告报文的 IP 首部，可以判断这条路由器通告报文是周期性发出的还是作为路由器请求报文的应答发出的。周期性通告报文的目的地址是全节点多播地址 FF02::1。而应请求报文发出的通告报文的目的地址是发出路由器请求报文的接口的地址。同样，跳数限制值被设为 255。

（1）报文类型字段值为 134，代表路由器通告报文。

（2）代码字段没有使用，设为 0。

（3）当前跳数限制字段可以用来把一条链路上的所有节点配置为默认的跳数限制。在这个字段中输入的值将被用作链路上所有节点发出的数据包的默认跳数限制值，若该字段值为 0，则意味着该路由器没有指定该字段。在这种情况下，使用源主机的默认跳数限制值。

（4）标志，占 8 位，其中定义了两个标志位，该字节剩下的 6 位是为将来使用而保留的，必须设为 0。

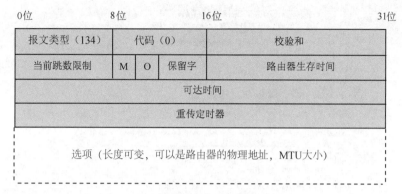

图 4-25　路由器通告报文的格式

M 标志位，表示是否要使用有状态地址配置：如果 M = 0，且 O = 0，那么这条链路上的节点使用 SLAAC 模式。如果 M = 0，且 O = 1，那么使用无状态 DHCPv6 模式；如果 M 位为 1，那么使用有状态 DHCPv6 模式。

O 标志位，表示这条链路上的节点对除 IP 地址以外的参数（如 DNS 列表）所采用的配置模式：当 O = 1，M = 0 时，采用无状态 DHCPv6 模式；当 O = 0，M = 0 时，采用 SLAAC 模式。

（5）路由器生存时间，这个字段只有在该路由器被链路上的节点用作默认路由器的情况下才显出其重要性。0 表示该路由器不是默认路由器，因此不会出现在接收方节点的默认路由器列表中。如果将这个字段设为其他任何值，那么都表示默认路由器（该路由器）的生存时间，单位为秒，最大值是 18.2 小时。

（6）可达时间，是指在一台主机收到邻居可达性确认之后，它可以假定在这段时间内邻居是可达的。若该字段值为 0，则表示未指定。邻居不可达性检测要用到这个字段。

（7）重传定时器，由地址解析和邻居不可达性检测机制使用，它规定了重新传输的邻居请求报文之间的时间，单位为毫秒。

（8）选项，目前有 3 个可能的值：一是源链路层地址；二是用在具有不同 MTU 大小的链路（如令牌环）之上的 MTU 大小；三是前缀信息。这个字段对于自动配置是很重要的。路由器插入了该链路上的节点需要知道的所有前缀。

路由器通告报文与 IPv6 协议中的一些字段有关，这些 IPv6 协议字段如下。

（1）源地址，必须是发送报文接口的链路本地地址。

（2）目的地址，路由器请求报文中的源地址，即发出路由器请求报文的节点的地址，或者全节点多播地址 ff01:: 1。

（3）跳数限制，设为 255。

（4）认证首部，若在发送方和目的地址之间存在对认证首部的关联，则要求发送方必须包含该首部。

### 3．路由器通告报文协议分析

通过 Wireshark 捕获的路由器通告报文如图 4-26 所示。报文中有 3 个关键标志位：M、O、A。其中，M、O 标志位在路由器通告报文的标志字段位置，A 标志位处在路由器通告报文的选项字段内。

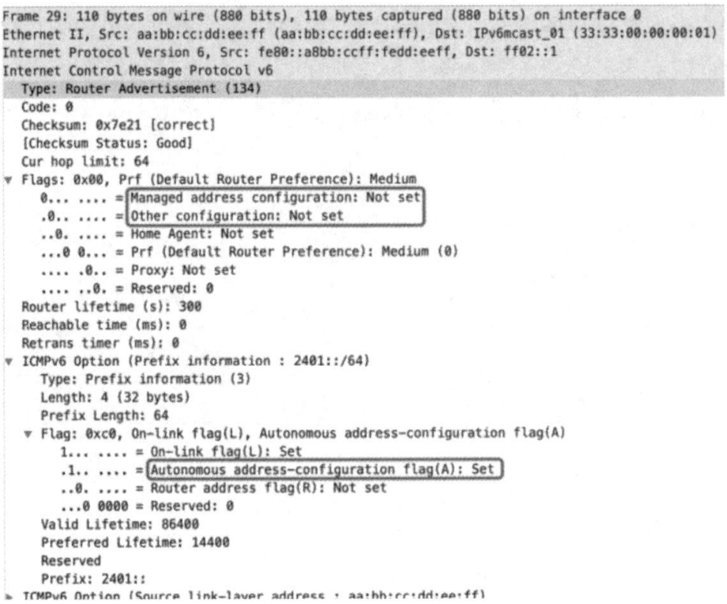

```
Frame 29: 110 bytes on wire (880 bits), 110 bytes captured (880 bits) on interface 0
Ethernet II, Src: aa:bb:cc:dd:ee:ff (aa:bb:cc:dd:ee:ff), Dst: IPv6mcast_01 (33:33:00:00:00:01)
Internet Protocol Version 6, Src: fe80::a8bb:ccff:fedd:eeff, Dst: ff02::1
Internet Control Message Protocol v6
  Type: Router Advertisement (134)
  Code: 0
  Checksum: 0x7e21 [correct]
  [Checksum Status: Good]
  Cur hop limit: 64
▼ Flags: 0x00, Prf (Default Router Preference): Medium
    0... .... = Managed address configuration: Not set
    .0.. .... = Other configuration: Not set
    ..0. .... = Home Agent: Not set
    ...0 0... = Prf (Default Router Preference): Medium (0)
    .... .0.. = Proxy: Not set
    .... ..0. = Reserved: 0
  Router lifetime (s): 300
  Reachable time (ms): 0
  Retrans timer (ms): 0
▼ ICMPv6 Option (Prefix information : 2401::/64)
    Type: Prefix information (3)
    Length: 4 (32 bytes)
    Prefix Length: 64
  ▼ Flag: 0xc0, On-link flag(L), Autonomous address-configuration flag(A)
      1... .... = On-link flag(L): Set
      .1.. .... = Autonomous address-configuration flag(A): Set
      ..0. .... = Router address flag(R): Not set
      ...0 0000 = Reserved: 0
    Valid Lifetime: 86400
    Preferred Lifetime: 14400
    Reserved
    Prefix: 2401::
▶ ICMPv6 Option (Source link-layer address : aa:bb:cc:dd:ee:ff)
```

图 4-26　通过 Wireshark 捕获的路由器通告报文

（1）A 标志位：标识是否配置无状态 IP。在一条路由器通告报文中，可存在多个前缀，如 2401::/64、2402::/64、2403::/64，每个前缀都可以独立配置 A 标志位。

A 标志位置 1 时，表示客户端应当在该前缀范围内自动生成 IPv6 地址（客户端通过 DAD 自行保证地址可用），并配置子网路由条目、网关。

A 标志位置 0 时，表示客户端不应当在该前缀范围内自动生成 IPv6 地址，但是可以配置子网路由条目、网关。

（2）M 标志位，是路由器通告报文的全局参数，一条路由器通告报文只有一个 M 标志位。

M 标志位置 1 时，告诉客户端可以通过有状态 DHCPv6 来获得 IPv6 地址和其他参数（如 DNS 列表）；M 标志位置 0 时，表示不通过 DHCPv6 来获得 IPv6 地址。

（3）O 标志位，表示是否通过 DHCPv6 获得除 IP 以外的其他参数（如 DNS 列表）。该标志位也是路由器通告报文中的全局参数，一条路由器通告报文只有一个 O 标志位。需要注意的是，仅当 M 标志位置 0 时，该参数才会被读取。

O 标志位置 1 时：当 M 标志位为 1，或者 M 标志位为 0 且至少有一个 A 标志位为 1 时，将通过无状态 DHCPv6 获得其他参数。

O 标志位置 0 时：当 M 标志位为 1 时，依然将通过有状态 DHCPv6 获得其他参数；当 M 标志位也为 0 时，将不通过路由器通告 DHCPv6 获得其他参数，而工作在 SLAAC 模式。

### 4.8.3　邻居请求报文和邻居通告报文

#### 1. 邻居请求报文

邻居请求报文和邻居通告报文用来实现在 IPv4 网络中由 ARP 处理的数据链路层地址解析，以及邻居可达性检测机制。如果目的地址是一个多播地址，那么源地址正在解析一个数据链路层地址。如果源地址正在检测一个邻居的可达性，那么目的地址就是一个单播地址。

邻居请求报文用来发现链路上的 IPv6 节点的数据链路层地址，该报文类型也用于重复 IP 地址检测（Duplicate IP Address Detection，DIPAD）。邻居请求报文的格式如图 4-27 所示。

在该报文类型的 IPv6 首部中，源地址可以是发起主机的接口地址，在 DIPAD 的情况下也可以是未指明（全零）地址。跳数限制为 255。

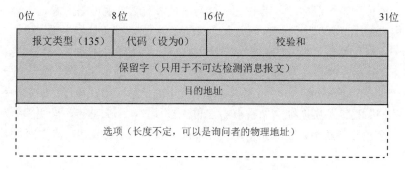

图 4-27　邻居请求报文的格式

（1）ICMPv6 首部中的报文类型字段值设为 135。

（2）代码字段没有用，设为 0。放于 2 字节校验和之后。

（3）保留字，未使用的 4 字节被保留，必须设为 0。

（4）目的地址，只能用在那些提供不可达性检测功能的报文及 DAD 报文中。它不能是多播地址。

（5）选项字段可以包含数据链路层的源地址。只有在不是 DAD 报文的情况下，它才能包含数据链路层地址。在一条把未指明地址用作源地址的 DAD 报文中，选项字段值为 0。数据链路层选项除了必须用在多播请求中（邻居发现和 ARP 功能），还可用于单播请求（邻居不可达性检测）。

邻居请求报文中通常包含发送方的数据链路层地址，在一般情况下，邻居请求报文在进行地址解析时，目的地址以多播地址发出，而在检查相邻节点的可达性时，目的地址是以单播地址发出的。

### 2. 邻居通告报文

邻居通告报文作为对邻居请求报文的应答，当邻居节点的数据链路层地址发生了变化，或者节点角色发生了变化时，为了快速传播新的信息而发出邻居通告报文。邻居通告报文的格式如图 4-28 所示。

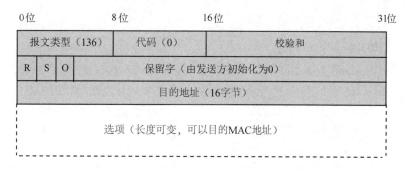

图 4-28　邻居通告报文的格式

IP 首部中的地址类型指出了该报文是对请求的应答还是一条未经请求的报文。如果是一条受请求而发出的通告，那么目的 IP 地址就是发出请求的接口的源地址。

如果该报文是对一条来自未指明的源地址的 DIPAD 报文应答，那么该应答会发往全节点多播地址 FF02::1。对于所有未经请求的周期性通告也是如此。

（1）报文类型字段值为 136，代表邻居通告报文。

（2）代码字段没有使用，设为 0。

（3）R 标志位，路由器标志，当 R 标志位为 1 时，发送方就是路由器。

（4）S 标志位，请求标志，当 S 标志位为 1 时，表示该报文是作为邻居请求的应答发出的。例如，作为对不可达性检测报文的应答，一台主机确认了其可达性，那么 S 标志位应当设为 1。在多播通告中，S 标志位不设为 1。

（5）O 标志位，覆盖标志，表示邻居通告报文中的信息应当覆盖现有的邻居缓存记录，并且更新所有缓存的数据链路层地址。如果 O 标志位未被设置，那么通告不会更新缓存的数据链路层地址，但是它会更新一条不存在数据链路层地址的现有邻居缓存记录。在对任播地址的通告中，不应设置 O 标志位。邻居缓存记录将在本章后面讨论。

（6）保留字，剩余的 29 位是为将来保留的，设为 0。

（7）目的地址，在应答请求而发出的通告中，目的地址为 128 位，包含发出请求的接口地址。在未经请求的通告中，该字段包含数据链路层地址中有改动的接口地址。目的地址不能是多播地址。

（8）选项，可能的选项是目的 MAC（数据链路层）地址。

## 4.8.4 邻居发现协议的地址解析分析

### 1．邻居发现协议实现的功用

邻居发现协议是 ICMPv6 的子协议，由于在 IPv6 中没有 ARP，所以在 IPv6 上层定义了邻居发现协议实现 ARP 的地址解析、冲突地址检测等功能及 IPV6 的邻居发现功能。邻居发现协议实现的功用如下。

（1）路由器发现，发现链路上的路由器，获得路由器通告的信息。

（2）无状态自动配置，通过路由器通告的地址前缀，终端自动生成 IPv6 地址。

（3）DAD，获得地址后，进行地址重复检测，确保地址不存在冲突。

（4）地址解析，请求目的网络地址对应的数据链路层地址，类似 IPv4 中的 ARP。

（5）邻居状态跟踪，通告邻居发现协议发现链路上的邻居，并跟踪邻居状态。

（6）前缀重编址，路由器对通告的地址前缀进行灵活设置实现网络重编址。

（7）路由器重定向，告知其他设备，到达目的网络的更优下一跳。

### 2．地址解析过程分析

IPv6 地址解析不再使用 ARP，也不再使用广播方式。IPv6 地址解析的特征如下。

（1）地址解析在三层完成，针对不同的数据链路层协议可以采用相同的地址解析协议。

（2）通过 ICMPv6（类型 135 的邻居请求报文及报文类型 136 的邻居通告报文）来实现地址解析。

（3）邻居请求报文发送使用多播的方式，报文的目的 IPv6 地址为被请求的 IPv6 地址对应的"被请求节点多播地址"，报文的目的 MAC 为多播 MAC。

（4）采用多播方式发送邻居请求报文相比广播方式更加高效，可以减少对其他节点的影响，减少对二层网络性能的压力。

（5）可以使用三层的安全机制（如 IPSec）避免地址解析攻击。

### 3．地址解析（邻居状态建立）过程分析

地址解析过程分析环境如图 4-29 所示。

图 4-29　地址解析过程分析环境

（1）R1 会发送一个邻居请求报文（ICMPv6 的报文，报文类型字段值为 135），该报文源 IP 地址为 R1 的接口单播地址 2001::1，目的 IP 地址为要解析的 R2 IPv6 单播地址对应的被请求节点多播地址 FF02::1:FF00:2，将要解析的 IPv6 单播地址的后 24 位添加到 FF02::1:FF 后面，其前缀固定 104 位为 FF02::1:FFXX:XXXX/104。

数据链路层封装源 MAC 地址为 R1 的 MAC 地址，目的 MAC 地址为被请求节点多播地址映射的 IPv6 多播 MAC 地址 3333-FF00-0002，IPv6 多播地址映射的多播 MAC，该多播 MAC 前 16 位固定为 3333，后 32 位为 IPv6 多播地址的后 32 位。

捕获的邻居请求报文协议如图 4-30 所示。

（2）由于 R2 配置了单播地址 2001::2 之后，就默认加入该单播地址对应的被请求节点多播地址 FF02::1:FF00:2 的多播分组，所以只要向该多播分组发送报文，R2 就可以接收。

（3）当 R2 收到 R1 的邻居请求报文之后，通过查看该报文中标识的要解析的地址是不是自己接口的单播地址。若是，则单播应答邻居通告报文（ICMPv6 的报文，报文类型字段值为 136），邻居通告报文中携带了 R2 的地址 2001::2 对应的 MAC 地址。

捕获的邻居通告报文协议如图 4-31 所示。

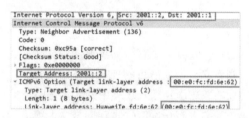

图 4-30　捕获的邻居请求报文协议　　　　图 4-31　捕获的邻居通告报文协议

（4）R1 通过 R2 应答的邻居通告报文可以得知单播地址 2001::2 对应的 MAC 地址。

# 4.9　IPv6 重定向协议

## 4.9.1　重定向功能

重定向功能是将主机重定向到一个更好（更优）的第一跳路由器，或者向主机通告发送给目的节点的分组不需要路由器转发，因为目的节点就是邻居节点。

当选择的路由器作为分组传送的下一跳并不是最优选择时，路由器需要产生重定向报文，通知源节点到达目的节点存在一个更优的下一跳路由器。重定向前后分组转发路径的变化如图 4-32 所示。

路由器必须能够确定与它相邻的路由器的链路本地地址，以保证收到重定向报文中的目的地址，根据链路本地地址来识别邻居路由器。对于静态路由，下一跳路由器的地址应用链路本地地址表示，对于动态路由，需要相邻路由器之间交换它们的链路本地地址。

对重定向报文的确认需要进行有效性检查，有效性检查的内容如下。

（1）IP 源地址是链路本地地址。

（2）IP 下一跳限制字段值为 255。

（3）若报文含有认证首部，则对该报文的认证必须通过。

（4）ICMP 校验和正确，ICMP 代码为 0。ICMP 的长度以 8 位组为单位，大于或等于 40。

（5）对于特定的 ICMP 目的地址，重定向的 IP 源地址与当前第一跳路由器的地址相同。

（6）重定向报文中的 ICMP 目的地址字段不包含多播地址。

（7）ICMP 目的地址是链路本地地址或 ICMP 目的地址。

（8）所有选项的长度都大于 0。

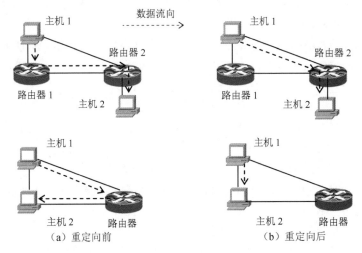

图 4-32　重定向前后分组转发路径的变化

当主机收到一个有效的重定向报文时，需要更新主机的目的缓存，若目的缓存中没有该目的项，则建立一个新的目的项。若重定向报文中包含一个目的链路层地址，则主机应创建或更新该目的项的邻居缓存项，缓存中的数据链路层地址均是从目的链路层地址选项中复制的。

在源端没有正确应答重定向报文，或者源端选择忽略没有被验证的重定向报文的情况下，为了节省带宽和处理的费用，路由器必须限定发送重定向报文的速率。在收到重定向报文时，路由器不能更新路由表。

### 4.9.2　重定向报文

路由器发出 ICMPv6 重定向报文，用于告诉节点在去往给定目的地的路径上更优的下一跳节点地址。重定向报文还可以告知节点，它所使用的目的地实际上是同一条链路上的一个邻居，而不是远程子网上的一个节点。重定向报文的格式如图 4-33 所示。

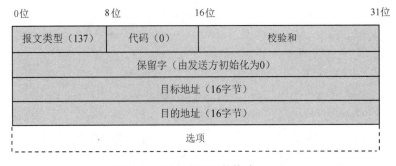

图 4-33　重定向报文的格式

IP 首部中的源地址必须是发送报文的接口的链路本地地址。IP 首部中的目的地址是触发重定向报文的数据包的源地址，跳数限制是 255。

（1）目标地址（Target Address，TA），包含作为去往给定目的地址更优的下一跳接口的链路本地地址。

（2）目的地址（Destination Address，DA），包含重定向的目的地址，用它来到达目的地址。如果目标地址字段和目的地址字段中的地址一样，那么目的地就是一个邻居而不是远程节点。

（3）选项，包含目标（最优下一跳路由器）链路层地址。这是对 IPv4 协议的一个改进，在 IPv4 协议中，主机需要发出一个单独的 ARP 请求来决定下一跳路由器数据链路层地址。需要说明的是，在 NBMA 链路上，主机可能依赖重定向报文中目标链路层地址选项来决定邻居的数据链路层地址。

# 4.10　IPv6 地址解析技术分析

## 4.10.1　主机的数据结构

IPv6 协议的一个设计要求是，即使在一个有限的网络内，主机也必须正确工作。因此主机必须实现自动配置，必须学习到交换数据的有关目的地的最基本信息。存储这些信息的存储器称为缓存，其数据结构是一系列记录的排列，称为表项。每个表项存储的信息都有一定的有效期，需要周期性地清除缓存中超时的表项。

RFC 2461 给出了主机数据结构的概念和定义，IPv6 主机（节点）需要为每个接口维护的信息主要包括：目的地缓存、邻居缓存、默认路由器列表、前缀列表。地址解析过程：通过交互邻居请求和邻居通告报文，解析数据链路层地址和下一跳地址，多播邻居请求报文，单播邻居通告报文。两个交互的主机更新它们的邻居缓存。主机数据结构的概念如图 4-34 所示。

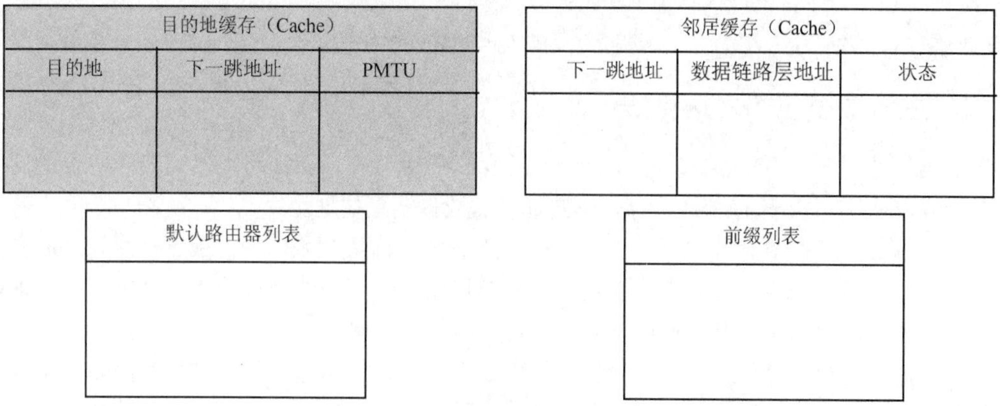

| 目的地缓存（Cache） | | |
| --- | --- | --- |
| 目的地 | 下一跳地址 | PMTU |
| | | |

| 邻居缓存（Cache） | | |
| --- | --- | --- |
| 下一跳地址 | 数据链路层地址 | 状态 |
| | | |

| 默认路由器列表 |
| --- |
| |

| 前缀列表 |
| --- |
| |

图 4-34　主机数据结构的概念

前缀列表是一组"在连接"地址的前缀组成的列表。前缀列表由接收到的路由器通告报文中的信息创建。每个表项都有一个相关的失效计时器（由通告信息确定），通过失效计时器，标识该前缀何时失效，在前缀失效时删除这些前缀。也可以采用一个无限失效计时器，标识该前缀长期有效。本地链路前缀位于带有无限失效计时器的前缀列表，而不管路由器是否正在向其通告前缀。接收的路由器通告不应该修改本地链路前缀的失效计时器。

默认路由器列表是接收数据包的路由器列表。默认路由器列表中的条目指向邻居缓存中的条目，每个条目都有一个与之相联系的，从路由器通告报文中获得的失效时间，达到失效时间后，对应的条目被删除。默认路由器的选择算法：选择那些已知可达的路由器，而不选择可达性还不确定的路由器。

上述数据结构可以用不同的方法实现。其中一种实现方法是对所有数据结构使用单个最长匹配路由表。不管采用哪种特定的实现方法，为了防止重复性的邻居不可达检测，路由器的邻居缓存表项可以由使用该路由器的所有目的地缓存表项共享。

### 4.10.2 IPv6 地址解析

当一个节点要发送一个单播 IPv6 分组给它的相邻节点，仅知道相邻节点的 IPv6 地址，不知道相邻节点的数据链路层地址时，需要进行地址解析。地址解析通过邻居发现协议，交互传输邻居请求报文和邻居通告报文，获得邻居节点的数据链路层地址。请求解析的节点把邻居请求报文以多播的形式发送到与目的 IPv6 地址有关的多播地址上，该邻居请求报文包含请求解析的节点的数据链路层地址，目的路由器把邻居通告报文以单播的形式，向请求解析的节点通告自己的数据链路层地址。IPv6 地址解析过程如图 4-35 所示。

从图 4-35 中可以看出，地址解析过程采用的计算模式为请求/应答模式。在节点接口具有多播能力时，需要为该接口配置全节点多播地址（ff02::1）及被请求的多播地址。节点可以随时加入新的多播地址或离开原来加入的多播地址。

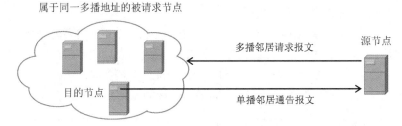

图 4-35　IPv6 地址解析过程

### 4.10.3 主机数据包的发送算法

节点向目的地发送数据包时，使用目的地缓存、前缀列表、默认路由器列表确定合适的下一跳 IP 地址，然后路由器查询邻居缓存，确定邻居的数据链路层地址。

IPv6 单播地址下一跳确定的操作方法为：发送者使用前缀列表中的前缀进行最长前缀匹配，确定数据包（分组）的目的地是在连接的还是非连接的。若下一跳是在连接的，则下一跳地址和目的地地址相同，否则发送者从默认路由器列表中选择下一跳。

下一跳确定的信息存储在目的地缓存中，下一个包可以使用这些信息。当路由器发送包时，首先检查目的地缓存，如果目的地缓存没有相关信息存在，那么激活下一跳确定过程。

在学习到下一跳路由器的 IPv6 地址后，发送者检查邻居缓存以决定数据链路层地址。若没有下一跳 IPv6 地址的表项存在，则路由器的工作步骤如下。

（1）创建一个新表项，并设置其状态为不完全。

（2）开始进行地址解析。

（3）对传送的包进行排队。

当地址解析结束时，获得数据链路层地址，存储在邻居缓存中。此时表项到达新的可达状态，排队的包能够传送。

对于多分组包，下一跳总是认为其在连接，确定多播 IPv6 地址的数据链路层地址取决于链路类型。当邻居缓存开始传送单播分组时，发送者根据邻居不可达检测机制检测相关的可达性信息，验证邻居的可达性。当邻居不可达时，再次执行下一跳确定，验证到达目的地的另一条路径是否可达。

如果知道了下一跳节点的 IP 地址，那么发送方就会检查邻居缓存中有关邻居的数据链路层信息。若没有表项存在，则发送方会创建一条表项，并设置其状态为"不完整性"，同时启动地址解析，然后对没有完成地址解析的数据包进行排队。对具有多播功能的接口来说，地址解析过程是发送一条邻居请求报文，以及等待一条邻居通告报文。当收到一条邻居通告报文时，数据链路层地址被存储在邻居缓存中，同时发送排队的数据包。

在传输单播数据包期间，每次读取邻居发现缓存的表项，发送方根据邻居不可达性检测机制检查相关的可达性信息，但邻居不可达性检测会使发送方发出单播邻居请求，试图验证该邻居还是可达的。

数据流第一次送往目的地时执行下一跳确定的操作，随后该目的地如果仍能正常通信，那么目的地缓存的表项就可以继续使用。如果邻居不可达检测机制决定在某一点终止通信，那么需要重新执行下一跳确定，如故障路由器的流量应该切换到正常工作的路由器，流向移动节点的数据流可能要重新路由到"移动代理"。

当节点重新执行下一跳确定时，不需要丢弃整个目的地缓存的表项，其中，PMTU 和往返计时器的信息是很有用的。

## 4.10.4　邻居可达性检测

节点通过邻居可达性检测，可以得知以前与其连接的节点现在是否依然连通。任何时候通过邻居或到达邻居的通信，会因各种原因而中断，包括硬件故障、接口卡的热插入等。若目的地失效，则不可能恢复，通信失败；若路径失效，则可能恢复。因此，节点应该主动跟踪数据包发向邻居的可达性状态。

主机与邻居节点之间的所有路径都应进行邻居可达性检测，包括主机到主机、主机到路由器及路由器到主机之间的通信，也可用于路由器之间，以检测邻居或邻居前向路径发生的故障。

如果路由器最近收到确认，邻居的 IP 层已经收到最近发给它的数据包，那么该邻居是可达的。邻居不可达检测使用两种方法进行确认：一种是从上层协议来的提示，提供"连接正在处理"的确认；另一种是路由器发送单播邻居请求报文，收到应答的邻居通告报文。为了减少不必要的网络流量，邻居可达性检测报文仅发给邻居。

邻居不可达性检测与向邻居发送数据包同时进行。在邻居可达性确认期间，路由器继续向缓存数据链路层地址的邻居发送数据包；若没有数据包发向邻居，则不发送检测。

若节点 A 要测试节点 B 的可达性，则节点 A 向节点 B 发送单播邻居请求报文，节点 B 收到邻居请求报文后，向节点 A 返回单播邻居通告报文，节点 A 收到邻居通告报文以后，可以确知节点 A 到节点 B 是可达的。需要说明的是，这种可达性是单向的，此时不能证明节点 B 到节点 A 也是可达的，需要再进行节点 B 到节点 A 的可达性测试。邻居可达性检测过程如图 4-36 所示。

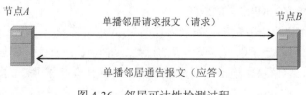

图 4-36　邻居可达性检测过程

### 4.10.5　路由器发现和前缀发现

路由器发现用于定位相邻的路由器，前缀发现指主机可以不通过路由器转发，直接到达链路上已分配的 IPv6 地址范围。路由器发现也可以用来获得与地址自动配置有关的前缀和参数。路由器通告报文可以指明该路由器是否想成为默认路由器，路由器通告报文中包含前缀信息选项，这些前缀信息选项列出了若干已经在网络上使用的 IPv6 地址的前缀。

通过交互路由器请求报文和路由器通告报文来实现路由器发现和前缀发现，可以采用两种方式：第一种是路由器周期性地发出路由器通告报文，通告给相邻节点；第二种是主机向路由器发出路由器请求报文，路由器收到请求报文后，向主机应答路由器通告报文。路由器发现和前缀发现的交互过程如图 4-37 所示。

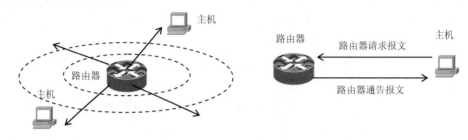

图 4-37　路由器发现和前缀发现的交互过程

通过有效性检查的请求为有效请求。对路由器请求报文的确认需要满足有效性检查，有效性检查内容包括：IPv6 分组固定首部跳数限制字段值为 255；若存在 AH，则要求报文必须通过认证；ICMPv6 校验和正确；ICMPv6 代码字段值为 0；ICMPv6 的长度以字节（8 位组）为单位，大于或等于 8；所有选项的长度都大于 0；若 IPv6 源地址是未指明地址，则要求报文中没有源链路层地址。

同理，通过有效性检查的通告为有效通告。对路由器通告报文的确认需要满足有效性检查，有效性检查内容包括：IPv6 源地址是链路本地地址，只有这样主机才能够识别在同一条链路上的路由器；IPv6 分组固定首部跳数限制字段值为 255；ICMPv6 校验和正确；ICMPv6 代码字段值为 0；ICMPv6 的长度以字节（8 位组）为单位，大于或等于 16；所有选项的长度都大于 0。

### 4.10.6　邻居发现协议与 ARP 的比较

#### 1. 邻居发现协议提供的支持

IPv6 不再执行 ARP 或反向地址解析协议（RARP）。在 IPv6 中没有继续使用 ARP 的主要原因如下：ARP 依赖 IPv6 和使用多播的 ICMPv6 报文，没有必要为使用 ARP 的每个不同类型的网络都重新构造 ARP，任一支持 IPv6 和多播的节点都应该支持邻居发现协议。

对多播的支持很重要，在数据链路层更是如此。多播在支持多路同时访问的以太网之类的网络上很容易实现。但对于非广播多址接入（NBMA）网络，如 ATM 和帧中继网络，多播则很难处理。这些 NBMA 网络依赖虚电路连接，要求为接收多播信息的每个节点都建立一条单独的电路，这导致多播更加复杂。但是只要有机制能提供多播功能，这些网络上的节点就能够支持邻居发现协议，而无须显式地建立 ARP 之类的服务。

在 RFC 1970 中给出了 IPv6 的邻居发现协议的技术规范，描述了邻居发现协议及其实现方法。从 IETF 在 1998 年 12 月制定了邻居发现协议的标准文本 RFC 2461 后，邻居发现协议就成为 IPv6 节点使用的重要协议，它解决了连接在同一条链路上的所有节点之间的互操作问题。邻居发现协议提供的支持如下。

（1）路由器发现，帮助主机识别本地路由器。

（2）前缀发现，节点使用此机制来确定链路本地地址的地址前缀，以及必须发送给路由器转发的地址前缀。

（3）参数发现，此机制帮助节点确定如本地链路 MTU 之类的信息。

（4）地址自动配置，用于 IPv6 节点自动配置。

（5）地址解析，替代 ARP 和 RARP，帮助节点从目的 IP 地址中确定本地节点（邻居）的数据链路层地址。

（6）下一跳确定，可用于确定包的下一个目的地，即确定包的目的地是否在本地链路上。若数据在本地链路上，则下一跳是目的地；否则包需要选路，下一跳是路由器，邻居发现协议可用于确定应该使用的路由器。

（7）邻居不可达检测，邻居发现协议可帮助节点确定邻居（目的节点或路由器）是否可达。

（8）重复地址检测，邻居发现协议可帮助节点确定它想使用的地址在本地链路上是否已被占用。

（9）重定向，有时节点选择的转发路由器对待转发的包而言并非最佳选择。在这种情况下，该转发路由器可以对节点进行重定向，以将包发送给更佳的路由器。例如，节点将发往 Internet 的包发送给为节点的内联网服务的默认路由器，该路由器可以对节点进行重定向，以将包发送给连接在同一条本地链路上的 Internet 路由器。

### 2．邻居发现协议通过 ICMPv6 报文来实现

邻居发现协议通过定义特殊的 ICMPv6 报文来执行，这些报文如下。

（1）路由器通告报文。要求路由器周期性地通告其可用性，以及用于配置的链路和 Internet 参数。这些通告包含对所使用的网络地址前缀、建议的逐跳极限值及本地 MTU 的指示，也包括指明节点应使用的自动配置类型的标识。

（2）路由器请求报文。主机可以请求本地路由器立即发送其路由器通告报文。路由器必须周期性地发送这些通告，但是在收到路由器请求报文时，不必等待下一个预定传送时间到达，而应立即发出通告。

（3）邻居通告报文。节点在收到邻居请求报文的请求或其数据链路层地址改变时，发出邻居通告报文。

（4）邻居请求报文。节点发送邻居请求报文来请求邻居的数据链路层地址，以验证它先前所获得并保存在高速缓存中的邻居的数据链路层地址的可达性，或者验证它的地址在本地链路上是否唯一。

（5）重定向报文。路由器发送重定向报文以通知主机，对于特定目的地自己不是最佳路由器。路由器通过多播来发送其路由器通告报文，这样同一条链路上的节点可以构造自己的可用默认路由器列表。

### 3．IPv4 邻居功能与 IPv6 邻居功能实现的比较

IPv4 邻居功能与 IPv6 邻居功能实现的比较如表 4-10 所示。

表 4-10　IPv4 邻居功能与 IPv6 邻居功能实现的比较

| IPv4 邻居功能实现 | IPv6 邻居功能实现 | IPv4 邻居功能实现 | IPv6 邻居功能实现 |
| --- | --- | --- | --- |
| ARP 请求报文 | 邻居请求报文 | 路由器请求报文（选项） | 路由器请求报文（必需） |
| ARP 应答报文 | 邻居通告报文 | 路由器通告报文（选项） | 路由器通告报文（必需） |
| ARP 缓存 | 邻居发现缓存 | 重定向报文 | 重定向报文 |
| 无理由 ARP | 重复地址检测 | | |

#### 4．邻居发现协议可以用于实现的其他目标

邻居发现协议也可以用于实现其他目标，这些目标如下。

（1）数据链路层地址变化。对于同一个网络，节点可以有多个接口，若节点得知自己的数据链路层地址发生了改变，则可以通过发送几个多播包来将其地址改变通知其他节点。

（2）入境负载均衡。应注意，接收大量业务流的节点可能有多个网络接口，使用邻居发现协议，所有接口都可以用一个 IP 地址来代表。通过让路由器在发送其路由器通告包时省略源链路层地址，可以实现路由器负载均衡。此时，查找该路由器的节点每次想要发送包给该路由器时，都必须执行邻居发现协议，而该路由器可以选择接收包的数据链路层接口来应答此节点。

（3）任播地址。任播地址表示单播地址的集合，发送给该任播地址的分组将交付给这些地址中的任何一个。通常，任播地址用于标识提供同样服务的节点集，将包发送给一个任播地址的节点，而并不在意由节点集中的哪一个来应答。因为任播地址的多个成员都可能应答对其数据链路层地址的请求，邻居发现协议要求节点预计收到多个应答，并能正确处理。

（4）代理通告。如果一个节点不能正确应答邻居发现请求，那么邻居发现协议允许用另一个节点来代表该节点。例如，一个代理服务器可以代表移动 IP 节点。

## 4.10.7 邻居发现协议的改进

邻居发现协议与 IPv4 协议的 ARP 和 RARP 相比，有了很大改进，这些改进如下。

（1）在 IPv4 协议中，由 IP 层到数据链路层地址的解析（ARP）是基于数据链路层的广播机制实现的，数据包由 LLC 网桥进行转发，在一个比较大的站点范围内会占用大量的带宽，有时还会引起"广播风暴"。而在 IPv6 协议中，这一过程是基于 IP 层的多播机制实现的，在地址解析过程中受到地址解析发送包影响的节点数大大减少，而且非 IPv6 节点根本不受影响。

（2）在 IPv6 的邻居发现协议中，路由器通告报文会带着自己的数据链路层地址，还会带着本地链路的前缀，从而避免每个节点配置自己的子网掩码。

（3）IPv4 的 ARP 是不安全的，无法保证应答 ARP 探测报文的节点是需要的节点，这样会导致发往一个节点的数据包被另一个节点监听到。而邻居发现协议运行在 IPv6 之上，它属于网络层协议，它的安全性可由 IPv6 的安全性来保证。

（4）IPv4 的 ARP 运行在数据链路层，不同的网络介质需要不同的 ARP，如以太网 ARP 与 FDDI ARP 不完全相同。而邻居发现协议运行在网络层，与网络介质无关，任何网络介质都可以运行相同的邻居发现协议。

（5）与 IPv4 协议不同，通过邻居发现协议得到的各种地址信息都有一定的生存期，这些生存期由这些信息的发送者规定。路由器能够通知主机如何执行地址配置，如路由器能指示主机是使用有状态地址配置还是无状态地址配置。路由器能够通告链路的 MTU，使同一条链路上的所有节点使用相同的 MTU 值。对于无状态地址自动配置，邻居发现协议能够提供主机进行无状态地址自动配置所需的全部信息。

IPv6 的邻居发现协议体现了 IPv6 新的特征，其前缀发现和邻居不可达检测是全新的机制，地址解析和重定向在 IPv4 中也出现过，但是分别用不同的协议实现。IPv6 的邻居发现协议特征与 IPv4 对应功能的比较如表 4-11 所示。

表 4-11　IPv6 的邻居发现协议特征与 IPv4 对应功能的比较

| IPv6 邻居发现协议特征 | IPv4 对应功能 | 描述 |
| --- | --- | --- |
| 路由器发现 | ICMP 路由器发现（RFC 1256） | 使节点发现所连接链路上的路由器 |

| IPv6 邻居发现协议特征 | IPv4 对应功能 | 描述 |
|---|---|---|
| 前缀发现 | 无 | 使节点学习所连接链路上的网络前缀 |
| 参数发现 | PMTU 发现（RFC 1191） | 使节点学习链路上的参数，如 MTU、跳数限制等 |
| 地址自动配置 | 无 | 节点的接口自动配置一个地址 |
| 地址解析 | ARP | 节点为链路上的目的节点确定其数据链路层地址 |
| 确定下一跳 | ARP 缓存或默认路由器 | 为给定目的地确定下一跳地址 |
| 邻居不可达性检测 | 失效网关检查（RFC 1122、RFC 816） | 使节点可以检测到不可达的邻居 |
| 重复地址检测 | 源地址 = 0 的 ARP | 节点可以确定地址已被占用 |
| 重定向 | ICMP 重定向 | 路由器通知主机节点到目的地之间存在更合适的下一跳 |
| 默认路由器和具体的路由选择 | 无 | 使路由器通知多点接入主机存在更合适的默认路由器和更佳的路由 |
| 代理节点 | 代理-ARP | 代表其他节点接收分组 |

# 4.11 思考练习题

4-1　简述 ICMPv6 协议的功用范围。

4-2　写出 ICMPv6 与 ICMPv4 的比较。

4-3　ICMPv6 报文有哪些类型？

4-4　写出 ICMPv6 报文的一般格式。

4-5　写出携带 ICMPv6 报文的 IPv6 分组的格式。

4-6　对移动性支持的 ICMPv6 报文有哪些？

4-7　若 ICMPv6 目的不可达报文的代码字段值为 2，则说明出现了什么问题？

4-8　写出参数问题报文中代码字段的说明。

4-9　写出 ICMPv6 报文的处理规则。

4-10　简述 ping 命令工作所依据的原理。

4-11　写出多播监听协议的作用。

4-12　写出邻居发现协议的特征。

4-13　路由器请求报文和路由器通告报文的作用是什么？

4-14　写出邻居请求报文和邻居通告报文的功用。

4-15　为什么会用到 ICMP 重定向报文？

4-16　一条邻居缓存记录可以处于哪几种状态？

4-17　简述 IPv6 地址解析技术的特点。

4-18　简述需要主机为每个接口维护的信息内容。

4-19　邻居可达性状态是最关键的信息，它的可能取值有哪些？

4-20　简述主机数据包的发送算法的特点。

4-21　写出邻居发现协议与 ARP 的比较。

4-22　邻居发现协议及其实现方法提供的支持有哪些？

4-23　邻居发现协议也可以用于实现其他目标，这些目标包括什么？

4-24　简述地址可达性检测的功用。

4-25　对重定向报文的确认需要进行有效性检查，有效性检查的内容包括哪些？

4-26　多播监听发现协议的作用是什么？

4-27　写出多播监听发现查询报文的格式。

4-28　写出邻居发现协议的主要改进。

4-29　写出 ICMPv6 报文的特殊功用。

4-30　写出地址配置的两个协议及三种模式的功用。

4-31　给出邻居发现地址解析过程的分析要点。

# 第 5 章　IPv6 路由协议

## 5.1　IPv6 路由协议概述

### 5.1.1　IPv6 使用的内部路由协议和外部路由协议

IPv6 路由协议包括：内部路由协议 RIPng、OSPFv3，以及基于 IPv6 的 IS-ISv6；外部路由协议 BGP4+。依据路由算法分类，其中，RIPng 为距离向量路由协议，OSPFv3 和 IS-ISv6 属于链路状态路由协议，BGP-4 属于路径向量路由协议。

在 IPv6 网络中，如果想将 IPv6 分组转发到本地网络（链路）之外，那么需要路由器根据 IPv6 分组的目的地址，在本地路由表中搜索一个匹配的前缀，以确定 IPv6 分组的转发路径。路由器发现了匹配的地址条目，将按照与路由表中与这个条目相关的下一跳地址信息来转发该分组。若在路由表中没有发现匹配的目的地址条目，但路由表中有默认路由，则将分组按默认路由转发；否则分组将被丢弃。

路由信息既要在自治系统（Autonomous System，AS）内部，又要在自治系统之间进行传递和通告。AS 被定义为一组由单一机构管理的网络。

在 AS 内部发布信息的路由协议被称为内部路由协议（Interior Gateway Protocol，IGP），IGP 早期也称为内部网关协议，IPv6 的 RIPng 和 OSPFv3 都属于内部路由协议。

在 AS 之间发布信息的路由协议被称为外部路由协议（Exterior Gateway Protocol，EGP），EGP 也称为边界网关协议或外部网关协议，IPv6 的 BGP4+及其扩展属于外部路由协议。

需要说明的是，路由协议（Routing Protocol）和可被路由协议（Routed Protocol）是两个不同的概念。路由协议允许路由器动态地通告、学习和更新路由，是一种为路由器寻找分组转发路径的协议，如 RIPng、OSPFv3 等。可被路由协议是能够为用户数据提供足够的被路由信息，如网络接口的逻辑地址，即 IP 地址。用户数据若想要被路由、穿越网络，则必须用可被路由协议封装，如 IP 分组可以被路由，IP 是一个可被路由协议。

### 5.1.2　IPv6 路由协议的主要改进内容

RIPng 有两类 RTE：目的前缀 RTE 和下一跳 RTE。目的前缀 RTE 指明可达目的网络。下一跳 RTE 为 RIPng 直接指定下一跳 IPv6 地址，该地址适用于跟随其后的目的前缀 RTE，直到 RIPng 报文结束或出现另一个下一跳 RTE。

OSPFv3 是基于链路的路由协议，用链路概念取代网络概念，同一条链路不同子网上的节点也可以直接通话。OSPFv3 报文去除了地址语义，除了 LS Update 报文载荷中存在地址，OSPFv3 报文不再提供地址信息。增加了洪泛范围，LSA 的洪泛范围定义在 LSA 的 LS Type 字段。

IS-ISv6 可以同时承载 IPv4 和 IPv6 的路由信息，可以完全独立用于 IPv4 网络和 IPv6 网络。IS-ISv6 新增了支持 IPv6 路由信息的两个 TLV 和一个新的 NLPID（Network Layer Protocol Identifier）。TLV 是在 LSP（Link State PDUs）中的一个可变长结构。

多拓扑（MT）IS-ISv6 技术也称为 IS-IS MT，在 IPv6 独立的拓扑上运行 SPF 算法。使用 IS-ISv6 实现 IPv6 扩展的前提是所有的 IPv6 和 IPv4 拓扑信息必须一致。如果网络中一些路由器或链路不支持 IPv6，那么 IPv6 和 IPv4 拓扑不同，而支持双协议栈的路由器感知不到这种情况，IPv6 数据流仍会被转发到这些不支持 IPv6 的路由器或链路上，转发的数据流会被丢弃处理，IS-IS MT 用来解决以上提到的问题。

BGP4+和 BGP4 完全兼容，BGP4+可以独立地在 IPv4 网络或 IPv6 网络上运行。BGP4+使用了一个特殊属性多协议 BGP（MP-BGP）来承载 IPv6 的路由信息，这种路由信息被称为 IPv6 NLRI。BGP4+中引入了两个 NLRI 属性：多协议可达 NLRI（Multi Protocol Reach NLRI，MPRNLRI），用于发布可达路由下一跳信息；多协议不可达 NLRI（Multi Protocol UnReach NLRI，MPURNLRI），用于撤销不可达路由。

### 5.1.3　IPv6 路由协议的选择

外部路由协议只有一种选择，即 BGP4+。内部路由协议的选择需要根据各种内部路由协议特点及网络特点进行综合考虑。小规模网络可以选择 RIPng，而大规模网络和骨干网通常选择 OSPFv3 或 IS-ISv6。

双协议栈网络内部路由协议的选择有以下 3 种。

（1）OSPFv2 + OSPFv3，原有网络使用 OSPFv2 时，该选择较常见。IPv4 和 IPv6 可以遵循不同的拓扑，OSPFv3 进程失败不影响 OSPFv2，反之亦然。但这种方式存在两个进程占用路由器 CPU 资源较多的缺陷。

（2）IS-ISv4/IS-ISv6，原有网络使用 IS-ISv4 时，该选择较常见。IS-ISv6 进程占用路由器 CPU 资源较少，但进程崩溃会造成 IPv4/IPv6 网络同时崩溃，如果采用单拓扑 IS-ISv6，那么 IPv4/IPv6 路由拓扑必须相同。

（3）OSPFv2 + IS-ISv6，原有网络使用的路由器不能很好地支持 OSPFv3 时，作为过渡期会用这种选择，但 IPv6 only IS-IS 并不稳定，互操作性也较差。

根据对多播源处理方式的不同，多播模型有 3 种：任意源多播（Any-Source Multicast，ASM）；过滤源多播（Source-Filtered Multicast，SFM）；指定源多播（Source-Specific Multicast，SSM）。

IPv6 多播路由协议包括：MLD、MLD Snooping、PIM-SM、PIM-DM、PIM-SSM。

（1）MLD（Multicast Listener Discovery for IPv6）为 IPv6 多播监听发现协议。MLD 源自 IGMP 协议，协议行为完全相同。MLD 是一个非对称的协议，IPv6 多播成员（主机或路由器）和 IPv6 多播路由器的协议行为是不同的。用 MLD 来发现与其直连的 IPv6 多播监听者，进行组成员关系的收集和维护，将收集的信息提供给 IPv6 路由器，使多播包传送到监听者的所有链路上。

（2）MLD Snooping 与 IPv4 的 IGMP Snooping 基本相同，区别在于协议报文地址使用 IPv6 地址。

（3）PIM-SM（Protocol Independent Multicast Sparse Mode）称为协议无关多播–稀疏模式，它运用潜在的单播路由为多播树的建立提供反向路径信息，并不依赖特定的单播路由协议。

（4）PIM-DM 为密集模式的协议无关多播模式。IPv6 的 PIM-DM 与 IPv4 的基本相同，唯一的区别在于协议报文地址及多播分组文地址均使用 IPv6 地址。

（5）PIM-SSM 采用 PIM-SM 中的一部分技术来实现 SSM 模型。由于接收者已经通过其他渠道知道了多播源的具体位置，因此 SSM 模型中不需要 RP 节点，不需要构建 RPT 树，不需要源注册过程，也不需要 MSDP 来发现其他 PIM 域内的多播源。

IPv6 PIM 的特别之处是，在 IPv6 PIM 发送链路本地范围和全球范围的协议报文时，报文的源 IPv6 地址分别使用发送接口的链路本地地址和全球单播地址。

IPv6 多播不支持 MSDP（多播源发现协议），对于域间 IPv6 多播路由器信息的传递，可以使用 IPv6 的 MBGP（多播协议边界网关协议），其与 IPv4 的 MBGP 基本相同。

## 5.2 RIPng

### 5.2.1 RIPng 概述

RIPng 是一个基于 Bellman-Ford 算法的距离向量路由协议，RIPng 使用跳数作为路由距离的度量，度量值为 0～15，RIPng 是基于 UDP 的协议，封装在 UDP 中传输，每台使用 RIPng 的路由器都有一个路由进程在 UDP 端口 521 上发送和接收数据。RIPng 在中小型网络中有很好的应用。

RIPng 是在 RIP 的基础上发展起来的，RIP 最早由施乐公司 Palo Alto 研究中心开发，此后美国加州大学伯克利分校开始在许多局域网上使用，UNIX 操作系统很早就提供了对 RIP 的支持。RIPng 最早由 L. R. Ford 和 D. R. Fulkerson 提出，路由方程式推导由 R. E. Bellman 完成，也称为 Bellman-Ford 算法或 Ford-Fulkerson 算法。

RIPng 的大多数概念都是从 RIPv1 和 RIPv2 中得来的，RFC 1058 给出了 RIPv1 的描述，包括距离向量算法的详细说明。在 RFC 1338 中提出了改进的 RIPv2 的定义和描述，并在 RFC 1723 和 RFC 2453 中进行了修订。RIPv2 支持可变长子网掩码（Variable Length Subnet Masking，VLSM）、无分类域间路由、多播和验证机制。IETF 考虑到 RIP 与 IPv6 的兼容性问题，对 RIP 进行了修改，于 1997 年 1 月在 RFC 2080 中给出了 RIPng 的定义。RIPng 与 RIPv1 和 RIPv2 的主要区别如下。

（1）RIPng 仅支持 TCP/IP 协议，RIPv1、RIPv2 适用于 TCP/IP 协议和其他网络协议簇。

（2）RIPng 使用 IPv6 的安全策略来保证路由选择的安全性和机密性，不单独设计安全性验证报文。

（3）RIPng 中的下一跳字段是作为一个单独的路由表项（Route Table Entry，RTE）存在的，目的是提高路由信息的传输效率，每个 RTE 的长度都为 20 字节。RTE 也称为路由表条目。

（4）RIPng 采用多播方式发送路由报文，可以减少网络中传输路由信息的数量，而 RIPv1 使用广播方式发送路由报文，同一局域网的所有主机都会收到路由报文。

（5）RIPng 对路由报文的长度、RTE 的数目没有具体的限制，路由报文的长度是由网络中的 MTU 决定的。而 RIPv1、RIPv2 对路由报文长度均有限制，并规定每个报文最多可以携带 25 个 RTE。

（6）由于 IPv6 地址前缀有明确的含义，因此用前缀长度替代子网掩码，RIPng 中不再有子网掩码的概念。同样，由于使用 IPv6 地址，因此在 RIPng 中没有必要区分网络路由、子网路由和主机路由。

RIPng 的特点如下。

（1）使用 128 位的 IPv6 地址作为下一跳地址。

（2）为了提高性能并避免形成路由循环，RIPng 支持水平分割、毒性反转。

（3）RIPng 可以从其他的路由协议中引入路由。

（4）使用链路本地地址 FE80::/10 作为源地址发送 RIPng 路由信息更新报文.

（5）使用多播方式周期性地发送路由信息，并使用 FF02::9 作为链路本地范围内的路由器多播地址。

（6）RIPng 的报文由首部和多个 RTE 组成。

（7）RIPng 用跳数来衡量到达目的主机的路由度量值（距离）。

IPv6 网络中的每台路由器都有一个路由表，列出了通往各 IPv6 目的地址路由的最佳路径。对于每个路由，路由器在路由表中都保持了该路由的下列表项字段。

（1）前缀，IPv6 目的地址的前缀长度。

（2）度量，从该路由器到目的地址的跳数，度量值为 0～15。直接连接该路由器路由的度量值通常被设为 0。

（3）下一跳地址，从该路由器到达目的地的路径上所途径的下一个路由器接口的 IPv6 地址。

（4）路由改变标记（Route Change Flag，RCF），标识路由信息最近是否有改变，指出有关路由条目最近被更换的信息。这个标识用于控制触发路由更新。

（5）计时器，各种与该路由有关的计时器。例如，路由信息自最后一次更新后所经历的时间。

## 5.2.2 RIPng 路由更新的规则

路由器周期性地向使用 RIPng 更新信息的相邻路由器通告有关其路由的信息。在收到来自邻居的 RIPng 更新信息后，路由器将邻居和自己之间的距离（通常为 1）添加到收到的各个路由的度量值中。然后，路由器使用 Bellman-Ford 算法处理新收到的 RTE。

例如，路由器 A 从路由器 B 中收到一条路由更新信息，并且将距离 1 添加到由路由器 B 广播的每个路由的路由 Ri 中。对于每个路由 Ri，路由器将按 Bellman-Ford 算法计算路由。Bellman-Ford 算法计算路由的过程如图 5-1 所示。

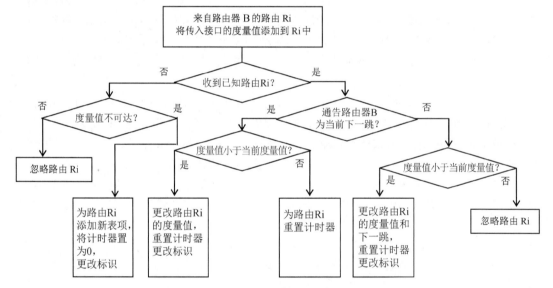

图 5-1　Bellman-Ford 算法计算路由的过程

依据 RIPng 采用的路由更新规则，当满足下列情况时路由表将被更新。

（1）路由 Ri 是新的，并且度量值是可达路由。度量值和下一跳地址将被作为一个新的 RTE 添加到路由表中。计时器被设置为 0，并且给出路由改变标识。

（2）路由 Ri 是已知的，并且下一跳地址和路由表中的 RTE 一样。如果度量值改变了，那么路由表将被更新，并且给出路由改变标识。计时器被重新设置为 0。

（3）路由 Ri 是已知的，但是下一跳地址和路由表中的 RTE 不一样，度量值也比路由表中的 RTE 小。此时该 RTE 的度量值和下一跳地址被更新。计时器被设置为 0，并且给出路由改变标识。

（4）路由 Ri 是已知的，但是下一跳和路由表中的 RTE 不一样，而度量值和路由表中的 RTE 相等。如果路由过程允许在路由表中存在多个等成本路径通往相同的目的地址，那么路由将被当作一个新的 RTE（如上所述）。如果路由过程不提供多个等成本路径，那么路由 Ri 将被删除。多个等成本路径允许将 IPv6 通信在多个路径之间进行分配。在这些路径之间分配通信的法则由路由过程自己决定。

一台路由器在进行初始化时，只知道相邻路由器的路由。在动态路由信息传递过程中，路由器周期性地发送更新信息，一台路由器的路由信息将发送给所有邻居，并进行处理，然后又被发送给邻居的邻居。最终每台路由器都可以知道网络中所有的 IPv6 路由。

### 5.2.3 RIPng 报文格式

#### 1．RIPng 报文格式

RIPng 使用 UDP 提供的服务，RIPng 报文包含在 UDP 报文段中，使用 UDP 的端口号 521 作为 RIPng 端口，RIPng 路由过程总是监听到达这个端口的报文。除了明确要求的报文，所有 RIPng 报文都将源端口和目的端口设置为 RIPng 端口，只有特别的查询和调试信息可以不使用源端口 521 发出，但要求目的端口是 521。

RIPng 报文大致可以分为两类：用于请求信息的报文和用于应答信息的报文。请求报文要求其他系统发送其全部或部分路由表。应答报文包含发送者全部或部分路由表。两类 RIPng 报文使用相同的报文格式，RIPng 报文由固定首部和 RTE 组成，其中，RTE 可以有多个。RIPng 报文格式如图 5-2 所示。

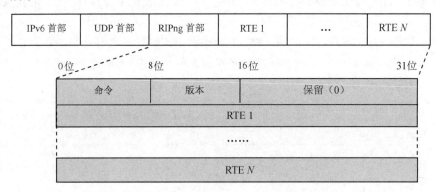

图 5-2　RIPng 报文格式

RIPng 报文格式中各部分内容如下。

（1）报文首部，RIPng 报文首部由三个字段组成：命令、版本和保留。命令字段占 1 字节。取值为 0x01，表示请求报文，要求其他系统发送其路由表的全部或部分信息；取值为 0x02，表示应答报文，包含发送者路由表的全部或部分更新信息，它可以作为对前面请求报文的应答而被发送，或者作为周期性的或触发的路由更新中的一个主动更新而被发送。版本字段，占 1 字节，目前其值只能为 0x01。保留字段占 16 位，全为 0。

（2）RTE 列表，每个 RTE 占 20 字节。

#### 2．RIPng 报文的长度和使用的计时器

RTE 的最大数目根据接口的 MTU 来确定。只在初次交互的时候发送请求报文，后续每隔 30s 只发送应答报文。RIPng 并没有规定报文的长度，报文长度为

$$报文长度 = RTE 数目 \times 20 + 4$$

一次更新中的 RTE 数目取决于两个邻居路由器之间的信道所允许的 MTU，RTE 数目为

$$RTE 数目 = Int[(MTU - IPv6 首部长度 - UDP 首部长度 - RIPng 首部长度)/(RTE 长度)]$$

RIPng 在更新和维护路由信息时主要使用四个计时器。

（1）更新计时器（Update Timer），当计时器超时，立即发送更新报文。默认时间为 30s。

（2）老化计时器（Age Timer），若 RIP 设备在老化时间内没有收到邻居发送过来的路由更新报文，则认为路由不可达，但不会删除此条 RTE，只认为目标地址不可达。默认时间为 180s。

（3）垃圾收集计时器（Garbage-Collect Timer），默认时间为 120s。若在垃圾收集时间内不可达路由没有收到来自同一邻居的更新，则该路由将从路由表中彻底删除。一条 RTE 从失效到删除的时间为 300（180＋120）s。

（4）抑制定时器（Suppress Timer），当一条路由的度量值变为 16 时，该路由将进入抑制状态。在抑制状态下，只有来自同一邻居且度量值小于 16 的路由更新才会被路由器接收，取代不可达路由。

RIPng 通过时间设置命令 timers 调整时间参数进行时间选定，包括 RIPng 的更新、失效、抑制及垃圾收集时间。例如，timers ripng 10 15 1，该命令的功用里设置 Update Timer 为 10s，Age Timer 为 15s，Garbage-Collect Timer 为 1s。

## 5.2.4 RIPng 报文的 RTE

在 RIPng 中，RTE 分为以下两类。

（1）下一跳 RTE：位于一组具有相同下一跳的"IPv6 前缀 RTE"的最前面，它定义了下一跳的 IPv6 地址。

（2）IPv6 前缀 RTE：位于某个"下一跳 RTE"的后面，同一个"下一跳 RTE"的后面可以有多个不同的"IPv6 前缀 RTE"，它描述了 RIPng 路由表中的目的 IPv6 地址及开销。

RTE 格式顺序如图 5-3 所示。

图 5-3　RTE 格式顺序

IPv6 前缀 RTE 的格式如图 5-4 所示。

图 5-4　IPv6 前缀 RTE 的格式

每个 RTE 都由 4 部分组成。

（1）IPv6 前缀（IPv6 Prefix），占 16 字节。

（2）路由标识（Route Tag），占 2 字节，主要用于对外部路由进行标识，区分 RIPng 内部路由和 RIPng 外部路由，外部路由可能来自 EGP 或其他 IGP。

（3）前缀长度（Prefix Length），占 1 字节，指明前缀中有效位的长度，IPv6 中使用前缀长度代替 IPv4 中的子网掩码，由于 IPv6 地址的意义很明确，因此在 RIPng 中不再区分网络路由、子网路由或主机路由。前缀长度的取值为 0～127。

（4）路由度量（Metric）值，占 1 字节，RIPng 用跳数来衡量到达目的主机的距离（度量值），在 RIPng 中,从一台路由器到其直连网络的跳数为 0,而通过另一台路由器到达一个网络的跳数为 1,以此类推。当跳数大于或等于 16 时,目的网络或主机被定义为不可达(有效性为 15 跳)。该字段的含义只能是跳数,路由器不能对该字段做其他解释。

下一跳 RTE 的格式如图 5-5 所示。

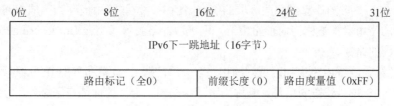

图 5-5　下一跳 RTE 的格式

(1)前缀字段定义了下一跳的 IPv6 地址,被指定为随后的 RTE 使用的下一跳 IPv6 地址。

RIPng 的下一跳字段是由 RTE 指定的,原因是 IPv6 地址为 128 位,若将下一跳字段与目的网络地址放在同一个 RTE 中,则会使 RTE 的长度几乎增加一倍。RIPng 采用把目的网络地址和下一跳字段分开的方法,使用一个特殊的 RTE 来指定下一跳地址,这个下一跳地址适用于跟随其后的 IPv6 前缀 RTE,用来指出 IPv6 下一跳地址。所有并发的 RTE 都使用这个 IPv6 下一跳地址,直到到达报文结尾,或者遇到另一个下一跳 RTE。

(2)路由标识字段和前缀长度字段在发送时均设置为全 0,在接收时忽略。

(3)下一跳 RTE 的路由度量值字段用 0xFF 标识。

若在下一跳 RTE 的 IPv6 下一跳地址字段中指定值 0:0:0:0:0:0:0:0,则表明 IPv6 下一跳地址应该设置为 RIPng 报文的源 IPv6 地址。使用下一跳地址的目的是避免分组在 AS 内转发的过程中经过不必要的跳数,尤其是当网络中并非所有的路由器都执行 RIPng 时,指定下一跳是很有用的。例如,路由器 A、B、C 直接连接在一个普通的子网上。路由器 C 并没有运行 RIPng,假设路由器 A 知道路由 Ri 使用路由器 C 作为它的下一跳,那么路由器 A 可以使用路由器 C 的下一跳地址将路由 Ri 通告给路由器 *B*。路由器 *B* 现在可以将路由 Ri 的通信量直接转发给路由器 C,因此路由器 A 避免了不必要的下一跳。

除了指定的 0:0:0:0:0:0:0:0 地址,IPv6 下一跳地址必须是链路本地地址(以 FE80 前缀开头)。如果收到的 RIPng 报文中的下一跳地址不是链路本地地址,那么它将按 0:0:0:0:0:0:0:0 处理。如果在路由表中没有明确地列出通往目的地的路由,那么将使用默认路由。

# 5.3　OSPFv3 协议

## 5.3.1　OSPFv3 概述

开放最短路径优先第 3 版(Open Shortest Path First version 3,OSPFv3)是 IPv6 使用的链路状态路由协议,OSPFv3 的技术文档为 RFC 2740,该文档将描述的重点放在 IPv6 OSPF 和 IPv4 OSPF 的区别上,OSPFv2 和 OSPFv3 的封装位置不同,二者无法兼容。OSPFv3 采用 Dijkstra 算法,也称为最短路径优先(Shortest Path First,SPF)算法和全局选路算法。OSPFv3 报文直接封装在 IPv6 分组中,对应的 IPv6 分组下一个首部字段值为 89。

Internet 采用分层次的路由选择,把互联网划分为多个 AS,一个 AS 是具有一个单一的和明确定义的路由选择策略,由一组互连起来的具有相似 IP 前缀(一个或多个前缀)的路由器(节点)组成,由一个或多个网络管理员负责运行管理的系统。

在 AS 内，路由器可以组合在一起形成区域（Area）。每个区域都会被分配一个唯一区域 ID，区域 ID 可以标识为一个采用点分十进制记数法表示的 32 位整数。一个带有区域洪泛范围的链路状态通告（LSA）绝对不会在区域外洪泛。一个区域所含有的路由器和网络在另一个区域中是隐藏的。这就像将网络图分割成多幅较小的区域图，每幅区域图表示一个区域的布局。区域内的每台路由器都将 SPF 树形图计算到相同区域的所有路由中。这些路由被称为区域内路由。所有接口属于相同区域的路由器都被称为内部路由器。区域边界路由器（Area Border Router，ABR）提供通往区域外路由的路径。

AS 内路由分为区域内路由和区域间路由。若分组的源 IP 分组和目的 IP 分组只传输从区域链路状态数据库（LSDB）获得的信息，则称为区域内路由。若目的地址在区域外，分组必须沿着通往本地区域的 ABR 路径来传输，ABR 知道所有的目的地，或者经过主干区域向目的区域 ABR 传输数据，或者向主干区域传输分组，则称为区域间路由。

划分区域的目的在于降低路由处理的费用。由于每个区域的布局都小于整个 AS，因此计算 SPF 树形图花费的时间就少一些。布局的改变是在本地发生的，只有在本地域中的路由器需要重新计算 SPF 树形图。

每台路由器都有一个链路状态数据库，用来描述 AS 内的链路状态。这个数据库是通过交换相邻路由器之间的 LSA 分组建立的。根据它的内容，LSA 可以洪泛到 AS 中的所有路由器（AS 洪泛范围）、相同区域内的所有路由器（区域洪泛范围）或只到它的邻居。洪泛总是沿着相邻路由器的路径发生的，因此一个稳定的邻居关系对于 OSPF 的正常运行至关重要。邻居关系也被称为邻接。

OSPFv3 将 LSA 传送给某一区域内的所有路由器，每台 IPv6 路由器都在网络中传输 LSA 报文，获取整个网络区域的拓扑结构知识。最后，网络中的每台 IPv6 路由器的链路状态数据库中都保存了整个网络的拓扑结构。

每台 IPv6 路由器都计算出以自己为根的一个 SPF 树，树上的路径最终成为 IPv6 网络中路由器中路由表的 OSPFv3 路由。在一个 AS 中可以创建若干区域，至少有一个区域为主干区域，OSPFv3 允许在主干区域边界上进行路由信息汇总。通过创建区域，可以减小链路状态数据库占用的空间。

需要说明的是，从网络层次观察，OSPFv3 的位置在网络层。OSPFv3 是直接用 IPv6 分组传送的，而不是用 UDP 传送的，因此 OSPFv3 需要 IPv6 协议栈的支持，若 IPv6 分组首部的协议字段值为 89，则标识其分组的数据部分为 OSPFv3，由 OSPFv3 作为数据部分构成的 IP 分组长度很短，可以减少网络中路由信息的通信量。

### 5.3.2  OSPFv3 的特征

IPv6 对 IPv4 的 OSPFv2 做了一些必要的修改，以适应 IPv6 地址位数的增大和 IPv6 协议语义的变化。OSPFv3 与 OSPFv2 相比，基本相同点包括：① 网络类型和接口类型基本一致；② 接口状态和邻居状态基本一致；③ 链路状态数据库基本一致；④ 洪范机制基本一致；⑤ 具有相同类型的报文，如 Hello 报文、数据库描述报文、LSR 报文、LSU 报文、LSACK 报文；⑥ 路由计算基本相同。

OSPFv3 的特征包括以下几个方面。

#### 1．OSPFv3 用链路取代子网、网段的概念

OSPFv3 基于链路运行，用链路取代子网、网段的概念。同一条链路上可以有多个 IPv6 子网。由于 OSPFv3 不受网段的限制，因此两个具有不同 IPv6 前缀的节点，可以在同一条链路上建立邻居关系。

在配置 OSPFv3 时，不需要考虑是否配置通信的两端在同一个网段，只要在同一条链路上，就可以使用链路本地地址直接建立联系。即使通信双方不在同一网段，OSPFv3 也能正常运行。

## 2. OSPFv3 可以独立于网络层协议运行

OSPFv3 通过取消协议报文和 LSA 报文中的 IPv6 地址信息，可以独立于网络层协议运行，提高协议的可扩展性，针对特定的网络层协议，仅需定义与之适应的 LSA，不需要对协议基本框架进行修改。

（1）利用 IPv6 的链路本地地址来传递网络拓扑信息，但是网络拓扑信息里不包含 IPv6 地址。

（2）路由器 LSA 和网络 LSA 中不再包含地址信息，只描述反映网络拓扑信息。

（3）采用专门的 LSA 来传递 IPv6 的前缀信息。

（4）路由器 ID、区域 ID 和 LSA 链路状态 ID 仍然是 IPv4 地址格式（32 位），不是 IPv6 地址。

（5）邻居由邻居路由器 ID 来标识。

这样做的目的是使"拓扑与地址分离"。OSPFv3 可以不依赖 IPv6 全球地址的配置来计算 OSPFv3 的拓扑结构。IPv6 全球地址仅用于虚链路（Vlink）接口及报文的转发。

## 3. OSPFv3 支持在同一条链路上运行多个进程

在 OSPF 报文首部中增加了实例标识符（Instance ID）字段，实现 OSPF 多实例，在同一条链路上可以运行多个 OSPFv3 实例。实例标识符也称为实例号。

在配置 OSPF 进程时可以配置实例，只有相同实例号的接口才会形成邻居关系，只有当接口实例号与路由实例号相同时才会被传递，只有报文中的实例号与接口配置的实例号相匹配时报文才会处理，否则丢弃。在同一条链路上可以运行多个 OSPFv3 实例，并且各实例独立运行，相互之间不受影响。默认配置处于实例 0 中。

例如，路由器 RA、RB 属于 AS100，路由器 RC、RD 属于 AS300，四台路由器连接同一条链路。假设配置路由器 RA、RB 在链路上的接口实例号为 30，路由器 RC、RD 在链路上的接口实例号为 60。路由器 RA、RB 只会接收处理实例号为 30 的报文，当收到实例号为 60 的报文时，直接丢弃。同理，路由器 RC、RD 只会接收处理实例号为 60 的报文。

## 4. OSPFv3 利用 IPv6 链路本地地址维持邻居关系

在 IPv6 网络中，一个接口上可以配置多个 IPv6 地址，每个接口都会分配链路本地地址，具有该地址的报文的作用域仅限本链路，不会传播到整个网络。

OSPFv3 利用 IPv6 链路本地地址维持邻居关系，同步 LSA 数据库。除虚链路之外的所有 OSPFv3 接口都使用链路本地地址作为源地址及下一跳来发送 OSPFv3 报文。

这种机制的好处是：不需要配置 IPv6 全球地址，就可以得到 OSPFv3 拓扑，实现拓扑与地址分离，在链路上洪泛的报文不会传到其他链路上，减少报文不必要的洪泛，节省带宽。

## 5. OSPFv3 验证方式变化和校验和变化

验证方式变化，OSPFv3 移除了报文中所有的认证字段，不再包含认证类型（Authentication Type）和认证（Authentication）字段，而依赖 IPv6 的安全扩展首部和 ESP 扩展首部提供报文的完整性和机密性。这在一定程度上简化了 OSPFv3 的处理。

校验和变化，OSPFv3 报文包含校验和字段，使用标准的校验和，由于 IPv6 中不存在校验和，所以 OSPFv3 报文首部中的校验和将 IPv6 和 LSA 一起校验。

### 6.增加两种新的 LSA 报文并对 OSPFv2 中的两个 LSA 进行更名

由于 OSPFv3 中的路由 LSA 和网络 LSA 不再包含地址信息,因此增加了一种新的 LSA——区域内前缀 LSA,用来携带 IPv6 地址前缀、发布区域内的路由,区域内前缀 LSA 在区域内洪泛。

还增加了另一种新的 LSA——链路 LSA,用于路由器向链路上其他路由器通告自己的链路本地地址,以及本链路上所有的 IPv6 地址前缀,还可以在传输链路上为指定路由器提供网络 LSA 中选项字段的取值。链路 LSA 在本地链路范围内洪泛。

另外需要说明的是,OSPFv3 对 OSPFv2 中的 Type-3 LSA、Type-4 LSA 进行了更名。在 OSPFv3 中,Type-3 LSA 更名为区域间前缀 LSA,描述了其他区域的前缀信息,Type-4 LSA 更名为区域间路由器 LSA,描述了达到其他区域的 ASBR 的信息。

### 7.末梢区域支持的变化

OSPFv3 同样支持末梢(Stub)区域,用于减少区域内路由器的链路状态数据库和路由表的规模。由于 OSPFv3 允许发布未知类型的 LSA,因此具有 AS 洪泛范围的 LSA 可能会发布到 Stub 区域,Stub 区域的 LSDB 过大,超出路由器的处理能力。Stub 有时也称为末节。

未知类型 LSA 在 Stub 区域发布必须满足的条件是:具有区域或本地链路洪泛范围,且该 LSA 的 U 标志位设置为 0。这样可以限制一个具有 AS 洪泛范围、其 U 标志位设置为 0 的未知类型 LSA,避免其被发布到 Stub 区域,处理方式是将其简单丢弃。

### 8.明确 LSA 洪泛范围和处理方式

OSPFv3 通过对 LSA 中的 LS Type 字段进行扩展,发现该字段除了具有标识 LSA 类型作用,还可以标识路由器对该 LSA 的处理方式及该 LSA 的洪泛范围。扩展方法是:用一位 U 标志位标识对 LSA 的处理方式,用两位 S 标志位标识 LSA 的洪泛范围。

OSPFv3 通过对 LSA 中 U、S 标志位的判断处理,可以提供对未知类型 LSA 的支持。即使网络中某些路由器能力有限也不会影响一些特殊 LSA 的洪泛,使 OSPFv3 具备更好的适用性。

### 9.OSPFv3 报文与 IPv6 地址

OSPFv3 报文的源 IPv6 地址除了虚连接,一律使用链路本地地址,虚连接使用全球单播地址或站点本地地址。

可以选择的目的 IPv6 地址有三种:AllSPFRouters、AllDRouters、邻居路由器的 IPv6 地址,依据不同的应用场合选择其中的一种。AllSPFRouters 为 IPv6 多播地址 FF02::5,所有运行 OSPFv3 的路由器都需要接收目的地址为该地址的 OSPFv3 报文,如 Hello 报文。AllDRouters 为 IPv6 多播地址 FF02::6,指定路由器(DR)、备份指定路由器(BDR)都需要接收目的地址为该地址的 OSPFv3 报文。例如,由于链路发生了变化,因此 DR-Other 发送链路状态更新(LSU)报文。

### 10.OSPFv3 的接口类型

OSPFv3 的接口类型有五种:点到点(P2P)接口、点到多点(P2MP)接口、点到多点非广播(P2MP Non-Broadcast)接口、广播(Broadcast)接口、NBMA(Non-Broadcast Multi-Access)接口。

## 5.3.3 IPv6 的 OSPFv3 报文格式

OSPFv3 使用 5 种类型的报文交互来实现链路状态数据库的同步、SPF 树的计算、获得路由表。5 种类型的报文包括:Hello 报文、数据库描述(Database Description,DD)报文、链路状态请求（Link State Request，LSR）报文、链路状态更新（Link State Update，LSU）报文、链路状态确认（Link State Acknowledgment，LSA）报文。OSPFv3 报文的类型如表 5-1 所示。

表 5-1　OSPFv3 报文的类型

| 类型 | 名称 | 描述 |
|---|---|---|
| 1 | Hello 报文 | 初始化并维护邻接。选择 DR 和 BDR |
| 2 | 数据库描述报文 | 在邻接形成的过程中交换数据库描述 |
| 3 | 链路状态请求报文 | 请求遗漏的或过时的 LSA |
| 4 | 链路状态更新报文 | 在形成邻接应答请求时或在 LSA 洪泛过程中交换 LSA |
| 5 | 链路状态确认报文 | 确认接收了一个 LSA。每个 LSA 都必须确认 |

　　所有的 OSPFv3 报文都以一个标准 16 字节首部开始，除了 Hello 报文，其他类型的报文会有一系列的链路状态通告，OSPFv3 报文首部的格式如图 5-6 所示。

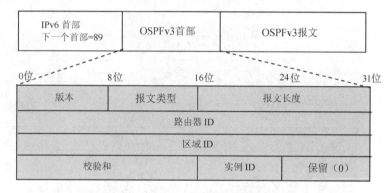

图 5-6　OSPFv3 报文首部的格式

　　需要注意的是，OSPFv3 在很多实例中使用"类型"这个词。要仔细区分 OSPF、LSA 和 Link 类型。OSPFv3 报文首部中各字段的功用如下。

　　（1）版本，占 1 字节，OSPFv3 使用版本 3，该字段值为 3。

　　（2）报文类型，占 1 字节，该字段表示 OSPFv3 报文的类型，对应 5 种报文类型。

　　（3）报文长度，占 2 字节，这是 OSPFv3 报文的字节长度，包括 OSPFv3 报文首部。

　　（4）路由器 ID，占 4 字节，表示报文来源的路由器 ID。每台路由器都有一个唯一的路由器 ID，通常用点分十进制记数法表示的 32 位数标识路由器 ID。路由器 ID 在整个 AS 中必须是唯一的。

　　（5）区域 ID，占 4 字节，表示这个报文所属的区域的标识符。OSPFv3 报文与一个单一区域相关。区域 ID 是一个 32 位整数，通常用点分十进制记数法表示。区域 0 表示主干区域。

　　（6）校验和，占 2 字节，OSPFv3 使用标准的校验和计算方法，伪首部中的上层协议包长度字段被设置为 OSPFv3 报文长度字段值。伪首部中的下一个首部字段值设置为 89。如果协议包的长度不是一个 16 位的整数，那么在计算校验和之前将填充一个字节 0。在计算校验和之前，OSPFv3 报文首部中的校验和字段值将被设置为 0。

　　（7）实例 ID，占 1 字节，实例 ID 是一个 8 位数，被分配给路由器的各个接口，默认值为 0。若允许多个 OSPFv3 实例在同一条链路上运行，则要求每个实例都分配一个单独的实例 ID，实例 ID 只在本地链路范围内有意义。

　　（8）保留，占 1 字节，设置为全 0。

　　如果接收路由器没有认出实例 ID，那么它将丢弃该分组。例如，路由器 A、B、C 和 D 使用的是一条共同的多路访问链路。路由器 A、B 所属的 AS 与路由器 C、D 所属的 AS 不同。要交换

OSPFv3 报文，路由器 A、B 使用的实例 ID 和路由器 C、D 使用的实例 ID 是不一样的。这可以防止路由器接收错误的 OSPFv3 报文。在 IPv4 的 OSPF 中，这一过程是使用认证字段完成的，而认证字段在 IPv6 的 OSPFv3 中已经不再存在。

## 5.3.4 OSPFv3 的 Hello 报文

Hello 报文负责初始化并维护邻居关系，也负责选择指定路由器和备份指定路由器。Hello 报文定期地通过各个接口发出。若链路支持多播或任播，则 Hello 报文可以用多播方式传递，动态地发现相邻路由器。在应用时要求连接在共同链路上的路由器的一些参数必须保持一致，这些参数包括 Hello 报文的发送周期、路由失效周期等，若这些参数不一致，则会影响邻居关系的建立。Hello 报文格式如图 5-7 所示。

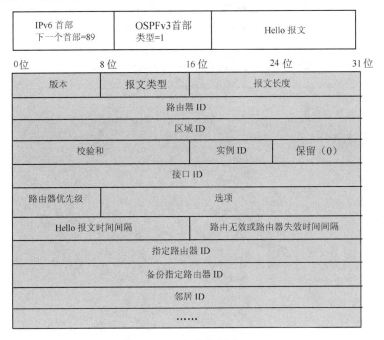

图 5-7　Hello 报文格式

前面的 16 字节是 OSPFv3 报文的标准 16 字节首部，从接口 ID 字段开始是 Hello 报文的内容。Hello 报文中各字段的功用如下。

（1）接口 ID，占 4 字节，OSPF 路由器的每个接口都分配了一个接口 ID。接口 ID 在同一台路由器内必须是唯一的。

（2）路由器优先级，占 1 字节，指出这台路由器分配给接口的优先级。它用于选择指定路由器或备份指定路由器，这个字段在传输链路中才有意义。具有最高优先级的路由器将变为指定路由器或备份指定路由器，前提是指定路由器或备份指定路由器还没有被选定。如果这个字段被设置为 0，那么这个接口上的路由器肯定不能变为一个指定路由器或备份指定路由器。

（3）选项，占 3 字节，描述了路由器的可选功能。这个字段在 Hello 报文、数据库描述报文和 Router- LSA、Network-LSA、Inter-Area-Router-LSA 和 Link-LSA 中被设定。选项字段目前只使用了 6 位（18～23 位），选项字段中使用的二进制位及作用如表 5-2 所示。

表 5-2　选项字段中使用的二进制位及作用

| 位 | 名称 | 作用 |
|---|---|---|
| 0~17 | 没有使用 | 保留起来，以备后用 |
| 18 | DC | 正如在 RFC 1793 中描述的一样，处理按需环绕（Demand Circuit） |
| 19 | E | 这台路由器的外部路由性能。区域的所有成员必须在外部性能方面保持一致。在 Stub 区域中，所有的路由器都必须将这个位置 0，以获得邻接。E 标志位只有在分组中才有意义（就像 N 标志位一样） |
| 20 | MC | 正如在 RFC 1584 中定义的一样，此位指路由器支持多播性能 |
| 21 | N | NSSA 内的所有路由器都必须设置这个位，表明对 NSSA 的支持 |
| 22 | R | 表示一个活动的路由器，若该位设置为 0，则路由器将不会转发任何分组 |
| 23 | V6 | 指出这台路由器支持 IPv6 的 OSPF。若该位设置为 0，则这台路由器/链路将被排除在 IPv6 路由计算之外 |

（4）Hello 报文时间间隔，占 2 字节，指定这个接口上的路由器发送 Hello 报文的间隔时间。默认值为 10s。

（5）路由器无效或路由器失效时间间隔，占 2 字节，指定路由器声明链路上的沉默路由器失效之前的时间。沉默路由器不再发送 Hello 报文，默认值为 40s。如果这个接口是一个传输链路，那么路由器失效时间间隔也确定了选择指定路由器或备份指定路由器过程中的等候计时器。在初始化传输链路时，接口输入一个等候状态，以确定选择指定路由器还是备份指定路由器。

（6）指定路由器 ID，占 4 字节，该字段表明从该 Hello 报文的发送路由器角度所认为的当前链路上的指定路由器。该字段值就是被选为指定路由器的路由器 ID。当没有选择指定路由器时，它被设置为 0.0.0.0。

（7）备份指定路由器 ID，占 4 字节，该字段表明从该 Hello 报文的发送路由器角度所认为的当前链路上的备份指定路由器。该字段值就是被选为备份指定路由器的 ID。当没有选择备份指定路由器时，它被设置为 0.0.0.0。

（8）邻居 ID，每个邻居 ID 都占 4 字节，邻居 ID 就是相邻路由器的 ID，该字段表明在上一段路由器失效时间间隔内，收到了这些邻居的合法 Hello 报文。该字段值可能由多个邻居的路由器 ID 组成，也可能为空。

对于指定路由器的要求如下。

（1）该路由器是本网段内的 OSPF 路由器。

（2）该 OSPF 路由器在本网段内的优先级大于 0。

（3）该 OSPF 路由器发送的 Hello 报文路由器优先级最高，若所有路由器的优先级相等，则路由器 ID 最高的路由器为指定路由器。同理，次高的为备份指定路由器

第一个满足要求的路由器被选为指定路由器，第二个满足要求的路由器被选为备份指定路由器。路由器通过发送 Hello 报文来完成路由器的选择。

## 5.3.5　OSPFv3 数据库描述报文

数据库描述报文在邻居关系建立过程中交互路由信息，描述链路状态数据库的内容，在交互过程中可能会传递多个数据库描述报文，需要使用一个查询/响应机制，建立一个主/从关系，以进行有序的交换。每台路由器在初始数据库描述分组中都声明自己为主路由器。数据库描述分组中唯一相关的信息是各方所签发的数据库描述序列号。在整个数据库描述交换阶段，路由器 ID 较大的路由器处于主路由器状态。

主/从双方的报文用一个序列号一一对应。在交互过程中，主路由器总增加序列号，而从路由器则总在其分组中使用主路由器的序列号。每台路由器都会通过设置 More 标志位来表示它有更多的数据需要发送。如果一台路由器已经发送了它的全部数据描述，但是其他路由器还没有发送完毕，那么第一台路由器将被迫发送空的分组使序列号保持匹配。所有的数据库描述报文都以单播的方式发送到邻居中。在邻居发送的 Hello 信息包的源 IPv6 地址中可以找到单播地址。数据库描述报文的格式如图 5-8 所示。

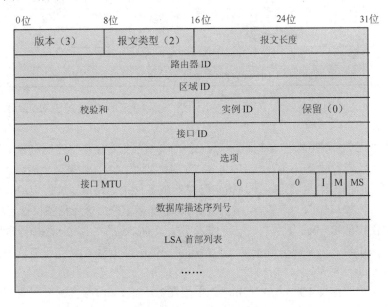

图 5-8　数据库描述报文的格式

数据库描述报文中部分字段的功用如下。

（1）选项，3 字节，给出路由器支持的可选性能。它们应该与 Hello 报文中的选项相同。

（2）接口 MTU，2 字节，指明发送接口允许发送的最大 IPv6 分组字节数，若在虚拟链路上发送数据库描述报文，则该字段值应该设置为 0。Internet 上通常的链路类型的 MTU 可以在 RFC 1191 中找到。如果路由器收到一个数据库描述分组，其 MTU 大于它在这个接口上可以处理的大小，那么该分组将被拒收。

（3）数据库描述标识，2 字节，第 0～12 位未用，第 13～15 位为标识位。

① I（Init）标志位，当它被设置为 1 时，表示该数据库描述报文是序列中的第一个，该数据库描述报文中没有数据，只是开始了交换过程。

② M（More）标志位，当它被设置为 1 时，表示后面有更多的数据库描述报文。当它被设置为 0 时，表示所有的数据库描述报文都已经发送完毕。

③ MS（主/从）标志位，当它被设置为 1 时，表示这台路由器为主路由器，否则为从路由器。

（4）数据库描述序列号，占 4 字节，这个字段使交换更为可靠。每发送一个数据库描述报文，主路由器就将序列号加 1。从路由器总是引用主路由器收到的最后一个序列号。序列号的错误匹配将导致数据库描述交换失败，路由器也恢复到交换开始状态。

（5）LSA 首部列表（每个首部都占 20 字节），从该字段开始，包含的都是发送数据库描述报文的路由器自身链路状态数据库的片段，每个 LSA 首部都包含唯一确定的一个 LSA 的内容。

## 5.3.6 OSPFv3 链路状态请求、更新和确认报文

### 1. 链路状态请求报文

路由状态请求报文用于请求最新的实例。路由器在与邻居路由器的数据库描述报文交互后，该路由器会发现自己的链路状态数据库中的内容需要更新，该路由器可以使用链路状态请求报文向相邻路由器发出请求，可能会使用一个或多个链路状态请求报文。链路状态请求报文的格式如图 5-9 所示。

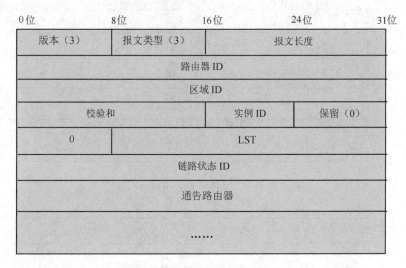

图 5-9　链路状态请求报文的格式

前 16 字节是 OSPFv3 报文首部，链路状态请求报文从一系列被请求的 LSA 开始，每个被请求的 LSA 都由 3 个字段唯一确定，这 3 个字段是 LST、链路状态 ID（Link State ID）、通告路由器（Advertising Router）。需要注意的是，这个唯一的定义仅是 LSA，并不是 LSA 的实例。

发送链路状态请求报文的路由器应知道它所请求的路由器的链路状态数据库中的精确 LSA 实例，每个 LSA 实例都由 3 个参数唯一确定，这 3 个参数是链路状态序列号、链路状态校验和、链路状态生存时间。

### 2. 链路状态更新报文

链路状态更新报文是 OSPF 运行的核心，用来实现 LAS 的洪泛，每个链路状态更新报文都携带一组 LSA，可以包含几个不同的 LSA。

链路状态更新报文在支持多播或广播的网络上以多播方式发送，通过链路状态确认报文确保洪泛过程的可靠性。若需要重新传送发送过的 LSA，则一般使用单播地址发送链路状态更新报文。链路状态更新报文的格式如图 5-10 所示。

链路状态更新报文各字段含义如下。

（1）#LSAs，占 4 字节，指出该报文中所包含的 LSA 的个数。

（2）LSA 系列，为链路更新报文的主体，每个 LSA 以一个 20 字节的首部开始。

### 3. 链路状态确认报文

链路状态确认报文用来对洪泛的 LAS 进行确认，目的是保证洪泛的可靠性，每个链路状态确认报文可以包含多个 LSA。依据发送链路状态更新报文的路由器和该路由器接口的状态，链路状

态确认报文可能会发往多播地址 A11SPFRouters（FF02::5），所有参与运行 OSPFv3 的路由器（包括指定路由器和备份指定路由器）都接收发往这个多播地址的报文，链路状态确认报文也可以使用单播目的地址发出。链路状态确认报文的格式类似数据库描述报文，报文主体部分是一系列 LSA，每个 LSA 首部对应一个被确认的 LSA。链路状态确认报文的格式如图 5-11 所示。

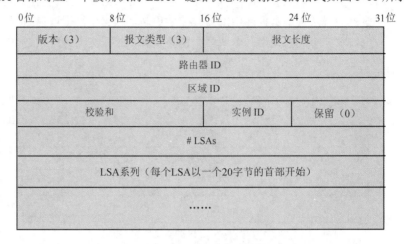

图 5-10　链路状态更新报文的格式

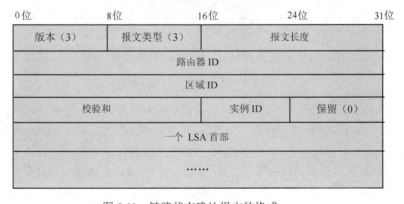

图 5-11　链路状态确认报文的格式

# 5.4　OSPFv3 链路状态通告

## 5.4.1　OSPFv3 链路状态通告概述

LSDB（Ling State Database）中的每个 LSA 都由一个 LSA 首部和一个 LSA 主体构成，在 OSPFv3 中有 7 个 LSA，每个 LSA 都以一个相同的 20 字节首部开始，LSA 首部可以唯一地标识每个 LSA。每个 LSA 都描述了路由域中的一个对应的链路状态信息。

依据 LSA 洪泛范围的不同，OSPFv3 对 LSDB 的结构进行了扩展，将 LSDB 划分为三种类型：链路 LSDB、区域 LSDB、AS LSDB。

有如下几类链路状态通告。

（1）路由器 LSA（Router LSA），由每台路由器产生。

（2）网络 LSA（Network LSA），由每条链路的指定路由器产生。

（3）链路 LSA（Link LSA），路由器的链路本地地址通过路由器报文通告给相邻路由器。

（4）区域内前缀 LSA（Intra Area Prefix LSA），用于在区域内通告 IPv6 前缀。

（5）区域间前缀 LSA（Inter Area Prefix LSA），用于在区域间通告 IPv6 前缀。

（6）自治系统外部 LSA（AS External LSA），用于在自治系统之间通告 IPv6 前缀。

（7）区域间路由器 LSA（Inter Area Router LSA），用于穿过区域边界通告特定的路由器。

所有的 LSA 都在路由域内用洪泛法传递，最终确保在某一范围内的路由器保持一致的 LSA 集合，构成一致的链路状态数据库中的数据内容。通过链路状态数据库，每台路由器都可以构建以自己为根的 SPF 树，得出和优化自己的路由表。

在 OSPFv3 中，IPv6 的地址前缀由 3 个字段标识：前缀长度、前缀选项、地址前缀。其中，前缀长度标识前缀的位数；前缀选项是一个 8 位的字段，标识前缀所具有的各种功能；地址前缀表示实际使用的 IPv6 地址前缀。默认路由的前缀长度为 0。

前缀选项字段的格式如图 5-12 所示，是一个 8 位的字段。每个前缀被通告时，都会用前缀选项字段表示该前缀的功能。依据前缀选项字段的位置，在路由计算时允许忽略某些前缀，或者设置不用重新通告的标识。

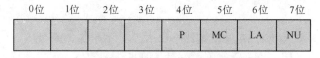

图 5-12　前缀选项字段的格式

该字段定义了第 4~7 位的功用，说明如下。

（1）P（Propagate），传播功能位，在 NSSA 前缀上设置，该位置 1 时，指明该前缀应在 NSSA 区域边界重新通告。

（2）MC（Multicast），多播功能位，若该位置 1，则指明该前缀应包含在 IPv6 多播路由计算中；若该位置 0，则不包含。

（3）LA（Local Address），本地地址功能位，若该位置 1，则指明该前缀就是发出通告的路由器的 IPv6 接口地址。

（4）NU（No Unicast），非单播功能位，若该位置 1，则指明该前缀不会包括在 IPv6 接口单播计算中。

每个 LSA 都以一个普通的 20 字节首部开头，OSPFv3 的 LSA 首部格式如图 5-13 所示。只有链路状态类型、链路状态 ID 和通告路由器一起才能唯一识别一个 LSA。

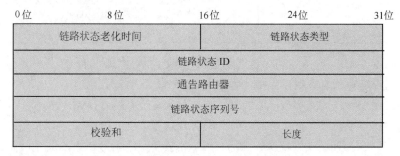

图 5-13　OSPFv3 的 LSA 首部格式

LSA 首部各字段的功用如下。

（1）链路状态老化时间，占 2 字节，标识该 LSA 从产生以来所经历的时间，以 s 为单位。该字段值最大为 3600s。

（2）链路状态类型，占 2 字节，标识该 LSA 实现的功能，字段的前 3 位定义了 LSA 的一些公共属性，该字段的第 3～15 位为 LSA 功能编码，链路状态类型字段的格式如图 5-14 所示。

图 5-14　链路状态类型字段的格式

① U（处理未知的 LS 类型），定义当接收路由器不能识别该 LSA 的功能编码时的处理方式。若该位设置为 1，则把该 LSA 当作已经识别的处理，存储并洪泛该 LSA。若设置为 0，则把该 LSA 当作具有本地链路的洪泛范围处理。

② S2、S1（洪泛范围），定义 LSA 的洪泛范围。4 个编码值如下。

00：本地链路范围，只洪泛到 LSA 产生的链路。

01：区域范围，洪泛到区域中的所有路由器。

10：自治系统范围，洪泛到 AS 中的所有路由器。

11：保留。

③ 最后 13 位表示实际的 LSA 功能编码，LSA 功能编码加上 U 和 S1、S2，构成了链路状态类型字段，链路状态类型用 4 位十六进制数表示，如路由器-LSA 的链路状态类型为 0x2001，转换为二进制数为 0010 0000 0000 0001。其中该字段最高 3 位为 001，表示把该 LSA 当作具有本地链路的洪泛范围处理，规定的洪泛范围为区域范围。该字段最低位为 1，标识功能编码。链路状态类型与洪泛范围相联系，链路状态类型和 LSA 功能编码如表 5-3 所示

表 5-3　链路状态类型和 LSA 功能编码

| 链路状态类型 | 名称 | 洪泛范围 | 通告者 | 链路状态 ID |
| --- | --- | --- | --- | --- |
| 0x2001 | 路由器 LSA | 区域 | 每台路由器 | 路由器 ID |
| 0x2002 | 网络 LSA | 区域 | 指定路由器 | 传输链路的指定路由器接口 ID |
| 0x2003 | 区域间前缀 LSA | 区域 | ABR | ABR 设置的任何 ID |
| 0x2004 | 区域间路由器 LSA | 区域 | ABR | ABR 设置的任何 ID |
| 0x2005 | 自治系统外部 LSA | AS | ASBR | ASBR 设置的任何 ID |
| 0x2006 | Group- Membership-LSA | 区域 | 请参阅 RFC 1584 | 用于帧中继网络 |
| 0x2007 | Type-7-LSA | 区域 | 请参阅 RFC 1587 | 用于 OSPF 的多播扩展 |
| 0x2008 | 链路 LSA | 链路 | 每条链路上的每台路由器 | 接口 ID |
| 0x2009 | 区域内前缀 LSA | 区域 | 每台路由器 | 路由器设置的任何 ID |

（3）链路状态 ID，占 4 字节，链路状态 ID 是链路状态识别的一部分，与链路状态类型和通告路由器一起在链路状态数据库中唯一确定一个 LSA。

（4）通告路由器，占 4 字节，通告路由器是发起这个 LSA 的路由器的 ID。

（5）链路状态序列号，占 4 字节，用于识别 LSA 实例产生的先后，以及是否重复。如果相同的 LSA 出现多次，那么用序列号确定哪个 LSA 比较新。序列号越大，LSA 越新。开始的序列号总是 0x80000000。最大的序列号可能是 0x7FFFFFFF。若达到了这个数字，则说明 LSA 过期了。

（6）校验和，占 2 字节，这是 LSA 完整内容的校验和，包括 LSA 首部字段，但是不包括链路状态老化时间字段。

（7）长度，占 2 字节，标识整个 LSA 的字节长度，包括 LSA 首部字段，以字节为单位。

## 5.4.2 路由器 LSA

一个路由器 LSA 通告一台路由器（真实路由器）连接的所有链路，路由器连接及路由器 LSA 通告的链路如图 5-15 所示。

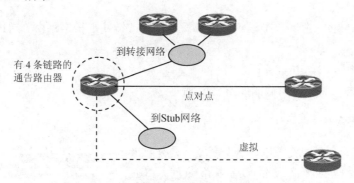

图 5-15　路由器连接及路由器 LSA 通告的链路

路由器 LSA 用来描述路由器自身的接口信息。网络区域内的路由器会产生一个或多个路由器 LSA，同一台路由器产生的 LSA 用链路状态 ID 区分，同一台路由器产生的 LSA 的选项字段，以及 V、E、B 等位的值应该是相同的。若出现失配的情况，则以链路状态 ID 最小的 LSA 优先。

一台路由器所给出的 LSA 集合描述了该路由器在这个区域内的接口状态和发送成本，在接收到同一台路由器发出的多个 LSA 时，应把它们考虑为一个整体的 LSA。路由器 LSA 的报文格式如图 5-16 所示。

| 链路状态老化时间 | | 0 | 0 | 1 | 1 | |
| --- | --- | --- | --- | --- | --- | --- |
| 链路状态 ID | | | | | | |
| 通告路由器 | | | | | | |
| 链路状态序列号 | | | | | | |
| 校验和 | | | | 长度 | | |
| 0 | W | V | E | B | 选项 | |
| 报文类型 | | 0 | | 度量值 | | |
| 接口 ID | | | | | | |
| 邻居接口 ID | | | | | | |
| 邻居路由器 ID | | | | | | |

图 5-16　路由器 LSA 的报文格式

前面 20 字节为 LSA 的首部，对所有的 LSA 都是同样的。后面 20 字节的内容为路由器 LSA，各字段的功用如下。

（1）B，该位置 1，表示路由器是一个区域边界路由器。

（2）E，该位置 1，表示路由器是一个自治系统边界路由器。

（3）V，该位置 1，表示路由器是达到充分邻接状态的虚拟链路的一端。

（4）W，用于 MOSPF，该位置 1，表示路由器接收所有的多播分组。

（5）选项，内容同前面介绍。

接下来的字段用于描述每个网络接口。

（1）报文类型，占 1 字节，给出报文类型，与链路的 4 种类型对应。

（2）度量值，占 2 字节，表示从该接口向外发送数据的成本。

（3）接口 ID，占 4 字节。

（4）邻居接口 ID，占 4 字节，可以由邻居路由器或链路上指定路由器通过 Hello 报文通告出来。

（5）邻居路由器 ID，占 4 字节。

路由器 LSA 报文协议分析截图如图 5-17 所示。

### 5.4.3 网络 LSA

网络 LSA 具有区域洪泛范围，这个区域是具有两个及以上附接路由器的广播或非广播多路访问（Non Broadcast Multiple Access，NBMA）网络，网络 LSA 由链路上的指定路由器产生，网络 LSA 描述了所有连接到链路上的路由器，包括产生网络 LSA 的指定路由器。网络 LSA 链路状态 ID 字段的内容，用于指定路由器在该链路上通告的 Hello 报文中包含的接口 ID 的值。由于规定从网络到路由器的度量值为 0，因此在网络 LSA 中不需要定义度量值字段。网络 LSA 报文的格式如图 5-18 所示。

图 5-17　路由器 LSA 报文协议分析截图

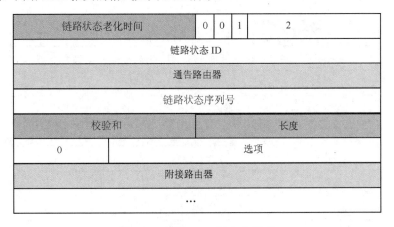

图 5-18　网络 LSA 报文的格式

网络 LSA 上的关键字段是附接路由器，该字段包含连接至链路的每台路由器的路由器 ID，仅列出与指定路由器建立了全邻接的路由器。路由器 ID 系列，这些路由器和指定路由器在同一条链路上，所包含路由器的个数可以通过 LSA 首部的长度字段计算出来。

OSPFv3 的网络 LSA 生成过程与 OSPFv2 基本相同，不同之处是：在 OSPFv3 中，网络 LSA 的链路状态 ID 设置为链路上指定路由器的接口 ID；不包含子网掩码；对于原来 OSPFv2 中包含在网络 LSA 中的所有地址信息，在 OSPFv3 中包含在区域内前缀 LSA 中；网络 LSA 中的选项字段的设置与相关链路 LSA 中所包含的选项字段有关。

当路由器不再是网络上的指定路由器时，需要除去以前生成的网络 LSA，可以将该网络 LSA 提前老化，并重新洪泛。此外，当路由器 ID 改变时，也必须删去以原路由器 ID 生成的网络 LSA。

### 5.4.4　区域间前缀 LSA 和区域间路由器 LSA

#### 1. 区域间前缀 LSA

区域间前缀 LSA 由区域边界路由器产生，描述到达属于另一个区域的 IPv6 地址前缀的路径，每个 IPv6 地址前缀都会产生一个单独的区域间前缀 LSA。区域间前缀 LSA 相当于 IPv4 的 OSPF 中定义的 Type 3 summary LSA。对于 Stub 区域，区域间前缀 LSA 可以用来描述默认路由，此时对应前缀长度字段值设置为 0。区域间前缀 LSA 报文的格式如图 5-19 所示。

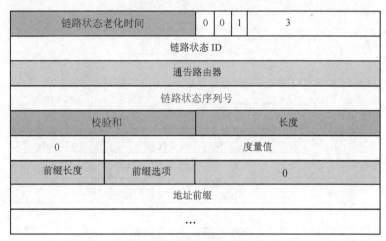

图 5-19　区域间前缀 LSA 报文的格式

其中，度量值字段占 3 个字节，给出了这条路径的成本。若该区域间前缀 LSA 描述的是到达一个地址段的路径，则度量值应该取到达该地址段最大的度量值。前缀长度字段、前缀选项字段和地址前缀字段的内容与前面介绍的相同，这 3 个字段唯一确定一个 LSA。

#### 2. 区域间路由器 LSA

区域间路由器 LSA 由区域边界路由器产生，描述了到达其他区域中的路由器的路径，每个区域间路由器 LSA 都描述了一条到达其他区域中一台路由器的路径。区域间路由器 LSA 相当于 IPv4 的 OSPF 中定义的 Type 4 summary LSA。区域间路由器 LSA 报文的格式如图 5-20 所示。

| 链路状态老化时间 | 0 | 0 | 1 | 4 |
|---|---|---|---|---|
| 链路状态 ID | | | | |
| 通告路由器 | | | | |
| 链路状态序列号 | | | | |
| 链路状态校验和 | | 长度 | | |
| 0 | | 选项 | | |
| 度量值 | | | | |
| 目的路由器 ID | | | | |

图 5-20　区域间路由器 LSA 报文的格式

（1）度量值，占 3 字节，表示该条路径的成本。

（2）目的路由器 ID，占 4 字节，内容为该 LSA 描述的区域外路由器的 ID。

## 5.4.5 自治系统外部 LSA

自治系统外部 LSA 由自治系统边界路由器产生，描述了到达自治系统外部的目标的路径。每个自治系统外部 LSA 描述到达自治系统外部一个 IPv6 地址前缀的路径。自治系统外部 LSA 可以用于描述默认路由，此时前缀字段值设置为 0，当没有指定的路由到达自治系统外部的目标时，使用默认路由。自治系统外部 LSA 报文的格式如图 5-21 所示。

图 5-21　自治系统外部 LSA 报文的格式

自治系统外部 LSA 报文中的字段内容如下。

（1）E，外部路径的度量值类型，若该位置 1，则表示使用类型 2 的外部度量值，此时认为自治系统外部定义的度量值大于自治系统内部任何路径的成本，所以采用外部度量值。若该位置 0，则表示使用类型 1 的外部度量值，此时要考虑自治系统内的路径成本和外部度量值，作为选择路径的标准。

（2）F，若该位置 1，则自治系统外部 LSA 中应包含一个转发地址。

（3）T，若该位置 1，则自治系统外部 LSA 中应包含一个外部路由标识。

（4）度量值，占 3 字节，到达自治系统外部目标的成本，与 E 有关。

（5）前缀长度字段、前缀选项字段和地址前缀字段的内容与前面介绍的相同，这 3 个字段唯一确定一个 LSA。

（6）参考链路状态类型，占 2 字节，若该字段非 0，则会有一个该字段定义类型的 LSA 和自治系统外部 LSA，与参考链路状态 ID 字段有关。

（7）转发地址（可选），占 16 字节，是一个完整的 IPv6 地址，与 F 有关，只有当 F 置 1 时，才会包含该字段。若定义了转发地址，则发往该 LSA 中通告的自治系统外部目标的数据应转发到该转发地址。注意，该字段值不能全为 0。

（8）外部路由标识（可选），占 4 字节，实现在自治系统边界路由器之间进行额外通信，与 T 有关，只有当 T 置 1 时，才会包含该字段。

（9）参考链路状态 ID（可选），占 4 字节，当参考链路状态类型字段值非 0 时，才会包含该字段。有关该自治系统外部 LSA 中通告的外部路由的额外信息可以在另一个 LSA 中得到，另一个 LSA 的链路状态类型等于参考链路状态类型字段的内容，链路状态 ID 为参考链路状态 ID 字段的内容，通告路由器在该自治系统外部 LSA 首部中指定。由上述 3 个字段可以唯一确定参考的 LSA。

需要说明的是，转发地址、外部路由标识和参考链路状态 ID 这 3 个字段是可选的。选择这些字段时，有顺序要求，顺序依次为转发地址、外部路由标识和参考链路状态 ID。

### 5.4.6  链路 LSA

每台路由器都为所连接的每条链路产生单独的链路 LSA。链路 LSA 的洪泛范围为本地链路。基于 3 个目的使用链路 LSA：把路由器链路本地地址通告给链路上所有路由器；将自己在该链路上的一系列 IPv6 地址信息通告给该链路上的其他路由器；与该链路上产生的网络 LSA 的选项字段的设置有关。链路 LSA 的链路状态是产生该 LSA 的路由器在该链路上的接口 ID。链路 LSA 报文的格式如图 5-22 所示。

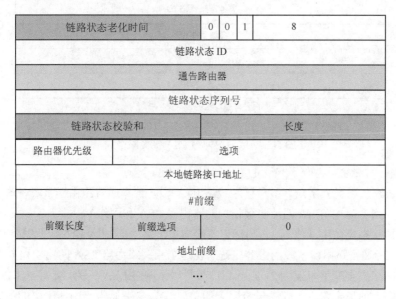

图 5-22  链路 LSA 报文的格式

（1）路由器优先级，占 1 字节，标识产生该链路 LSA 的路由器在该链路上的接口上的优先级。

（2）选项，与前面介绍的相同。

（3）本地链路接口地址，占 16 字节。

（4）#前缀，占 4 字节，标识该链路 LSA 中包含的前缀个数，这些前缀均与该链路 LSA 发出的链路有关。

（5）前缀长度、前缀选项和地址前缀字段的内容与前面介绍的相同，这 3 个字段唯一确定一个 LSA。

链路 LSA 报文的剩余部分为一系列的 IPv6 地址前缀。

### 5.4.7  区域内前缀 LSA

路由器通过区域内前缀 LSA 通告一个或多个 IPv6 地址前缀，这些地址前缀的用途如下：①和自身路由器相关；②路由器本身连接到一个 Stub 网络；③路由器本身连接的一个传输网络。之所以引入区域内前缀 LSA，是因为在 IPv6 的 OSPF 中，所有的地址信息都已经从路由器 LSA 和网络 LSA 中移除。而在 IPv6 的 OSPF 中，①、②通过路由器 LSA 和网络 LSA 实现，③通过网络 LSA 实现。

路由器可以产生多个区域内前缀 LSA，它们之间通过链路状态 ID 区分。区域内前缀 LSA 报文的格式如图 5-23 所示。

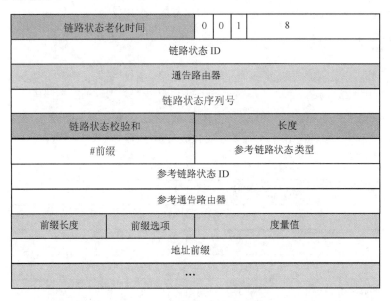

图 5-23　区域内前缀 LSA 报文的格式

（1）#前缀，占 2 字节，表示包含的 IPv6 地址前缀的个数。

（2）参考链路状态类型字段、参考链路状态 ID 字段、参考通告路由器字段，这 3 个字段定义了与该区域内前缀 LSA 中 IPv6 地址前缀相关的路由器 LSA 和网络 LSA。

若参考链路状态类型字段值为 1，则标识前缀与一个路由器 LSA 相关，此时参考链路状态 ID 字段值为 0，参考通告路由器字段的内容应是产生这个相关路由器 LSA 的路由器 ID。

若参考链路状态类型字段值为 2，则标识前缀与一个网络 LSA 相关，此时参考链路状态 ID 字段值应为该链路上的指定路由器在这条链路上的接口 ID，参考通告路由器字段的内容应是这个指定路由器的 ID。

区域内前缀 LSA 的剩余部分是一台路由器或一条传输链路的一系列 IPv6 地址前缀，且包含到达这些前缀的度量值。

前缀长度字段、前缀选项字段和地址前缀字段的内容与前面介绍的相同。

# 5.5　OSPFv3 技术分析

## 5.5.1　OSPFv3 的路由计算过程

OSPF 的路由计算过程描述如下。

（1）每台 OSPF 路由器都根据自己周围的网络拓扑结构生成 LSA，并通过更新报文将 LSA 发送给网络中的其他 OSPF 路由器。

（2）每台 OSPF 路由器都会收集其他路由器通告的 LSA，所有的 LSA 放在一起便组成了 LSDB。

LSA 是对路由器周围网络拓扑结构的描述，LSDB 则是对整个自治系统的网络拓扑结构的描述。

（3）OSPF 路由器将 LSDB 转换成一张带权的有向图，这张图便是对整个网络拓扑结构的真实反映，各台路由器得到的有向图是完全相同的。

（4）每台路由器都能根据有向图，使用 SPF 算法计算出一棵以自己为根的 SPF 树，这棵树给出了到自治系统中各节点的路由。

## 5.5.2  指定路由器和备份指定路由器

每条传输链路都需要一个指定路由器和备份指定路由器。在每个广播或非广播多路访问网络上都需要一台指定路由器，为该网络生成网络 LSA，以及用来在特定传输链路上的所有路由器之间形成邻接。

路由器通过 Hello 报文进行监听，以确定指定路由器/备份指定路由器是否已经存在。路由器也发送指定路由器/备份指定路由器字段值设置为 0 的 Hello 报文，标识它现在处于发现模式，希望发现指定路由器/备份指定路由器。若一台路由器已经成为指定路由器，则该路由器不用选择指定路由器。若没有路由器声明希望成为指定路由器（所有的 Hello 报文在它们的指定路由器字段中都包含 0），则具有最高优先级的路由器成为指定路由器。优先级为 0 的路由器肯定不能成为指定路由器/备份指定路由器。如果所有路由器的优先级是均等的，那么路由器 ID 最大的路由器胜出，成为指定路由器。备份指定路由器的选择方式同指定路由器完全一样。没有被选做指定路由器/备份指定路由器的路由器被称为 DR-Other。路由器的接口配置好 OSPFv3 后，路由传输链路就建立起来，传输链路进入等候状态，开始处理 Hello 报文，以发现指定路由器/备份指定路由器。

如果指定路由器保持沉默（在 Router Dead Interval 期间不发送 Hello 报文），那么备份指定路由器将成为指定路由器，此时，还需要重新选择一个新的备份指定路由器。因为有备份指定路由器已经形成了所有的邻接，所以传输链路上的同步 LSDB 也不会中断。若原有的指定路由器恢复联机状态，则会发现已经有新的指定路由器和备份指定路由器，担当原有指定路由器的路由器会立即进入 DR-Other 状态。若备份指定路由器也出现保持沉默的情况，则同样选择一个新的备份指定路由器。

在网络区域中所有路由器的接口上配置好 OSPFv3 后，整个运行 OSPFv3 的网络区域的构成中包含点对点传输链路、指定路由器、备份指定路由器或 DR-Other 等。

## 5.5.3  LSA 洪泛

IPv6 中的洪泛算法与 IPv4 大部分相同，由于在 IPv6 中增加了洪泛范围和处理未知的 LSA 类型的选项，因此在接收链路状态更新和发送链路状态更新时需要考虑 LSA 的范围等因素。网络中的任何变化都将导致特定链路状态信息的改变，进一步需要把发生变化的链路状态通告到全网络区域。网络中发生的变化如下。

（1）路由器接口状态改变。

（2）相邻路由器（邻居）改变。

（3）指定路由器改变。

（4）在任何给定接口上添加或删除一个新的前缀。

（5）区域发生改变。

（6）在自治系统边界路由器上添加或撤销一个外部路由。

检测到网络变化的路由器需要重写 LSA，并将 LSA 进行洪泛，LSA 将逐步被洪泛到相邻路由器（链路范围）、相同区域内的所有路由器（区域范围）、自治系统内所有路由器（AS 范围）上。

洪泛意味着 LSA 从通告路由器被传送到它的相邻路由器。根据 LSA 的洪泛范围，相邻路由器把它传送给它们的邻居，以此类推，LSA 到达网络的所有区域。收到 LSA 的每台路由器首先评估 LSA 是否是新的，其 LSA 序列号是否比已经保存在 LSDB 中的序列号大。如果满足上述要求，那么 LSA 将被添加到 LSDB 中，或者被替代到 LSDB 中。路由器将考虑用于进一步洪泛的接口。路由器不会在引入洪泛的接口上洪泛 LSA，但有一个例外情况，如果路由器是 LSA 引入洪泛接口的指定路由器，并且 LSA 不是由备份指定路由器发送的，那么它必须洪泛回引入洪泛的接口，因为指定路由器需要负责将 LSA 发送给所有的邻居。LSA 不被洪泛还存在另外一个情况，即 LSA 比已经安装的 LSA 版本旧或与之相同。这可以防止 LSA 在网络中做不必要的洪泛。

通常，LSA 被发送到多播地址 All SPF Routers 中，LSA 的发送也有如下例外。

（1）在传输网络上，由处于 DR-Other 状态的路由器将 LSA 发送到多播地址 All DR Routers 中。路由更新将到达指定路由器/备份指定路由器，指定路由器/备份指定路由器将使用 All SPF Routers 地址将它发送回这条传输链路上的所有路由器中。

（2）若路由器为请求链路状态更新而发送一个链路状态请求分组，则 LSA 将使用请求路由器的单播地址。

（3）在非广播多路访问上，所有 LSA 都以单播的形式发送给静态配置的邻居。

指定路由器接收新的或更改的 LSA 满足过程如图 5-24 所示。

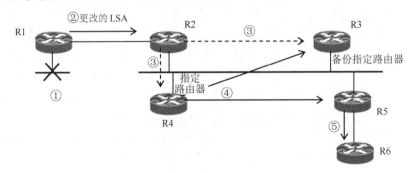

图 5-24　LSA 洪泛过程

该图也描述了指定路由器将 LSA 洪泛到所有路由器的过程。图中的数字给出了 LSA 洪泛过程的步骤。

① 接口不可用，路由器 R1 更改 LSA。

② LSA 使用多播地址 All SPF Routers 洪泛到路由器 R2。

③ LSA 使用多播地址 All DR Routers 洪泛到指定路由器/备份指定路由器。

④ LSA 使用多播地址 All SPF Routers 洪泛到传输链路上的所有路由器，路由器 R2 和 R3 将忽略 LSA。

⑤ LSA 使用多播地址 All DR Routers 洪泛到路由器 R6。

接收新的或更改的 LSA 的每台路由器必须确认这个 LSA。通常可由发送链路状态确认报文来完成这一过程。如果收到的 LSA 比已经安装的 LSA 版本旧或与之相同，那么它将通过发回 LSA 的方式确认。每个已保存的 LSA 都有一个序列号，每台路由器都对确认了 LSA 的邻居进行跟踪。不被确认的 LSA 必须重新传输。重新传输总被发送到相邻路由器的单播地址中。

通过广播路由器跟踪可以将序列号分配给 LSA，每次 LSA 更改时，广播路由器都会把序列号的数值增加。当接收一个新的或更改的路由器 LSA 或网络 LSA 时，路由器将在 LSDB 中保存并安装它，然后路由器将重新计算 SPF 树形图。如果接收的是一个新的或更改的其他类型的 LSA，那么路由器没有必要重新计算 SPF 树形图，因为这些 LSA 只表示信息指示器（链路条目表示），这些 LSA 可以替代或删除现存的信息。新信息被用于重新评价区域内、区域间或外部路由器的最佳路径。

# 5.6 IPv6 的 BGP4+

## 5.6.1 BGP4+概述

BGP4+是 IPv6 的外部路由协议。BGP4+由两个 BGP-4 多协议扩展 RFC 描述和定义，分别是 RFC 2545《使用 BGP-4 多协议扩展的 IPv6 域间路由选择》和 RFC 2858《BGP-4 多协议扩展》。BGP 多协议扩展（MultiProtocol BGP，MP-BGP）指的是 1999 年以来在 BGP-4 更新报文中添加的一些新的字段和属性。2007 年 1 月发布 RFC 4760（Multiprotocol Extensions for BGP-4），使用扩展属性和地址族来实现对 IPv6 多播和 VPN 相关内容的支持，提供多种网络层协议的支持，如对多协议标识交换（Multi Protocol Label Switching，MPLS），还可以用来传播 IPv6 的地址信息。

MP-BGP 对 IPv6 单播网络的支持特性称为 BGP4+，对 IPv4 多播网络的支持特性称为 MBGP（Multicast BGP）。MP-BGP 为 IPv6 单播网络和 IPv4 多播网络建立了独立的拓扑结构，并将路由信息储存在独立的路由表中，保持单播 IPv4 网络、单播 IPv6 网络和多播网络之间路由信息的相互隔离，也就实现了用单独的路由策略维护各自网络的路由。

BGP4+在 BGP-4 的基础上，把 IPv6 网络层协议的信息映射到网络层可达性信息（Network Layer Reachability Information，NLRI）和下一跳（Next_Hop）属性中，引入了两个可选非传递 NLRI 属性 MP_REACH_NLRI 和 MP_UNREACH_NLRI，分别用来通告可达路由和下一跳信息、撤销不可达路由。下一跳属性使用 IPv6 全球单播地址或下一跳的链路本地地址标识。

BGP4+是一个路径向量协议，提供在自治系统之间自动交换无环路的路由信息。通过交换带有自治系统号码序列属性的路由可达信息，消除环路，实施用户配置策略，构造自治系统的拓扑图。

BGP4+使用 TCP 作为运输层协议，默认端口号为 179，路由信息交换建立在可靠的运输连接上，将所有的差错控制功能交给运输层协议处理。BGP4+对无类别域间路由提供支持，减少 RTE，路径向量中记录了路由所经过路径上的所有自治系统列表，可以有效检测和避免复杂拓扑结构中容易产生的环路问题。BGP4+的路由信息用于建立一棵或多棵自治系统之间所有连接的逻辑路径树。

BGP4+路由器一旦与其他 BGP4+路由器建立了对等关系，仅需要在初始化过程中交换整个路由表，以后只有在自身路由表发生变更时，才会产生更新报文通告给其他路由器，更新报文仅包含发生变化的路由信息，可以减少路由器的计算工作量，节约占用的带宽。

BGP4+在应用场合和工作机理上与 BGP-4 没有区别，BGP-4 的报文机制和路由机制在 BGP4+中没有改变，BGP4+既可以支持 IPv4，又可以支持 IPv6。

## 5.6.2 BGP4+选路过程

BGP4+是在 IP 层连通的基础上通过上层 TCP 交换路由信息的。在网络中的两个对等节点（对等体）交换 BGP4+路由信息时，BGP4+采用唯一的单播地址连接，对于每对 BGP4+的对等节点，在运行 BGP4+之前，首先需要建立连接。

BGP4+是路径向量协议，每个 BGP4+节点都依赖下游邻居节点向对等目的 BGP4+节点传送路由表的路由信息，在可能构成路径的节点上利用得到的通告路由信息进行路由计算，并把计算结果传送给上游邻居节点。BGP4+中的节点通过相邻自治系统间相互指定对等节点形成从源到目的地的完整路径。

BGP4+采用自治系统序列的长度作为路径长度来选择最佳路由，也就是说，BGP4+选择路径上经过自治系统数目少的路由作为最佳路径。BGP4+路径选择过程如图 5-25 所示。

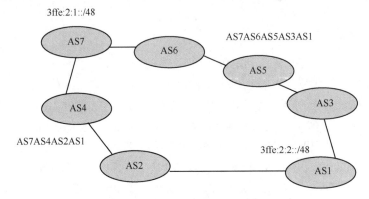

图 5-25　BGP4+路径选择过程

在图 5-25 中，源节点接口地址 3ffe:1:1::/48 在自治系统 AS7 中，到达目的节点接口地址 3ffe:2:2::/48 在 AS1 的路由有两条：一条路径是 AS7、AS6、AS5、AS3、AS1，经过自治系统的数目是 4，有 4 跳（7、6、5、3、1）；另一条路径是 AS7、AS4、AS2、AS1，经过自治系统的数目是 3，有 3 跳（7、4、2、1）。根据规则，AS7 选择 3 跳的路由作为最佳路径。

BGP4+避免路由环路的方法是通过对 AS-PATH 属性的检查，当 AS-PATH 属性中包含自治系统重复的号码时，可以判定出现了路由环路。例如，路径（6、2、6、5、3、1）中出现了重复的 AS6，可以判定出现了路由环路，不会对路由进行更新。

# 5.7　BGP4+报文结构

## 5.7.1　BGP4+报文首部

BGP4+报文首部的格式及位置如图 5-26 所示，首部的固定大小为 19 字节。

图 5-26　BGP4+报文首部的格式及位置

BGP4+报文首部字段的功用如下。

（1）标记，占 16 字节，它包含 BGP4+报文接收者可以预测的值。标记可以探测 BGP4+对等节点的同步丢失，也可以对 BGP4+进行认证。如果在两个对等节点之间对认证进行协商，那么标记包含认证数据。如果不使用认证或在 OPEN 报文中没有认证，那么所有的位都被设置为 1。

（2）长度，占 2 字节，指出 BGP4+报文的总长度，包括首部，单位为字节。该字段值必须为 19～4096 字节。为了防止误解，规定在 BGP4+报文后面不允许填充。BGP4+报文的最大报文长度为 4096 字节，最小报文长度为 19 字节。

（3）类型，占 1 字节，指出 BGP4+的 4 种报文类型。BGP4+报文类型如表 5-4 所示。

表 5-4　BGP4+报文类型

| 类型 | 名称 | 描述 |
|---|---|---|
| 1 | OPEN | 初始化 BGP 连接并协商会话参数 |
| 2 | UPDATE | 交换可行的和撤销的 BGP 路由 |
| 3 | NOTIFICATION | 报告错误或终止 BGP 连接 |
| 4 | KEEPALIVE | 防止 BGP 连接过期 |

BGP4+通过 4 种类型的报文进行路由信息交换，维护路由信息的状态，实现自治系统路由信息的完整性、及时性和准确性。

在 BGP4+报文的传输过程中，网络中的 BGP4+节点只有在接收到完整的报文后，才会对报文的内容进行处理。BGP4+报文的最大长度为 4096 字节，最小长度是 19 字节，仅包含 BGP4+报文首部。BGP4+报文可以没有数据部分，这取决于报文的类型，如 KEEPALIVE 报文不包含数据部分。

## 5.7.2　OPEN 报文

在 BGP4+工作之前，需要建立链路连接，通过网络层协议 IPv6 建立 TCP 连接。一旦在两个 BGP4+对等节点之间建立了 TCP 连接，路由器将发送 OPEN 报文，初始化 BGP 连接。这条报文检验了对等节点的有效性，并协商了会话中使用的参数。要检验对等节点的有效性，连接的每端都必须配置 IP 地址和对等节点的 AS 号。若 OPEN 报文可以接受，则对等节点需要发回对 OPEN 报文确认的 KEEPA LIVE 报文，此后其他 BGP4+报文即可交换。BGP4+的 OPEN 报文格式及位置如图 5-27 所示。

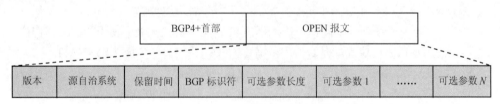

图 5-27　OPEN 报文格式及位置

OPEN 报文中各字段的功用如下。

（1）版本，占 1 字节，指出发送对等节点使用的 BGP4+的版本。BGP4+的版本是 6。两个对等节点的版本是相同的。版本是不能协商的。每个对等节点通常指出它支持的最高版本。如果接收方的对等节点不支持这个版本，那么提示对等节点并终止会话。

（2）源自治系统，也称为本自治系统，占 2 字节，指出发送路由器的 AS 号，值为 1～65535。接收路由器必须证明这个号是对等节点的 AS 号。如果不是，那么提示对等节点并终止会话。如果 AS 号和接收路由器的 AS 号相同，那么对等节点就是内部的（IBGP），否则对等节点就是外部的（EBGP）。

（3）保留时间，占 2 字节，也称为保持时间，指出任何 BGP 信息到达这个接口之前所允许的最大时间，时间单位为 s。保留计时器被协商为一个由两个对等节点广播的较小值。为了防止 BGP 连接过期，对等节点每隔三分之一保留时间就发送一次 KEEPALIVE 报文。在接收 OPEN 报文后，

BGP 发言人必须使用配置的保留计时器和收到的保留计时器计算新的保留计时器的值。在保留计时器的取值范围内，BGP4+的连接是有效的。保留时间为 0 时，表明不需要发送任何 KEEPALIVE 报文。保留时间或者为 0，或者比 2 大。需要说明的是，"BGP 发言人"不是通常意义上的"发言人"，而是该路由器可以代表整个自治系统与其他自治系统交互路由信息的"发言人"。BGP 发言人往往就是 BGP 边界路由器。

（4）BGP4+标识符，占 4 字节，每台路由器都必须由一个唯一的、全球分配的 BGP 标识符来识别。在启动时，BGP 标识符被设置为本地接口的一个 IPv4 地址。这意味着路由器必须有至少一个本地配置的 IPv4 地址，甚至在只有 IPv6 的环境中也是如此。如果 BGP 标识符等于接收路由器的 BGP 标识符，或者 BGP 标识符不符合要求，那么报文将会被拒收。需要注意的是，BGP4+标识符的形式采用了 IPv4 地址格式，但已经失去了 IPv4 地址的含义，是配置 BGP4+时需要的路由器 ID。

（5）可选参数长度，占 1 字节，指出协商的可选参数的长度。长度为 0 表明没有可选参数。

（6）可选参数，每个可选参数都由一个 TLV 三元字节组成。两台路由器必须知道可选参数，并达成一致，否则对等节点将得到提示，拒收该参数，这可能导致会话终止。在此刻，两个参数都是指定的，OPEN 报文可选参数如表 5-5 所示。可选参数 BGP 性能对于 IPv6 支持十分重要。

表 5-5　OPEN 报文可选参数

| 类型 | 名称 | 描述 |
|---|---|---|
| 1 | 认证 | 该参数由两个字段组成：认证代码和认证数据。认证代码定义了使用的认证机制，以及标识和认证数据字段是如何计算出来的 |
| 2 | BGP 性能 | 该参数由一个或多个识别不同 BGP 性能的 TLV 三元字节组成，它的定义在 RFC 2842 中。性能参数在 OPEN 报文中可能出现不止一次。性能代码设置为 1 表示多协议扩展性能，与 RFC 2858 中定义的一样 |

多协议扩展性能有一个 4 字节字段。开始的两个字节表示地址簇标识符（AFI），第三个字节保留，第四个字节定义子序列地址簇标识符（SAFI），定义多协议扩展中使用的网络层协议。SAFI 定义有关协议的附加信息协议，如是否使用单播传输（SAFI＝1）、多播传输（SAFK＝2）或二者都使用（SAFI＝3）。如果要支持 IPv6，那么多协议扩展性能属性为

<Code＝1,Length＝4、Value＝ 十六进制 0x00020001>

不包含可选参数的 OPEN 报文称为基本 OPEN 报文，长度为 10 字节，加上 19 字节的 BGP4+报文首部，OPEN 报文的最小长度为 29 字节。

### 5.7.3　UPDATE 报文

在 BGP4+中，UPDATE 报文的作用是发送路由更新信息到 BGP4+对等的路由器。可以用 UPDATE 报文通告一条可用路由，或者通告撤销路由表中不可用的一条或多条路由。依据 UPDATE 报文所携带的对等节点信息，在 BGP4+路由域内构造出 AS 之间的拓扑关系，在 AS 之间拓扑关系的基础上，再构建出 AS 路径列表。

UPDATE 报文在固定长度的 BGP4+报文首部后面。UPDATE 报文分为 3 个部分：第 1 部分指定了发送对等节点撤销的网络层可达性信息（NLRI）；第 2 部分定义了可行 NLRI 有关的所有路径属性；第 3 部分为相关的可行 NLRI 序列。路径属性设置完全相同的多个 NLRI 可以放在单一的 UPDATE 报文中。BGP 的 UPDATE 报文格式及位置如图 5-28 所示。

图 5-28  UPDATE 报文格式及位置

UPDATE 报文各字段的功用如下。

（1）不可行路由长度，占 2 字节，定义了撤销路由字段的长度。若长度设置为 0，则表示发起对等节点在这个报文中没有需要撤销的路由。

（2）撤销路由，该字段长度可变，每个撤销路由都是编码为<长度,前缀>二维元素组的路由 IP 前缀。其中长度为 1 字节，指出 IP 前缀的位数，对于 IPv6，前缀长度的值为 0~128。0 长度标识此路由匹配所有 IP 地址的前缀，这样的路由就是默认路由。前缀编码包含 IP 地址前缀，必须保证一个完整的前缀编码是字节的整数倍，若前缀编码不是字节的整数倍，则需要进行位填充，在接收方对该前缀处理时，仅对长度值指明的前面的位进行处理。例如，对于 3000:1:1:2::1/48，接收方只处理前 48 位 3000:1:1。

（3）总路径属性长度，占 2 字节，定义了路径属性字段的长度。若该字段值为 0，则表示 UPDATE 报文中没有 NLRI 字段。

（4）路径属性，该字段长度可变，包含一个属于可行 NLRI 的路径列表，每个路径属性都是一个编码为<属性类型,属性长度,属性值>的变长三维元素组，将在"BGP 的属性"中进行进一步说明。

（5）NLRI，该字段长度可变，包含网络层可以到达的 IP 地址前缀列表，用于更新 NLRI 列表。每个 NLRI 都按<长度,前缀>编码格式嵌入，编码格式与撤销路由字段一样。该字段长度的计算方式为

该字段长度 = UPDATE 报文长度-23-不可行路由长度-总路径属性长度

需要说明的是，UPDATE 报文用于更新路由，能够通告至少一条路由，也可以仅通告可达路由，此时撤销路由可以没有。所通告的路由可用几个路径属性描述。一个 UPDATE 报文可以列出多个路由撤销服务，若仅撤销路由，则此时可以不需要包括路径属性或 NLRI。

## 5.7.4  BGP4+路径属性

BGP4+路径属性提供了 NLRI 的附加信息。每个路径属性都有一个 2 字节首部，它包括属性标志、字节和属性类型代码字节。

属性类型有 4 类：公认必遵，必须被包含在每个 UPDATE 报文内部；公认自决，可以包含也可以不包含在特定的 UPDATE 报文内发送；可选过渡，被属于不同 AS 的对等节点接收，并被转发到其他 AS 的对等节点；可选非过渡，指在被属于不同 AS 的对等节点接收后中止，不再向其他 AS 转发。BGP4+路径属性如图 5-29 所示。

图 5-29  BGP4+路径属性

BGP4+路径属性首部各部分功用如下。

（1）O（可选位），该位置1，定义属性为可选属性；该位置0，定义属性为公认属性。公认属性必须由每台BGP路由器识别并支持。可选属性可能不能被一些路由器识别。

（2）T（转发位），用来定义属性类型是否为过渡属性，若该位设置为1，则说明是过渡属性。若该位设置为0，则说明不是过渡属性。BGP4+规定公认属性必须是过渡属性。

（3）P（部分位），用来定义包括在可选过渡属性内信息的完整性。该位置1，表示在可选过渡属性内的信息是部分的、不完整的。该位置0，表示包括在可选过渡属性内的信息是完整的。BGP4+规定公认属性和可选非过渡属性的信息是完整的，P必须设置为0。

（4）E（扩展长度位），用来定义属性长度是否超出标准的1字节。若属性长度字段是1字节，则该位设置为0，在路径属性的第三个字节中包含属性数据（属性值）的位组长度。若属性长度是2字节，则该位设置为1，在路径属性的第三、第四个字节中包含属性数据的位组长度。若属性数据值的长度大于255字节，则可以使用扩展长度。

属性标志字节的后4位没有定义，它们的值必须为0。

属性类型代码，占1字节，定义了属性的类型。

属性值应通过属性首部的标志位和属性类型编码进行翻译，构成路径属性的完整信息。

表5-6列出并解释了一些常用的BGP4+属性。

表5-6　常用的BGP4+属性

| 类型码 | 名称/标识 | 描述 |
| --- | --- | --- |
| 1 | ORIGIN（公认的），起点属性，定义了这个路由的初始源 | 有3种属性值：0 = IGP，网络层可达信息来源于同一AS内部；1 = EGP，网络层可达信息通过BGP学习，来源于不同的AS区域；2 = Incomplete，通过别的方式学习网络层可达信息，如路由重分布 |
| 2 | AS-PATH（公认的），AS路径，由一系列AS路径段组成，AS路径段编码为三元组<路径段类型，路径段长度，路径段值> | 在更新期间，这台路由器经过的一系列AS号。最右边的AS号定义了发起AS。经过的每个AS都是预先设计的。类型1为AS_SET，报文中路由经过AS的无序集；类型2为AS_SEQUENCE，报文中路由经过AS的有序集 |
| 3 | NEXT HOP<公认的>，下一跳。 | 指定NLRI所用的下一跳边界路由器的地址 |
| 4 | MED（可选非过渡的），多出口鉴别器 | MULTI-EXIT-DISC（MED）指出了通往对等节点的路由器的期望优先属性值（4字节）。期望优先越小越好。为两个AS之间的多个EBGP连接设计，用于分配出站通信的负载 |
| 5 | LOCAL_PREF（公认自决的），本地优先 | 定义了这个路由的本地优先（4字节）。本地优先越高越好。它通常在到达外部对等节点的路由上被计算。BGP4+发言人使用它通知本AS中的其他BGP4+关于源发言人的优先程度 |
| 6 | AUTOMIC_AGGREGATE（公认自决的），自动汇聚 | 在到达同一目的地存在多条路由时，BGP4+选择一条汇聚路由，区别在于前缀的长度 |
| 7 | AGGREGATOR（可选过渡的），汇聚者 | 长度为6字节，汇聚者属性内容前面是最后形成汇聚路由的AS号（2字节），后面是形成汇聚路由的BGP4+发言人的路由器ID（4字节） |
| 8 | COMMUNITY（可选过渡的），团体，在RFC 1997中定义 | 装载了一个4字节信息标签，前两个字节表示团体的AS号码，后两个字节用于管理者自己规划。在BGP4+的路由域内，一个团体是一组有共同性质的目的地的集合，它没有物理边界，可以针对团体设置路由属性 |
| 14 | MP_REACH_NLRI（可选非过渡的），多协议可达 | 在多协议可达NLRI属性内有地址簇标识，使BGP4+可以运行在多种网络层协议上，并向对等节点通告可用路由。用于IPv6前缀。请参阅IPv6的BGP扩展 |
| 15 | MP_UNREACH_NLRI（非可选非过渡的），多协议不可达 | 用来撤销多个不可用的BGP4+路由，用于IPv6前缀。请参阅IPv6的BGP扩展 |

若起点属性的值为 0，则起点属性的三元组表为<属性长度为 1,属性值为 0,属性类型为 4001>。根据规定，属性类型 2 字节的位流为 01000000 00000001。三元组表示是<4001,1,0>。

## 5.7.5 NOTIFICATION 报文和 KEEPALIVE 报文

### 1. NOTIFICATION 报文

NOTIFICATION 报文用于报告 BGP4+错误。当 BGP4+探测到错误时，发送 NOTIFICATION 报文通告给其他对等节点，正在使用的路由器出现了问题。为了避免出现重复通告，NOTIFICATION 报文在发送之后立即关闭。NOTIFICATION 报文格式及位置如图 5-30 所示。

图 5-30　NOTIFICATION 报文格式及位置

NOTIFICATION 报文各字段的功用如下。

（1）错误码，占 1 字节，该字段指定了主要的错误类型。错误码及类型如表 5-7 所示。

表 5-7　错误码及类型

| 错误码 | 类型 | 错误码 | 类型 |
| --- | --- | --- | --- |
| 1 | 报文首部错误 | 4 | 保持计时器溢出 |
| 2 | OPEN 报文错误 | 5 | 有限状态机错误 |
| 3 | UPDATE 报文错误 | 6 | 终止 |

（2）错误子码，占 1 字节，该字段在错误码字段后提供了更多的错误种类信息，错误码和错误子码两个字段结合使用，错误码给出错误类型，错误子码给出此错误类型下的具体错误。每个错误可以有一个或多个错误子码，若没有特别的错误子码定义，则该字段值设置为 0。有关错误的附加数据将被放置在数据字段中。所有的错误码请参阅 RFC 1771。扩展 BGP 的附加文档将添加错误子码。在 RFC 2858 中详细说明了 IPv6 的 BGP4+扩展错误报文。错误子码及类型如表 5-8 所示。

表 5-8　错误子码及类型

| 错误子码 | 类型 | 错误子码 | 类型 |
| --- | --- | --- | --- |
| 报文首部错误子码 | | UPDATE 报文错误子码 | |
| 1 | 连接未同步 | 1 | 畸形属性列表 |
| 2 | 错误的报文长度 | 2 | 不可识别的公认属性 |
| 3 | 错误的报文类型 | 3 | 缺少公认属性 |
| OPEN 报文错误子码 | | 4 | 属性标识错误 |
| 1 | 不支持版本号 | 5 | 属性长度错误 |
| 2 | 错误的对端 AS | 6 | 无效起点属性 |
| 3 | 不正确的 BGP4+标识符 | 7 | AS 路由环路 |
| 4 | 不支持的选项参数 | 8 | 无效的下一跳属性 |
| 5 | 认证失败 | 9 | 可选属性参数错误 |
| 6 | 不支持的保持时间 | 10 | 无效网络域 |
| | | 11 | 畸形 AS 路径 |

（3）数据，该字段长度可变，该字段的内容依赖错误码和错误子码字段，用来诊断 NOTIFICATION 报文通告的错误原因。该字段长度可以通过 NOTIFICATION 报文计算

$$\text{BGP4+报文总长度} = 21 + \text{数据字段长度}$$

其中，21 是根据 BGP4+报文首部（19 字节）+ 错误代码（1 字节）+ 错误子代码（1 字节）得出的。

### 2．KEEPALIVE 报文

KEEPALIVE 报文什么数据都不包含，只包含信息类型为 4 的 BGP4+信息首部，不携带任何其他数据，长度是 19 字节。KEEPALIVE 报文用于防止 BGP4+连接过期。

BGP4+不是使用任何基于 TCP 的心跳机制来确定对等节点是否可达的，而是在对等节点之间交换 KEEPALIVE 报文。KEEPALIVE 报文交换的时间间隔要满足保持计时器不溢出，合理的交换时间间隔是保持计时器间隔的三分之一，报文交换频率的最大值为每秒一次，可以通过保持计时器间隔函数调整 KEEPALIVE 报文交换的频率。若商议保持计时器时间间隔为 0，则说明不再发送 KEEPALIVE 报文。

# 5.8　BGP4+多协议可达机制

## 5.8.1　多协议可达 NLRI

为了使其他网络层协议也可以使用 BGP4+，必须添加多协议 NLRI 及其下一跳信息。在 BGP4+的更新报文中增加了一些新的字段，这些新的字段和属性称为 BGP 多协议扩展。RFC 2858 描述了对 BGP 的扩展，使其能够支持多种网络层协议。BGP 扩展最初是用来支持多播路由的，这些新的字段也可以用来传播 IPv6 地址信息。现在网络中普遍使用 BGP 扩展传播 IPv6 路由信息，BGP 扩展也对 MPLS 提供支持。该 BGP 的扩展通常称为 BGP4+或多协议 BGP。BGP4+的多协议扩展既可以支持 IPv6 协议，又可以支持 IPv4 协议。

BGP4+是一个路径向量协议，其基本功能是在自治系统之间自动交换无环路的路由信息。通过交换带有自治系统序列的路由可达信息，构造自治系统的拓扑图，消除路由环路，实施用户配置的策略。

为了适应多协议支持的新需求，将 IPv6 网络层协议的信息反映到 NLRI 和下一跳信息中，BGP4+添加了两个新属性，这两个新属性是多协议可达 NLRI（Multi Protocol Reach NLRI，MPR NLRI）和多协议不可达 NLRI（Multi Protocol UnReach NLRI，MPURNLRI），多协议可达 NLRI 用来携带可达性目的地址，以及转发到这些目的地址的下一跳地址。多协议不可达 NLRI 用来携带不可达的目的地址，分别用来通告可达路由和下一跳信息，以及撤销不可达路由。二者具有可选非过渡属性，以便于 BGP 对端进行通信。下一跳属性用 IPv6 地址标识，可以是全球单播地址，也可以是下一跳的链路本地地址。

多协议可达 NLRI 的属性为可选非过渡属性，类型码为 14。多协议可达 NLRI 主要有 3 种作用：向一个对等节点通告可用路由；允许路由器通告该路由器的网络层地址，以便作为 MP-NLRI 属性中到达 NLRI 信息所表示的目的地的下一跳地址；允许路由器报告部分或全部的本地系统中存在的子网接入点。每个属性项都包含一个或多个三元组<地址簇信息,下一跳信息,NLRI>。

BGP4+中规定 MP_REACH_NLRI 路径属性具有如下功能。

（1）用于向 BGP 对端通告一条有效的路由。

（2）允许路由器通告其网络层地址，其中，网络层地址位于 MP-NLRI 属性的网络层可到达信

息字段中，该地址用来作为前往目的地的下一跳地址。

（3）允许一个指定的路由器通告所在自治系统内的部分或全部附加子网连接点。

IPv6 的 MP_REACH_NLRI 路径属性如图 5-31 所示。

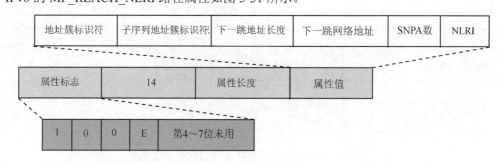

图 5-31　IPv6 的 MP_REACH_NLRI 路径属性

MP_REACH_NLRI 路径属性中的字段的功用如下。

（1）地址簇标识符，占 2 字节，定义网络层协议。IPv6 使用值 0x0002（十六进制位），与 RFC 1700 中指定的一致。

（2）子序列地址簇标识符，占 1 字节，定义协议是使用单播传输（SAFI＝1）、多播传输（SAFI＝2）还是二者都使用（SAFI＝3）。

（3）下一跳地址长度，占 1 字节，定义下一跳地址字段的已用字节数。根据提供的下一跳地址数，IPv6 将这个字段设置为 16 或 32。

（4）下一跳网络地址，包含这个 IPv6 路由的下一跳 IPv6 地址。在将这个路由广播到一个外部对等节点时，这个字段得到了更新。路由器选择其本身通往外部对等节点的链路的本地 IPv6 全球/站点地址。在将路由广播到一个内部对等节点时通常不更新该字段。如果下一跳 IPv6 地址和对等节点 IPv6 地址共享一条共同链路，如两个外部对等节点之间的链路，那么共同链路的链路本地地址将作为第二个下一跳地址被添加。作为应答，当将路由广播到一个内部对等节点时，从外部对等节点收到的链路本地地址要被删除。

（5）SNPA 数，占 1 字节，SNPA 装载了与下一跳地址有关的路由器的相关附加信息。IPv6 并不使用这个字段，并将它设置为 0，因此后面不跟任何 SNPA 数字段。

（6）NLRI，使用这个属性通告 IPv6 NLRI 列表。每个 NLRI 都用<Length,Prefix>格式嵌入。1 字节长度字段定义了相应前缀字段的长度。可以使用 0 位将前缀字段填补成完整的 8 位字节。这个字段的长度是属性长度减去所有前面字段长度的剩余长度。

需要说明的是，一个没有携带 NLRI 的 UPDATE 报文不应携带下一跳属性。对于 IPv6 协议，BGP4+的 NLRI 信息是通过 UPDATE 报文路径属性的多协议可达 NLRI 更新的，而不是通过 UPDATE 报文的 NLRI 更新的。

## 5.8.2　多协议不可达 NLRI

BGP4+使用 TCP 作为传输协议，默认端口号为 179。路径向量中记录了路由所经过路径上的所有 AS 号序列，可以有效检测并避免复杂拓扑结构中可能出现的环路问题。BGP4+路由器一旦与其他 BGP4+路由器建立了对等关系，仅在初始化过程中交换整个路由表，以后只有当自身路由表发生改变时，才会产生新的 UPDATE 报文，并且该 UPDATE 报文仅包含那些发生变化的路由。

多协议不可达 NLRI 的属性为可选非过渡属性，类型码为 15，主要用来撤销多个不可用路由。MP_UNREACH_NLRI 路径属性允许发送对等节点撤销不可到达的 IPv6 路由。IPv6 的

MP_UNREACH_NLRI 路径属性如图 5-32 所示，它基本上包含对等节点应该从其 RIB 中删除的 IPv6 前缀列表。

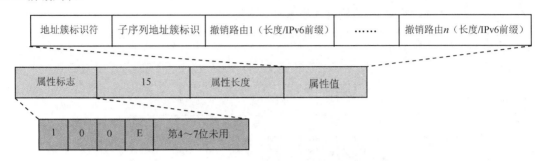

图 5-32　IPv6 的 MP_UNREACH_NLRI 路径属性

MP_UNREACH_NLRI 路径属性字段的功用如下。

（1）地址簇标识符（AFI），占 2 字节，定义网络层协议。IPv6 使用值 0x0002（十六进制位）。

（2）子序列地址簇标识符，占 1 字节，定义协议是使用单播传输（SAFI＝1）、多播传输（SAFI＝2）还是二者都使用（SAFI＝3）。

（3）撤销路由，终止 IPv6 NLRI 列表，每个 NLRI 都用<Length,Prefix>格式嵌入。1 字节长度字段定义了相应前缀字段的长度。在 IPv6 中，前缀字段的长度是 0～128，0 表示此路由匹配所有 IP 地址的前缀。前缀编码包含 IP 地址前缀，在 IP 地址前缀后面必须保证一个完整的前缀编码是字节的整数倍，可以使用 0 位将前缀字段填补成完整的 8 位字节。对于 IPv6 协议，BGP4+撤销路由是通过 UPDATE 报文路径属性的多协议不可达 NLRI 更新的，而不是通过 UPDATE 报文的撤销路由更新的。

## 5.9　思考练习题

5-1　IPv6 路由协议包括哪些协议？

5-2　为什么说路由协议和可被路由协议是两个不同的概念？

5-3　IPv6 路由协议的新特点包括哪些内容？

5-4　简述 RIPng 动态内部路由协议的特点。

5-5　RIPng 使用哪个进程端口号？

5-6　路由表中主要有哪些表项字段？

5-7　简述 RIPng 采用的路由更新规则。

5-8　简述 RIPng 的适用性及解决方法。

5-9　写出 RIPng 报文的格式。

5-10　每个 RTE 由哪些部分组成？

5-11　简述 RIPng 下一跳字段和默认路由的用途。

5-12　简述路由器如何处理输入和输出 RIPng 报文。

5-13　写出 OSPFv3 的特点。

5-14　简述 OSPFv3 涉及的技术。

5-15　描述链路状态数据库的作用。

5-16　给出 IPv6 OSPF 和 IPv4 OSPF 的比较。

5-17　写出 OSPFv3 报文首部的格式。

5-18 OSPFv3 报文的类型有哪些？如何标识？

5-19 Hello 报文的作用是什么？

5-20 对指定路由器的要求有哪些？

5-21 写出链路状态确认报文的格式。

5-22 有哪几类链路状态通告？

5-23 写出选择指定路由器和备份指定路由器的方法。

5-24 每个 LSA 都以一个普通的 20 字节首部开头，写出 LSA 首部格式。

5-25 每台路由器所具有的链路状态数据库有哪些？

5-26 画出 BGP4+与路由信息库信息联系的图示。

5-27 BGP4+使用 TCP 作为传输协议，默认端口号是多少？

5-28 自治系统有哪些种类？

5-29 描述网络层可达性信息的含义。

5-30 BGP4+具有哪些主要功能？

5-31 简述 BGP4+连接建立过程。

5-32 描述 BGP4+两种不同的对等节点连接方式的特征。

5-33 给出 BGP4+与路由信息库信息的联系。

5-34 描述 BGP4+的由来。

5-35 给出 BGP4+报文首部的格式及位置。

5-36 写出 OPEN 报文的作用。

5-37 BGP4+路径属性有哪些？

5-38 简述 IPv6 的 BGP4+扩展的主要内容。

5-39 写出 OSPFv3 的主要特征。

5-40 简述 OSPFv3 的路由计算过程。

# 第 6 章　IPv6 安全机制

## 6.1　IPv6 网络存在的安全隐患

### 6.1.1　IPv6 面临的安全问题

#### 1．IPv6 安全需要配合多种技术

IPv6 协议在网络保密性、完整性方面有了更好的改进，在可控性和抗否认性方面提供了新的保证，但 IPv6 不仅不能彻底解决所有的网络安全问题，还会伴随 IPv6 本身的特征，引发一些新的安全隐患。目前，多数网络攻击和威胁来自应用层，但在 IP 层也存在许多新的安全问题。

网络安全的特征包括：身份可认证性、数据机密性、数据完整性、可控性、可审查性。

网络安全需要考虑 3 个方面：安全攻击，任何危及网络系统信息安全的活动；安全机制，用来保护网络系统不被监听，阻止安全攻击，恢复受到攻击的系统；安全服务，提供加强网络信息传输安全的服务，利用一种或多种安全机制阻止对网络的攻击。

网络空间安全应遵循开放的、全球认可的国际技术标准，要处理好开放与自主、安全与发展的关系，封闭不等于自主、闭关不等于安全，与世界隔离、跟不上发展才是最大的不安全。IPv6 安全需要配合多种技术，研制具有自主知识产权的安全产品，也要正确认识自主创新，不能为了创新而创新，也不能"封闭式创新"，要在国际竞争中求进步、求发展，依靠技术实力提升、产业实力提升为网络安全提供基础。

#### 2．IPv6 面临的主要安全问题

（1）许多不安全问题主要是人为造成的，算法和软/硬件的实现离不开人的工作，在部署复杂的系统时，难免会出现预料不到的问题，会存在一些安全漏洞，给入侵者提供攻击的机会。

（2）非 IP 层攻击，IPv6 的安全仅作用在 IP 层，其他网络层次仍然存在对 IPv6 网络的攻击。应寻找 IP 层安全与其他层次安全结合起来的有效方法，构筑完整的网络安全防护体系。

（3）IPv6 过渡时期的安全具有脆弱性，IPv4 网络和 IPv6 网络并存的环境及过渡技术存在安全隐患。各种各样的过渡技术，过渡期形成的复杂网络结构，容易出现新的安全问题。

（4）IPv6 协议本身存在特有的脆弱性，如无状态地址自动配置、ICMPv6 和路径 MTU 发现、邻居发现协议进行 IP 地址和 MAC 地址的解析等，构成 IPv6 网络安全面临的新问题。

（5）缺乏对 IPv6 网络进行监测和管理的有效手段，缺乏对大范围的网络故障定位和性能分析的方法。公钥基础设施（PKI）管理在 IPv6 中是尚未完全解决的问题。

（6）IPv6 网络同样需要防火墙、VPN、IDS、IDP、漏洞扫描、网络过滤、防病毒网关、入侵检测等网络安全设备。安全设备存在与 IPv6 网络适配等诸多问题。

（7）IPv6 在实现和部署上存在的许多漏洞与 IPv6 协议的设计有关，IPv6 协议仍需在实践中完善。例如，IPv6 的多播功能仅规定了简单的认证功能，难以实现严格的用户限制。

（8）移动 IPv6（Mobile IPv6）安全随着应用的普及越来越引起人们的重视。移动节点通过无线链路接入网络，极容易遭受监听、重放等攻击。移动代理容易受到伪造攻击，移动注册容易受到假冒和 DoS（拒绝服务）攻击，错误绑定报文会引起 DoS 攻击等。

（9）IPv6 协议安全面临新的威胁，常见的针对 IPv6 扩展首部的攻击主要包括：利用分段扩展

首部发起分段攻击；逃避防火墙/入侵检测系统的检查或发动 DDoS（分布式拒绝服务）攻击；利用路由扩展首部（类型 0）的缺陷，在网络中发起放大攻击。

### 3．IPv6 技术是实施网络空间安全治理的基础性技术

推动 IPv6 网络部署的一个很重要的出发点，是借助 IPv6 在安全性上的改进，促进网络空间的安全治理。可以说，IPv6 技术是实施网络空间安全治理的基础性技术。

人类社会的"线上"网络和"线下"生活正在深度融合，虚拟网络世界和现实社会生活相互交织。人们在互联网上变成了"透明人"，个人的一举一动都被互联网"记录在案"。

网络在金融、交通、通信、军事等各个领域的作用越来越重要，已成为一个国家正常运转的"神经系统"。

IPv6 地址资源丰富，可采用逐级、层次化的结构进行地址分配，为每个责任体分配一个独一无二的 IPv6 地址，使得追踪定位、查询溯源得到很大的改善。

## 6.1.2　安全隐患的主要根源及对策

### 1．安全隐患的主要根源

缺乏安全性是互联网天生的弱点，这与是否采用 IPv6 关系不大。安全隐患的主要根源是网络协议设计的缺陷和网络设备开发的漏洞（Bug），或者是网络协议的部署与使用出现问题。在 IPv6 商用之初，应利用 IPv6 协议提供的新安全特性，先解决部分类似 IPv4 已有的威胁。随着 IPv6 网络的扩大及各种应用的迁移和增多，需要更多关注不断出现的新型攻击。

### 2．设定精细的过滤策略

根据 IPv6 地址结构及相关协议的改变，防火墙或网络边界设备需要设定更加精细的过滤规则。防火墙需要拒绝对内网熟知多播地址访问的报文，关闭不必要的服务端口，过滤内网使用的地址。在对 ICMP 报文的处理上，由于 IPv6 对 ICMPv6 的依赖程度远远超过了 IPv4，ICMPv6 除了完成连通（Ping）及错误通告报文，还新增了地址分配、地址解析、多播管理和移动 IPv6 的使用等功能，因此，ICMPv6 报文的过滤策略需要根据实际情况小心设置，避免影响正常的服务和应用。

### 3．防范 IPv6 扩展首部的隐患

为了防范 IPv6 扩展首部的隐患，防火墙需要检查扩展首部的合法性。对于分段报文，防火墙能拒绝发送到网络中间设备的分段，并支持重组，具备防 DDoS 攻击的能力。防火墙能识别路由扩展首部报文（类型 0），对其进行过滤。入口过滤机制在防火墙和边界设备上的实现也是必要的，以缓解网络间的源地址伪造威胁。

### 4．IPv6 新的应用也可能带来安全风险

IPv6 使用 IPSec 安全机制，使得防火墙过滤变得困难，防火墙需要解析采用隧道机制构成的封包信息。如果使用 ESP 加密，那么三层以上的信息都是不可见的，控制难度大大增加，需要安全设备采取新措施能够识别出攻击报文。

IPv6 报文结构中引入的新字段（如流标签）、IPv6 协议簇中引入的新协议（如邻居发现协议）可能会存在漏洞，被用于发起嗅探、DoS 等攻击。

## 6.1.3　IPv4 网络的安全威胁延续存在

在 IPv6 网络中，一些 IPv4 网络的安全威胁延续存在，IPv6 相关附属协议和相关机制可能会

带来安全威胁，网络中也会出现一些专门针对 IPv6 协议形成的新安全威胁。IPv6 会对网络硬件安全产生影响，IPv6 过渡技术也会出现一些新的网络安全威胁。两种网络所面临的攻击类型及对比如表 6-1 所示。

表 6-1　两种网络所面临的攻击类型及对比

| 攻击类型 | IPv4 网络 | IPv6 网络 | 对比 |
|---|---|---|---|
| 广播风暴 | 易被攻击 | 无法攻击 | IPv6 中无广播机制 |
| 扫描攻击 | 易被攻击 | 不易被攻击 | IPv6 海量地址空间，增加了扫描攻击难度 |
| 碎片攻击 | 易被攻击 | 不易被攻击 | IPv6 协议不允许碎片重叠 |
| DHCP 攻击 | 易被攻击 | 不易被攻击 | IPv6 海量地址空间增加了攻击难度 |
| ARP 攻击 | 易被攻击 | 易被攻击 | IPv6 可以通过邻居发现协议实现类似攻击 |
| 病毒和蠕虫 | 易被攻击 | 易被攻击 | IPv6 因地址空间大可以延缓影响面 |
| 应用层攻击 | 易被攻击 | 易被攻击 | |
| 欺诈类攻击 | 易被攻击 | 易被攻击 | |
| 洪泛攻击 | 易被攻击 | 易被攻击 | |

IPv4 网络安全威胁在 IPv6 网络延续存在主要有以下几个方面。

（1）报文监听，在 IPv6 中可使用 IPSec 对其网络层的数据传输进行加密保护，但由于在 RFC 6434 中不再强制要求实施 IPSec，因此在未启用 IPSec 的情况下，对数据包进行监听依旧是可行的。

（2）应用层攻击，IPv4 网络中应用层可实施的攻击在 IPv6 网络下依然可行，如 SQL 注入、缓冲溢出等。IPS、反病毒、URL 过滤等应用层的防御不受网络层协议变化的影响。

（3）中间人攻击，启用 IPSec 对数据进行认证与加密操作前需要建立安全关联（SA），在通常情况下，动态 SA 的建立通过密钥交换协议 IKE 协议、IKE 协议 v2 实现，由 DH（Diffie-Hellman）算法对 IKE 协议密钥载荷交换进行安全保障，然而 DH 密钥交换并未对通信双方的身份进行验证，因此可能遭受中间人攻击。

（4）洪泛攻击，在 IPv4 网络与 IPv6 网络中，向目标主机发送大量网络流量依旧是有效的攻击方式，洪泛攻击可能会造成严重的资源消耗或导致目标崩溃。

（5）分段攻击，在 IPv6 中，中间节点不可以对分段数据包进行处理，只有端系统可以对 IP 数据包进行分段与重组，因此攻击者可能借助该性质构造恶意数据包。

（6）路由攻击，在 IPv6 网络中，由于部分路由协议并未发生变化，因此路由攻击依旧可行。

（7）地址欺骗，IPv6 使用邻居发现协议替代 IPv4 中的 ARP，但由于实现原理基本一致，因此针对 ARP 的 ARP 欺骗、ARP 泛洪等攻击方式在 IPv6 中依旧可行。

（8）目前没有任何网络层协议机制可以防止 DoS 攻击。

IPv6 应用"IPv6 协议安全架构"RFC 4361，使得 IPv6 协议包可以防监听、抗重放、防封包注入、防中间人攻击。此外，通过 TLS 等安全协议用来保护 IPv6 协议之上应用层的流量。

RFC 8200 禁止重组重叠的 IPv6 分段，并且限制最小 MTU 为 1280 字节，因此在网络节点处理分组时将丢弃除最后分段之外的小于 1280 字节的分段，在一定程度上缓解了分段攻击。

## 6.1.4　IPv6 协议本身存在的安全隐患

### 1．IPv6 扩展首部存在的安全隐患

（1）新设计的扩展首部容易带来问题，IPv6 扩展首部架构的设计，在增加了灵活性的同时，引入了新的安全隐患，对于将来设计的任何新的扩展首部，在考虑新的扩展首部与现有的扩展首

部怎样配合使用时，还要彻底评估安全上的影响，相关内容可以参考 RFC 7405。

（2）攻击者可利用逐跳选项扩展首部发送大量包含路由提示选项的 IPv6 数据包，要求所有路由器对该数据包进行处理，当攻击者发送大量此类 IPv6 数据包时，将消耗链路上路由器的大量资源，严重时可造成 DoS 攻击。应当限制路由器对包含路由提示选项的数据包的处理数量。

（3）移动 IPv6 分组包含目的选项首部，攻击者可对移动 IPv6 分组进行嗅探，进而识别其通信对端节点、转交地址、家乡地址、家乡代理等信息，利用这些信息伪造数据包。攻击者可通过拦截类型为报文绑定更新的数据包，修改绑定关系中的转交地址。移动节点标识符含有用户的家乡从属关系，攻击者可利用该选项确定用户身份锁定攻击对象。应开启 IPSec 保证数据包不会被监听。

（4）路由首部存在安全隐患，如针对类型 0 路由首部（RH0），攻击者伪装成合法用户接收返回的数据包，攻击者可利用流量放大机制进行 DoS 攻击。虽然 RH0 已被正式弃用并启用 RH2，但旧的或未升级的设备依然可能遭受 RH0 攻击。应丢弃所有 RH0 数据包，更新安全设备并升级至最新的 IPv6 协议版本。RFC 8200 集成了 RFC 5095 和 RFC 5871 的更新，删除了关于 RH0 的描述，路由首部分配指南可参考 RFC 5871。

（5）分段首部存在安全隐患，安全防护设备对多个分段报文进行信息提取与检测处理会耗费大量资源，构造大量分段报文会造成对目标主机实施 DoS 攻击。攻击者可向节点发送大量不完整的分段集合，迫使节点等待分段集合的最后分段，目的节点在超时时间内无法完成分段重组，只能将数据包丢弃，在超时等待期间，会消耗较多存储资源。

（6）对重叠分段的处理的规定，依据 RFC 8200，IPv6 节点已不能创建重叠分段。在重组 IPv6 报文时，如果一个或多个后继分段被确定为重叠分段，那么整个数据包（包括任何后继分段）都必须丢弃。在收到重叠分段时，不用发送 ICMPv6 报文，可以参考 RFC 5722。

若收到的分段封包是完整的数据包（分段偏移和 M 均为 0），则按一个重组后的数据包处理，相关规范可以参考 RFC 6946 和 RFC 8201。要求从第一个上层首部起的所有扩展首部必须在第一个分段中，可参考 RFC 7112。

Cisco ASA 防火墙的分段防卫（Frag Guard）功能可以将所有的分段组装并进行整个数据包检查，用以确定是否存在丢失的分段或重叠分段。

（7）地址可见带来隐患，IPv6 网络中减少了 NAT 技术的使用，网络节点的 IPv6 地址在 Internet 中更加可见，这会带来一些其他的隐私问题。例如，使区分网络终端（节点）变得更加容易，可以参考 RFC 7721。

### 2. ICMPv6 协议存在的安全隐患

ICMPv6 协议存在安全隐患，可通过向多播地址 FF02::1 发送 Echo Request 报文，通过接收该报文实现本地链路扫描，或者以目标节点为源地址向多播地址 FF02::1 发送 ICMPv6 Echo Request 报文实现 Smurf 攻击。

攻击者通过向目标节点发送 ICMPv6 分组过大报文，减小接收节点的 MTU，降低传输速率。攻击者向目标节点发送过多的 ICMPv6 包及错误报文，导致会话被丢弃，从而破坏已建立的通信，实现 DoS 攻击。攻击者通过向主机发送格式不正确的报文刺激主机对 ICMPv6 的响应，从而发现潜在的攻击目标。

可尝试在交换机的每个物理端口处设置流量限制，将超出流量限制的数据包丢弃，或者在防火墙或边界路由器上启动 ICMPv6 数据包过滤机制，也可配置路由器拒绝转发带有多播地址的 ICMPv6 Echo Request 报文。在不担心网络数据传输速率的情况下，可以关闭 PMTU 发现机制。

### 3. 邻居发现协议存在的安全隐患

（1）由于邻居发现协议基于可信网络并不具备认证功能，因此攻击者可通过伪造 ICMPv6 邻居通告/路由器通告报文实现中间人攻击，攻击者可以伪造邻居通告报文，用自己的数据链路层地址并启用覆盖标识（O）作为链路上其他主机的地址进行发送。攻击者可伪造路由器通告报文发送至目标节点修改其默认网关。

（2）重复地址检测攻击，当目标节点向 FF02::16 所有节点发送邻居请求数据包进行重复地址检测时，攻击者可向该节点发送邻居通告报文进行应答，并表明该地址已被自己使用。当节点接收到该地址已被占用报文后重新生成新的 IPv6 地址并再一次进行重复地址检测时，攻击者可继续进行邻居通告报文应答实现 DoS 攻击。

（3）攻击者可伪造不同网络前缀的路由器通告报文对 FF02::1 进行洪泛攻击，接收节点将根据不同的网络前缀进行更新，从而消耗大量的 CPU 资源。

邻居发现协议的安全扩展称为安全邻居发现（SEND），实现机制使网络中每个 IPv6 节点都有一对公私钥及多个邻居扩展选项。采用安全邻居发现协议后，各个节点的接口标识符（IPv6 地址低 64 位）将基于当前的 IPv6 网络前缀与公钥进行产生，而不由各个节点自行生成。安全邻居发现协议通过时间戳和 Nonce 选项抵御重放攻击，为解决邻居请求/邻居通告欺骗问题，安全邻居发现协议引入了 CGA（加密生成地址）与 RSA 签名对数据源进行验证。

RFC 7113 提出了 IPv6 安全路由器通告报文方案（RA-Guard），通过阻断非信任端口路由器通告报文转发来避免恶意路由器通告报文，在攻击报文实际到达目标节点之前阻塞二层设备上的攻击数据包。

可以采用访问控制列表或空路由过滤对地址空间中未分配部分的访问，防止攻击者迫使路由解析未使用的地址。

### 4. DHCPv6 安全威胁

（1）攻击者可以伪装成大量的 DHCPv6 客户端，向 DHCPv6 服务器请求大量的 IPv6 地址，耗光 IPv6 地址池，实施地址池耗尽攻击。

（2）攻击者可向 DHCPv6 服务器发送大量的请求（SOLICIT）报文，强制服务器在一定时间内维持一个状态，使服务器 CPU 与文件系统产生消耗，直至无法正常工作，实施 DoS 攻击。

（3）攻击者可伪造 DHCPv6 服务器向目标客户端发送的通告与应答报文，在伪造报文中携带虚假的默认网关、DNS 服务器等信息，以此实现重定向攻击。

DHCPv6 通过内置认证机制可以对伪造 DHCPv6 服务器的攻击行为提供防范。可以对客户端所有发送到 FF02::1:2（所有 DHCPv6 中继代理与服务器）和 FF05::1:3（所有 DHCPv6 服务器）的报文数量进行速率限制。

## 6.1.5 各种过渡技术与方案的安全隐患

### 1. 双栈机制安全隐患

过渡阶段同时运行着 IPv4、IPv6 两个逻辑网络，增加了设备及系统的暴露面，也意味着防火墙、安全网关等防护设备需要同时配置双栈策略，导致策略管理复杂度加倍。双栈系统同时运行 IPv4 协议和 IPv6 协议，会增加网络节点协议处理复杂度和数据转发负担，导致网络节点的故障率增加。

在 IPv4 网络中，部分操作系统默认启动 IPv6 自动地址配置功能，使得 IPv4 网络中存在隐蔽的 IPv6 通道，由于该 IPv6 通道并没有进行防护配置，因此攻击者可利用 IPv6 通道实施攻击。

攻击者与双栈主机存在邻接关系时，可以通过包含 IPv6 前缀的路由通告、应答的方式，激活双栈主机的 IPv6 地址的初始化，实施攻击。

#### 2. 隧道机制的安全隐患

隧道机制对任何来源的数据包都只进行简单封装和解封，不对 IPv4 地址和 IPv6 地址的关系做检查，会为网络环境增添安全隐患。由于 IPv4 网络无法验证源地址的真实性，因此攻击者可利用隧道机制，将 IPv6 报文封装成 IPv4 报文进行传输，这种隐患称为隧道注入。攻击者可通过伪造外部 IPv4 地址与内部 IPv6 地址，伪装成合法用户向隧道中注入流量，也称为隧道封装攻击。

例如，对于以隧道形式传输的 IPv6 流量，很多网络设备直接转发或只做简单的检查。攻击者可以配置 IPv4 over IPv6，将 IPv4 流量封装在 IPv6 报文中，导致原来 IPv4 网络的攻击流量经由 IPv6 的"掩护"后穿越防护造成安全隐患。

位于隧道 IPv4 路径上的攻击者可以嗅探 IPv6 隧道数据包，并读取数据包内容，存在隧道嗅探隐患，

应尽可能采用静态配置隧道，以降低动态隧道的伪造和非法接入隐患。防火墙要设置对非授权隧道报文的过滤，同时识别各种隧道协议，能够对隧道报文的内嵌封装报文进行访问控制。

#### 3. 协议转换（翻译）机制存在的安全隐患

协议转换（翻译）机制通过 IPv6 与 IPv4 的网络地址与协议转换，实现 IPv6 网络与 IPv4 网络的双向互访。协议转换设备作为 IPv6 网络与 IPv4 网络的互联节点，易成为安全隐患，一旦被攻击可能导致网络瘫痪。

（1）利用协议转换技术实现 IPv4 网络与 IPv6 网络互联互通时，会对报文的 IP 层及运输层的相关信息进行改动，对端到端的安全产生影响，导致 IPSec 的三层安全隧道在协议转换设备处出现断点。

（2）协议转换设备作为网络互通的关键节点，是 DDoS 攻击的主要目标。

（3）协议转换设备还可能遭遇地址池耗尽攻击，若 IPv6 攻击者向 IPv4 服务器发送互通请求，但每条请求都具有不同的 IPv6 地址，则每条请求都将消耗一个地址池中的 IPv4 地址，当出现大量该类请求时，会耗尽地址池中的地址，使得协议转换设备无法工作。

### 6.1.6  IPv6 协议对网络硬件安全的影响

（1）防火墙必须对 IPv6 基本首部和扩展首部进行解析，才能获取运输层与应用层的信息，从而确定当前分组是被允许通过还是被丢弃。由于采用的过滤策略相比 IPv4 更加复杂，因此在一定程度上将加剧防火墙的负担，影响防火墙的性能。

（2）IPSec 是 IPv6 协议的组成部分，若在 IPv6 数据包中启用加密选项，则负载数据将进行加密处理，由于包过滤型防火墙不能对负载数据进行解密，因此无法获取 TCP 与 UDP 端口号，无法判断是否可以将当前数据包放行，无法对网络层进行全面的安全防护。

（3）由于网络地址转换（NAT）和 IPSec 在功能上不匹配，因此很难穿越地址转换型防火墙利用 IPSec 进行通信。

（4）IDS 与 IPS 无法对加密数据进行提取与分析，即便允许流量启用身份认证扩展首部（AH），但 AH 内部具有长度可变字段的完整性检验值（ICV），因此检测引擎并不能准确地定位开始检查的位置。

# 6.2 IPv6 安全技术

## 6.2.1 IPv6 协议为网络安全提供新思路

### 1. IPv6 协议设计为网络安全提供了新思路

IPv6 协议设计为网络安全提供了新思路，IPv6 协议采用二进制 128 位的地址空间，在应对部分网络攻击方面具有天然优势，在可溯源性、反黑客嗅探能力、路由协议及端到端的 IPSec 安全传输能力等方面提升了网络安全性。IPv6 可以从技术上解决网络实名制和用户身份溯源问题，实现网络精准管理，有利于事后追查回溯，预防欺骗伪造。

在 IPv6 的部署中，把 IPSec 中的两种安全协议以扩展首部的形式引入 IPv6 分组，对 IPv6 源地址和目的地址之间传输数据进行加密，信息不会被轻易监听、劫持，可以提供更好的端到端之间通信的隐私保护能力。

### 2. IPv6 根服务器架设与"雪人计划"

基于 IPv6 的层次地址结构设计为新增根服务器提供了契机。根服务器负责互联网顶级的域名解析，被称为互联网的"中枢神经"。

2016 年，由中国下一代互联网工程中心发起，联合国际互联网 M 根运营机构、互联网域名工程中心等共同创立了"雪人计划"。

在与现有 IPv4 根服务器体系架构充分兼容的基础上，"雪人计划"于 2016 年在美国、日本、印度、俄罗斯、德国、法国等全球 16 个国家完成了 25 台 IPv6 根服务器架设，其中 1 台主根服务器和 3 台辅根服务器部署在中国，打破了中国没有主根服务器的困境，为 IPv6 网络域名安全提供了保障。

Internet 形成了 13 台原有根服务器加 25 台 IPv6 根服务器的新格局，为建立多边、民主、透明的国际互联网治理体系打下了坚实基础。

### 3. 明确从技术上并不能处理所有的漏洞

虽然 IPv6 在设计之初对安全问题做出了很多考虑，但是并不能处理 IPv6 网络中的所有漏洞。

（1）IPv6 地址扩展虽然能够解决网络地址的紧缺问题，但海量地址的查询十分复杂，为安全检测带来了难度。

（2）攻击者可以利用网络过渡协议的漏洞绕开安全检测进行攻击，因此 IPv4 与 IPv6 的共存会带来一些安全问题。

（3）随着移动互联网、物联网、云计算、大数据等技术的发展，IPv6 在与新技术、新应用的融合进程中逐渐暴露出新的安全问题。终端安全问题为 IPv6 的安全策略制定、网络安全监管等带来了新挑战。

### 4. 从产业上研制和更新支持 IPv6 安全的网络设备

现有的一些网络设备不能直接用于 IPv6 网络，有些可以支持 IPv6 的设备安全防护能力较弱，无法应对 IPv6 大规模推广带来的安全问题。产业界需要大力研制与更新支持 IPv6 安全的网络设备。为了保证 IPv6 的安全性和稳定性，需要对 IPv6 相关的设备、网络、技术进行全面的安全测试，根据其特点制订相应的安全测试计划，从中积累研制新安全设备的经验，寻找更有效的网络安全机制。

**5．从安全上重视密钥管理**

数据加密、验证和签名等需要管理大量的密钥，以保证网络数据的安全性，因此应参考国际组织对于 IPv6 网络有关密钥管理的知识、经验和相关标准，制定中国 IPv6 网络密钥管理办法。在部署 IPv6 之前必须投入时间和财力进行 IPv6 密钥设计，制订密钥管理规范，避免发生安全问题付出额外代价，"事前预防"势必优于"事后补救"。

**6．应对 IPv6 安全问题的一些思路**

如何确保 IPv6 健康发展，对安全问题应采取哪些策略，已成为业界重点考虑的问题，有以下一些思路。

（1）加强安全管理，把安全问题作为部署 IPv6 的重要内容。同时大力开展 IPv6 安全知识教育和培训工作，提升从业人员素质。对 IPv6 在部署过程中可能遇到的安全问题，做到早研究、早发现、早解决，防患于未然。

（2）加大对 IPv6 安全威胁和防护技术的研究投入和前瞻部署，有以下 3 点。

① 从 IPv6 协议的自身特点来看，容易受到分段攻击、邻居发现协议攻击、扩展首部攻击等，应针对各种攻击类型的特点开展攻击原理分析、攻击检测、攻击防御等研究。

② 在 IPv4 向 IPv6 演进的过程中，应将过渡机制与安全问题相结合，实现平滑、无缝、安全的过渡，进行新的过渡安全方案设计。

③ 在新技术、新应用结合方面，应开展在 IPv6 环境下的移动互联网、物联网、云计算等领域网络安全技术、管理及机制研究工作。例如，移动互联网应关注 IPv6 的移动性安全管理，物联网应关注 IPv6 在感知层应用的安全问题，云计算方面应关注基于 IPv6 的云计算平台安全解决方案等问题。

（3）加快信息安全产品研制，对现有网络安全保障系统进行升级改造，提升对 IPv6 地址和网络环境的支持能力。各种网络安全产品应增强 IPv6 地址精准定位、侦查打击和快速处置能力，持续开展针对 IPv6 的网络安全等级保护、个人信息保护、风险评估、通报预警、灾难备份及恢复等工作。

## 6.2.2　IPv6 协议安全设计的思路

**1．新的地址生成方式——密码生成地址**

密码生成地址与公私钥对绑定，保证地址不能被伪造。这如同汽车的车牌印上了指纹，别人不可能伪造这样的车牌。在 IPv6 协议设计之初，IPSec 协议簇中的 AH 和 ESP 扩展首部就内嵌到 IPv6 协议栈中，属于 IPv6 协议组成的扩展首部。AH 和扩展 ESP 首部提供完整性、保密性和源地址保护，从协议设计上提升安全性。

使用密码生成地址有助于发现针对邻居发现协议和 DHCPv6 协议的欺骗和伪造。由于拥有自身的公私钥对，因此密码生成地址可用于 IPSec 协商，简化协商过程，提高安全性能。

另一种地址安全机制是隐私扩展，IPv6 网络不需要地址转换，不需要 NAT 设备，内网的结构及相关信息容易暴露，内网的网络设备要依靠隐私扩展机制，通过周期性地改变地址，防止内网信息泄露。

**2．真实源地址验证体系结构**

真实源 IPv6 地址验证体系结构（SAVA）分为接入网（Access Network）、区域内（Intra-AS）和区域间（Inter-AS）源地址验证三个层次，从主机 IP 地址、IP 地址前缀和自治域三个粒度构成多重监控防御体系。该体系不但可以有效阻止伪造源地址类攻击，还可以通过监控流量来实现基于真实源地址的计费和网管。

使用 IPv6 协议之后，能够将每个地址指定给一个责任体，就像给每个人一个身份证号，每辆车一个车牌号一样，每个地址都是唯一的。IPv6 的地址分配采用逐级、层次化的结构，为追踪定位、攻击溯源提供支持，实现对用户行为的安全监控。

在 IPv6 网络的安全体系内，用户、报文和攻击可以一一对应，用户对自己的任何行为都必须负责，具有不可否认性。例如，在 IPv6 网络节点接入 ISP 路由器时会进行访问用户的源地址检查，使得 ISP 可以验证其客户地址的合法性。

### 3．减缓现有攻击，避免放大攻击

攻击者利用扫描收集目标网络的数据，据此分析、推断目标网络的拓扑结构、开放的服务、熟知端口等有用信息，为实施攻击做准备。例如，通过 ping 每个地址，找到作为潜在攻击目标的主机或设备。

IPv6 网络中一个网段内有 $2^{64}$ 个地址，假设攻击者以 10Mbps 的速度进行扫描，也得需要大约 5 万年的时间才能遍历。这使得针对整个 Internet 甚至一条单一的网络链路的扫描变得更加困难，增加了网络攻击的成本和代价，黑客若想侵占一定数量的主机发起 DDoS 攻击，将会付出更多的代价，减少了 DDoS 攻击发生的可能性。相关内容可以参考 RFC 7707。

感染病毒或"蠕虫"的主机通过扫描到其他主机的漏洞来传染病毒，IPv6 地址空间使得病毒和"蠕虫"很难在网络中传播。

IPv6 协议用多播地址取代广播地址，可以有效避免利用广播地址发起的广播风暴攻击和 DDoS 攻击。IPv6 协议规定不允许向使用多播地址的报文应答 ICMPv6 差错报文，这样能防止放大攻击。

### 4．邻居发现协议和安全邻居发现协议的安全增强

IPv6 协议采用邻居发现协议取代现有 IPv4 中的 ARP 及部分 ICMP 的控制功能。邻居发现协议通过在节点之间交换 ICMPv6 信息报文和差错报文实现数据链路层地址及路由发现、地址自动配置等功能，并且通过维护邻居可达状态来加强通信的健壮性。

邻居发现协议独立于传输介质，可以更方便地进行功能扩展。IPv6 协议加密认证机制可以实现对邻居发现协议的保护。例如，IPv6 的安全邻居发现协议是邻居发现协议的一个安全扩展，安全邻居发现协议的功用是提供一种安全机制，采用不同于 IPSec 的加密方式保护邻居发现协议，保证传输的安全性。

### 5．支持 IPSec 安全加密机制设计

IPv6 通过扩展首部的设计，可以很方便地实现新的网络协议功能和应用范围的扩展。例如，对移动性、网络安全性提供的支持。

IPv6 协议中集成了 IPSec 安全功能，通过 AH 和 ESP 扩展首部实现加密和认证功能。AH 协议实现了数据完整性和数据源身份认证功能，ESP 协议在上述功能的基础上增加了安全加密功能。集成了 IPSec 的 IPv6 协议，真正实现了端到端的安全，中间转发设备只需要对带有 IPSec 扩展首部的报文进行转发，不需要对 IPSec 扩展首部进行处理，提高了转发效率。

通过对通信端的验证和对数据的加密保护，敏感数据可以在 IPv6 网络中安全传递，无须针对特别的网络应用部署应用层网关，就可保证端到端的网络透明性，提高网络传输速度和安全性。

IPv6 中定义了站点本地地址和链路本地地址，网络管理员可以方便地强化网络安全管理，按本地需求分配一个站点本地地址或链路本地地址，外网无法访问，提供了内网的保密性。此外，

内网主机通过 IPSec 网关与外网通信，由于 IPSec 只能被目的节点解析而保证了内网的安全。

### 6. 更安全的域名系统

基于 IPv6 的 DNS 作为公共密钥基础设施系统应用的基础，有助于防御网上的身份伪装与偷窃，而采用可以提供认证和完整性的 DNS 安全扩展协议，能进一步增强目前对 DNS 的防护，防范"网络钓鱼"攻击、"DNS 中毒"攻击等。

## 6.2.3 IPv6 安全技术进一步分析

（1）基于安全性考虑，IPv4 网络使用 NAT 技术来隐藏内网 IP 地址，IPv6 网络也需要类似的技术来提升安全性，IPv6 的网络前缀转换（Network Prefix Translation，NPT）协议可以实现与 IPv4 NAT 类似的功能，允许 IPv6 地址的 1:1 映射，达到隐藏内部 IPv6 地址的效果。可以参看 RFC 6296。

（2）IPv6 网络应用层防御功能一般包括：协议识别、IPS、反病毒、URL 过滤等，主要检测报文的应用层负载，与网络层协议 IPv4/IPv6 关系很小。

（3）部分 IPv4 协议在 IPv6 网络环境中需要发生变化，如 DNS 协议升级到 DNSv6，对应的应用层安全检测需要根据协议变化进行调整。

（4）在一般情况下，网络安全设备无法解密 IPSec 加密流量，也无法在网络层和应用层检测 IPSec 流量，系统的安全性得不到完整的保证。对于企业应用，建议仍使用防火墙实现 IPSec VPN 加解密，并在网关位置进行 IPS、状态防火墙等安全检查，待技术成熟后再部署端到端加密。

（5）安全套接字（SSL）代理不依赖网络层的具体协议，在 IPv6 网络环境下仍可以对 IPv6 SSL 加密流量实现解密。

（6）通过防火墙来实现安全策略管理，仍需要基于访问控制列表（Access Control Lable，ACL）的五元组来逐条配置，仅使 IPv6 地址变长，策略配置更加复杂。

（7）开启 IPv4/IPv6 双栈一般不会对安全设备的功能产生影响，主要影响设备的性能，因为 IPv6 协议栈会挤占 IPv4 业务的 CPU 和内存等资源，导致会话容量、速率、吞吐率下降。

## 6.2.4 针对 IPv6 协议本身漏洞的攻击行为及防范

### 1. 使用的 IPSec 协议存在一些局限性

IPSec 并无法有效防止针对 IPv6 协议本身漏洞的攻击行为。IPv6 强制使用的 IPSec 协议，不能对其上层如 Web、E-mail 及 FTP 等应用的安全负责，无法解决抵御数据包监听、中间人攻击、洪泛攻击、DoS 攻击、应用层攻击等一系列问题。

### 2. 新的滥用方式导致洪泛攻击

（1）洪泛攻击是指发送大量超过网络设备或主机能够处理的网络流量。它可以是本地或 DDoS 攻击，它能造成网络资源不可用。IPv6 中新的扩展首部、新的 ICMPv6 报文和 IPv6 的多播地址（如所有路由器都有站点多播地址）都可能提供新的滥用方式而导致洪泛攻击。

（2）滥用 ICMPv6 和多播地址。IPv6 网络中有许多重要的机制，如邻居发现、路径 MTU 发现，它们都是基于 ICMPv6 的报文。攻击者利用 ICMPv6 允许发送一个错误通告应答到多播地址的特点，通过发送一个适合的报文到一个多播地址，引发多重响应到入侵的目标（大量复制原始的多播报文）。

（3）滥用路由扩展首部。由于所有 IPv6 节点必须有能处理路由扩展首部的能力，因此入侵者可以发送一个带有非法地址的路由扩展首部数据包给一个公开的可用地址，这个公开的可用主机会把这个包转发到一个在路由扩展首部中标识的目的地址（非法地址），通过大量复制包的源地址，入侵者可以使用任何公开的可用主机产生重定向攻击包的方法来初始化一个 DoS 攻击。

### 3. 协议欺骗攻击

协议欺骗攻击利用网络协议中的漏洞，采取插入方法实施中间人攻击，使被监听的通信双方或一方相信欺骗者地址就是目的地址，从而获得被监听者的通信数据。在 IPv6 中，协议欺骗攻击主要利用 IPv6 协议扩展首部来进行数据包目的地址的欺骗。典型的利用路由扩展首部的协议欺骗过程如图 6-1 所示。

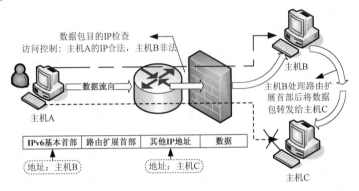

图 6-1　典型的利用路由扩展首部的协议欺骗过程

其中，主机 C 为欺骗主机，主机 A、B 为正常通信主机，原本主机 A 的数据只能传送到拥有合法 IP 地址的主机 B，不能到达主机 C；主机 B 处理了路由扩展首部后以为主机 C 就是目的地址，而将数据转发给了主机 C。

### 4. 基于 IPv6 邻居发现协议的 DoS 攻击

IPv6 中邻居发现协议利用 5 种报文来解决同一条链路中相邻节点的通信问题，攻击者可以通过伪造邻居通告来欺骗受攻击主机，阻止其目的操作。

例如，在邻居不可达检测攻击中，攻击主机截获邻居请求，并发送伪造邻居通告使受攻击主机以为与通信端通信正常，其实将产生丢包情况。邻居不可达检测攻击如图 6-2 所示。

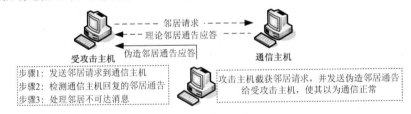

图 6-2　邻居不可达检测攻击

在重复地址检测攻击中，攻击主机伪造一个邻居请求告诉受攻击主机申请 IP 已被占用，使得受攻击主机不得使用该 IP 地址进行网络通信，重复地址检测攻击如图 6-3 所示。

### 5. 分段攻击和无状态自动配置带来的问题

IPv6 协议只允许数据包在发送的起始端被分段，而不允许中间设备对该包进行分段处理，这就必须使用路径 MTU 发现。IPv6 建议最小的 MTU 为 1280 字节，并建议丢弃所有小于这个值的数据包分段，最后一个分段除外。攻击者可以利用此机制构造不携带端口号的第一个分段，这样就可以绕过期望在第一个分段中通过端口号来查找传输层数据的网络安全设备。通过发送大量的小分段，攻击者可以让目的主机的分段重组缓冲区溢出，甚至导致系统崩溃。

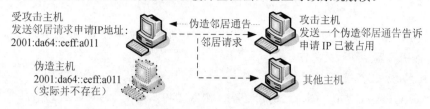

图 6-3　重复地址检测攻击

IPv6 提供无状态自动配置性能，可以为网络设备自动分配 IP 地址，这一性能会使攻击者借此建立一个异常网络而不被系统管理员发觉，通过异常网络可以随意控制网络流量。

# 6.3　IPSec 协议

## 6.3.1　IPSec 概述

IPSec 提供的安全服务是基于 IP 层的，为 IP 层及其上层协议提供保护。IPSec 是一种基于一组独立的共享密钥机制来实现认证、完整性验证和加密服务的网络安全协议。IPSec 已经成为 Internet 网络层的安全技术标准。

从 1995 年开始，IETF 着手研究和制定用于保护 IP 网络层的安全协议 IPSec。1998 年 11 月，IETF IP 安全协议工作组在 RFC 2401 中给出了 IP 协议层安全框架的定义。

IPSec 的目标是提供既可用于 IPv4 又可用于 IPv6 的安全性机制。IPSec 协议可以"无缝"地为 IP 提供安全特性，如访问控制、数据源的身份验证、数据完整性检查、机密性保证，以及抗重放攻击等。

IPv6 网络的 OSPFv3 和 RIPng 采用 IPSec 来对路由信息进行加密和认证，提高抗路由攻击的性能。IPSec 通过设计安全传输协议首部 AH、ESP，以及 IKE 协议来实现网络安全功能和目标。IPSec 提供的网络安全功能如下。

（1）访问控制。若没有正确的密码，则不能访问一个服务或系统。可以调用安全性协议来控制密钥的安全交换，用户身份认证可以用于访问控制。

（2）无连接的完整性。使用 IPSec，有可能在不参照其他分组的情况下，对任一单独的 IP 分组进行完整性校验。每个分组都是独立的，可以通过自身来确认。此功能使用安全散列技术来完成，它与检查数字加密类似，但可靠性更高，更不容易被未授权的实体篡改。

（3）数据源身份认证。IPSec 提供的一项安全性服务是对 IP 分组包含的数据来源进行标识。此功能使用数字签名算法来完成。

（4）序列完整性中的抗重放保护。作为无连接协议，IP 很容易受到重放攻击的威胁。重放攻击是指攻击者发送一个目的主机已接收过的包，占用接收系统的资源，使系统的可用性受到损害。为对付这种攻击，IPSec 提供了序列号和包计时器机制。

（5）保密性。数据机密性是指只允许身份认证正确者访问数据，其他任何人一律不允许访问。它是通过加密来提供的。

（6）限制流量保密性。有时候只使用加密数据不足以保护系统。只要知道一次加密交换的末端点、交互的频度或有关数据传送的其他信息，攻击者就有足够的信息来使系统混乱或毁灭系统。使用 IP 隧道方法，尤其是与安全性网关共同使用，IPSec 提供了有限的业务流保密性。

（7）支持 VPN。IPSec 提供在 IP 层上创建一个安全的隧道，构成第 3 层隧道协议，实现 VPN 通信。

IPSec 与 IKE 密切联系，IPSec 没有定义任何特定的加密和鉴别方法，而是提供了框架和机制，让实体选择加密、鉴别和散列方法。

与 IPSec 协议有关的技术文档如下。

（1）IPSec v2：RFC 2401～RFC 2412。其中，RFC 2401（框架）、RFC 2402（AH）、RFC 2406（ESP）。

（2）IPSec v3：RFC 4301（框架）、RFC 4302（AH）、RFC 4303（ESP）。

（3）相关文档如下。

RFC 3948，UDP Encapsulation of IPSec ESP Packets。

RFC 4304，Extended Sequence Number（ESN）。

RFC 4322，Opportunistic Encryption using the Internet Key Exchange（IKE 协议）。

RFC 4891，Using IPSec to Secure IPv6-in-IPv4 Tunnels。

RFC 3884，Use of IPSec Transport Mode for Dynamic Routing。

RFC 5840，Wrapped Encapsulating Security Payload（ESP）for Traffic Visibility。

RFC 5879，Heuristics for Detecting ESP-NULL packets。

IPSec 采用 IP 封装技术，把原 IP 分组加密，将原 IP 分组封装在外层的 IP 首部中，用外层 IP 首部对加密的分组进行路由选择，到达目的端节点后，除去外层 IP 首部，取出原 IP 分组。IPSec 可以为运输层和应用层报文提供安全服务，也可以为 ICMP 提供安全服务。IPSec 为端节点之间、端节点与路由器之间、路由器之间提供安全数据传输。

需要说明的是，IPSec 安全机制是建立在 IP 层上的，并为 IP 层及上层提供保护。IPSec 提供的服务与 AH 协议和 ESP 协议之间的联系如表 6-2 所示。

表 6-2  IPSec 提供的服务与 AH 协议和 ESP 协议之间的联系

| 服务 | 协议 | | |
| --- | --- | --- | --- |
| | AH（认证） | ESP（仅加密） | ESP（加密+认证） |
| 访问控制 | √ | √ | √ |
| 无连接完整性 | √ | | √ |
| 数据源认证 | √ | | √ |
| 抗重放攻击 | √ | √ | √ |
| 保密性 | | √ | √ |
| 限制流量保密性 | | √ | √ |

需要指出的是，虽然 IPSec 能够防止多种攻击，但无法抵御嗅探、DoS 攻击、洪泛攻击和应用层攻击。

## 6.3.2  IPSec 体系结构

IPSec 工作在主机、路由器、网关、防火墙等设备或安全位置上。用户可以根据需要定制安全策略库（Security Policy Database，SPD），依据配置策略，协商和确定加密算法和密钥设置，通过 IPSec 安全策略，对传输数据进行安全检查。

IPSec 是一个协议簇，内容如下。

（1）安全协议（Security Protocols，SP），主要有 AH 协议和 ESP 协议。

（2）安全关联（Security Associations，SA），也称为安全协商，定义了如何实现安全及其实现的过程。

（3）密钥管理（Key Management，KM），确定如何用手工或自动的方法实现密钥交换和分发。

（4）认证和加密算法（Algorithms for Authentication and Encryption，AAE）。

IPSec 框架由 6 个截然不同的要素组成，IPSec 框架组成部分及各部分之间的联系由 RFC 2411 定义和描述，IPSec 框架组成部分及联系如图 6-4 所示。

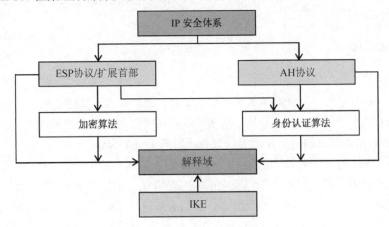

图 6-4　IPSec 框架组成部分及联系

IPSec 框架组成部分如下。

（1）IP 安全体系，对网络层上的安全概念、安全需求和安全机制的一般性描述。

（2）ESP 协议/扩展首部，专门用于加密的安全要素，ESP 协议格式，使用 ESP 的一些相关约定，在 RFC 2406 中定义。

（3）AH 协议，专门用于验证的安全要素，AH 协议格式，使用 AH 的一些相关约定，在 RFC 2402 中定义。

（4）加密算法，对加密和验证所使用的具体密码算法的定义。

（5）身份认证算法，对通信伙伴之间的安全策略和 SA 的定义、认证算法。

（6）解释域（Domain Of Interpretation，DOI），也称为 IP 安全解释域，为使用 IKE 协议进行协商 SA 的协议分配标识符，包含彼此相关的值。例如，被认可的加密和身份认证算法的标识符，以及运作参数，如密钥生存时间。

（7）IKE，IPSec 密钥管理，它是基于更一般的框架之上的密钥管理。

需要说明的是，这些机制都被认为具有通用性，可以用在 IPv4 环境中，也可以用在 IPv6 环境中。AH 和 ESP 可以单独使用，也可以嵌套使用。可以在两台主机、两台安全网关（防火墙或路由器）、主机与安全网关之间以组合方式使用。

IKE 协议定义了通信实体之间进行身份认证、协商密钥算法，以及生成共享密钥的方法。IKE 协议将密钥协商结果保留在 SA 中，提供给 AH 和 ESP 通信时使用。

共享一个 DOI 的协议从一个共同的命名空间选择安全协议、安全变换、共享密码和交换协议的标识符。

AH 或 ESP 所提供的安全保障完全依赖它们采用的加密算法，因此加密算法是实现 IP 安全的重要因素。IPSec 提供的安全服务还涉及共享密钥，以实现数据认证和保密功能。

作为无连接协议，IP 很容易受到重放攻击，为此 IPSec 采用协议计时器机制。在 AH 中有一个序列号字段，由发送者设置，初始值设置为零，每发送一个分组，该字段值自动加 1。当计时器达到最大值时，自动回零。通过判断序列号字段值可以实现抗重放攻击。

与 Internet 安全性相关的密码算法主要有 5 类。

（1）对称加密，也称为秘密密钥加密。常用的算法有 DES-CBC、Triple-D、ES-CBC、RC-5。

（2）公钥加密，常用的算法是 RSA。

（3）密钥交换，常用的算法是 Diffie-Hellman。

（4）安全散列，常用的散列函数有 MD5、SHA-1。

（5）数字签名，常用的算法是 RSA。

### 6.3.3 IPSec SA

#### 1．SA 的作用

IPv6 安全框架的每个安全要素都是在一起工作的，通信双方需要对一组公共安全信息达成一致才能使用 IPv6 的安全要素。这组信息包括密钥、将要使用的验证或加密算法，以及所使用算法的专门附加参数。这组信息的协定在通信双方之间组成了一个 SA。

SA 是构成 IPSec 的一个基础，SA 是两个 IPSec 通信实体（主机、安全网关）之间经协商建立起来的约定。SA 内容包括：保护数据包安全的 IPSec 协议（AH、ESP）、操作模式（传输模式、隧道模式）、验证算法、加密算法、加密密钥、密钥有效时间、抗重放窗口、计时器、PMTU 等。SA 决定保护什么、怎样保护、谁来保护。

SA 类似通信网络中的信令协议。网络中的两个节点之间的一个逻辑连接，称为信令协议。通过信令协议可以实现对通信过程的控制，这些控制包括安全、同步、参数协商等内容。

在 IPv6 安全机制中，SA 是 IP 安全结构的核心，建立 SA 的方法除了手工方式，主要通过 IKE 来完成。SA 的创建分两步进行，先协商 SA 参数，然后用 SA 更新安全关联数据库（Security Association Database，SAD）。

任何 SA 实施方案都要构建一个 SAD，SAD 用来维护 SA 记录。SA 是协议相关的，每种协议都有一个 SA，若主机 A 和主机 B 同时通过 AH 和 ESP 进行安全通信，则每个主机都会针对每种协议构建一个独立的 SA。

SA 是单向的，一个 SA 就是发送和接收之间的一个单向关系。每项安全服务都需要一个 SA，进入 SA 负责处理接收到的数据包，外出 SA 负责处理要发送的数据包，每个通信方都需要有一对 SA，进入 SA 和外出 SA 构成一个 SA 束。因此，若通信双方希望对一个双向连接同时进行加密和验证，则需要 4 个 SA。

#### 2．SA 的 3 个要素

SA 的 3 个要素：安全参数索引（Security Parameter Index，SPI）；安全协议（AH 或 ESP）；源/目的 IP 地址。这 3 个要素也称为三元组，可以唯一标识一个 SA。通过 SA，无连接的 IP 在安全运行之前变为面向连接的协议。

SPI 用 32 位标识同一个目的地的 SA。IPSec 安全协议采用 AH 或 ESP。源/目的 IP 地址标识对方的 IP 地址，进入 IP 协议包与源地址联系，外出 IP 协议包与目的地址联系。因此，在 IPv6 分组中，SA 是通过 IPv6 分组首部中的目的地址与 AH 或 ESP 扩展首部中的 SPI 唯一标识的。

SA 的管理包括创建和删除，有以下两种管理方式。

（1）手工管理是指 SA 由管理员手工指定和维护。SA 一旦建立，不会过期，只能手工删除，存在容易出错、没有有效期限制等问题。

（2）IKE 协议自动管理指的是利用 IKE 协议创建和删除 SA，此时创建的 SA 存在有效期，若安全策略要求建立新的安全、保密的连接，则 IPSec 的内核会自动启动 IKE 协议协商 SA。

### 3. SA 用到的主要参数

SA 用到的主要参数有：①序列号（32 位，与 AH 和 ESP 中的序列号字段联系）；②序列号溢出；③抗重放窗口；④有效时间（生存期）；⑤操作模式（传输、隧道）；⑥隧道目的地；⑦路径 MTU；⑧AH 信息（包括认证算法、密钥、密钥生存期，以及与 AH 一起使用的其他参数）；⑨ESP 信息（包括加密和认证算法、密钥、密钥生存期、初始值，以及与 ESP 一起使用的其他参数）。

IP 通信量与指定 SA 联系的方法是通过 SPD 实现的，一个 SPD 通常包含多个条目。每个条目都指向通信量所需的 SA，定义了 IP 通信量的子集。每个 SPD 条目都由一组 IP 和上层协议字段值定义，称为选择器。这些选择器用于对输出的通信量进行过滤，寻找和映射这些通信量对应的 SA。对于输出的 IP 分组，处理的步骤如下：①根据 SPD，比较 IP 分组中对应的选择器字段，查找匹配 SPD 条目的 SA；②确定是否有 SA，找出与该 IP 分组关联的 SPI；③进行相应的 IPSec 处理（AH 处理或 ESP 处理）。

## 6.3.4 IPSec 操作模式

IPSec 有两种不同类型的操作模式：传输模式和隧道模式。传输模式保护 IP 分组的有效荷载（数据部分），隧道模式保护 IP 分组。模式和协议有 4 种组合：传输模式中的 AH、传输模式中的 ESP、隧道模式中的 AH、隧道模式中的 ESP。在实际应用时，并不采用隧道模式中的 AH，因为它保护的数据与传输模式中的 AH 保护的数据是一样的。

在传输模式下，SA 在两个端系统之间定义，它描述了和这个特定连接上的所有 IP 数据包所包含的有效荷载的加密或验证。IPSec 首部加到 IP 分组首部和分组的其余部分之间。IPSec 传输模式如图 6-5 所示。

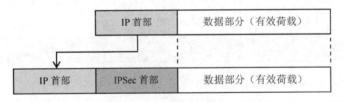

图 6-5　IPSec 传输模式

在隧道模式下，SA 是在两个安全网关之间定义的，它用一个外部 IP 数据包作为"包装纸"，把 IP 数据包及其荷载封装起来，从而可以对整个内部的数据包，包括内部 1P 首部在内，进行加密或验证。IPSec 首部加到原来 IP 分组首部的前面，在前面再加上一个新的 IP 首部，IPSec 首部和原来 IP 分组被看作新的 IP 分组的数据部分（有效荷载）。IPSec 隧道模式如图 6-6 所示。

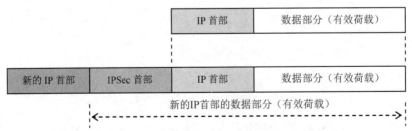

图 6-6　IPSec 隧道模式

基于这两种操作模式，单独的 SA 可以通过传输邻接（Transport Adjacency，TA）或迭代隧道（Iterated Tunneling，IT）进行绑定。传输邻接是指对同一个 IP 分组多次以传输模式使用 AH 或 ESP

进行加密，即在同一个 IP 分组内同时使用加密和验证服务。传输邻接对同一个 IP 分组多次加密，要求多个 SA 的起点和终点在同一台主机或安全网关上，不同 SA 的起点、终点相同，传输邻接只允许一次加密算法的 SA，因为在加密算法强度没有提高的情况下，同时使用多次 SA 没有意义。传输邻接 SA 如图 6-7 所示。

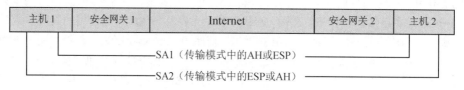

图 6-7　传输邻接 SA

迭代隧道利用 IP 隧道技术对一个 IP 分组在其传输路径上多次使用 AH 或 ESP 进行加密，每次的加解密过程就是一个 SA，即在同一个 IP 数据包内使用加密和验证服务。依据多个 SA 的加解密所对应的起点、终点的不同搭配，迭代隧道 SA 有 3 种格式。

（1）不同 SA 的起点、终点相同。SA1 和 SA2 的隧道起点都位于主机 1，隧道终点都位于主机 2。不同 SA 的起点、终点相同时迭代隧道的 SA 如图 6-8 所示。

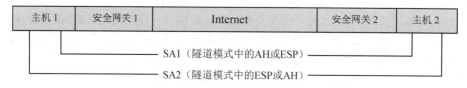

图 6-8　不同 SA 的起点、终点相同时迭代隧道的 SA

（2）不同 SA 的端点有一个相同、一个不同。例如，SA1 和 SA2 的隧道起点都位于主机 1，但终点分别位于安全网关 2 和主机 2，一个端点相同的迭代隧道的 SA 如图 6-9 所示。

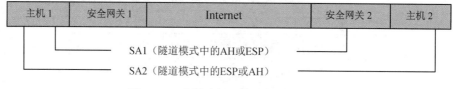

图 6-9　一个端点相同的迭代隧道的 SA

（3）不同 SA 的起点、终点均不相同。SA1 的隧道起点位于安全网关 1，终点位于安全网关 2。SA2 的隧道起点位于主机 1，终点位于主机 2。起点、终点均不相同的迭代隧道的 SA 如图 6-10 所示。

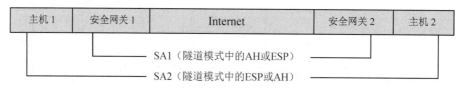

图 6-10　起点、终点均不相同的迭代隧道的 SA

Internet 上的两台主机之间可以存在多个 SA，SA 采用的安全协议可以是 AH，也可以是 ESP。可以采用两种操作模式，采用 IPSec 的 IP 层分组（包括 IPv6 分组首部）格式如图 6-11 所示。

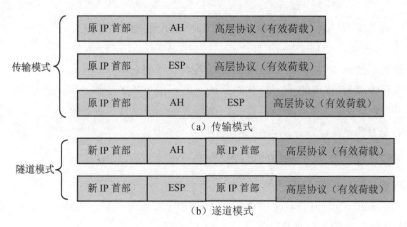

图 6-11　采用 IPSec 的 IP 层分组格式

两种操作模式的验证或加密范围及功用比较如表 6-3 所示。

表 6-3　两种操作模式的验证或加密范围及功用比较

| AH 或 ESP | 传输模式 | 隧道模式 |
| --- | --- | --- |
| AH | 验证有效荷载、IPv6 首部、IPv6 扩展首部的选择部分 | 验证内部 IP 分组、外部 IP 分组首部、外部 IPv6 扩展首部的选择部分 |
| ESP | 加密有效荷载、ESP 首部后的所有 IPv6 扩展 | 加密内部 IP 分组 |
| 带认证的 ESP | 加密有效荷载、ESP 首部后的所有 IPv6 扩展；验证 IPv6 有效荷载 | 加密内部 IP 分组，验证内部 IP 分组 |

## 6.3.5　IPSec 模块对 IP 分组的处理

### 1．IPSec 模块在接收到 IP 分组时的处理过程

（1）IPSec 模块接收到一个 IP 分组。

（2）若 IP 分组的下一个首部字段值为 17，则说明有效荷载为 UDP，并且端口号为 500，绕过不做处理，直接传给上层协议。

（3）判断 IP 分组的下一个首部是否包含 AH 或 ESP。若包含，则根据其地址查看 SPD，若没有对应策略，则丢弃该 IP 分组。若 IP 分组不包含 AH 或 ESP，则绕过 IPSec 模块不做处理。

（4）通过 SA 三元组<目的 IP 地址,IPSec 协议类型,SPI>，在 SAD 中找到对应当前 SA 的地址指针 SAID。

（5）根据 SAID 查询 SAD。

```
if SA 为空，根据 Selector 查找相应的 SPD，从 SPD 中取出 Action
    if Action=绕过      不处理；
    if Action=丢弃      丢包；
    if Action=应用      处理；
    if Action=无策略    不处理；
if SA 为满，丢包；
if SA 状态异常，丢包
```

（6）进行抗重放检查，查看 IP 分组中的序列号。

（7）若下一个首部是 AH 或 ESP，则分别发送给 AH 或 ESP 进行认证或解密，并移去 AH 或 ESP 首部和 ESP 尾部。

（8）从 IPSec 策略或 SA 中获知操作模式是传输模式还是隧道模式。

（9）若为隧道模式，则移去新 IP 首部。

（10）对处理后的新 IP 首部进行策略检查（若没有策略，则失效）。

（11）检查新的原 IP 首部的下一个首部字段，若不是 IPSec 首部，则处理结束，返回。

（12）若 IP 首部中的目的地址不是自己，则转发。

（13）若仍为 IPSec 协议包，则转到步骤（4）。

### 2．IPSec 模块在发送 IP 分组时的处理过程

（1）IPSec 模块取出等待发送的 IP 分组。

（2）根据 Selector 查询 SPD，根据 Action 判断是应用还是丢弃。若没有 SPD，则绕过。

（3）查询 SPD 对应的 SA 或 SA 束。

```
if 没有 SA，进行手工建立，或者 IKE 协议动态建立，或者绕过；
if 有 SA，进行 SA 有效期、状态的判断
```

（4）把策略、SA 和原 IP 分组发送给 AH 或 ESP 处理，依据操作模式是传输模式还是隧道模式做相应的处理。

（5）策略中有网关应用，并且到该网关有策略。

```
根据策略查找相应的 SA
if 没有 SA，进行手工建立，或者 IKE 协议动态建立，或者绕过；
if 有 SA，进行 SA 有效期、状态的判断
```

（6）把策略、SA 或 SA 束，以及处理后的 IPSec 分组发送给 AH 或 ESP 处理，注意此时 IP 分组的目的地址为网关。

（7）IPSec 处理完成。

## 6.3.6　IPSec 部署

### 1．IPSec 部署描述

IPSec 用于实现 IP 层安全，IPSec 对用户是透明的，这意味着用户不会注意到所有的分组在发送到 Internet 之前，所进行的加密或身份认证过程。

IPSec 可以在终端主机之间、网关之间和路由器之间，或者主机与网关或路由器之间进行实施和配置。若同时在终端主机和路由器上配置，则可以针对不同的问题，给网络安全部署带来好处。当需要确保端到端的通信安全时，应在终端主机配置。当需要确保网络中某一部分安全时，IPSec 部署的位置应在路由器上。

在网络术语中，主机是数据协议包的发送者和接收者。在主机部署和实施 IPSec 的优点如下。

（1）保障端到端的安全性。

（2）能够实现所有的 IPSec 安全模式。

（3）能够逐数据流提供安全保障。

（4）在建立 IPSec 应用过程中，可以支持身份认证。

### 2．IPSec 实施的 3 种方法

（1）将 IPSec 作为 IPv6 协议栈的一部分来实现，与操作系统集成实施。IPSec 是一个网络层协议，可以当作网络层的一部分来实现，IPSec 与网络层紧密集成在一起，有利于实现数据包的

分段和套接字应用等服务，在每个数据流（如一个 Web 上的事务处理）的级别上提供安全服务更容易，因为密钥管理、基本 IPSec 协议和网络层可以无缝地结合在一起。IPSec 与 OSI 集成如图 6-12 所示。这种方法将 IP 安全性支持引入 IP 网络协议栈，并且作为 IP 实现的一个必需的组成部分。

（2）将 IPSec 作为协议栈中的一块（BITS）来实现。这种方法将特殊的 IPSec 代码插入网络协议栈，在网络协议栈的网络层和数据链路层之间实施，作为两层之间的一个楔子，这个楔子称为堆栈中的块。该方法通过一个软件来实现安全性，该软件截获从现有 IP 协议栈向本地链路层接口传送的分组，对这些分组进行必要的安全性处理，然后交给数据链路层。这种方法可用于将现有系统升级为支持 IPSec 的系统，且不要求重写原有的 IP 协议栈软件。

IPSec 插入数据链路层和网络层之间，优点是只需要一次实施就可提供完整的 IPSec 方案。采用 BITS 实施的问题是功能重复。IPSec 的 BITS 实施如图 6-13 所示。

图 6-12　IPSec 与 OSI 集成　　　　　　　图 6-13　IPSec 的 BITS 实施

（3）还有一种方法是将 IPSec 作为链路的一块来实现。这种方法使用外部加密硬件来执行安全性处理功能。该硬件设备通常是 IP 网络设备，如路由器，如果这样的设备是一个主机，那么其工作情况与 BITS 方法类似。

### 3. VPN 与 IPSec

VPN 通过一个公用网络（通常是 Internet）建立一个临时的、安全的连接，这个连接是一条穿过不可靠的公用网络的安全、稳定的隧道。通过 VPN 实现对企业内网的扩展。对于如何建立 VPN 并没有统一的标准，可以采用不同的技术来实现，根据计算机网络体系结构层次，可以分为第二层 VPN 和第三层 VPN。

实现第二层 VPN 的协议有点对点隧道协议（Point to Point Tunneling Protocol，PPTP）；第二层转发协议（Layer 2 Forwarding Protocol，L2FP）；第二层隧道协议（Layer 2 Tunneling Protocol，L2TP）。

实现第三层 VPN 的协议有通用路由封装（Generic Routing Encapsulating，GRE）协议和 IPSec。

上述两种实现之间的本质区别是用户分组被封装在哪一层协议数据单元中，人们经常称为封装的封装，也称为打包的打包。VPN 至少应具有的功能如下。

（1）数据加密，确保通过公共网络的信息即使被截获，也不会泄露。

（2）身份认证和信息认证，确保能证实用户的身份，确保信息的完整性、可靠性、合法性。

（3）支持访问控制，可以对不同的用户设置不同的访问权限。

IPSec 通过把 AH、ESP 和 IKE 协议等多种安全技术综合在一起，建立了一个安全、可靠的隧道，实现 VPN 所具有的上述功能，IPSec VPN 网络结构如图 6-14 所示。

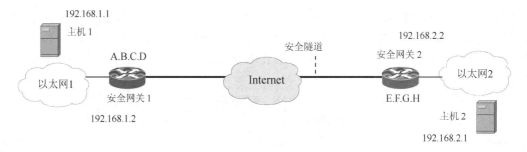

图 6-14　IPSec VPN 网络结构

IPSec VPN 部署过程描述如下。

建立 IPSec VPN 网络连接，登录到以太网 1 的安全网关 1 上，安全网关 1 的公网 IP 地址为 A.B.C.D，私网 IP 地址为 192.168.1.2。安全网关 1 需要设置通往安全网关 2 的专网 IP 地址 192.168.2.2 的路由信息。通过安全网关 1 执行 ping 192.168.2.1。安全网关 1 上的 IPSec 模块将发往主机 2 的 IP 分组用隧道模式封装，封装后的目的 IP 地址是安全网关 2 的公网地址 E.F.G.H。隧道数据到达安全网关 2 以后，进行拆包，然后转发给以太网 2 上的主机 2。两个局域网上的主机建立 SA，协商 IPSec 加密密钥，要求必须有协商加密方法的机制，在双方确认了这个机制后，在双方之间建立 SA。

## 6.3.7　IPSec 存在问题分析

IPSec 的最大缺陷是复杂性，IPSec 包含太多的选项和太多的灵活性。IPSec 是通过专门工作组制定的一个开放标准框架，该框架在制定过程中过多顾及一些国家和大公司的利益，这给 IPSec 的实现带来了一定的困难。目前，各种 IPSec 产品之间的兼容性问题有待解决。另外，IPSec 的使用会给网络传输性能带来影响。

IPSec 协议本身还有待完善，如存在 IPSec 不支持动态地址分配，不能提供对付业务流分析攻击的安全性等问题。当 IP 数据包用 ESP 加密时，IPSec 隐藏了对网络操作有用的重要信息，如 TCP、网络管理、QoS 等，对其他正常的网络服务和协议都造成了影响。IPSec 没有解决大规模的密钥分发和管理问题。虽然 IPv6 协议要求强制实现 IPSec，但是 IPSec 在网络部署和实施上还存在一些困难。IPSec 的许多标准文档比较复杂和混乱，从文档内容中看不清楚 IPSec 关键技术的描述，也很难识别 IPSec 的目标内容在何处，用户必须把这些碎片组合起来阅读。

IPSec 潜在的安全问题如下。

（1）密码分析攻击，这种攻击主要是对所用密码算法的攻击。加密算法的安全性是由密钥的安全性决定的。若能破解所用加密算法的密钥，则可进行解密。

（2）对密钥管理的攻击，在 IP 安全机制中，涉及通信双方进行密钥交换，而在 Internet 这个开放的网络环境下，密钥交换始终是一个难点。在 IPSec 中虽然提出了 IKE，但是没有实际地完成交换机制和算法。

（3）DoS 攻击，DoS 攻击使合法用户对信息或其他资源的正常访问被无条件拒绝。虽然在 IPv6 协议中对防御 DoS 攻击有所考虑，但并没有从根本上解决这一问题。目前，基于协议的 DoS 攻击对系统可生存性威胁很大。

（4）对 SAD 更改的攻击，使接收端无法找到对应的 SA，从而无法进行认证或解密。

（5）安全策略不兼容，SPD 的管理方式和标准还没有具体确定和统一，在实际实施中容易造成通信双方安全策略不兼容的情况。

尽管 IPSec 存在不少令人不满意的问题，但 IPSec 对网络安全机制的研究和实现还是提供了一种改进的途径，IPSec 最突出的贡献在于其在网络体系结构的第三层使用，只需要对操作系统进行修改，不要求对应用层修改。相比之下，SSL 只能在运输层/应用层使用，涉及对网络应用的修改。

# 6.4  IPv6 中的认证

## 6.4.1  IPSec 安全协议认证首部

AH 在 IP 通信中提供了完整性校验和认证机制，AH 提供了 3 种服务：无连接的数据完整性验证、数据源身份认证、抗重放攻击。数据完整性验证使用散列函数和对称密钥机制来计算报文摘要（Message Digest，MD），然后把报文摘要插入 AH。数据源身份认证在计算验证码时加入一个共享密钥。抗重放攻击利用 AH 中的序列号。在 IPv6 环境中，AH 要到达目的主机后才进行处理，AH 位于 IPv6 分组首部和某些扩展首部之后，这些扩展首部有逐跳扩展首部、路由扩展首部、分段扩展首部，AH 提供对运输层数据和某些选定的扩展首部的认证。

在 IPv6 分组中对应 AH 的下一个首部字段值为 51。IPv6 扩展首部的顺序为认证首部、加密的安全封装荷载、随后的传输报文段。例如，可以是 TCP 或 UDP、网络传输控制 ICMP、路由协议 OSPF 等。根据采用的操作方式（运输或隧道），AH 被插入合适的位置。传输模式中 AH 协议的位置及 AH 协议字段如图 6-15 所示（假设没有其他扩展首部）。

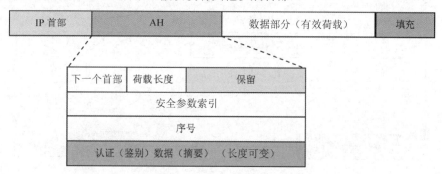

图 6-15  传输模式中 AH 协议的位置及 AH 协议字段

AH 协议中的字段功用如下。

（1）下一个首部，占 1 字节，指出 AH 之后的首部类型或 IPv6 分组数据部分（有效荷载）的内容。

（2）荷载长度，占 1 字节，这里 8 位有效荷载长度字段的名称并不正确，不是定义有效荷载的长度，而是定义 AH 的长度。以 4 字节的倍数来计算，描述安全参数索引字段之后的 32 位数值的数量，不包括前 8 字节。

（3）保留，占 2 字节，未使用，该字段值设置为 0。

（4）安全参数索引，占 4 字节，指出使用的是哪种校验和算法，类似虚电路标识符的作用，SPI 在一个 SA 连接期间保持不变。

（5）序列号，占 4 字节，用于抗重放攻击，序列号可以有 $2^{32}$ 个编码，当分组重传时，序列号也不重复；在序列号到达 $2^{32}$ 时，必须建立新的连接。

（6）认证数据，长度可变，认证数据包括一个来自有效荷载的密码安全校验和，以及 IP 和扩展首部的一些字段内容，再加上通信双方之间在建立 SA 过程中协商好的以安全参数索引字段值为索引的共享秘密数据，不包括传输过程中变化的字段。

增加 AH 协议的步骤如下。

（1）AH 插入 IP 分组的数据部分（有效荷载）前面，此时 AH 的认证数据字段值设置为 0。

（2）确定加入填充内容，在使用特定的散列函数后，应使 IP 分组总长度为 4 字节的整数倍。

（3）进行散列函数运算，计算出报文摘要，认证范围应是整个 IP 分组，仅包括在传输时 IP 分组首部中不变化的字段，不包括跳数限制字段。

（4）认证的报文摘要数据插入 AH 的认证数据字段。

（5）添加 IPv6 分组首部，IPv6 分组首部中的下一个首部字段值设置为 51。

需要指出的是，AH 可以确认数据发送方的真实身份，保护通信数据免受篡改，但不能防止数据被非法监听。

## 6.4.2 IPv6 认证过程

当接收方接收到 IP 分组后，根据 AH 中的安全参数索引字段值找出与之对应的 SA，再计算标准化后的 IP 分组的身份认证值，接着把计算出的身份认证值与接收的身份认证值进行比较。若比较结果相同，则证明满足认证和完整性要求，发送认证数据及完整的分组。若比较结果不同，则说明该 IP 分组有问题，输出错误信息并修改分组。IPv6 分组的认证过程如图 6-16 所示。

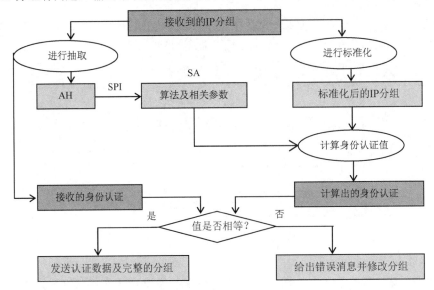

图 6-16　IPv6 分组的认证过程

需要说明的是，认证首部中的认证数据是用单向函数对所传输的 IP 分组计算得出的，这些单向函数是认证算法的核心部分，目前采用的单向函数为 Hash 函数。在发送方发送一个 IP 分组之前，需要一个逻辑连接，这个逻辑连接是 SA，也称为安全连接，需要理解这是在无连接的 IP 协议上，为了安全，增加了一个面向连接的 SA。SA 一般有两种选取方式。

（1）面向进程，SA 的选取依据是所传输 IP 分组的目的地址，以及发送该 IP 分组进程的进程号。同一个进程号发送到同一个目的地址的 IP 分组使用相同的 SA。

（2）面向主机，SA 的选取依据是所传输 IP 分组的目的地址，以及发送该 IP 分组的主机地址，同一台主机发送到同一个目的地址的 IP 分组都使用相同的 SA。

在安全认证及 IP 分组的传输过程中，需要对一些字段进行修改，如 IP 分组首部中的跳数限制字段，IPSec 在用相应的认证算法计算时，会把该字段当作全 0 字节处理。

AH 的数据完整性检查是在已经建立的 SA 基础上进行的，此时使用的密钥和 HMAC 算法已经确定。AH 协议的认证范围包括整个 IP 分组。在发送方，整个 IP 分组和认证密钥作为输入，经过 HMAC 算法运算得到的结果被填充到 AH 的认证数据字段中；在接收方，整个 IP 分组和认证所用的密钥作为输入，经过 HMAC 算法运算所得的结果与 AH 中的认证数据字段值进行比较，若一致，则可以判定该 IP 算法的数据是完整的，内容是真实可信的。需要指出的是，AH 的认证数据字段在 HMAC 算法之前需要用 0 填充。

需要注意的是，IP 算法一些字段值是可以改变的，在传输过程中对这些字段修改也是合理的、必要的，不能认为是被非法篡改的。在运用 HMAC 算法时，IP 分组的这些字段临时用 0 填充，这些字段包括通信类型、跳数限制。

## 6.4.3　IPv6 认证模式

IPv6 认证有两种操作模式：传输模式和隧道模式。它对所有端到端荷载和选中的首部字段进行认证。传输模式认证首部如图 6-17 所示。

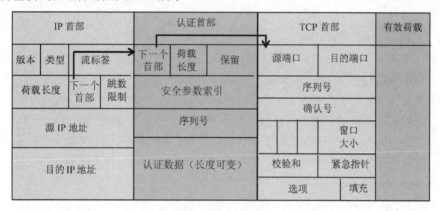

图 6-17　传输模式认证首部

在传输模式认证中，除了 IP 首部中的版本、类型、流标签和跳数限制字段，其余字段都是经过认证的。下一个首部字段指明了后续的首部，形成了一个串接标识。

在传输模式认证中，IP 首部中的版本、类型、流标签、跳数限制字段是不被认证的。需要指出的是，在一些应用环境中，可能恰恰需要对这些字段进行保护。由于 IP 地址被校验和覆盖，因此在 NAT 过程中重写的 IP 地址，以及作为 VPN 环境的一部分、通过 VPN 使用的专用 IP 地址，在传输模式下不能进行认证。此外，同样被安全校验和保护的下一个首部字段值可能会在 IP 数据包的传输过程中发生改变。例如，通过插入分段扩展首部或逐跳选项扩展首部。虽然 IPv6 采用了 MTU 路径发现机制，但仍然会由于动态路由改变而出现分段情况。

在上述情况下，必须把原始的、受到完整保护的 IP 数据包封装在一个外部 IP 数据包中，进行打包的打包，再通过隧道在外网中传输，这个外部 IP 数据包的内容只是受到认证校验和的部分保护。隧道模式认证首部如图 6-18 所示。

进行发送的安全网关封装 IP 数据包，进行接收的安全网关检查外部 IP 数据包的校验和，打开外部 IP 数据包，拆封取得内部 IP 数据包，然后内部 IP 数据包的校验和可以通过持有端到端 SA 的接收方系统进行检验。

需要指出的是，与传输模式认证类似，在隧道模式认证中，外部 IP 首部中的版本、类型、流标签、跳数限制字段是不被认证的，而内部 IP 分组是都要认证的。下一个首部字段指明了后续的首部内容，形成了一个串接标识。

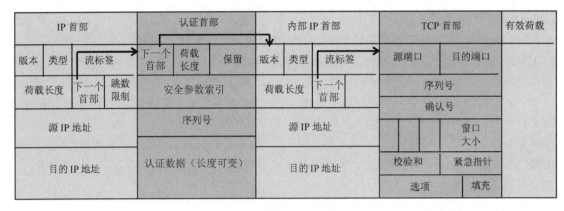

| IP 首部 | | | 认证首部 | | | 内部 IP 首部 | | | TCP 首部 | | 有效荷载 |
|---|---|---|---|---|---|---|---|---|---|---|---|
| 版本 | 类型 | 流标签 | 下一个首部 | 荷载长度 | 保留 | 版本 | 类型 | 流标签 | 源端口 | 目的端口 | |
| 荷载长度 | 下一个首部 | 跳数限制 | 安全参数索引 | | | 荷载长度 | 下一个首部 | | 序列号 | | |
| | | | | | | | | | 确认号 | | |
| 源 IP 地址 | | | 序列号 | | | 源 IP 地址 | | | | 窗口大小 | |
| 目的 IP 地址 | | | 认证数据（长度可变） | | | 目的 IP 地址 | | | 校验和 | 紧急指针 | |
| | | | | | | | | | 选项 | 填充 | |

图 6-18  隧道模式认证首部

# 6.5  IPv6 中的加密

## 6.5.1  IPSec 安全协议 ESP

ESP 协议主要提供分组加密和数据流加密两种服务，并以可选方式提供 AH 协议已有的 3 种服务。分组加密是指对整个 IP 分组加密，也可以仅对 IP 分组的数据部分加密，一般用于客户端主机。数据流加密一般用于支持 IPSec 的路由器，源端路由器并不关心 IP 分组的内容，对整个 IP 分组进行加密后传输，目的端路由器将该分组解密后继续转发原 IP 分组。

在 IPv6 网络中，通过 ESP 扩展首部（下一个首部字段值为 50）提供在一个 IP 分组中传输的所有端到端数据的完整性和机密性。ESP 协议提供报文鉴别、完整性及保密。与 AH 协议比较，ESP 协议能够做 AH 协议所能做的所有事情，但增加了保密。

增加 ESP 协议的步骤如下。

（1）给有效荷载添加 ESP 尾部。

（2）有效荷载和 ESP 尾部属于加密范围，进行加密。

（3）添加 ESP 首部。

（4）ESP 首部、有效荷载和 ESP 尾部属于认证范围，进行散列函数运算，计算出报文摘要（MD），生成认证数据。

（5）生成认证数据添加到 ESP 尾部后面。

（6）添加 IPv6 分组首部，IPv6 分组首部中的下一个首部字段值设置为 50。

## 6.5.2  IPv6 中的加密模式

类似安全认证的情况，ESP 协议实现的加密有两种操作模式：传输模式和隧道模式。传输模式对所有端到端荷载，包括传输协议首部在内都进行加密。

在 ESP 协议的传输模式加密中，IP 首部和其后所有的扩展首部，一直到真正的 ESP 首部，都没有进行加密，这些部分不能受到加密保护是有原因的：加密这些首部数据会导致整个网络机制无法使用，因为所有的路由器和网络中继设备都需要在 IP 分组传输的过程中浏览、处理，甚至修改这些首部。

在传输模式下，ESP 首部在 IPv6 分组中的位置在原 IP 首部之后，上层协议之前。位于 ESP 首部后的运输协议数据单元（如 TCP 或 UDP）、网络控制报文（如 ICMP）和路由（如 OSPF）均处于加密范围。在隧道模式下，ESP 首部的位置在原 IP 首部之前，新 IP 首部和新扩展首部之后，加密范围包括原 IP 首部、原扩展首部、上层协议数据单元，如 TCP 或 UDP 等。

传输模式下 ESP 协议在 IPv6 分组中的位置如图 6-19 所示（假设没有其他扩展首部）。

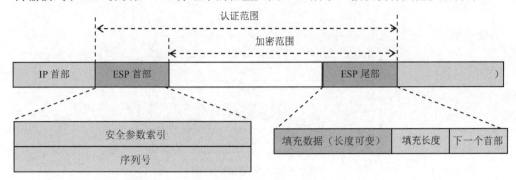

图 6-19　传输模式下 ESP 协议在 IPv6 分组中的位置

ESP 是唯一被分割为两个部分的扩展首部：第一个部分 ESP 首部带有关于接收方如何对加密的 SA 进行正确处理和检查的基本信息；第二个部分 ESP 尾部则带有附加的信息。ESP 协议中的字段功用如下。

（1）ESP 首部中的字段。

① 安全参数索引，占 4 字节，与 AH 协议类似。

② 序列号，占 4 字节，抗重放攻击，因为使用多于 $2^{32}$ 个分组的连接很容易受到重放攻击。接收方还必须具备一些重新排序的能力，因为 IPv6 不能保证分组的正确传输顺序。

（2）数据部分，长度可变，包含由下一个首部字段描述的加密的数据。

（3）ESP 尾部附加信息如下。

① 用于 64 位长度调整的填充数据字段。

② 对于真实填充长度（字节数）的说明。

③ 对下一个首部字段的指示，如 TCP，供接收方进行进一步处理。

需要注意的是，为了能够对有效荷载进行正确处理，ESP 在 ESP 尾部中通过下一个首部字段给出了有效荷载类型（如 TCP、UDP、ICMP 或路由协议）的标识。

（4）认证数据，长度可变。需要注意 AH 协议和 ESP 协议认证数据的区别，在 AH 协议中，IPv6 分组首部的一部分包含在认证范围内，而 ESP 协议的认证范围则不包含 IPv6 分组首部。ESP 认证（如前述的 AH 认证一样）防止加密的数据和 ESP 首部被攻击者修改。

ESP 传输模式加密和认证的另一种描述如图 6-20 所示（假设没有其他扩展首部）。

图 6-20　ESP 传输模式加密和认证的另一种描述

如果需要对整个 IP 分组进行加密，那么必须采用隧道模式。通过把原始的、完全加密的 IP 分组封装在一个外部 IP 分组中，建立一条隧道在外网中传输，这个外部 IP 分组的内容不受加密的保护。进行发送的安全网关加密 IP 分组及其内容，并把它封装在一个外部 IP 分组中，而进行接收的安全网关解密外部 IP 分组的荷载，并获取内部 IP 数据包，然后将这个 IP 分组传送到进行接收的终端系统中。ESP 协议的隧道模式加密和认证如图 6-21 所示（假设没有其他扩展首部）。

图 6-21　ESP 协议的隧道模式加密和认证

ESP 尾部和原来的 IP 分组的数据部分一起进行加密，使得攻击者无法知道所使用的运输层协议。ESP 协议中的认证数据和 AH 协议中的认证数据是一样的。用 ESP 协议封装的分组既有加密功能，又有认证功能。不过需要说明的是，ESP 协议的认证功能不如 AH 协议的认证功能强。

IPv6 网络安全的一个思路是，在 IPv6 网络中同时使用 AH 协议和 ESP 协议，为一个 IP 分组提供完整性、真实性和机密性，在 IPv6 分组扩展首部的排列顺序上，AH 协议在前，ESP 协议在后，使得接收方可以首先检验分组的真实性和完整性，然后尝试解密。两个提供安全的 AH 和 ESP 扩展首部会一起使用，导致 IPv6 分组整体长度增加，而把认证功能嵌入 ESP 尾部，可以在对所有有效荷载提供加密的同时，对包括 ESP 首部在内的所有有效荷载进行认证。

# 6.6　密钥交换协议

## 6.6.1　密钥交换协议概述

网络的安全取决于密钥和密钥分配的安全，密钥分发属于密钥管理，密钥管理的内容有密钥的产生、分配、注入、验证和使用。

为了在通信实体之间建立一个 SA，这些实体首先必须对一个公共安全策略和一套兼容的加密算法达成一致。为了促进相应信息的安全交换，通信实体还必须对一个共享的密钥或秘密达成一致，这个密钥或秘密必须通过一个潜在的并不安全的通信路径进行协商，或者必须基于预先定义并通过认证的证书，通过一个可信的公共密钥基础设施，或者通过对证书进行带外（专门的信令链路）的分发和认证。

公钥密码体制的主要作用之一就是解决密钥分配问题，人们已经提出了以下几种公钥分配方案：公开发布、公开可访问目录、公钥授权、公钥证书。

通过设立密钥分发中心（Key Distribution Center，KDC）来分配密钥，假设用户 $A$ 要与用户 $B$ 进行通信，二者均是 KDC 登记的用户，分别拥有与 KDC 通信的私有主密钥 KA 和 KB。

RFC 2409 描述的 IKE 解决了在不安全的网络环境中安全地建立或更新共享密钥的问题。IKE 是通用的密钥交换协议，可以为 IPSec 协商 SA，也可以为任何要求保密的网络协议协商安全参数。

IKE 主要有 3 项任务：为通信双方提供认证方法；创建一对 SA，建立新的 IPSec 连接；管理建立的连接。

IKE 协议是一种建立在 3 种协议基础之上的混合型协议，这 3 种协议是 Internet 安全关联与密钥交换协议（Internet Security Association and Key Management Protocol，ISAKMP），两种密钥交换

协议 OAKLEY 与 SKEME。IKE 协议建立在由 ISAKMP 定义的框架基础上，采用 OAKLEY 协议的密钥交换模式与 SKEME 协议的密钥共享和更新技术，除此之外，IKE 协议还定义了它自己的两种密钥交换方式。

IKE 协议本质上采用 Diffie-Hellman 算法，目的是允许通信的两台主机产生或共享一个秘密密钥。IKE 协议与 ISAKMP 的不同之处在于，IKE 协议真正定义了一个密钥交换的过程，而 ISAKMP 仅定义了一个通用的可以被任何 IKE 协议使用的框架。IKE 协议为 IPSec 通信双方提供了用于生成加密密钥和验证密钥的密钥材料。另外，IKE 协议也为 IPSec 的 AH 协议和 ESP 协议提供了 SA 协商。IKE 协议使用 ISAKMP 所包含的协商过程有两个阶段。

IKE 协议支持 4 种身份认证方式。

（1）基于数字签名，利用数字证书标识身份。

（2）基于公钥，利用对方的公钥加密身份，通过检验对方发送来的 Hash 值认证。

（3）基于修正的公钥，通过对基于公钥方式的修正，用双方认可的参数认证。

（4）基于共享字符串，通信双方事先以某种方式协商用于认证的共享字符串。

从 IPSec 的观点看来，IKE 协议可以被认为是一种应用层的协议，IKE 协议使用 UDP 封装，使用的端口号为 500。

与 IKE 协议有关的技术文档如下。

（1）IKE 协议 v1：RFC 3947（Negotiation of NAT-Traversal in the IKE 协议）。

（2）OAKLEY 协议 v2：RFC 5996（Negotiation of NAT-Traversal in the IKE 协议）。

需要说明的是，在一般的小型网络中，可以通过人工方法管理密钥，在地域范围较广的网络中，必须借助密钥管理协议来完成对密钥的分发和管理。

## 6.6.2　3 种密钥交换协议

### 1. ISAKMP

ISAKMP 由 RFC 2408 描述，ISAKMP 为处理 SA 和密钥交换提供了一个一般框架。ISAKMP 是由美国国家安全局（NSA）的研究人员开发的，一直是保密技术，随着时间的推移和网络安全研究的深入，目前 ISAKMP 已成为一项公开的技术。为了适合 IPSec 的要求，Internet IP 安全 DOI 描述了用于 IPSec 的 ISAKMP 的修整和参数，DOI 在 RFC 2407 中定义。DOI 还特别描述了协议 ID 的命名习惯、Situation 字段（允许选择操作的身份、保密或完整模式）、有关安全策略正确选择的建议、用于 SA 描述和 IKE 协议有效荷载格式的语法，以及所有附加的密钥交换和通知报文类型。

ISAKMP 定义了一套程序和信息包格式，用于建立、协商、修改和删除 SA，提供了传输密钥和认证数据的统一框架，但没有进行详细的定义。然而，ISAKMP 与密钥生产技术、加密算法和认证机制相独立。ISAKMP 既没有定义一次特定密钥交换如何完成，又没有定义建立 SA 所需要的属性，而是把这些方面的定义留给其他标准。因此 ISAKMP 需要额外的 IKE 协议，ISAKMP 区别于 IKE 协议是为了把 SA 的细节从密钥交换中分离开，不同的 IKE 协议的安全属性是不同的。ISAKMP 的协议结构如图 6-22 所示。

所有基于 ISAKMP 的 IKE 协议进行的报文交互都把报文荷载连接到如图 6-22 所示的 ISAKMP 的协议（首部）结构后面。cookie 是某些网络节点为了辨别用户身份、进行会话（Session）跟踪而储存在用户本地终端上的数据（通常经过加密）。与 cookie 有关的技术文档是 RFC 2109 和 RFC 2965，现在被 RFC 6265 取代。

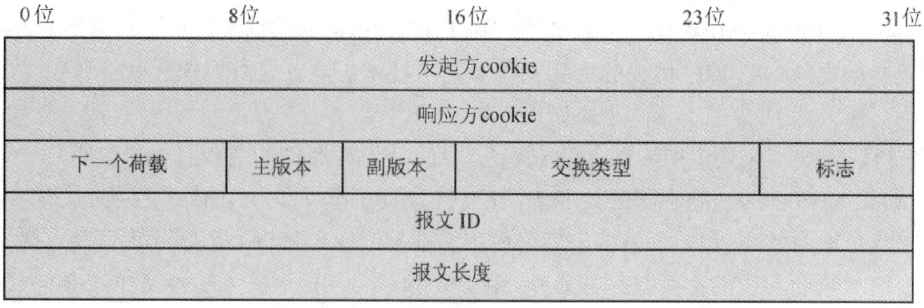

| 0位 | 8位 | 16位 | 23位 | 31位 |
|---|---|---|---|---|

发起方cookie

响应方cookie

| 下一个荷载 | 主版本 | 副版本 | 交换类型 | 标志 |

报文 ID

报文长度

图 6-22　ISAKMP 的协议结构

ISAKMP 的协议结构中的字段功用如下。

（1）发起方 cookie，启动 SA 建立、SA 通知和 SA 删除的实体 cookie。

（2）响应方 cookie，响应 SA 建立、SA 通知和 SA 删除的实体 cookie。

（3）下一个荷载，指出在各个 ISAKMP 荷载中，紧接在后的是哪一个荷载。在 ISAKMP 中定义了 13 种类型的报文荷载，一种荷载就像积木中的一个小方块。在一个 ISAKMP 报文中，不同类型的 ISAKMP 荷载连接在一起，类似 IPv6 协议中扩展首部的定义方式，下一个荷载字段指出后续荷载是哪一个。报文荷载类型值及描述如表 6-4 所示。

表 6-4　报文荷载类型值及描述

| 类型值 | 荷载类型 | 描述 |
|---|---|---|
| 0 | None | |
| 1 | 安全关联（SA） | 定义一个要建立的 SA，内容包括解释域的值，与提案和转码荷载结合使用，提供 SA 协商的算法、安全协议等内容 |
| 2 | 提案（Proposal） | 提供了表示算法的转码的数量、使用的安全协议、SPI 值，依赖 SA 荷载，由 SA 封装，不会单独出现 |
| 3 | 转码（交换）（Transform） | 提供协商时让对方选择的一组安全属性字段的取值，如算法、SA 生存期、密钥长度等，不会单独出现 |
| 4 | 密钥交换（Key Exchange） | 包含执行一次密钥交换需要的信息 |
| 5 | 身份（Identification） | 互相交换身份信息，在 SA 协商时，发起方通过该荷载告诉对方自己的身份，接收方根据发起方身份确定采取何种安全策略 |
| 6 | 证书（Certificate） | 用于在身份认证时向对方提供证书，或者相关的其他内容 |
| 7 | 证书请求（Certificate Request） | 提供请求证书的方法，请求对方发送证书 |
| 8 | 散列（Hash） | 为一个散列函数运算结果 |
| 9 | 签名（Signature） | 包含由数字签名函数产生的数据，用来注明稳定完整性，还可以用来反拒认 |
| 10 | nonce | 在交换期间用于保证存活和抗重放攻击的一串伪随机数值，可作为密钥交换荷载的一部分，也可作为一个独立的荷载 |
| 11 | 通知（Notification） | 向通信双方发送告知采取措施的信息，如错误状态 |
| 12 | 删除（Delete） | 告诉对方已经从 SAD 中删除给定 IPSec 协议（如 AH、ESP、ISAKMP）的 SA，不需要对方应答，建议对方删除 SA |
| 13 | 厂商 ID（Vendor ID） | 识别厂商的唯一 ID，该机制允许厂商在维持向后兼容性的同时，试验新的特性 |
| 14～127 | 保留 | |
| 128～255 | 私有用途 | |

（4）主版本，指明 ISAKMP 的主要版本。

（5）副版本，指明 ISAKMP 的次要版本。

（6）交换类型，指明 ISAKMP 正在使用的交换类型。目前定义的交换类型如表 6-5 所示。

**表 6-5　目前定义的交换类型**

| 交换类型值 | 交换类型名称 | 交换类型值 | 交换类型名称 |
|---|---|---|---|
| 0 | None | 5 | 信息交换（Informational） |
| 1 | 基本交换（Base） | 6～31 | 保留将来用 |
| 2 | 身份包含交换（Identity Protection） | 32～239 | DOI 专用 |
| 3 | 纯认证交换（Authentication Only） | 240～255 | 私有用途 |
| 4 | 积极交换（Aggressive） | | |

（7）标志，为 ISAKMP 交换设置的各种选项，标志位用掩码标识，定义了 3 个标志，分别为加密（0x01），指出紧随协议首部后面的荷载已经加密；提交（0x02），指出通信一方在交换完后收到通知；纯认证（0x04），为 ISAKMP 引入密钥恢复机制使用。

（8）报文 ID，用于识别第二阶段的协议状态，是唯一的信息标识符。

（9）报文长度，包括协议首部和有效荷载全部信息的长度。

ISAKMP 有效荷载格式如图 6-23 所示。

图 6-23　ISAKMP 有效荷载格式

ISAKMP 有效荷载格式中各字段的功用如下。

（1）下一个荷载，指出当前荷载之后紧跟的荷载。

（2）保留位，该字段值为 0。

（3）荷载长度，指出当前荷载的总长度。

（4）荷载数据，实际的荷载内容。

### 2．OAKLEY 协议

OAKLEY 是由美国亚利桑那大学安全专家 Hilarie Orman 研究的密钥交换协议，是基于 Dime-Hellman 密钥交换的一种协议。它描述了一系列称为模式的密钥交换，并且规定了每种密钥交换类型所提供的服务，如身份保护、认证和密钥的完好转发安全。这样，即使某个密钥暴露了，以后的密钥或加密的材料也不会受到危害。IKE 协议只需要 OAKLEY 协议的一个子集就能满足其特定目标。OAKLEY 是一种开放的协议，允许应用者根据需要改进该协议。

OAKLEY 协议由 RFC 2412 描述和定义，说明每种提供的服务，如密钥的完全后继保密、身份认证。每个模式都会产生一个通过认证的密钥交换。OAKLEY 协议没有定义随着各个报文交换何种信息。

OAKLEY 协议的特点是可以从现有的密钥中推出一个新的密钥，对新推出的密钥可以进行加密和分发。OAKLEY 协议也提供用于确保密钥安全的一些选项，这些选项有别名记号、加密密钥的确定机制等。

### 3．SKEM 协议

Internet 安全密钥交换机制（Secure Key Exchange Mechanism，SKEM）协议由 Hugo Krawczyk 设计，该协议描述了一种能够提供匿名、密钥否定和快速密钥刷新的快速密钥交换技术。在实现时，通信双方相互认证时利用公钥加密，每方都要用对方的公钥加密一个随机数字，所使用的最终密钥与解密后这两个随机数字有关。

和 OAKLEY 协议一样，IKE 协议不需要整个 SKEME 协议，只需要使用认证的公共密钥加密方法和一种称为 nonces 的特殊令牌交换的快速密钥重编方法。nonces 是一些仅能使用一次的随机的大数字，有 64～2048 位，它用来为密钥协商过程添加熵并能够有限抗重放攻击。

## 6.6.3　IKE 协议使用的属性和 IKE 协议的实现

### 1．IKE 协议使用的属性

IKE 协议使用的属性属于 ISAKMP SA 的属性，这些属性都是强制性的，并且必须进行协商，这些属性有加密算法、Hash 算法、认证方法、进行 Diffie-Hellman 操作的组的有关信息。

另外，在通信双方协商好的情况下，可以私下使用属性值用于伪随机函数协商，若没有协商伪随机函数，则基于加密 Hash 函数的报文认证码（HMAC）的 Hash 函数将作为伪随机函数。ISAKMP SA 的属性种类如表 6-6 所示。

表 6-6　ISAKMP SA 的属性种类

| 编码值 | 属性类型 | 类型 | 编码值 | 属性类型 | 类型 |
|---|---|---|---|---|---|
| 1 | 加密算法 | B | 9 | 组曲线 A | V |
| 2 | Hash 算法 | B | 10 | 组曲线 B | V |
| 3 | 验证方法 | B | 11 | 生存期类型 | B |
| 4 | 组描述 | B | 12 | 生存期长度 | V |
| 5 | 组类型 | B | 13 | 伪随机函数 | B |
| 6 | 组素数 | V | 14 | 密钥长度 | B |
| 7 | 组产生器 1 | V | 15 | 域大小 | B |
| 8 | 组产生器 2 | V | 16 | 组顺序 | V |

编码值 17～16383 为 IANA 保留使用，编码值 16384～32767 为用户私下使用。伪随机函数目前还没有定义，编码值 65001～65535 为用户私下使用。当使用长度可变密钥的加密算法时，密钥长度属性以位为单位指定，必须使用网络字节顺序。域大小属性定义了 Diffie-Hellman 组的域大小，以位为单位。组顺序属性的长度依赖域的大小。

属性类型、属性类型值和对应的编码值如表 6-7 所示。

表 6-7　属性类型、属性类型值和对应的编码值

| 属性类型 | 属性类型值 | 编码值 | 备注 |
|---|---|---|---|
| 加密算法 | DSE-CBC | 1 | 7～65000 保留<br>65001～65535 为用户私下使用 |
| | IDEA-CBC | 2 | |
| | Blowfish-CBC | 3 | |
| | RC5-R16-B64-CBC | 4 | |
| | 3DES-CBC | 5 | |
| | CAST-CBC | 6 | |
| Hash 算法 | MD5 | 1 | 4～65000 保留<br>65001～65535 为用户私下使用 |
| | SHA | 2 | |
| | Tiger | 3 | |

| 属性类型 | 属性类型值 | 编码值 | 备注 |
|---|---|---|---|
| 验证方法 | 共享密钥 | 1 | 6~65000 保留<br>65001~65535 为用户私下使用 |
| | DSS 签名 | 2 | |
| | RSA 签名 | 3 | |
| | 使用 RSA 加密 | 4 | |
| | 修改过的 RSA 加密 | 5 | |
| 组描述 | 768 位模数的 MODP 组 | 1 | 1 为默认，必须实现<br>5~65000 保留<br>65001~65535 为用户私下使用 |
| | 1024 位模数的 MODP 组 | 2 | |
| | 长度为 155 位的 ENC2 组 | 3 | |
| | 长度为 185 位的 ENC2 组 | 4 | |
| 组类型 | MODP（模求幂组） | 1 | 4~65000 保留<br>65001~65535 为用户私下使用 |
| | ECP［基于 GF（P）椭圆曲线组］ | 2 | |
| | EC2N［基于 GF（$2^N$）椭圆曲线组］ | 3 | |
| 生存期类型 | 秒 | 1 | 3~65000 保留<br>65001~65535 为用户私下使用 |
| | 字节 | 2 | |

IKE 协议的实现必须支持的属性类型值为使用弱、半弱密钥检查，并且为 CBC 模式的 DES；MD5 和 SHA；通过共享密钥进行验证；默认对组类型值为 1 的属性进行模求幂组运算。

### 2．IKE 协议的实现

IKE 协议是一个用户级的进程，进程启动以后，以后台守护进程方式运行。在使用 IKE 协议服务之前，该进程处于非活动状态。

请求 IKE 协议服务的方式主要有两种：一种是内核触发 IKE 协议，内核的安全策略模块要求建立 SA；另一种是远程触发 IKE 协议，远程的 IKE 协议对等实体需要协商 SA。

为了进行安全通信，内核需要通过 IKE 协议建立或更新 SA，IKE 协议与内核之间的接口有两种：一种是与 SPD 通信的双向接口，当 IKE 协议得到 SPD 的策略信息后，把它提交给远程 IKE 协议对等实体，当 IKE 协议得到远程 IKE 协议对等实体的建议后，为了进行本地策略校验，需要把该建议交给 SPD；另一种是与 SAD 通信的双向接口，IKE 协议负责动态填充 SAD，向 SAD 发送报文，如 SPI 请求和 SA 实例，接收从 SAD 返回的报文，如 SPI 应答。

IKE 协议为请求创建 SA 的远程 IKE 协议对等实体提供了一个接口，当通信双方需要通信时，IKE 协议与远程 IKE 协议对等实体之间协商建立 IPSec SA。若已经建立了 IKE 协议 SA，则可以直接通过第二阶段交换，创建新的 IPSec SA。若还没有建立 IKE 协议 SA，则需要通过第一阶段和第二阶段交换创建新的 IKE 协议 SA 和 IPSec SA。

## 6.6.4 基于公钥基础设施的密钥方案

IKE 协议是一个通用的协议，并非 IPSec 专用。在 IKE 协议中并没有提出具体实现密钥交换的实施方案。下面介绍一种基于公钥基础设施的密钥方案，可以利用 Internet 环境中已有的安全技术和规范，简化 IKE 协议实现过程。在 IPv6 的安全机制中，核心技术是密码算法和密钥管理，其中重要的环节是 SA 的建立，以及 SAD 与 SPD 的管理。

公钥基础设施主要是针对开发的大型 Internet 应用环境设计的，公钥基础设施是对这些公开密钥证书进行管理的平台，它能够为所有网络应用透明地提供采用加密和数字签名等服务所必需的密钥和证书管理。公钥基础设施的基本组成元素是认证中心（Certification Authority，CA），CA 完成的功能如下。

（1）为用户生成<公钥,私钥>对，通过一定的途径发给用户。

（2）为"用户 CA"签发数字证书，形成用户的公开密钥信息，通过一定的途径发给用户。

（3）对用户数字证书进行有效性验证。

（4）对用户数字证书进行管理，如有效证书的通告、撤销证书的通告、证书归档。

用户向 CA 申请 CA 证书。对于两个不同认证管理机构的 CA 证书，由 CA 建立交叉信任机制。这样当用户要证明自己的身份时，只要出示所持的证书，即可按所确定的方式进行通信。

假设用户 A 和用户 B 都已经向 CA 申请了 CA 证书。用户 A 得到公钥 $PK_A$ 和私钥 $SK_A$，用户 B 得到公钥 $PK_B$ 和私钥 $SK_B$，CA 的公钥和私钥分别为 $PK_{CA}$、$SK_{CA}$。

CA 证书格式如下。

CERT-A = {$ID_A$,$PK_A$,$Date_A$,$LF_A$,$E_{SKCA}$($ID_A$,$PK_A$,$Date_A$,$LF_A$)}

CERT-B = {$ID_B$,$PK_B$,$Date_B$,$LF_B$,$E_{SKCA}$($ID_B$,$PK_B$,$Date_B$,$LF_B$)}

其中，$ID_A$ 和 $ID_B$ 分别表示用户 A 和用户 B 的标识；$Date_A$ 和 $Date_B$ 分别表示 CA 签发证书的日期；$LF_A$ 和 $LF_B$ 分别表示证书的有效期；E 表示加密；$E_{SKCA}$ 表示用 CA 的私钥进行加密。

当用户 A 向用户 B 发送数据时，双方协商过程包括如下 5 个阶段。

（1）A→B，HDR，[SA]$_{proposal}$。

（2）B→A，HDR，[SA]$_{choice}$，CERT-B。

（3）A→B，HDR，$E_{PKB}$(CERT-A $\parallel$ $N_A$)。

（4）B→A，HDR，$E_{PKA}$($K_S$)($E_{SKB}$($N_A \parallel N_B$))。

（5）A→B，HDR，$E_{KS}$($E_{SKA}$($N_A \parallel N_B$))。

其中，HDR 表示 ISAKMP 的首部，在 ISAKMP 中将所有荷载都链接到一个 ISAKMP 首部；SA 是 IKE 协议协商荷载；$N_A$ 和 $N_B$ 为两个随机数；K 为本次交换的密钥；$\parallel$ 为连接符。

在密钥交换过程中，（1）与（2）表示用户 A 与用户 B 开始进行协商，由用户 A 提出 SA 建议，用户 B 做出选择，并向用户 A 出示证书。（3）表示用户 A 向用户 B 发送以用户 B 的公钥进行加密的随机数 $N_A$ 和证书 CERT-A。用户 B 收到后用自己的私钥解密，并获得用户 A 的证书。（4）表示用户 B 选择一个会话密钥 $K_S$，以用户 A 的公钥加密，同时先用私钥再用会话密钥 $K_S$ 加密随机数 $N_A$ 和 $N_B$；用户 A 收到后，先用自己的私钥解密得到密钥 $K_S$，并用 $K_S$ 与用户 B 的公钥解密得到 $N_A$ 和 $N_B$ 以确认用户 B 的身份。（5）表示用户 A 先用私钥再用密钥 $K_S$ 加密随机数 $N_A$ 和 $N_B$，发送给用户 B，用户 B 即可确认用户 A 的身份。

经过这 5 个阶段，即可建立一个保密的通过验证的通信信道，完成了 IKE 协议的第一阶段。用户 A 和用户 B 在完成了认证过程的同时交换了密钥 $K_S$，也可以由随机数 $N_A$ 和 $N_B$ 构造新的密钥。第一阶段完成之后，通过快速交换模式完成第二阶段，通信双方需要协商拟定安全协定 SA 中的各项内容，进一步建立 SA。

# 6.7  邻居请求和邻居通告欺骗攻击

## 6.7.1  邻居缓存欺骗攻击

节点的邻居请求报文用来查找目的节点的数据链路层地址信息，在邻居请求报文中，通常包含发送方的数据链路层地址。邻居通告报文用来对邻居节点发送的邻居请求报文进行应答，也可以是节点自发地发送邻居通告报文，以通知相邻节点自己的数据链路层地址发生了改变。

当一个主机节点收到邻居发现协议数据包时，该节点会根据邻居发现协议数据包中的内容更新自己当前的邻居缓存信息。但由于邻居发现协议缺乏认证机制，所以攻击者可以对收到的所有进行地址解析的邻居请求报文数据包进行应答。攻击者在邻居通告报文数据包中添加随意的链路地址值，当发送主机接收到攻击者发送的邻居通告报文后，更新自己的邻居缓存信息。发送主机之后与邻居节点进行通信，由于链路地址是虚假的，因此最终在 30s 的等待时间后，发送主机会收到目的地址不可达的信息报错报文。这样就成功地实行了一次利用虚假的邻居通告报文的 DoS 攻击。例如，在邻居不可达检测攻击中，攻击主机截获邻居请求报文，并发送伪造的邻居通告报文让受攻击主机以为与通信端正常通信，其实会产生丢包的情况。邻居不可达检测攻击过程如图 6-24 所示。

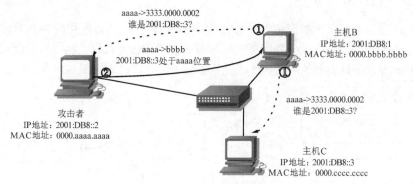

图 6-24　邻居不可达检测攻击过程

主机 B 通过发送一条 IPv6 多播请求报文到二层网络的所有节点，在正常情况下，被请求的节点会回应一个邻居通告报文，并携带自己的 MAC 地址。但由于邻居发现协议中存在不认证请求和响应者，因此攻击者截获了邻居请求报文，并伪造邻居通告报文给受攻击主机，使其以为通信正常，实现了一条邻居请求报文，代替真实的主机做出应答，实现了中间人攻击。

## 6.7.2　邻居不可达检测攻击

节点通过邻居可达性检测，可以得知以前与其连接的节点现在是否依然连通。在 IPv6 网络中，可以通过发送邻居请求报文探测对方主机是否能够连通，如果检测到一个不可达主机，那么本主机应该重新对不可达主机地址进行解析。其中，标志字段值为 0X60000000，转化为二进制后前 4 位为 0110，由邻居通告报文的格式可知，其中的 S 和 O 标志位都被置为 1，表示该报文是作为邻居请求报文的应答发出的，而且可以用包含在目的链路层地址选项中的链路层地址来更新邻居节点缓存表中的表项。

捕获的邻居通告报文协议分析如图 6-25 所示。

当检测主机开始进行邻居不可达检测的时候，攻击主机可以发送伪造的邻居通告报文，使检测主机错误地认为对端主机还处于活动状态。这是一种更加隐蔽的 DoS 攻击，它实际上对网络没有造成损失，只是拖长了检测主机检测的时间，但在更严重的情况下，它可以阻碍主机之间的通信。

```
▼ Ethernet II, Src: Giga-Byt_a9:76:51 (00:24:1d:a9:76:51), Dst: TyanComp_75:c2:b8 (00:e0:81:75
  ▶ Destination: TyanComp_75:c2:b8 (00:e0:81:75:c2:b8)
  ▶ Source: Giga-Byt_a9:76:51 (00:24:1d:a9:76:51)
    Type: IPv6 (0x86dd)
▼ Internet Protocol Version 6, Src: 2001:638:807:3a:bd50:f2b8:77e0:4469 (2001:638:807:3a:bd50
  ▶ 0110 .... = Version: 6
  ▶ .... 0000 0000 .... .... .... .... .... = Traffic class: 0x00000000
    .... .... .... 0000 0000 0000 0000 0000 = Flowlabel: 0x00000000
    Payload length: 32
    Next header: ICMPv6 (0x3a)
    Hop limit: 255
    Source: 2001:638:807:3a:bd50:f2b8:77e0:4469 (2001:638:807:3a:bd50:f2b8:77e0:4469)
    Destination: 2001:638:807:3a:217:9aff:fe3a:7ca6 (2001:638:807:3a:217:9aff:fe3a:7ca6)
    [Destination SA MAC: D-Link_3a:7c:a6 (00:17:9a:3a:7c:a6)]
▼ Internet Control Message Protocol v6
    Type: Neighbor Advertisement (136)
    Code: 0
    Checksum: 0x0578 [correct]
  ▶ Flags: 0x60000000
    Target Address: 2001:638:807:3a:bd50:f2b8:77e0:4469 (2001:638:807:3a:bd50:f2b8:77e0:4469)
  ▼ ICMPv6 Option (Target link-layer address : 00:24:1d:a9:76:51)
      Type: Target link-layer address (2)
```

图 6-25　捕获的邻居通告报文协议分析

## 6.7.3　重复地址检测攻击

IPv6 中定义了有状态和无状态地址配置机制。IPv6 地址解析机制和 IPv4 地址解析机制实现过程相似。无状态地址配置不需要手动配置主机，对路由器和服务器也实现了自动配置，并通过重复地址检测机制保证了获得地址的唯一性。无状态地址配置流程图如图 6-26 所示。

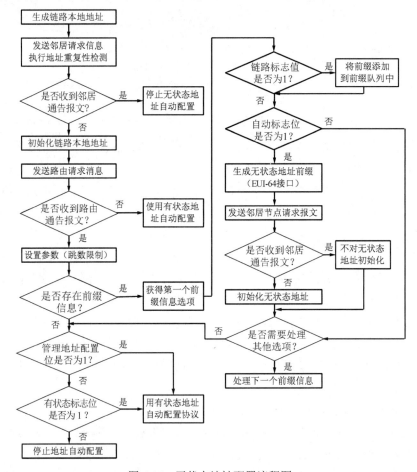

图 6-26　无状态地址配置流程图

在一台主机要使用新的 IPv6 地址之前，必须对其申请的地址进行重复地址检测，获取地址后才能加入请求地址节点所在组。主机 A 发送一个邻居请求报文及其使用的 IPv6 地址，如果有其他节点在使用该 IPv6 地址，那么会回应一个邻居通告报文。如果主机 A 在 1s（默认设置）内没有收到邻居通告报文，那么正式使用该地址。重复地址检测过程如图 6-27 所示。

由于 IPv6 采用的是无状态地址自动配置机制，因此攻击主机可以通过伪造一个邻居通告报文告诉受攻击主机申请的 IPv6 地址已被占用，受攻击主机不得使用该 IPv6 地址进行网络通信，从而达到欺骗请求主机，请求主机无法到达当前网络的目的。重复地址检测的 DoS 服务攻击过程如图 6-28 所示。

为了防御重复的 IPv6 地址，主机必须检查自己的 IPv6 地址是否已经被另一个节点使用，因此在使用 IPv6 地址之前必须进行重复地址检测。主机 B 想使用 2001:DB::1 作为自己的 IPv6 地址，

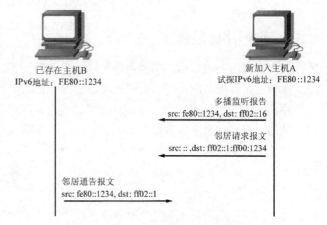

图 6-27 重复地址检测过程

首先应向自己所在的网络发送一条邻居请求报文，请求对自己的 IPv6 地址进行解析。这样恶意用户就可以通过发送一条虚假的邻居通告报文，伪装成拥有所有局域网上的 IPv6 地址，声称自己拥有 2001:DB8::1 地址，从而完成一次重复地址检测的 DoS 攻击。

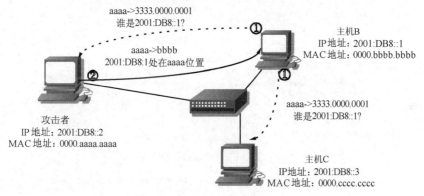

图 6-28 重复地址检测的 DoS 攻击过程

## 6.7.4 邻居请求和邻居通告欺骗攻击防御

攻击主机在网络中充当所有 IPv6 地址主机，在其发送的邻居请求报文和邻居通告报文中，IPv6 地址和数据链路层地址是无法对应的。解决该问题的思路是，设计节点信息缓存表，当接收到数据链路层地址与其 IPv6 地址不对应的邻居请求数据包和邻居通告数据包时，生成报警记录。

利用邻居发现协议进行 DoS 攻击的数据包，所设计的系统通过跟踪数据包的目的地址及单位时间内发送的数据包数量（设定门限值）进行判断。如果某一节点在单位时间内发送的数据包数量超过了规则中规定的数量，那么会对此类型的邻居发现协议数据包进行报警记录。下面是两条针对利用邻居请求报文和邻居通告报文进行 DoS 攻击的规则。

```
    alert icmp any any -> any any (ipv : 6; itype : 135; detection_filter : track
by_dst , count 20, seconds 1; msg :" ICMPv6 /NS flooding "; sid :100012; rev :1;)
    alert icmp any any -> any any (ipv : 6; itype : 136; detection_filter : track
by_dst , count 20, seconds 1; msg :" ICMPv6 /NA flooding "; sid :100013; rev :1;)
```

# 6.8 路由通告和多播欺骗攻击

## 6.8.1 虚假路由通告

路由器通告和重定向使用链路本地地址识别路由器，在重新编号或使用新的全球前缀的情况下，主机也可以保持联系。下面将对路由发现中存在的问题进行深入分析。

路由器周期性地通告它的存在及配置的链路、网络参数，或者对路由器请求报文做出应答。路由器通告报文包含连接确定、地址配置的前缀和跳数限制值等。

捕获的路由通告报文协议分析如图 6-29 所示。

```
▼ Ethernet II, Src: Cisco_c8:b8:80 (00:15:2c:c8:b8:80), Dst: IPv6mcast_00:00:00:01 (33::
  ▶ Destination: IPv6mcast_00:00:00:01 (33:33:00:00:00:01)
  ▶ Source: Cisco_c8:b8:80 (00:15:2c:c8:b8:80)
    Type: IPv6 (0x86dd)
▼ Internet Protocol Version 6, Src: fe80::215:2cff:fec8:b880 (fe80::215:2cff:fec8:b880)
  ▶ 0110 .... = Version: 6
  ▶ .... 1110 0000 .... .... .... .... = Traffic class: 0x000000e0
    .... .... .... 0000 0000 0000 0000 0000 = Flowlabel: 0x00000000
    Payload length: 64
    Next header: ICMPv6 (0x3a)
    Hop limit: 255
    Source: fe80::215:2cff:fec8:b880 (fe80::215:2cff:fec8:b880)
    [Source SA MAC: Cisco_c8:b8:80 (00:15:2c:c8:b8:80)]
    Destination: ff02::1 (ff02::1)
▼ Internet Control Message Protocol v6
    Type: Router Advertisement (134)
    Code: 0
    Checksum: 0x236f [correct]
    Cur hop limit: 64
  ▶ Flags: 0x00
    Router lifetime (s): 1800
    Reachable time (ms): 0
    Retrans timer (ms): 0
  ▼ ICMPv6 Option (Source link-layer address : 00:15:2c:c8:b8:80)
      Type: Source link-layer address (1)
      Length: 1 (8 bytes)
      Link-layer address: Cisco_c8:b8:80 (00:15:2c:c8:b8:80)
  ▼ ICMPv6 Option (MTU : 1500)
      Type: MTU (5)
      Length: 1 (8 bytes)
```

图 6-29 捕获的路由通告报文协议分析

在选项字段中包含路由器链路地址、网络 MTU 值及无状态地址配置的子网前缀。

恶意用户可以发送虚假的路由通告报文并伪装为默认路由，使用户把信息都发送到虚假默认路由中，这就产生了伪造路由通告的 DoS 攻击。在实际网络环境中，也会存在对真实路由器的攻击行为，主要有以下几种对路由器进行攻击的方式。

（1）发送生存字段值为 0 的路由通告信息，使路由器耗费资源处理该类型的数据包并丢弃。

（2）典型的 DoS 攻击方式就是发送大量的数据包，使路由器无暇处理。

（3）发送过长的逐跳选项扩展首部使路由器无法处理。

相比 ARP，邻居发现协议不使用以太网广播地址进行广播，它使用从相应节点的 IPv6 地址派生的一个以太网多播地址进行发送。这个以太网多播地址的高 16 位为 0x3333，低 32 位为来自 IPv6 地址的相应位。攻击者通过伪装成默认路由器向用户发送欺骗的路由器通告报文，当其他用户将虚假信息存入自己的路由表后，子网中的所有其他 IPv6 节点将它们的数据包发往攻击主机，攻击者也可以简单地丢弃所有的数据包。伪造路由通告的 DoS 攻击如图 6-30 所示。

攻击者发送一个不存在的 MAC 地址 dddd，使主机 C 发送的数据包都发往该地址，从而使数据包掉入一个"黑洞"。

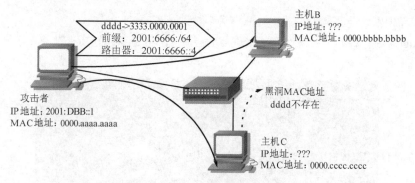

图 6-30　伪造路由通告的 DoS 攻击

路由器通过发送路由器通告报文来通告最新的路由。若通告的目的地址是全节点的多播地址 FF02::1，则为周期性的通告报文；若目的地址是单播地址，则发送一个特定接口的路由器通告报文。路由器通告报文的选项部分有 6 种可能：源链路层地址、MTU 值、前缀信息、通告间隔、家乡代理信息、路由信息选项。

## 6.8.2　多播的安全问题

为了减少由于广播带来的带宽的消耗，IPv6 采用多播实现一对多的通信。IPv6 增强了多播对流的支持，这为网络上的多媒体应用及 QoS 的提高提供了良好的平台。IPv6 将多播应用于邻居发现协议、动态主机配置协议和传统的多媒体应用。多播数据包的地址格式如图 6-31 所示。

参数说明如下。

（1）标志，占 4 位，分别对应取值 0、R、P、T，可用于区分多播的类型。

（2）范围，用来表示多播分组的应用范围。

（3）组 ID，范围内唯一标识相应的多播分组。

攻击者可以利用多播来探测内网的存活主机并放大 DoS 攻击。多播对内网的勘测攻击如图 6-32 所示。

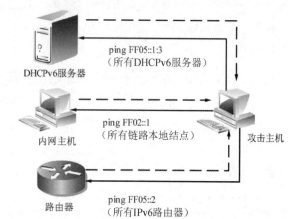

| 11111111<br>（8 位） | 标志<br>（4 位） | 范围<br>（4 位） | 组 ID<br>（112 位） |
|---|---|---|---|

图 6-31　多播数据包的地址格式　　　　图 6-32　多播对内网的勘测攻击

攻击者已经处于内部 LAN 上或已经攻破了 LAN 上的一个内部系统，攻击主机可以通过发送各种多播地址来对内网的主机及服务器进行勘测。

FF05::1:3 标识本地站点范围内的所有 DHCPv6 服务器地址。

FF05::2 标识本地站点范围内的所有路由器的多播地址。

FF02::1 标识本地链路范围内的所有节点的多播地址。

通过 ping 命令查看各个系统如何产生重复的应答，ping 链路本地所有节点多播地址如图 6-33 所示。

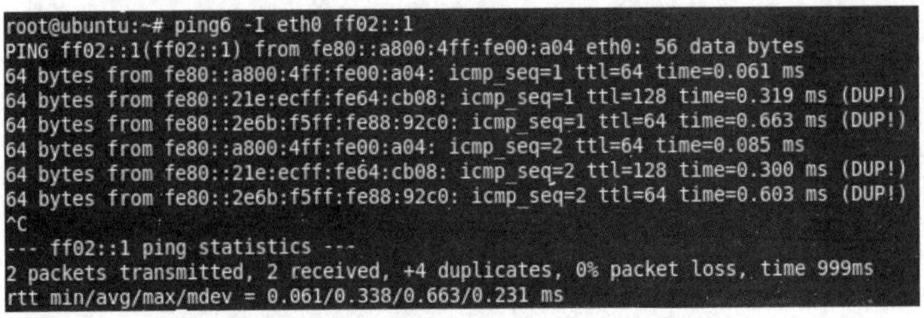

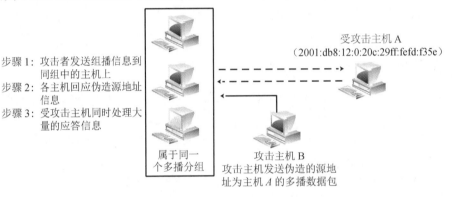

图 6-33　ping 链路本地所有节点多播地址

多播放大 DoS 流量攻击如图 6-34 所示。

步骤 1：攻击者发送组播信息到
　　　　同组中的主机上
步骤 2：各主机回应伪造源地址
　　　　信息
步骤 3：受攻击主机同时处理大
　　　　量的应答信息

属于同一
个多播分组

受攻击主机 A
（2001:db8:12:0:20c:29ff:fefd:f35e）

攻击主机 B
攻击主机发送伪造的源地
址为主机 A 的多播数据包

图 6-34　多播放大 DoS 流量攻击

可以看出，通过伪造源地址的多播数据包，可以达到放大 DoS 攻击的目的。通过在目的地为多播数据包伪造源地址，将导致发向被伪造地址的流量变大，如同 Smurf 攻击。在 RFC 2463 中申明"一条 ICMPv6 错误报文，不能因为接收到目的地为一个 IPv6 多播地址的数据包而发送出去"。但同时，在该文档中申明了两个例外（数据包过大和有参数问题的 ICMPv6 数据包），使安全方面存在漏洞。

## 6.8.3　针对路由通告及多播欺骗攻击防御

通过分析可知，虚假路由通告都是由非路由节点向所在网络的节点发出的。所以针对这一情况，设计用于存储路由器节点信息的数据结构 IPv6_Hosts_head *routers，一旦接收到路由通告信息，就将信息中的地址信息与本系统中的路由节点信息进行匹配，发现异常立即报警并记录。下面是利用路由通告进行 DoS 攻击的一条检测规则。

```
alert icmp any any -> any any （ipv : 6; itype : 134; detection_filter : track
by_dst , count 5, seconds 1; msg :" ICMPv6 /RA flooding "; sid : 100014; rev :1;)
```

判断同一节点在单位时间内发送数据包的数量，本规则中设定的是 1s 内同一节点发送超过5 个数据包则报警。

从上述分析可知，要达到多播放大 DoS 攻击，必须将源地址设置为多播地址。所以在针对这种类型的攻击时，可通过对其源地址进行检测，判断是否为多播地址。针对这类攻击防御的设计思路是，对数据包的源地址进行检查，对收到源地址为多播地址的数据包进行报警。

# 6.9 思考练习题

6-1  IPv6 的安全脆弱性可以分为哪几类？

6-2  IPv6 面临的主要安全隐患有哪些？

6-3  网络安全的特征包括哪些？

6-4  网络安全面临的威胁主要有哪些？哪些属于主动攻击？

6-5  IPv6 协议在网络安全上的改进有哪些？

6-6  简述影响 Internet 安全的开放性实施的主要原因。

6-7  IPv6 协议存在的网络安全问题有哪些？

6-8  基于 IPv6 邻居发现协议的 DoS 攻击有何特征？

6-9  过渡机制带来的安全问题有哪些？

6-10  IPSec 提供的网络安全功能包括哪些？

6-11  给出 IPSec 框架模型，该模型由哪些要素组成？

6-12  描述 SA 的作用。

6-13  SA 中用到了哪些参数？

6-14  IPSec 有哪些类型的操作模式？各有什么特点？

6-15  给出传输邻接 SA 的图示。

6-16  SA 的实现涉及哪些安全数据库？

6-17  简述 IPSec 的实施方法。

6-18  结合实例描述 IPSec VPN 的部署过程。

6-19  简述 IPSec 存在的问题。

6-20  IPv6 中每个认证扩展首部都包含哪些协议要素序列？

6-21  为什么需要 IKE 协议？

6-22  简述 IPv6 认证计算时对 IP 分组内容的选取所遵循的规则。

6-23  简述 IPv6 认证的操作模式，说明各有什么特点。

6-24  写出 IPv6 中采用的加密方法。

6-25  每个 ESP 扩展首部都包含一个固定的协议字段序列，写出其内容。

6-26  分别简述 IP v6 加密的两种操作模式的特点。

6-27  总结邻居请求和邻居通告欺骗攻击的特征和防御方法。

6-28  简述路由通告和多播欺骗攻击的特征和防御方法。

6-29  简述 IPv4 网络的安全威胁延续存在。

6-30  简述 IPv6 协议本身存在的安全隐患。

6-31  简述各种过渡技术与方案的安全隐患。

6-32  写出 IPv6 对网络硬件安全的影响。

6-33  简述 IPv6 协议安全设计的思路要点。

6-34  简述 IPv6 协议在网络安全上的改进。

# 第 7 章　移动 IPv6 技术

## 7.1　移动 IPv6 概述

### 7.1.1　移动 IPv6 的基本概念

#### 1．移动 IP 的概念

移动节点是指从一条链路（网络）移动到另一条链路的主机，当移动节点在不同的链路之间移动时，随着接入位置的变化，最初分配给移动节点的 IP 地址（称为本地地址或家乡地址）已经不能标识出目前所处的网络位置，移动节点需要获得一个新的移动 IP 地址，并保持原有家乡 IP 地址不变，这个新的移动 IP 地址称为转交地址，转交地址与移动节点当前所移动到的网络相联系，通过转交地址向移动节点的家乡代理注册，指明移动节点当前所在的位置。这类似离家外出的游子，需要告诉（注册）家人自己现在在哪里，来往的信件需要通过谁（新的地址）来转交，在移动通信中可以通过转交地址找到移动节点。移动节点总是通过家乡地址进行通信，移动机制对 IP 层以上的协议层次是完全透明的。

支持移动性的 Internet 体系结构与协议称为移动 IP。移动 IP 的特征是移动节点在跨越不同 TCP/IP 网络环境时，可以随意移动和漫游，不需要修改主机的 IP 地址，仍然可以继续使用在原网络中的一切权限和服务。

#### 2．移动 IP 的研究

TCP/IP 的 IPv4 协议最初设计时仅针对固定网络节点之间的互连，没有考虑网络节点之间的移动问题。IETF 于 1996 年开始制定支持移动 Internet 设备的协议。该移动 IP 有两种版本：基于 IPv4 的移动 IPv4 和基于 IPv6 的移动 IPv6。

1998 年，IETF 移动工作组制定了移动 IP（Mobile IP，MIPv4）通信标准。移动 IP 的目标是解决通信对端和移动主机之间 IP 分组的传输问题，实质上是一个网络层解决方案。

2009 年，第 3 代合作伙伴计划（3GPP）标准组织开始要求无线服务提供商在 4G 无线基础设施上启用 IPv6。

#### 3．移动 IPv6 的发展

随着移动互联网应用的普及和各类新型移动业务的不断涌现，单个终端设备的移动技术已不能满足人们的需求，在很多应用场景中需要为多个节点组成的网络发生整体移动时提供持续的网络连接。例如，一个用户携带了手机、笔记本、平板电脑等多个终端设备，并且这些设备都通过作为热点的手机及其 4G 信号接入互联网而构成了个域网（Personal Area Network，PAN）。

再例如，汽车、火车等交通工具内的车载计算机、传感器等车内固定设备，以及乘客携带的移动终端等临时访问设备随着车辆本身一起发生移动而形成了车域网（Vehicle Area Network，VAN）。

像上述 PAN 和 VAN 这样由多个固定或移动节点共同组成一个相对稳定的整体并一起发生移动的网络，称为移动网络或移动子网。移动网络的应用领域还包括通过 Internet 接入节点连接互联网的移动自组织网络（Mobile Ad-Hoc Network，MANET）等。

移动 IPv6（Mobile IPv6，MIPv6）运用下一代网络技术推荐采用的身份标识与位置标识分离的思想，解决因移动节点 IP 地址变化而导致的在移动过程中通信无法持续的问题，为移动中的主机提供持久的 Internet 连接。

移动终端要想在三层网络切换的过程中保持通信畅通，就必须保证移动对于通信应用的透明，网络层移动必须解决对通信应用全程使用不变 IP 地址的同时，对于路由使用节点当前所在网段可达的 IP 地址。移动 IPv6 巧妙地解决了这个问题。

DNS（域名系统）中移动节点的条目是关于家乡地址的，因此当移动节点改变网络接入点时，DNS 不需要改变。事实上，移动 IPv6 影响了数据分组的路由，但是又独立于路由协议（如 RIPng、OSPFv4 等）。

IETF 对于移动 IPv6 的研究主要分为两个工作组：Mobility for IPv6 工作组和 MIPv6 Signaling and Handoff Optimization 工作组，3GPP 和 ITU-T 也成立了相应的工作组。IPv6 已经成为互联网和移动通信网的公用基本协议。尽管 IPv6 标准源于互联网行业，但是从商业运营来讲，移动通信行业可能是最大的受益方。

IPv6 的出现是移动计算的一个重要里程碑。IPv6 在设计之初就考虑到了对移动通信的支持，将移动 IPv6 作为 IPv6 的基本组成部分，在设计中增加了许多支持移动性的功能。与移动 IPv6 有关的技术文档是 IETF 在 2004 年 6 月推出的 RFC 3775 和 RFC 3776。

**4．移动 IPv6 常用基本术语**

（1）移动节点（M0bile Node，MN）：具备移动功能并且能够从一条链路移动到另一条链路仍保持通信的节点。

（2）家乡地址（Home Address）：移动节点在本节点从属网络上分配得到的 IP 地址。

（3）家乡子网前缀：移动节点家乡地址的 IP 子网前缀。

（4）家乡网络（Home Network）：移动节点家乡子网前缀的网络。

（5）外地网络（Foreign Network）：移动节点除家乡网络之外的网络。

（6）转交地址（Care of Address，CoA）：移动节点在外地网络时，发往移动节点的数据包由转交地址来转交。转交地址可以被认为是移动节点在拓扑结构意义上的地址。转交地址的前缀是外地子网前缀。

（7）绑定（Binding）：移动节点在外地网络中的家乡地址与转交地址的关联，每个绑定中都包含"生存时间"等字段。

（8）家乡代理（Home Agent，HA）：移动节点家乡网络上的一台路由器，移动节点向其注册了当前的转交地址。当移动节点不在家乡网络上时，家乡代理截获家乡网络上发往移动节点的数据包，进行封装后，通过隧道发送给移动节点注册的转交地址。

（9）通信对端节点（Correspondent Node，CN）：与移动节点进行通信的对端节点，该节点可以是静止的，也可以是移动的。

（10）绑定管理密钥（Binding Management Key）：用于授权绑定缓存管理报文的密钥。

（11）生成密钥标识（Keygen Token）：由通信对端节点在返回路由测试过程中提供的一个数字，该数字可以使移动节点计算绑定管理密钥，授权一个绑定更新。

## 7.1.2　移动 IPv6 通信过程中的主要步骤

移动 IP 的主要目标是使移动节点总是通过家乡地址寻址，不管是连接到家乡网络还是移动到外地网络。移动 IP 在网络层加入了新的特性，使得在网络节点改变网络接入点时，运行在节点上的应用程序不需要修改或配置仍然可用。这些特性使得移动节点总是通过家乡地址进行通信。

移动 IPv6 通信的主要步骤如下。

### 1．移动检测

移动检测功能是移动节点通过移动检测确定当前连接的是家乡网络还是外地网络，同时判定移动节点是否从一条链路移动到另一条链路。若连接到外地网络，则移动节点会获得一个转交地址。移动检测也称为代理搜索。

移动检测分为二层移动检测及三层移动检测。移动 IPv6 依靠路由通告来确定是否发生了三层移动。移动节点在家乡网段的时候，在规定的时间间隔内能够周期性地收到路由前缀通告；若移动节点从家乡网络移动到外地网络，在规定的时间间隔内不会再收到家乡网段的路由通告，则认为发生了网络层移动。

### 2．获取转交地址

当移动节点连接到外地网络时，除了家乡地址，还可以通过一个或多个转交地址进行通信。转交地址是移动节点在外地网络上的 IP 地址。移动节点的家乡地址和转交地址之间的关联称为"绑定"。

获得转交地址的方式可以是无状态自动配置，也可以是有状态配置。最简单的方式是无状态自动配置，利用接收到的外地网络的路由前缀，与移动节点的接口地址合成转交地址。

### 3．转交地址注册

移动节点获得转交地址后，需要将转交地址与家乡地址的绑定分别通知给家乡代理，以及正在与移动节点通信的通信对端节点，这个过程分别称为家乡代理注册及通信对端节点注册。转交地址的注册主要通过绑定更新/确认报文来实现。注册报文使用的运输层协议是 UDP。

注册功能是移动节点向家乡代理通告该节点当前转交地址的一种认证机制，移动节点在移动到一个外地网络时需要注册，在返回家乡网络时需要撤销注册。移动节点向其家乡代理发送注册请求报文，家乡代理通过注册应答报文告诉移动节点注册的结果。

移动 IPv6 的实现离不开家乡网络上的家乡代理。当移动节点离开家乡网络时，要向家乡网络上的一台路由器注册自己的一个转交地址，要求这台路由器作为自己的家乡代理。家乡代理需要用代理邻居发现来截获家乡网络上发往移动节点家乡地址的数据包，通过隧道将截获的数据包发往移动节点的转交地址。为了通过隧道发送截获的数据包，家乡代理对数据包进行了 IPv6 封装，将外部 IPv6 分组首部地址设置为移动节点的转交地址。

### 4．隧道转发机制与三角路由

在移动节点已经完成了家乡代理注册但是还没有向通信对端节点注册时，通信对端节点发往移动节点的数据在网络层仍然使用移动节点的家乡地址。家乡代理会截获这些数据包，并根据已知的移动节点转交地址与家乡地址的绑定，通过 IPv6 in IPv6 隧道将数据包转发给移动节点。移动节点可以直接应答通信对端节点。这个过程称为三角路由。

### 5．往返可路由过程

往返可路由过程的主要目的是保证通信对端节点接收到的绑定更新报文的真实性和可靠性，其由两个并发过程组成：家乡测试过程和转交测试过程。

（1）家乡测试过程首先由移动节点发起家乡测试初始化报文，通过隧道经由家乡代理转发给通信对端节点，以此告知通信对端节点启动家乡测试所需的工作。通信对端节点收到家乡测试初始化报文后，先利用家乡地址及两个随机数 kcn 与 nonce 进行运算生成 home keygen token，然后利用返回给移动节点的家乡测试报文把 home keygen token 及 nonce 索引号告诉移动节点。

（2）转交测试过程首先由移动节点直接向通信对端节点发送转交测试初始化报文，通信对端节点将报文中携带的转交地址与 ken 和 nonce 进行运算生成 care-of keygen token，然后在返回移动节点的转交测试报文中携带 care-ofkeygen token 及 nonce 索引号。nonce 索引号本身是一个随机数。

移动节点先利用 home keygen token 和 care-of keygen token 生成绑定管理密钥 kbm，再利用 kbm 和绑定更新报文进行运算生成验证码 1，携带在绑定更新报文中。通信对端节点收到绑定更新报文后利用 home keygen token、care-ofkeygen token 及 nonce 索引号，与绑定更新报文进行运算，得出验证码 2。比较两个验证码，若相同，则通信对端节点可以判断绑定更新报文真实可信，否则，将视为无效。

**6．动态家乡代理地址发现过程**

通常，家乡网络前缀和家乡代理地址是固定的，但是也可能因为故障或其他原因重新配置。当家乡网络配置改变时，身在外地网络的移动节点需要依靠动态家乡代理地址发现过程发现家乡代理地址，需要借助目的地任播地址的 ICMP 报文实现，可以参考 RFC 3775。

# 7.2　移动 IPv6 的组成和特征

## 7.2.1　移动 IPv6 的组成和技术要求

移动 IPv6 的解决方案可以简单地归纳为以下 3 点。

（1）定义了家乡地址，上层通信应用全程使用家乡地址，保证了对应用的移动透明。

（2）定义了转交地址，从外地网络获得转交地址，保证了现有路由模式下通信可达。

（3）家乡地址与转交地址的映射，建立了上层应用使用的网络层标识与网络层路由使用的目的标识之间的关系。

家乡网络是具有本地子网前缀的网络，移动节点使用本地子网前缀创建或获得家乡地址，外地网络是移动节点移动到的网络，移动节点使用外地子网前缀创建转交地址。移动节点可以同时具有多个转交地址，但只有一个转交地址可以在移动节点的家乡代理中注册为主转交地址。

在移动 IPv6 中取消了外部代理。移动节点的家乡代理是家乡网络上的一台路由器，主要负责维护离开本地链路时移动节点及其使用的地址信息。移动 IPv6 中一个重要的组成部分是对端节点，对端节点是与离开家乡网络的移动节点进行通信的 IPv6 节点，对端节点可以是一个固定节点，也可以是一个移动节点。移动 IPv6 的组成如图 7-1 所示。

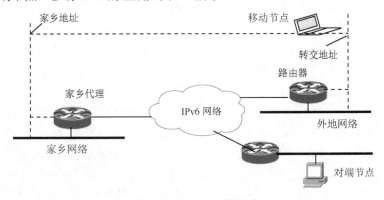

图 7-1　移动 IPv6 的组成

移动 IP 提供了一种 IP 路由机制，使移动节点能够以一个固定的 IP 地址连接到任何链路上。移动 IP 可以看作一个路由协议，只是与其他路由协议相比，移动 IP 具有特殊的功能，它的目的是将分组（数据报）路由到那些可能一直在快速改变位置的移动节点上。移动 IP 只将分组路由到移动节点的网络层，对 TCP 层及应用程序的改进不是移动 IP 的范畴。设计移动 IP 时有以下几点要求。

（1）移动节点在改变数据链路层的接入点后应仍能与 Internet 上的其他节点进行通信。

（2）无论移动节点连接到哪个数据链路层的接入点，它应仍能用原来的 IP 地址进行通信。

（3）移动节点应能与不具备移动 IP 功能的计算机进行通信。

（4）移动节点不应比 Internet 上的其他节点面临新的或更多的安全威胁。

移动 IPv6 网络节点、网络功能部件的部署需要有 QoS 保证。IPv6 QoS 支持架构的主要研究内容如下。

（1）认证授权计费（AAA），主要研究在移动 IPv6 条件下的移动节点的身份验证、访问控制及相关的计费策略。这中间涉及的访问控制也涵盖部分的 QoS 控制。

（2）鲁棒性报头（首部）压缩（RoHC），提高了网络带宽的利用率，在某种程度上也包含 QoS。

（3）移动切换方面的研究，IETF 专门为优化切换成立了 seamoby 工作组，目前关于快速切换、内容转移等方面的研究也比较活跃。

（4）移动 IPv6 下的信令研究，针对移动 IPv6 的特色，提出了适用于该环境的 QoS 控制信令。

## 7.2.2 移动 IPv6 工作原理

（1）移动节点采用 IPv6 的路由搜索机制确定它的转交地址。当移动节点连接到它的外地网络上时，它采用 IPv6 定义的地址自动配置方法得到外地网络上的转交地址。由于移动 IPv6 没有外地代理，因此移动 IPv6 中唯一的转交地址是配置转交地址，移动节点用接收的路由器通告报文中的 M 标志位来决定采用哪一种方法。如果 M 标志位为 0，那么移动节点采用被动地址自动配置，否则移动节点采用主动地址自动配置。

（2）移动 IPv6 中的通告和移动 IPv4 中的注册有很大的不同。在移动 IPv4 中，移动节点通过 UDP/IP 包中携带的注册信息将它的转交地址告诉家乡代理，相反地，移动 IPv6 中的移动节点用目的地址可选项（Destination Options）来通知其他节点它的转交地址。移动 IPv6 通告定义的 3 条报文为绑定更新（Binding Update）、绑定应答（Binding Acknowledgment）和绑定请求（Binding Request）。这些报文都被放在目的扩展首部中，表明这些报文都只被最终目的节点检查。

（3）当移动节点在家乡网段中时，它与通信对端节点之间按照传统的路由技术进行通信，不需要移动 IPv6 的介入。当移动节点离开家乡网络时，家乡网络的一些节点可能重新配置，执行家乡代理功能的路由器被其他路由器代替，在这种情况下，移动节点可能不知道自己的家乡代理的 IP 地址。移动 IPv6 提供了一种动态家乡代理地址发现机制，移动节点可以动态地发现家乡网络上家乡代理的 IP 地址，离开家乡网络时，移动节点将在这个家乡代理上注册转交地址。

（4）如果通信对端节点不知道移动节点的转交地址，那么它就像向其他任何固定节点发送分组那样向移动节点发送分组。这时，通信对端节点先只将移动节点的家乡地址（也是它唯一知道的地址）放入目的 IPv6 地址字段，并将它自己的地址放入源 IPv6 地址字段，然后将分组转发到合适的下一跳上（由它的 IPv6 路由表决定）。这样发送的一个分组将被送往移动节点的家乡网络，家乡代理截获这个分组，并通过隧道将它送往移动节点的转交地址。移动节点将送过来的包拆封，发现内层分组的目的地是它的家乡地址，于是将内层分组交给高层协议处理。

（5）当移动 IPv6 节点连接到外地网络时，采用 IPv6 的地址自动配置方法获得外地网络上的转交地址及默认路由器，并将最新的转交地址通知家乡代理，进行注册。家乡代理将发送给移动节点的报文通过 IPv6 over IPv6 隧道机制转发到移动节点的转交地址。同时，移动节点使用转交地址作为源地址与其他通信对端节点继续通信，在其发送的 IPv6 分组中携带了目的选项扩展首部，该扩展首部含有该移动节点的家乡地址和家乡代理的信息，其他通信对端节点接收到该 IPv6 分组后，先将 IPv6 分组中的源地址转换成移动节点的家乡地址，再传送给上层协议，实现与移动节点的连接。

网络中获知移动节点转交地址的通信对端节点直接将上层协议数据发往移动节点的转交地址。对于未获知移动节点转交地址的通信对端节点，按照正常路由机制，先把报文传送到移动节点的家乡网络，再由移动节点的家乡代理通过隧道机制把该报文转发给移动节点。

（6）当移动节点移动到外地网络时，移动节点的家乡地址保持不变，同时获得一个临时的 IP 地址（转交地址）。移动节点把家乡地址与转交地址的映射告知家乡代理。通信对端节点与移动节点通信仍然使用移动节点的家乡地址，数据包仍然发往移动节点的家乡网段。家乡代理截获这些数据包，并根据已获得的映射关系通过隧道机制将其转发给移动节点的转交地址。移动节点也会将家乡地址与转交地址的映射关系告知通信对端节点，当通信对端节点知道了移动节点的转交地址时，可以直接将数据包转发到其转交地址所在的外地网段，这样通信对端节点与移动节点之间就可以直接进行正常通信。

（7）移动 IPv6 同时采用隧道和源路由技术向连接在外地网络上的移动节点传送分组。移动节点的转交地址的通信对端节点可以利用 IPv6 类型 2 路由首部直接将分组发送给移动节点，这些数据报不需要经过移动节点的家乡代理，它们将经过从始发点到移动节点的一条优化路由。

由于每个移动 IPv6 分组都包含家乡地址选项，因此发送方的移动节点可以把家乡地址告诉接收方的通信对端节点，而转交地址对于移动 IPv6 层次的上层（如运输层）是透明的。

## 7.2.3 移动 IPv6 的基本操作

移动 IPv6 的操作主要涉及移动节点与通信对端节点之间，以及移动节点与家乡代理之间的通信步骤。

移动节点从本地链路移动到外地网络时，必须获取转交地址，并向家乡代理注册，有时还需要进行发现家乡代理的操作。获取转交地址的步骤如下。

（1）确定是否移动，通过检测当前默认路由器是否可达，或者是否出现新的默认路由器，确定移动节点是否移动。

（2）获得转交地址，在外地网络中的移动节点，向路由器发送多播路由请求报文，或者被动地等待路由器发送的路由通告报文，移动节点可以发现新的路由器，以及信道链路在线子网前缀，先依据子网前缀形成新的转交地址（也称为主转交地址），再对这个新的转交地址进行重复地址检测，确定它的唯一性。需要注意的是，无线环境中可能存在多条可用的链路，当前链路上可能存在多个可用的子网前缀，移动节点通过自动配置可能获得多个转发地址。

（3）发现家乡代理地址，在一般情况下，家乡网络可能有多台路由器，当移动节点切换到新的外地网络后，家乡网络可能进行重新配置，存在原家乡代理由一台新的路由器替代的情况。移动节点在进行家乡代理注册时，需要通过动态家乡代理发现机制，发送和接收 ICMPv6 的家乡代理地址发现请求报文和家乡代理地址发现应答报文，寻找家乡网络上的家乡代理地址。

（4）移动节点和家乡代理的绑定更新，在移动节点使用主转交地址时，必须向家乡代理注册，进行移动节点和家乡代理的绑定更新。移动节点向家乡代理发送 ICMPv6 的绑定更新报文，家乡代理接收以后，向移动节点发送 ICMPv6 的绑定确认报文，在此过程中，移动节点完成绑定更新列表的维护，家乡代理完成绑定缓存和家乡代理列表的维护。移动节点应向其绑定更新列表中的所有节点发送 ICMPv6 的绑定更新报文，刷新移动节点与这些节点的绑定关系，通告新的转交地址。

（5）家乡代理使用代理邻居发现机制，接收移动节点家乡地址发来的分组，按主转交地址转发给已经切换到外地网络的移动节点。

（6）由移动节点发起和结束移动节点与通信对端节点的绑定。移动节点在完成与家乡代理的绑定更新后，开始进行与通信对端节点的绑定。移动节点先向通信对端节点发送 ICMPv6 的绑定更新报文，通信对端接收以后，向移动节点发送 ICMPv6 的绑定确认报文。此时考虑到与通信对端节点绑定更新的安全性，移动节点在发起与通信对端节点绑定更新的同时，需要启动一个返回路径和确定是否创建绑定密钥，用于检查通信对端节点是否可以通过家乡代理或转交地址访问移动节点。

移动 IPv6 的基本操作如图 7-2 所示。在图 7-2 中，垂直方向的虚线表示时间，越向下表示时间越长，图中也标明了用到的 ICMPv6 报文的名称，以及每次交互时的报文序列号。图中最右侧给出的序列号表示移动 IPv6 的基本操作顺序，①获取转交地址；②家乡代理地址发现；③移动节点与家乡代理绑定；④分组接收与转交；⑤移动节点与通信对端节点绑定更新。

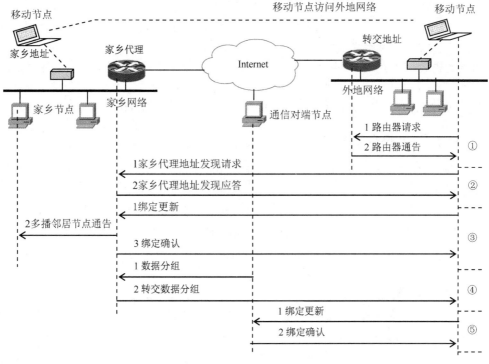

图 7-2　移动 IPv6 的基本操作

# 7.3　移动 IPv6 新增的内容

## 7.3.1　移动 IPv6 增加的新协议及内容

移动 IPv6 新定义了两个扩展首部：一个是移动首部，该首部携带 MIPv6 的主要协议报文，用于绑定和路由优化的实现；另一个是第 2 类路由首部，用于通过优化路由直接传送通信对端节点至移动节点数据包时携带移动节点的家乡地址。

新定义了一个家乡地址选项，该选项置于目的选项扩展首部，用于移动节点至通信对端节点发送数据包时携带通信对端节点的家乡地址。

移动 IPv6 增加的移动首部提供用于执行移动节点到通信对端节点的返回路由可达过程的 4 种报文（消息）：家乡测试初始化、家乡测试、转交测试初始化、转交测试。

移动 IPv6 用 4 种报文来确保绑定更新信息的正确性：绑定更新，用于移动节点通知通信对端节点或移动节点家乡代理其当前的绑定，移动节点将绑定更新发送到移动节点家乡代理，以注册其主转交地址，这个过程也称为家乡注册；绑定确认，用于确认收到了绑定更新；绑定更新请求，要求移动节点与通信对端节点重新建立绑定；绑定错误，用于表示有关移动性的错误。

移动 IPv6 定义了新的移动选项，包括绑定更新建议、备用转交地址、随机数索引、绑定授权数据和家乡地址选项。

移动 IPv6 为邻居发现协议定义了两个新的选项：新的通告时间间隔选项、家乡代理信息选项。

移动 IPv6 引入了 4 种新的 ICMPv6 报文类型。用于动态家乡代理发现机制的有 2 种：家乡代理地址发现请求报文、家乡代理地址发现响应报文。用于网络重组和移动节点地址配置的有 2 种：移动前缀请求报文、移动前缀通告报文。

移动 IPv6 为移动节点定义了 3 种概念性数据结构：绑定缓存、绑定更新列表、家乡代理列表。

（1）绑定缓存用来保存其他节点的绑定信息表项，如移动节点的家乡注册、通信对端注册等，该缓存由家乡代理和通信对端节点维护。移动 IPv6 节点在发送分组时，应先根据目的地址搜索绑定缓存，若发现了匹配的表项，则将转交地址作为分组目的地址，同时把原目的地址字段放在增加的家乡地址表项中。

（2）绑定更新列表，该列表由一个移动节点维护，移动节点具有的和正在试图与特定节点建立的绑定，在列表中均有对应的表项，移动节点在绑定更新列表中记录了每个尚未过期的与绑定更新相关的信息，如移动节点发向通信对端节点、家乡代理的所有绑定更新。在某个表项的绑定生存周期超过时，将被删除。

（3）家乡代理列表记录了作为家乡代理的路由，可以通过路由通告报文获得每个家乡代理的信息，用于动态家乡代理地址发现机制。家乡代理需要知道在同一条链路上的其他家乡代理，该列表用于在动态家乡代理地址发现期间通知移动节点。家乡代理列表与邻居发现机制中节点维护的默认路由器列表类似。

## 7.3.2　移动 IPv6 的新特性

IPv6 协议在制定之初就考虑了移动性问题，在 IPv6 协议基本理论中有许多针对移动问题的内容，这使得 IPv6 的移动解决方案具有许多新的特性，主要表现在以下方面。

（1）IPv6 巨大的地址空间可以充分满足移动 IPv6 节点对地址的需求。移动 IPv6 要求在发送给其他通信对端节点的报文（分组）中，以转交地址为源 IP 地址，使用转交地址解决入口过滤问题。无状态地址自动配置机制使得移动 IPv6 中的移动节点可以方便地获得转交地址，这使得移动IPv6 的部署简单方便。

（2）移动 IPv6 使用目的选项扩展首部和路由扩展首部，改善了路由性能，解决了三角路由问题，使用目的选项扩展首部通告移动节点的家乡地址，其他通信对端节点后续发送的报文以移动节点的转交地址为目的地址，路由扩展首部中包含移动节点的家乡地址，可以避免在移动过程中丢失报文。

（3）地址自动配置，IPv6 有足够多的全球地址，移动 IPv6 可以为每个移动节点分配一个全球唯一的临时地址。IPv6 实现了一种称为无状态地址自动配置的机制，任意节点都可以根据当前所在链路的前缀信息及自己的网络接口信息自动生成一个全球地址。IPv6 的地址自动配置机制使得移动节点可以很容易地得到转交地址，不需要人为参与。

（4）邻居发现，在邻居发现中规定，路由器应该定期通告、发送其前缀信息，移动节点根据这些前缀信息能够快速地判断自己是否发生了移动，并通过地址自动配置机制得到转交地址；邻居发现还定义了代理通告的概念，使得家乡代理可以通过发送代理邻居通告报文，截获发送到移动节点家乡地址的分组，并通过隧道把这个数据报发送到移动节点的转交地址。

（5）内嵌的安全机制，IPv6 内置安全机制且已经标准化，安全部署在更加协调统一的层次上。移动 IPv6 使用支持 IPSec 的 AH 扩展首部和 ESP 扩展首部，可以满足家乡代理路由器更新绑定时的安全需求，如发送方认证、数据完整性等。同时，可以利用 IPv6 的新特性，为移动 IPv6 专门设计安全机制。

（6）黑洞检测，移动 IPv6 中的移动检测机制提供移动节点和它的当前路由器之间的双向可到达确认机制，即移动节点可以随时知道当前路由器是否继续可达，路由器也可以知道移动节点是否继续可达。若移动节点检测到当前路由器不可达，则它会请求另外一台路由器。而移动 IPv4 只提供"前向"可达的检测机制，即路由器可以随时确认移动节点是否继续可达，但是移动节点却不能检测路由器是否继续可达。

（7）路由首部，IPv6 定义了路由首部，在路由首部中指定了分组在从源节点到目的节点的过程中应该经过的节点的地址。大多数发送到移动节点的分组都要使用路由首部，分组的目的地址是移动节点的转交地址，并且包含一个路由首部，路由首部的下一跳是这个移动节点的家乡地址。

（8）移动 IPv6 利用任播地址实现动态家乡代理发现机制，移动节点通过给家乡代理的任播地址发送绑定更新报文，从几个家乡代理中选择一个当前合适的家乡代理。

移动节点家乡网络上的所有路由器都配置为移动 IPv6 任播地址，移动节点把家乡代理地址发现请求报文发送到移动 IPv6 任播地址，所有的家乡代理都能收到这条报文，但是有且仅有一个家乡代理对此做出应答。

（9）透明性实现，IPv6 协议的移动选项可以放在扩展首部中，移动 IPv6 实现了可扩充性、灵活性。当通信对端节点接收到来自移动节点带有目的选项扩展首部的报文时，将自动把报文的源地址替换成目的选项扩展首部中的家乡地址，使得转交地址的使用对上层协议透明。

（10）移动节点定义了移动 IPv6 扩展首部，通过其中的家乡地址选项，通信对端节点在收到移动节点的分组时，将转交地址替换成家乡地址，从而实现通信对端节点对上层协议的透明性。借助第二类路由首部，移动节点在收到通信对端节点的 IP 分组时，从路由首部中重新提取家乡地址作为分组的最终地址，实现移动节点对上层协议的透明性。

（11）利用移动 IPv6 扩展首部，可以保证 IP 分组能够正常通过防火墙等具有 IP 过滤功能的网络设备。对于通信对端节点，移动节点发送分组时使用家乡地址选项，可以使其不必知道移动节点的转交地址；对于移动节点上的应用程序，通信对端节点发送分组时采用路由首部，可以使应用程序不必知道移动节点的转交地址。

（12）移动 IPv6 中的移动节点能把自己的转交地址告诉每个通信对端节点，可以实现移动节点与通信对端节点绑定，通信对端节点直接与移动节点的转交地址通信，从而有效地避免了三角路由问题。这种优化功能使得通信对端节点和移动节点之间可以进行直接路由，不需要经过移动节点的家乡网络。

（13）移动 IPv6 支持路由器在路由器通告报文中用 H 标志位指示该路由器是否可以作为家乡代理，允许在一条链路上存在多个家乡代理，移动节点可以向任意一个家乡代理注册。

（14）移动 IPv6 中的重定向机制保证了移动过程中通信的连续性，当移动节点在网络之间切换、向家乡代理重新注册时，利用重定向机制可以很容易重新找到该移动节点。

## 7.3.3 移动 IPv6 与移动 IPv4 的比较

### 1. 移动 IPv4 的不足

在移动性方面，IPv4 网络提出的是一种补救性的措施，移动 IPv4 有很多不完善的地方，主要表现在以下几个方面。

（1）在移动 IPv4 中，存在一个外地代理的概念，它实际上是外地网络上的一台路由器，由它来为移动到本链路的移动节点接收分组。移动节点离开本地网络后，需要通过家乡代理转发给该移动节点的数据，会对本地网络和家乡代理带来很大影响，并有可能引起单点故障。

（2）在移动 IPv4 中，有两种转交地址：配置转交地址和代理转交地址。其中，配置转交地址通过配置规程（如 DHCP、BOOTP 等协议）得到，它是一个真正独立的 IPv4 地址，此时，移动节点可以用此地址发送或接收分组；代理转交地址实际上就是外地代理的地址，外地代理代替移动节点接收分组，先简单处理后，再传送给移动节点。

（3）移动 IPv4 中存在三角路由问题。由通信对端节点送给连接在外地网络上的移动节点的分组先被路由到它的家乡代理上，然后经隧道送到移动节点的转交地址，然而，由移动节点发出的分组却被直接路由到了通信对端节点，这构成了一个三角形。在安全性方面，移动 IPv4 采用的是静态配置的移动 SA，因此不能对移动 IPv4 进行路由优化。

### 2. 移动 IPv4 与移动 IPv6 的比较

移动 IPv6 从移动 IPv4 中借鉴了许多概念和术语，如 IPv6 中的移动节点（MN）、家乡代理（HA）、家乡地址、家乡网络、转交地址和外地网络等概念和移动 IPv4 几乎一样，但二者还是有差别的，移动 IPv4 与移动 IPv6 的比较如表 7-1 所示。

表 7-1 移动 IPv4 与移动 IPv6 的比较

| 移动 IPv4 具有的概念 | 移动 IPv6 具有的概念 |
| --- | --- |
| 移动节点、家乡代理、家乡网络、外地网络 | 相同 |
| 移动节点的家乡地址 | 全球可路由的家乡地址和链路本地地址 |
| 外地代理、外地转交地址 | 外地网络上的一个纯 IPv6 路由器，没有外地代理，只有配置转交地址 |
| 配置转交地址，通过代理搜索、DHCP 或手工得到转交地址 | 通过主动地址自动配置、DHCP 或手工得到转交地址 |
| 代理搜索 | 路由器搜索 |
| 向家乡代理的经过认证的注册 | 向家乡代理和其他通信对端节点的带认证的通知 |
| 到移动节点的数据传送采用隧道 | 到移动节点的数据传送可采用隧道和源路由 |
| 由其他协议完成的路由优化 | 集成了路由优化 |
| 32 位 IP 地址空间 | 128 位 IP 地址空间 |
| 不支持自动配置 | 支持自动配置 |
| IPSec 为可选 | 内置 IPSec、安全扩展首部 |

移动 IPv6 不需要外部代理，只定义了一种转交地址，因为无状态自动配置和邻居发现提供了所需的功能，它们是内建在 IPv6 中的，移动节点通过邻居发现和地址自动配置方法，得到了配置转交地址。RFC 2473 描述和定义了 IPv6 内的 IPv6 隧道，也是家乡代理在把分组转发到移动节点的转交地址时所做的工作，移动 IPv6 允许通信对端节点发送的分组可以不经过家乡代理，直接路

由到移动节点。对于移动 IPv4，发送给移动节点的所有分组通常都要经过家乡代理，这容易构成三角路由。

当移动节点不在本地网络时，移动 IPv6 通过 IPv6 路由首部而不通过隧道来路由，移动 IPv6 不需要维持隧道软状态。移动 IPv6 使用扩展首部，把移动节点的家乡地址及其转交地址的绑定缓存起来，从而使分组能够直接被发送到它的转交地址上。从属于外部网络的移动节点使用它的转交地址作为发送分组时的源地址，该移动节点的家乡地址位于目的地选项首部中，这意味着会话控制信息也是装载在同一个分组上的。在移动 IPv4 中，这些控制报文必须在单独的 UDP 分组中发送。把转交地址用作源地址简化了多播路由。

对于移动 IPv4，为了使用家乡地址作为多播分组的源地址，多播分组必须被隧道到家乡代理上。而在移动 IPv6 中，这些信息被包含在目的地选项首部中，并且可以被每个进行接收的节点处理。对于移动 IPv4，在移动节点连接外地网络的时候，所有发往家乡地址的分组必须被封装。移动 IPv6 的动态本地代理地址发现机制单独返回一个应答。而移动 IPv4 采用广播的方法，这时本地网络中的所有本地代理都会分别返回应答。

对于移动 IPv6，发往移动节点家乡地址的分组仍然被封装，但是在发生绑定更新的时候，曾经直接交换的分组可以使用路由首部进行发送，这样效率更高，而且增加的额外荷载会更少。对于移动 IPv4，移动节点通过发出广播请求来检测家乡代理，因此会从同一网段中所有的家乡代理中收到各自的应答。而对于移动 IPv6，该请求是通过任播地址发出的，只会有一个应答。

移动 IPv6 支持路由优化，移动 IPv6 路由优化不需要预先指定的安全机制，移动 IPv6 允许路由优化使得路由器兼顾效率和入口过滤。移动 IPv6 不需要使用 ARP，这也增加了其健壮性。

# 7.4　移动 IPv6 报文和选项格式

## 7.4.1　移动报文首部格式

### 1．移动 IPv6 报文

移动 IPv6 报文包括家乡测试初始报文、家乡测试报文、转交测试初始报文、转交测试报文、绑定更新报文、绑定确认报文、绑定错误报文。

为了支持家乡代理地址的自动发现和移动配置，移动 IPv6 引入了一些新的 ICMPv6 报文，用于支持家乡代理地址的自动发现及移动配置机制。这些新的 ICMPv6 报文包括：家乡代理地址发现请求报文、家乡代理地址发现应答报文，用于移动节点动态发现家乡代理的地址；移动前缀请求报文、移动前缀应答报文，用于网络的重新编号和移动配置机制。

### 2．移动 IPv6 首部格式

移动 IPv6 首部是移动节点、通信对端节点和家乡代理在绑定创建管理过程中，所有报文都要使用的扩展首部。移动 IPv6 首部用在前一个首部中的下一个首部字段值 135 来标识。移动 IPv6 为管理移动性，需要比 IPv6 交换更多的报文。所有报文都是封装在 IPv6 的扩展首部、移动首部之中进行传送的。移动首部的格式如图 7-3 所示。

移动首部中各字段的含义如下。

（1）有效荷载协议，占 8 位，表示紧跟在移动首部之后的首部类型，与 IPv6 下一个首部字段值相同。该字段用于扩展。RFC 3775 规定，该字段值应该设置为 IPPROTO_NONE（59）。

（2）首部长度，占 8 位，该字段值为无符号整数，以 8 字节为单位，表示移动首部的长度，不包括前 8 字节。要求移动首部的长度必须是 8 位的整数倍。

（3）移动首部类型，占 8 位，标识该移动首部的报文类型，不能识别的移动首部类型会导致返回一个错误标识。

（4）保留，占 8 位，用于将来扩充使用，发送方将该字段值设置为全 0，接收方将忽略该字段。

（5）校验和，占 16 位，该字段值为无符号整数，内容为移动首部的校验和，校验范围是以伪首部为基础进行的。

（6）报文数据，包含对应移动首部类型中类型值的移动选项。

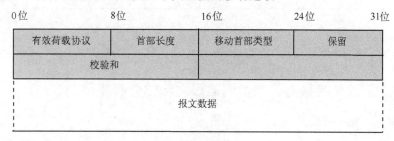

图 7-3　移动首部的格式

## 7.4.2　绑定更新请求报文和家乡测试初始报文

### 1．绑定更新请求报文

绑定更新请求报文要求移动节点更新其移动绑定，移动首部类型字段值为 0，移动首部中绑定更新请求报文的格式如图 7-4 所示。

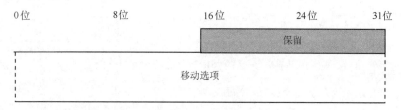

图 7-4　移动首部中绑定更新请求报文的格式

绑定更新请求报文的报文数据部分有 2 个字段，含义如下。

（1）保留，占 16 位，发送方将该字段值设置为全 0，接收方将忽略该字段。

（2）移动选项，该字段包含零个或多个 TVL 编码的移动选项，接收方将忽略和跳过其无法解析的选项。该字段的长度必须是 8 字节的整数倍。若该报文中不存在实际选项，则不需要填充位，此时，首部长度字段值将设置为 0。移动选项允许对已定义的绑定更新请求报文格式进行进一步扩展。

### 2．家乡测试初始报文

家乡测试初始报文用于返回路径可达过程，并请求来自通信对端节点的家乡密钥生成令牌。移动首部类型字段值为 1，移动首部中家乡测试初始报文的格式如图 7-5 所示。

家乡测试初始报文的报文数据部分有 3 个字段，含义如下。

（1）保留，占 16 位，发送方将该字段值设置为全 0，接收方将忽略该字段。

（2）家乡初始 cookie，占 32 位，是由移动节点生成的一个随机值。

（3）移动选项，该字段包含零个或多个 TVL 编码的移动选项，接收方将忽略和跳过其无法解析的选项。该字段的长度必须是 8 字节的整数倍。RFC 3775 未定义任何对于家乡测试初始报文有效的选项。若该报文中不存在实际选项，则不需要填充位，此时首部长度字段值将设置为1。

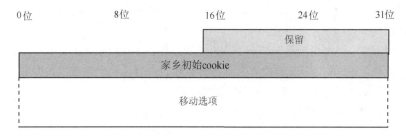

图 7-5　移动首部中家乡测试初始报文的格式

当移动节点离开家乡时，该报文使用隧道通过家乡代理传输。这种隧道模式使用 IPSec ESP。

### 7.4.3　转交测试初始报文、家乡测试报文和转交测试报文

#### 1．转交测试初始报文

移动节点使用转交测试初始报文初始化返回路由可达过程，并请求来自通信对端节点的转交密钥生成令牌。移动首部类型字段值为 2，移动首部中转交测试初始报文的格式如图 7-6 所示。

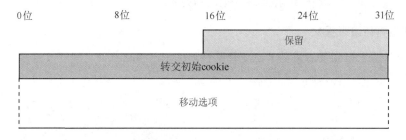

图 7-6　移动首部中转交测试初始报文的格式

转交测试初始报文的报文数据部分有 3 个字段，含义如下。

（1）保留，占 16 位，发送方将该字段值设置为全 0，接收方将忽略该字段。

（2）转交初始 cookie，占 64 位，是由移动节点生成的一个随机值。

（3）移动选项，该字段包含零个或多个 TVL 编码的移动选项，接收方将忽略和跳过其无法解析的选项。该字段的长度必须是 8 字节的整数倍。

#### 2．家乡测试报文

家乡测试报文是对家乡测试初始报文的响应，家乡测试报文从通信对端节点发送至移动节点。移动首部类型字段值为 3，移动首部中家乡测试报文的格式如图 7-7 所示。

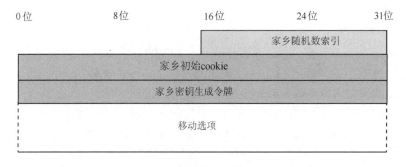

图 7-7　移动首部中家乡测试报文的格式

家乡测试报文的报文数据部分有 4 个字段，含义如下。

（1）家乡随机数索引，由通信对端节点生成，发送给移动节点。在后续的绑定过程中，移动节点将该字段返回给通信对端节点。

（2）家乡初始 cookie，占 64 位，内容为家乡初始 cookie，它是由移动节点生成的一个随机值。

（3）家乡密钥生成令牌，占 64 位，由通信对端节点生成，发送给移动节点。

（4）移动选项，该字段包含零个或多个 TVL 编码的移动选项，接收方将忽略和跳过其无法解析的选项。该字段的长度必须是 8 字节的整数倍。

### 3. 转交测试报文

转交测试报文是对转交测试初始报文的响应，该报文从通信对端节点发送至移动节点。移动首部类型字段值为 4，移动首部中转交测试报文的格式如图 7-8 所示。

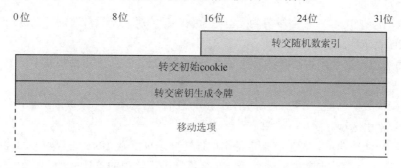

图 7-8　移动首部中转交测试报文的格式

转交测试报文的报文数据部分有 4 个字段，含义如下。

（1）转交随机数索引，由通信对端节点生成，发送给移动节点。在后续的绑定过程中，移动节点将该字段返回给通信对端节点。

（2）转交初始 cookie，占 64 位，内容为转交初始 cookie，它是由移动节点生成的一个随机值。

（3）转交密钥生成令牌，占 64 位，由通信对端节点生成，发送给移动节点。

（4）移动选项，该字段包含零个或多个 TVL 编码的移动选项，接收方将忽略和跳过其无法解析的选项。该字段的长度必须是 8 字节的整数倍。

## 7.4.4　绑定更新报文、绑定确认报文和绑定错误报文

### 1. 绑定更新报文

移动节点使用绑定更新报文通知其他节点自己新的转交地址。移动首部类型字段值为 5，移动首部中绑定更新报文的格式如图 7-9 所示。

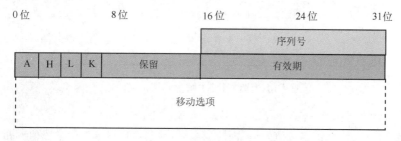

图 7-9　移动首部中绑定更新报文的格式

绑定更新报文的报文数据部分有 8 个字段，含义如下。

（1）确认位（A），移动节点设置此位，该位置 1 表示要求对方在收到此绑定更新报文后返回一个绑定确认报文。

（2）家乡注册位（H），移动节点设置此位，该位置 1 指明请求对方作为自己的家乡代理。该报文应发向与移动节点家乡地址前缀有相同子网前缀的、有家乡代理功能的路由器。

（3）链路本地地址兼容位（L），当移动节点的家乡地址和移动节点的链路本地地址具有相同的网络接口标识符时，该位设置为 1。

（4）移动性密钥管理位（K），若手动设置 IPSec，则必须设置该位为 0。该位仅在发送至家乡代理的绑定更新中有效，在其他绑定更新中应清除。通信对端节点应忽略该位。

（5）保留，发送方将该字段值设置为全 0，接收方将忽略该字段。

（6）序列号，占 16 位，该字段值为无符号整数。发送方用于匹配绑定更新和绑定确认，接收方用于排序绑定更新。

（7）有效期，占 16 位，该字段值为无符号整数。指明绑定的有效时间，单位是 4s。若该字段值为 0，则表明请求删除绑定记录。

（8）移动选项，该字段的长度必须是 8 字节的整数倍。在绑定更新报文中，该字段可以是如下 3 个选项。

① 绑定授权数据选项，在发送至通信对端节点的绑定更新中，此选项是必需的。

② 随机数索引选项。

③ 备用转交地址选项。若没有指定备用地址转交选项，则 IPv6 首部中的源地址将被认为是转交地址，对通信对端节点来说，转交地址必须是一个可路由的单播地址，否则这个绑定更新应简单丢弃。

若该报文中不存在实际选项，则需要 4 字节填充，并且首部长度字段值设置为 1。

可以通过将有效期设置为 0、转交地址设置为家乡地址来标识绑定的删除。在删除过程中，绑定管理密钥的生成只依赖家乡密钥生成令牌。

若任何以通信对端节点为主机的应用程序都需要与移动节点通信，则在有效期之前通信对端节点不应该删除绑定缓存记录。过早地删除绑定缓存记录可能会导致包含家乡地址目的地选项的后续分组从移动节点中丢弃。

**2．绑定确认报文**

绑定确认报文用于确认收到了绑定更新，移动首部类型字段值为 6，移动首部中绑定确认报文的格式如图 7-10 所示。

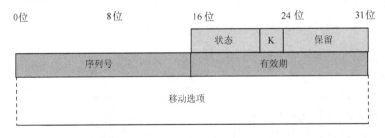

图 7-10　移动首部中绑定确认报文的格式

绑定确认报文的报文数据部分有 6 个字段，含义如下。

（1）状态，占 8 位，该字段值为无符号整数。移动节点可以通过该字段值判断绑定更新是否被接收，或者判断失败的原因。该字段值小于 128 表明更新被接收，大于或等于 128 表明被拒绝。状态值编码的含义如表 7-2 所示，其中，Nonce 是仅用一次的随机数。

表 7-2　状态值编码的含义

| 状态字段编码 | 含义 | 状态字段编码 | 含义 |
| --- | --- | --- | --- |
| 0 | 接收的绑定更新 | 133 | 无该移动节点的家乡代理 |
| 1 | 接收但需要前缀发现 | 134 | 重复地址发现失败 |
| 128 | 未指定原因 | 135 | 序列号溢出 |
| 129 | 管理层禁止 | 136 | 过期的 Home Nonce Index |
| 130 | 资源不足 | 137 | 过期的 Care of Nonce Index |
| 131 | 不支持家乡注册 | 138 | 过期的 Nonce |
| 132 | 无家乡子网 | 139 | 未允许的注册类型或改动 |

（2）移动性密钥管理位（K），若该位设置为 0，则用于指明在移动节点和家乡代理之间建立 IPSec SA 的协议没有免于移动。IPSec SA 本身期望免于移动。对于通信对端节点，必须将该位设置为 0。

（3）保留，发送方将该字段值设置为全 0，接收方将忽略该字段。

（4）序列号，该字段内容从绑定更新报文中复制。移动节点用该字段值匹配绑定更新请求和确认。

（5）有效期，指明该绑定记录的有效时间，以 4s 为单位。

（6）移动选项，该字段的长度必须是 8 字节的整数倍。在绑定确定报文中，该字段可以是如下 2 个选项。

① 绑定授权数据选项，在通信对端节点发送的绑定确认中，此选项是必需的。

② 绑定刷新建议选项。

若该报文中不存在实际选项，则需要 4 字节填充，并且首部长度字段值设置为 1。

### 3．绑定错误报文

通信对端节点使用绑定错误报文表示与移动相关的错误。移动首部类型字段值为 7，移动首部中绑定错误报文的格式如图 7-11 所示。

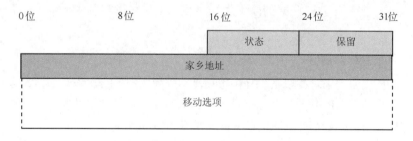

图 7-11　移动首部中绑定错误报文的格式

绑定错误报文的报文数据部分有 4 个字段，含义如下。

（1）状态，占 8 位，该字段值为无符号整数，用于表示错误的原因。目前定义的状态值有两个：1 表示对家乡地址目的选项未知的绑定；2 表示未知的移动首部类型值。

（2）保留，发送方将该字段值设置为全 0，接收方将忽略该字段。

（3）家乡地址，在家乡地址目的选项中包含的家乡地址。移动节点有可能有多个家乡地址，移动节点可以使用该字段内容确定是哪个家乡地址的绑定出现了问题。

（4）移动选项，该字段包含零个或多个 TVL 编码的移动选项，接收方将忽略和跳过其无法解析的选项。该字段的长度必须是 8 字节的整数倍。

对于不需要在所有发送的绑定错误报文中出现的报文内容，可能存在与这些绑定错误报文相关的附加信息。移动选项允许对已经定义的绑定错误报文格式进行进一步扩展。

若该报文中不存在实际选项，则不需要字节填充，并且首部长度字段值应设置为2。

# 7.5 移动选项

## 7.5.1 移动选项格式

移动选项位于移动首部的报文数据部分，跟在移动首部的固定部分之后，它的存在与否及数目可以通过计算移动首部的长度得到。使用移动选项的目的是增加灵活性，允许某些报文的必要选项不出现在其他任何报文中，提供了按需增减移动选项的机制，既控制了移动首部的大小，又方便了以后的扩展。

### 1．移动选项格式中的字段

移动选项在移动报文数据字段编码时，采用 TLV 格式。移动选项格式如图 7-12 所示。

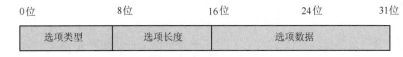

图 7-12　移动选项格式

移动选项格式有 3 个字段，含义如下。

（1）选项类型，占 8 位，当处理包含移动选项的移动首部时，若选项类型无法识别，则接收方必须跳过并忽略该选项，继续处理剩下的选项。

（2）选项长度，占 8 位，该字段值为无符号整数，以字节为单位，表示移动选项的长度，不包括选项类型和选项长度。

（3）选项数据，对应指定选项的数据。执行时必须忽略任何无法解析的移动选项。

移动选项可能会有长度排列的要求。例如，宽度为 $n$ 字节的字段从首部开始以 $n$ 字节的整数倍放置。

### 2．Pad1 和 PadN 选项

Pad1 和 PadN 主要用于对齐填充。Pad1 选项没有排列要求，Pad1 选项的格式是一个特例，没有选项长度和选项数据。Pad1 选项用于在移动首部的移动选项区域中插入 1 字节的填充，若要求多个填充，则应使用 PadN 选项。Pad1 选项格式如图 7-13 所示。

PadN 选项也没有排列要求，用于在移动首部的移动选项区域中插入 2 字节或多字节的填充。对于 $N$ 字节填充，选项字段值为 $N-2$，选项数据由 $N-2$ 个 0 值字节组成。接收方必须忽略 PadN 选项数据。PadN 选项格式如图 7-14 所示。

图 7-13　Pad1 选项格式

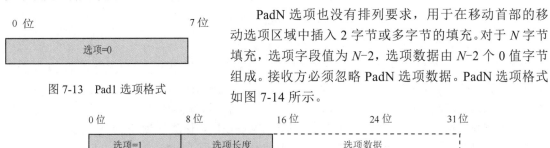

图 7-14　PadN 选项格式

### 7.5.2　绑定更新建议、备用转交地址和随机数索引选项

#### 1．绑定更新建议选项

绑定更新建议选项有 $2n$ 字节的排列要求。绑定更新建议选项格式如图 7-15 所示。

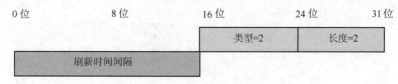

图 7-15　绑定更新建议选项格式

绑定更新建议选项仅在绑定确认中存在，且仅存在于从家乡代理应答移动节点的家乡注册的确认中。刷新时间间隔字段表示家乡代理建议移动节点发送新的家乡注册至家乡代理的剩余时间，单位是 4s。刷新时间间隔必须是一个小于绑定确认报文中有效期的值。

#### 2．备用转交地址选项

备用转交地址选项有 $8n + 6$ 字节的排列要求。备用转交地址选项格式如图 7-16 所示。

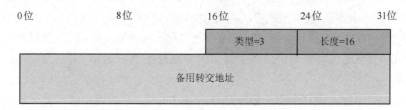

图 7-16　备用转交地址选项格式

一般来说，绑定更新以 IPv6 首部的源地址为转交地址。但在一些情况下，如未使用安全机制保护的 IPv6 首部，使用 IPv6 首部的源地址作为转交地址并不合适。对于这些情况，移动节点可以使用备用转交地址选项，该选项只在绑定更新中有效。

备用转交地址选项中的内容为绑定的转交地址的地址，而不用 IPv6 首部的源地址作为转交地址。

#### 3．随机数索引选项

随机数索引选项有 $2n$ 字节的排列要求。随机数索引选项格式如图 7-17 所示。

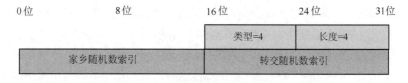

图 7-17　随机数索引选项格式

随机数索引选项仅用于发送至通信对端节点的绑定更新报文中，且仅当与绑定授权数据选项一起出现时有效。通信对端节点授权绑定更新时，需要产生来自其存储的随机数的家乡和转交密钥生成令牌。家乡随机数索引选项告诉通信对端节点产生家乡密钥生成令牌时应使用哪个随机数。

在要求删除一个绑定时，应忽略随机数索引选项。

### 7.5.3 绑定授权数据选项

由于该选项必须是最后一个移动选项，因此隐式地规定绑定授权数据选项有 $8n+2$ 字节的排列要求。绑定授权数据选项格式如图 7-18 所示。

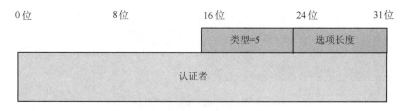

图 7-18 绑定授权数据选项格式

绑定授权数据选项存在于绑定更新报文和绑定确认报文中。选项长度字段以字节为单位，包含认证者字段的长度。认证者字段用于保证报文来源的可靠性，该字段内容包含可用于确定正在讨论的报文是否来自正确的认证者的加密值，计算加密值的规则依赖所使用的授权程序。计算认证者的规则如下。

移动数据 = 转交地址 | 对端 | MH 数据认证者 = First [96，HMAC_SHA1（Kbm，移动数据）]

其中，"|"表示串联；"转交地址"是绑定更新成功时移动节点注册的转交地址，或者该选项用于撤销注册时移动节点的家乡地址，需要注意的是，在使用备用转交地址移动选项或绑定有效期设置为 0 时，该地址可能与绑定更新报文的源地址不同；"对端"是指通信对端节点的 IPv6地址。

需要注意的是，若报文发送的目的地址是移动节点本身，则对端地址可能不是在 IPv6 首部目的地址字段中找到的地址，应是来自需要使用的第 2 类路由首部的家乡地址。"MH 数据"是除认证者字段之外的移动首部内容。传输的分组中的校验和用通常方法计算；"Kbm"是绑定密钥管理，可以使用通信对端节点提供的随机数创建。需要注意的是，潜在的家乡地址目的地选项在该公式中没有隐藏，Kbm 的计算规则将家乡地址考虑在内，以确保不同的家乡地址的介质访问控制不同。

# 7.6  家乡地址选项和第 2 类路由扩展首部

## 7.6.1  家乡地址选项

移动 IPv6 为目的选项扩展首部扩展了一个新的选项，即家乡地址选项，也称为新的目的地选项。其功能是，当移动节点移动到外地网络时，它与通信对端节点进行通信都使用当前转交地址，而通信对端节点发出的报文也使用转交地址，但运行于移动节点和通信对端节点上层的应用程序使用的是移动节点的家乡地址，因此，必须在移动节点端进行地址翻转，才能保证节点的移动对上层应用透明，移动 IPv6 利用家乡地址选项来实现这一过程，在中继过程中使用移动节点的转交地址，在端系统中使用移动节点的家乡地址。同时，家乡地址报文可以实现对入口过滤的支持。

家乡地址选项通过目的选项扩展首部（下一个首部字段值 = 60）携带，用于移动节点在离开乡网络发送的分组中，用来告知接收方移动节点的家乡地址。家乡地址选项的格式遵循 TLV 格式编码。家乡地址选项的格式如图 7-19 所示。

家乡地址选项格式有 3 个字段，含义如下。

（1）选项类型，该字段值为 201 = 0xC9。

（2）选项长度，占 8 位，该字段值为无符号整数，以字节为单位，不包括选项类型和选项长度。该字段值必须设置为 16。

（3）家乡地址，发送分组的移动节点的家乡地址，必须是可路由的单播地址。对于家乡地址的排列要求是 8n+6 字节。

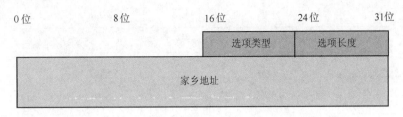

图 7-19　家乡地址选项的格式

选项类型字段的 3 个最高顺序位编码用来表示对选项的指定处理。对于家乡地址选项，这 3 个最高顺序位编码为 110，标识了以下处理要求。

（1）任何未识别出选项类型的节点必须丢弃分组。若分组的目的地址不是一个多播地址，则返回一个代码为 2 的 ICMPv6 参数问题报文至分组的源地址。ICMPv6 报文中的指针字段应该指向选项类型字段。此外，对于多播地址，不发送 ICMPv6 报文。

（2）选项中的数据在到达最终目的地的途中不能被更改。

家乡地址选项的放置遵循下列规则。

（1）若存在路由首部，则放置在路由首部之后。

（2）若存在分段首部，则放置在路由首部之前。

（3）若存在 AH 首部或 ESP 首部，则放置在这两种首部之前。

需要说明的是，对于每个 IPv6 分组首部，家乡地址选项只能出现一次。但是一个封装分组可能包含一个与每个封装的 IP 首部相关的、单独的家乡地址选项。

## 7.6.2　第 2 类路由扩展首部

通信对端节点使用第 2 类路由扩展首部直接发送分组到移动节点，把移动节点的主转交地址放在 IPv6 分组首部的目的地址字段中，而把移动节点的家乡地址放在第 2 类路由扩展首部中。当分组到达转交地址时，移动节点从第 2 类路由扩展首部中提取出家乡地址，替换 IPv6 分组首部中的目的地址，即作为这个 IPv6 分组的最终目的地址。第 2 类路由首部只能携带一个 IPv6 地址，所有处理它的节点必须确认该地址是节点自身的家乡地址，并防止该分组被转发出去。

移动 IPv6 协议允许通信对端节点发出的分组直接路由给移动节点，不必通过家乡代理进行转发，解决了在移动 IPv4 协议中存在的三角路由问题，这称为路由优化机制，该机制得以实现的原因是当移动节点发生移动后，向家乡代理发送绑定更新报文的同时向通信对端节点发送绑定更新报文，以告知通信对端节点自己当前的地址，通信对端节点获知该地址后使用上面提到的第 2 类路由扩展首部来携带新地址，直接向移动节点当前地址发送数据分组，避免三角路由，实现路由优化。

第 2 类路由扩展首部的格式如图 7-20 所示。

第 2 类路由扩展首部的格式有 6 个字段，含义如下。

（1）下一个首部，占 8 位，表示紧跟在该首部之后的下一个首部的类型。

（2）路由首部长度，占 8 位，该字段值为无符号整数，以 8 字节为单位，表示不包含前 8 字节的路由首部的长度。该字段值设置为 2。

（3）路由类型，占 8 位，该字段值为无符号整数。该字段值为该字段值设置为 2。

（4）剩余段，该字段值设置为 1。

（5）保留，占 32 位，发送方必须把该字段值初始化为 0，接收方将忽略该字段。

（6）家乡地址，目的移动节点的家乡地址。

0位　　8位　　16位　　24位　　31位

| | | | |
|---|---|---|---|
| 下一个首部 | 路由首部长度=2 | 路由类型=2 | 剩余段=1 |
| 保留 | | | |
| 家乡地址 | | | |

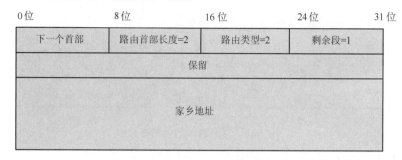

图 7-20　第 2 类路由扩展首部的格式

需要说明的是，第 2 类路由扩展首部的路由首部长度字段值必须为 2。剩余字段描述了路由分段剩余的数量，如在到达最终目的地之前还要访问的中间节点的数量，剩余段字段值必须设置为 1。如果同时存在第 0 类和第 2 类路由首部，那么第 2 类路由首部应该在其他路由首部之后。

# 7.7　移动 IPv6 对 ICMPv6 的扩展

## 7.7.1　ICMPv6 家乡代理地址发现请求报文和应答报文

### 1．ICMPv6 家乡代理地址发现请求报文

移动节点用 ICMPv6 家乡代理地址发现请求报文动态地初始化其家乡代理。移动节点发送该请求报文至其家乡代理的任播地址。ICMPv6 家乡代理地址发现请求报文的格式如图 7-21 所示。

0位　　8位　　16位　　24位　　31位

| | | | |
|---|---|---|---|
| 类型 | 代码 | 校验和 | |
| 标识 | | 保留 | |

图 7-21　ICMPv6 家乡代理地址发现请求报文的格式

ICMPv6 家乡代理地址发现请求报文的格式中各字段的含义如下。

（1）类型，该字段值设置为 150（原为 144）。

（2）代码，该字段值设置为 0。

（3）校验和，ICMPv6 校验和。

（4）标识，用于匹配 ICMPv6 家乡代理地址发现请求报文和应答报文。

（5）保留，发送方必须把该字段值初始化为 0，接收方将忽略该字段。

需要说明的是，家乡代理地址发现请求报文的源地址可能是移动节点的当前转交地址之一，在执行该动态家乡代理地址发现程序时，移动节点有可能没有注册任何家乡代理，此时既无法确定地址种类，又无法确定移动节点的身份。家乡代理必须将家乡代理地址发现应答报文直接返回至移动节点选择的源地址。

### 2．ICMPv6 家乡代理地址发现应答报文

ICMPv6 家乡代理地址发现应答报文响应移动节点发来的 ICMPv6 家乡代理地址发现请求报文。ICMPv6 家乡代理地址发现应答报文的格式如图 7-22 所示。

0 位
8 位
16 位
24 位
31 位
类型
代码
校验和
标识
保留
家乡代理地址

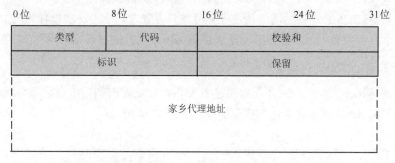

图 7-22　ICMPv6 家乡代理地址发现应答报文的格式

ICMPv6 家乡代理地址发现应答报文的格式中各字段的含义如下。

（1）类型，该字段值设置为 151（原为 145）。

（2）代码，该字段值设置为 0。

（3）校验和，ICMPv6 校验和。

（4）标识，用于匹配 ICMPv6 家乡代理地址发现请求报文和应答报文。复制对应的 ICMPv6 家乡代理地址发现请求报文中的标识。

（5）保留，发送方必须把该字段值初始化为 0，接收方将忽略该字段。

（6）家乡代理地址，移动节点家乡网络上的家乡代理地址列表。列表中的地址数量由携带 ICMPv6 家乡代理地址发现应答报文的 IPv6 分组的剩余长度标识。

## 7.7.2　ICMPv6 移动前缀请求报文和通告报文

### 1．ICMPv6 移动前缀请求报文

当移动节点离开其家乡时，发送 ICMPv6 移动前缀请求报文至其家乡代理，请求其家乡网络的子网前缀。ICMPv6 移动前缀请求报文的格式如图 7-23 所示。

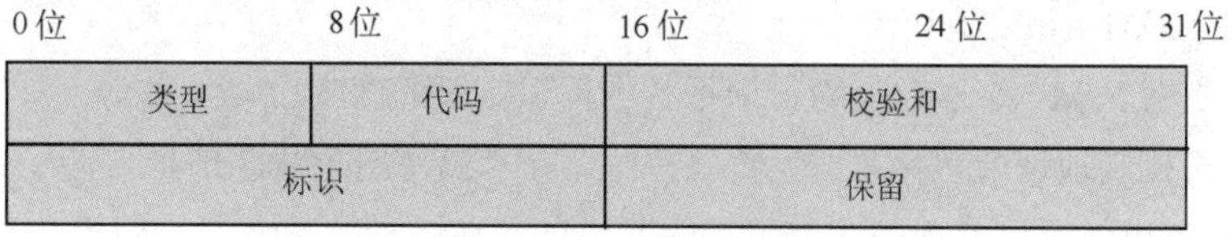

0 位
8 位
16 位
24 位
31 位
类型
代码
校验和
标识
保留

图 7-23　ICMPv6 移动前缀请求报文的格式

ICMPv6 移动前缀请求报文的格式中各字段的含义如下。

（1）IP 字段。

① 源地址，移动节点的转交地址。

② 目的地址，移动节点的家乡代理地址。

③ 跳数限制，设置为初始跳数限制值。

（2）目的地选项，必须包括家乡目的地选项。

（3）ESP 首部，必须支持 IPSec 首部。

（4）ICMPv6 首部。

① 类型，该字段值设置为 146。

② 代码，该字段值设置为 0。

③ 校验和，ICMPv6 校验和。

④ 标识，用于匹配 ICMPv6 移动前缀通告报文。

⑤ 保留，发送方必须把该字段值初始化为 0，接收方将忽略该字段。

需要说明的是，ICMPv6 移动前缀请求报文可以具有选项，要求这些选项使用 RFC 2461 定义的选项格式。家乡代理必须忽略任何其无法识别的选项，并且能够继续处理报文。

### 2. ICMPv6 移动前缀通告报文

当移动节点离开其家乡时，家乡代理通过 ICMPv6 移动前缀通告报文把家乡网络的子网前缀告诉移动节点。ICMPv6 移动前缀通告报文的格式如图 7-24 所示。

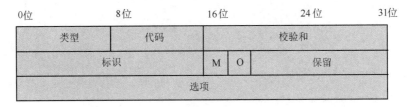

图 7-24　ICMPv6 移动前缀通告报文的格式

ICMPv6 移动前缀通告报文的格式中各字段含义如下。

（1）IP 字段。

① 源地址，移动节点期望看到的家乡代理地址。

② 目的地址，若该报文对应一个 ICMPv6 移动前缀请求报文，则该地址为对应 ICMPv6 移动前缀请求报文的源地址。对于非请求报文，该地址应该是移动节点的转交地址。

（2）路由首部：必须包括第 2 类路由首部。

（3）ESP 首部：必须支持 IPSec 首部。

（4）ICMPv6 首部。

① 类型，该字段值设置为 147。

② 代码，该字段值设置为 0。

③ 校验和，ICMPv6 校验和。

④ 标识，复制 ICMPv6 移动前缀请求报文中标识字段的内容。

⑤ M 位，可控制地址配置标志。设置该位时，除了已使用无状态地址自动配置的地址，对于地址自动配置，主机使用可管理的（有状态的）协议。

⑥ O 位，其他有状态配置标志。设置该位时，对于其他非地址信息，主机使用可管理的（有状态的）协议。

⑦ 保留，发送方必须把该字段值初始化为 0，接收方将忽略该字段。

⑧ 选项字段。

需要说明的是，移动前缀通告报文可以具有选项，要求这些选项使用 RFC 2461 定义的选项格式。家乡代理必须使用已更改的前缀信息选项来发送家乡网络前缀。每个报文都包含一个或多个前缀信息选项。每个选项携带移动节点配置其家乡地址的前缀。如果家乡代理不支持 DHCPv6，那么必须清除 M 位和 O 位；若支持，则依据家乡网络的管理设置来配置这两个标志位。

# 7.8 用于移动 IPv6 的邻居发现协议

## 7.8.1 移动扩展路由器通告报文和增加路由标志位的前缀信息选项

### 1. 移动扩展路由器通告报文

为了使邻居发现协议支持移动 IPv6，移动 IPv6 协议在路由器通告报文中增加了一个 H 位，用于标识家乡代理，表示正在发送移动扩展路由器通告报文的路由器，在所连接的链路上被用作移动 IPv6 的家乡代理。在增加了 H 位后，保留字字段现在的长度为 5 位。增加 H 位后的移动扩展路由器通告报文的格式如图 7-25 所示。

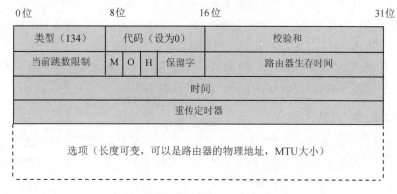

图 7-25　增加 H 位后的移动扩展路由器通告报文的格式

### 2. 增加路由标志位的前缀信息选项

原邻居发现协议要求将路由器的链路本地地址作为每台路由器的源地址，路由器只通告了它的链路本地地址。但是，移动 IPv6 在建立家乡代理列表时需要路由器的全球地址。移动 IPv6 扩展了邻居发现协议，采用的方法是在移动扩展路由器通告报文中使用的前缀信息选项中增加 R 位，使邻居发现协议允许路由器通告它的全球地址。当设置 R 位（该位置 1）后，标识前缀字段包含路由器全球地址，路由器全球地址与移动扩展路由器通告报文前缀具有相同的生存时间和范围。增加 R 位的前缀信息选项的格式如图 7-26 所示。

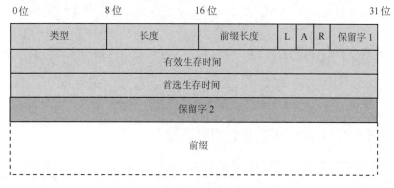

图 7-26　增加 R 位的前缀信息选项的格式

## 7.8.2 新的通告时间间隔选项和家乡代理信息选项

### 1. 新的通告时间间隔选项

移动 IPv6 定义了新的通告时间间隔选项，通告时间间隔选项用于路由器通告报文，规定了用作家乡代理的路由器发送多播路由器通告报文时的时间间隔。路由器通告报文使用该选项通告在发送非请求多播路由器通告时的时间间隔，接收包含该选项的路由器通告的移动节点，应在其移动检测中使用此时间间隔。新的通告时间间隔选项的格式如图 7-27 所示。

图 7-27　新的通告时间间隔选项的格式

（1）类型，占 8 位，该字段值设置为 7。

（2）长度，包括类型字段和长度字段的长度，以 8 字节为单位，长度字段值为 1。

（3）保留，占 16 位，设置为 0。

（4）通告时间间隔，占 32 位，单位为 ms，路由器发送多播路由器通告报文的时间间隔。该字段值与路由器配置变量 MaxRtrAdvInterval 的值对应。

### 2. 新的家乡代理信息选项

移动 IPv6 定义了新的家乡代理信息选项，家乡代理信息选项用在家乡代理发送的路由器通告报文中，用于指定家乡代理的配置，路由器通告报文使用该选项通告该路由器作为一个家乡代理的信息。新的家乡代理信息选项的格式如图 7-28 所示。

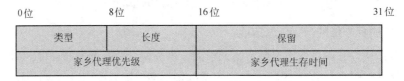

图 7-28　新的家乡代理信息选项的格式

（1）类型，该字段值设置为 8。

（2）长度，包括类型字段和长度字段的长度，以 8 字节为单位，长度字段值为 1。

（3）保留，占 16 位，设置为 0。

（4）家乡代理优先级，占 16 位，用于对从家乡代理发现应答报文的家乡代理地址字段返回的地址进行排序。

（5）家乡代理生存时间，占 16 位，单位为秒，默认值为路由器生存时间，最大值为 18.2s。

# 7.9　移动 IPv6 的通信

## 7.9.1　移动节点与通信对端节点之间的通信

移动 IPv6 中的通信类型分为两类：移动节点与通信对端节点之间、移动节点与家乡代理之间。这些通信都是双向的。

移动节点到通信对端节点的通信需要用到绑定更新分组和数据分组。

绑定更新分组中主要包括 IPv6 分组首部和目的选项首部。IPv6 分组首部的源地址为移动节点的转交地址（CoA），目的地址为通信对端节点的地址（CA），使用 CoA 代替家乡地址后，外地网络上的路由器的准入过滤将允许分组转发。目的选项首部包含家乡地址选项、绑定更新选项和家乡地址，家乡地址选项向通信对端节点说明了绑定的移动节点的家乡地址。绑定更新选项可以单独发送，也可以和高层 PDU 数据一起发送。移动节点向通信对端节点发送的绑定更新分组如图 7-29 所示。

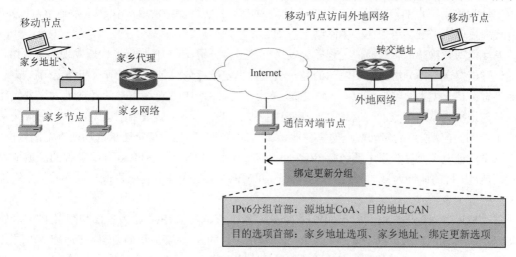

图 7-29 移动节点向通信对端节点发送的绑定更新分组

移动节点在外地网络中向通信对端节点发送的数据分组分为两种情况：第一种情况是用移动选项从它的家乡地址向通信对端节点发送，适用于长时间传输，运输层协议采用 TCP；第二种情况是从它的 CoA 向通信对端节点发送，适用于短时间传输，如 DNS 服务。

通信对端节点到移动节点的通信需要绑定确认分组和数据分组。

绑定确认分组中包括 IPv6 分组首部、路由扩展首部和目的选项首部。IPv6 分组首部的源地址为通信对端节点的地址，目的地址为移动节点的转交地址。在路由扩展首部中，路由类型字段值为 0，剩余报文字段值为 1，地址 1 字段值为移动节点的家乡地址。目的选项首部中包含确认选项或绑定请求选项。

根据通信对端节点的绑定高速缓存中是否存在与移动节点家乡地址对应的表项，通信对端节点到移动节点的通信又分为如下两种情况。

（1）若存在对应的表项，则数据分组中包括 IPv6 分组首部、路由扩展首部和高层 PDU。IPv6 分组首部的源地址为通信对端节点的地址，目的地址为移动节点的转交地址。在路由扩展首部中，路由类型字段值为 0，剩余报文字段值为 1，地址 1 字段值为移动节点的家乡地址。高层 PDU 包含发往移动节点的应用层数据。

（2）若不存在对应的表项，则数据分组中包括 IPv6 分组首部和高层 PDU。IPv6 分组首部的源地址为通信对端节点的地址，目的地址为移动节点的家乡地址，此时具有与移动节点相对应的绑定高速缓存表项的家乡代理将截获分组，通过 IPv6 over IPv6 隧道的方式将分组转发给移动节点。高层 PDU 包含发往移动节点的应用层数据。

## 7.9.2 移动节点与家乡代理之间的通信

移动节点与家乡代理之间的通信又可以分为移动节点到家乡代理、家乡代理到移动节点。

移动节点到家乡代理的通信发送绑定更新分组和家乡代理发现请求分组。

绑定更新分组主要包括 IPv6 分组首部和目的选项首部。IPv6 分组首部的源地址为移动节点的转交地址，目的地址为家乡代理地址。使用 CoA 代替家乡地址后，外地网络上的路由器的准入过滤将允许分组转发。目的选项首部包含家乡地址选项和绑定更新选项，家乡地址选项又包含家乡地址，用于向家乡代理说明绑定的是家乡地址。绑定更新选项中的本地注册标志位（H）被置位，标识发送方请求接收方作为该移动节点的家乡代理。

家乡代理发现请求分组包括 IPv6 分组首部和 ICMPv6 家乡代理发现请求报文。IPv6 分组首部的源地址为移动节点的转交地址，目的地址为对应家乡网络前缀的家乡代理多播地址。ICMPv6家乡代理发现请求报文用于在家乡网络上查询家乡代理列表。

家乡代理到移动节点的通信过程需要发送绑定维持分组、ICMPv6 家乡代理发现应答分组，以及通过隧道发送数据分组。需要注意的是，这里的绑定维持分组包括绑定请求和绑定确认报文。

绑定维持分组主要包括 IPv6 分组首部和路由扩展首部。IPv6 分组首部的源地址为家乡代理地址，目的地址为移动节点的转交地址。在路由扩展首部中，路由类型字段值为 0，剩余报文字段值为 1，地址 1 字段值为移动节点的家乡地址。目的选项首部包含绑定请求选项或绑定确认报文。

家乡代理发现应答分组主要包括 IPv6 分组首部和 ICMPv6 报文。IPv6 分组首部的源地址为家乡代理地址，目的地址为移动节点的转交地址。ICMPv6 家乡代理地址应答报文包含按优先级排序的家乡代理列表。

通过隧道发送数据分组主要包括外层 IPv6 分组首部、内层 IPv6 分组首部和高层 PDU。外层IPv6 分组首部的源地址为移动节点的家乡代理地址，目的地址为移动节点的转交地址。内层 IPv6分组首部的源地址为通信对端节点的地址，目的地址为移动节点的家乡地址。高层 PDU 包含发往移动节点的应用层数据。

### 7.9.3 移动 IPv6 节点切换方式

移动 IPv6 节点（主机）切换方式主要有以下几种。

（1）硬切换或称为数据包的非转发方式，当移动主机切换到新的 AP 时，停止从旧的 AP 接收数据，立即从新的 AP 进行数据收发。这样，在切换期间发往旧的 AP 的数据包就有可能丢失。这种方式的特点是切换延迟低，丢包率高。

（2）平滑切换或称为数据包的转发方式，当移动主机切换到新的 AP 时，新的 AP 立即通告旧的 AP，旧的 AP 把自己缓存的发向该移动主机的数据包转发给新的 AP，由新的 AP 转发给移动主机。同时，新的 AP 向通信对端主机发出通告，之后数据按新的路径传送数据。这种方式的特点是丢包率低，但切换延迟高。

（3）半软切换方式，当主机移动到两个 AP 覆盖范围的重叠区域发生切换时，可同时与两个AP 通信，直到完全进入新的 AP 才停止从旧的 AP 接收数据。这种方式的特点是相对前两种方式，丢包率和切换延迟低，主要应用于 CDMA 系统，理论上对 WLAN 技术也可行，但实现起来困难。

用 MN 标识移动节点、HA 标识家乡代理、CN 标识通信对端节点、CoA 标识转交地址，移动IPv6 节点（主机）切换过程如图 7-30 所示。

（1）MN 在外地网络上收到路由器发的报文，通过有状态或无状态自动配置，获得转交地址。为了保证获得的 CoA 正常可用，MN 还需要进行重复地址检测。

（2）MN 向家乡代理发送绑定更新报文，在该报文中设置家乡注册和确定标志。

（3）家乡代理返回一个绑定确认报文。

为了保证安全性，MN 必须进行返回路由可达过程测试：MN 使用隧道经由家乡代理将家乡测试初始报文发到 CN；MN 直接发送转交测试初始报文至 CN；CN 回应家乡测试报文响应家乡测试初始报文；CN 回应转交测试报文响应转交测试初始报文。如果 MN 由外地网络移动到一个新的外地网络，由于只是与转交地址相关的路径发生了改变，那么在返回路由可达过程中只需要交换转交测试初始报文和转交测试报文。

（4）返回路由可达过程成功后，MN 向 CN 发送绑定更新。

（5）CN 向 MN 发送绑定确认。

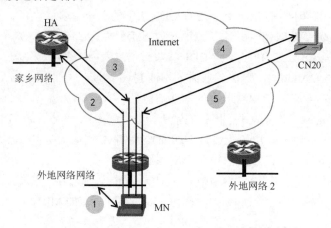

图 7-30　移动 IPv6 节点（主机）切换过程

# 7.10　移动 IPv6 网络管理

## 7.10.1　IPv6 网络管理技术

在 IPv6 环境下可以实现 SNMP，IPv6 网络的管理和测试与 IPv4 网络有许多不同，在 IPv6 环境下，网络管理功能的实现发生了很多变化，如用 ICMPv6 协议运载邻居发现协议，用邻居发现协议替代 ARP。此外，IPv6 的自动地址配置机制也会对网络管理提出新的要求。

RFC 2465 描述和定义了 IPv6 MIB 文本协定和 IPv6 MIB 普通组。IPv6 MIB 文本协定定义了多种数据类型，如 IPv6Address、IPv6AddressPrefix、IPv6AddressIfIdentifier 等。IPv6 MIB 普通组包括如下 6 张表。

（1）IPv6IfTable，IPv6 接口表，表中包含实体的 IPv6 接口信息。

（2）IPv6IfStatsTable，接口流量统计信息表。

（3）IPv6AddrPrefixTable，IPv6 地址前缀表。

（4）IPv6AddrTable，与 IPv6 接口相关的地址信息表。

（5）IPv6RouteTable，IPv6 路由表。

（6）IPv6NetToMediaTable，IPv6 地址转换表，用来将 IPv6 地址转换为物理地址。

同时，RFC 2465 定义了 84 种 MIB 的变量和参数。RFC 2452 定义和描述了在 IPv6 之上运行 TCP 所需的 TCPv6 MIB 的 10 个表项。

（1）IPv6TcpConnTable，TCP 连接指定信息表，连接的端点为 IPv6 地址。

（2）IPv6TcpConnEntry，当前某一 TCP 连接指定信息表中的表项。

（3）IPv6TcpConnLocalAddress，TCP 连接的本地 IPv6 地址。

（4）IPv6TcpConnLocalPort，TCP 连接的本地端口。

（5）IPv6TcpConnRemAddress，TCP 连接的远地 IPv6 地址。

（6）IPv6TcpConnRemPort，TCP 连接的远地端口。

（7）IPv6TcpConnIfIndex，区分表中不同行的索引。

（8）IPv6TcpConnState，TCP 连接的状态。

（9）IPv6TcpCompliance，IPv6 上实现 TCP 的 SNMPv2 实体从属声明。

（10）IPv6TcpGroup，IPv6 上的 TCP 管理对象组。

RFC 2454 定义和描述了在 IPv6 之上运行 UDP 所需的 7 个表项。

（1）IPv6UdpTable，UDP/ IPv6 端点 UDP 接收方信息表。

（2）IPv6UdpEntry，UDP/ IPv6 端点 UDP 接收方信息表中的表项。

（3）IPv6UdpLocalAddress，UDP 接收方的本地 IPv6 地址。

（4）IPv6UdpLocalPort，UDP 接收方的本地端口。

（5）IPv6UdpIfIndex，区分表中不同行的索引。

（6）IPv6UdpCompliance，IPv6 上实现 UDP 的 SNMPv2 实体从属声明。

（7）IPv6UdpGroup，IPv6 上的 UDP 管理对象组。

RFC 2466 定义和描述了在 IPv6 网络中对 ICMPv6 进行管理的 38 个 MIB 表项。需要说明的是，IPv6 对隧道技术、IPSec 安全协议和邻居发现协议等提供了相应的 MIB。

## 7.10.2　移动 IPv6 网络管理技术

移动 IPv6 中存在移动节点、通信对端节点和家乡代理 3 种移动实体，移动 IPv6 定义了一种移动节点可达性协议。对移动 IPv6 实体进行监测的内容如下。

（1）移动 IPv6 实体的性能。

（2）移动 IPv6 产生的流量。

（3）与移动绑定有关的统计。

（4）移动绑定内容和细节。

（5）移动绑定更新历史。

IETF 有关移动 IPv6 MIB 的规范给出了建议草案 *Mobile IPv6 Management Information Base*，给出了比较完整的移动 IPv6 管理所需的表项。在移动 IPv6 MIB 中定义了相关管理对象，通过使用这些对象进行移动参数的配置。移动 IPv6 中需要手工配置的移动 IPv6 参数如下。

（1）路由器通告中用到的家乡代理的优先级。

（2）路由器通告中用到的家乡代理的生存时间。

（3）家乡代理是否发送 ICMPv6 移动前缀通告报文到移动节点。

（4）家乡代理是否响应来自移动节点的 ICMPv6 移动前缀请求报文。

（5）家乡代理是否处理来自移动节点的多播成员控制报文。

移动 IPv6 MIB 设计的基本原则是：在满足监测与控制需要的前提下，尽可能保持 MIB 的简单性，可以使用已有的隧道技术、IPSec 安全协议、邻居发现 MIB 等对移动 IPv6 实体进行检测。移动 IPv6 MIB 主要包括如下 6 个 MIB 组。

（1）mip6Core。

（2）mip6Ha。

（3）mip6Mn。

（4）mip6Cn。

（5）mip6Notification。

（6）mip6Conformance。

在移动 IPv6 MIB 组中设计了一系列 MIB 表。主要的 MIB 表如表 7-3 所示。

表 7-3　主要的 MIB 表

| MIB 表的名称 | 内容描述 |
| --- | --- |
| mip6BindingCacheTable | 模拟家乡代理与通信对端节点上的绑定缓存 |
| mip6BindingHostoryTable | 追踪绑定缓存的历史记录 |
| mip6NodeTrafficTable | 与移动节点相关的计数器 |
| mip6MnHomeAddressTable | 与移动节点相关的家乡地址及相应的注册状态 |
| mip6MnBLTable | 模拟移动节点上的更新列表 |
| mip6CnCounterTable | 与移动节点相关的注册统计信息 |
| mip6HaConfTable | 所有通告家乡代理的接口可配置通告参数 |
| mip6HaCounterTable | 所有向家乡代理注册的移动节点的注册统计信息 |
| mip6HaListTable | 所有作为家乡代理的路由器列表 |
| mip6HaGlobalAddrTable | 家乡代理的全球地址 |

# 7.11　移动 IPv6 安全机制

## 7.11.1　移动 IPv6 安全的特点

在移动 IPv6 网络中，存在各种对报文的窃听或篡改等攻击。如果攻击者截获了绑定报文，修改报文中的转交地址为攻击者的地址，发送给家乡代理或 CN，那么攻击者就会截获到发往移动节点的通信数据。同样对于移动 IPv6 中目的选项或路由首部的攻击，也会影响通信的安全。要保证移动 IPv6 的通信安全，就必须保证移动 IPv6 协议报文的真实性和完整性。

MN 与 CN 的关系带有任意性，不适合需要预先建立 SA 的方式，因此 IPSec 在 MN 与 CN 之间不适用。为保证 MN 与 CN 之间的安全性，引入了往返可路由过程。

MN 与 CN 之间的移动 IPv6 协议报文包括：MN 发往 CN 的绑定更新报文，CN 发往 MN 的绑定确认报文。往返可路由过程的目的是确保绑定报文中的家乡地址和转交地址都是真实可达的。

MN 与家乡代理之间的关系相对固定，便于预先建立 SA，因此对于 MN 和家乡代理之间的协议报文使用 IPSec 进行保护，可以参考 RFC 3776。

## 7.11.2　移动 IPv6 认证机制

移动 IPv6 采用公开密钥加密和数字签名提供家乡代理、移动节点之间的信任关系，实现认证，以防止非法移动节点发起的会话窃取和 DoS 攻击。

移动 IPv6 使用的默认认证算法是增强的 MD5 算法，采用前缀加后缀的模式。密钥（通常为 128 位）放在要求认证的数据前面和后面，通过认证算法产生数据的一个 128 位哈希值，加在认证扩展的后面，发送给认证方。如果接收方共享发送方的密钥，那么只需要重新计算哈希值，得到的结果与请求认证方发送的数据进行比较，若匹配则认证成功。为了满足对用户数据流和机密性保护的要求，IPSec 可以用来加密家乡代理和移动节点之间的 IP 分组。

## 7.11.3　时间戳、临时随机数

IETF 建议采用时间戳和临时随机数（Nonce）对注册请求进行抗重放攻击。

时间戳是强制的而 Nonce 是可选的。时间戳重放保护的基本原理是发送方在报文中插入当前时间，接收方检验时间是否足够接近自己的日期时间，要求通信双方的时钟必须保持同步。当使用时间戳时，移动节点发出的注册请求中的标识号必须大于任何前面注册请求中使用的编号。当收到具有认证扩展的注册请求时，家乡代理必须检查标识号的有效性。标识号中的时间戳必须足够接近家乡代理的日期时间。

Nonce 是 Number once 的缩写，在密码学中，Nonce 是一个只被使用一次的任意或非重复的随机数。在加密技术中的初始向量和加密散列函数发挥着重要作用，在各类验证协议的通信应用中确保验证信息不被重复使用以对抗重放攻击。

使用 Nonce 来实现重放保护的基本原理为：节点 $A$ 在发往节点 $B$ 的每个报文中都包含一个新的随机数，并且检查节点 $B$ 是否在下一个发给节点 $A$ 的报文中返回相同的数。两个报文都使用认证编码来保护数据不被攻击者篡改。

### 7.11.4　返回路由可达过程

移动 IPv6 使用 IPSec 来完成认证和加密，采用返回路由可达过程（Return Routability Procedure，RRP）加强对通信对端节点绑定更新的保护。RRP 分为 Home RRP 和 Care of RRP。Home RRP 用来判断 CN 是否可以通过家乡代理与 MN 的家乡代理进行通信，并产生互相认同的 Home Cookie。Care of RRP 用来判断 CN 是否可以直接与 CN 的转交地址进行通信，并产生互相认同的 Care of Cookie。

RRP 通过使用密钥标记交换来授权绑定过程，这个过程使通信对端节点可以获得保证。移动节点在它的转交地址及家乡地址上都是可达的。只有得到这种保证后，通信对端节点才能够接受从移动节点来的绑定更新报文，以此来指示通信对端节点把分组文转发到移动节点的转交地址。

绑定管理密钥（Binding Management Key，BMK）用于授权绑定缓存管理报文的密钥。返回路由测试提供了创建绑定管理密钥的方法。

密钥标记（Keygen Token，KT）是由通信对端节点在返回路由测试过程中提供的一个数字，该数字可以使移动节点计算必要的绑定管理密钥，以授权一个绑定更新报文。密钥标记也称为密钥令牌。

移动 IPv6 使用返回路由（RR）机制实现移动节点对家乡地址和转交地址所有权的证明。主要内容如下。

（1）移动节点通过家乡代理隧道发送家乡测试初始（HoTI）报文到通信对端节点，请求它对自己的家乡地址进行测试。

（2）同时移动节点从转交地址直接发送转交测试初始（CoTI）报文到通信对端节点。

（3）通信对端节点接收到家乡代理转发的家乡测试初始报文后，产生一个家乡密钥产生令牌 $Ka = Hkcn（HoA，Nj，0）$。

（4）通信对端节点接收到转交测试初始报文后，产生一个转交密钥产生令牌 $Kc = Hkcn（CoA，Ni，1）$。

（5）接收到家乡测试（HoT）报文和转交地址测试（CoT）报文后，移动节点产生一个绑定管理密钥 $Km = H（Ka，Kc）$。在任何情况下，转交地址都应该被用在转交测试初始报文的源地址域中。否则当通信对端节点接收到绑定更新报文后，可能会用错误的转交密钥产生令牌构建 Km。

## 7.12　思考练习题

7-1　简述移动通信的基本要求。

7-2　写出 IPv6 中最主要的 3 个逻辑功能实体。

7-3　目前移动 IPv6 的主要研究方向是什么？

7-4　给出移动 IPv6 与移动 IPv4 的比较。

7-5　用生活中外出工作时与家人通信的例子说明转交地址的作用。

7-6　简述移动 IP 的工作过程。

7-7　设计移动 IP 时有哪些要求？

7-8　移动节点具有哪些基本功能？

7-9　给出移动 IPv6 的组成图示。

7-10　简述移动节点和通信对端节点之间两种通信模式的特点。

7-11　说明移动 IPv6 增加的新协议及其内容。

7-12　写出移动 IPv6 首部格式。

7-13　写出移动 IPv6 移动选项的格式。

7-14　写出移动 IPv6 家乡地址选项的格式。

7-15　移动 IPv6 给出的第 2 类路由扩展首部有什么作用？

7-16　简述移动 IPv6 对 ICMPv6 的扩展内容。

7-17　写出移动 IPv6 的工作原理。

7-18　移动 IPv6 提供的安全特性主要包括哪些内容？

7-19　移动 IPv6 网络管理技术包括哪些内容？

7-20　简述移动节点与家乡代理之间的通信过程。

7-21　移动 IPv6 主机（节点）切换方式主要有哪几种？

7-22　移动 IPv6 安全的特点有哪些？

7-23　简述移动 IPv6 认证机制。

7-24　简述时间戳、临时随机数在安全中的作用。

7-25　简述返回路由可达过程在安全中的作用。

# 第 8 章　IPv6 过渡技术

## 8.1　IPv6 过渡技术概述

### 8.1.1　IPv6 过渡技术的特点

过渡指某一事物从一种状态逐步演化为另一种状态，或者逐步转变为另一事物。过渡的特征有两个：过渡需要一个过程，需要一定的时间；在过渡过程中，事物发生了质的变化，逐渐不同于原来的事物，过渡完成以后，转变为新的事物。

如何完成从 IPv4 到 IPv6 的转换，是 IPv6 发展需要解决的第一个问题。IPv6 协议不可能立刻替代 IPv4 协议，IPv4 和 IPv6 会共存一段时间，需要研究和设计有效的过渡机制，提供平稳地从 IPv4 到 IPv6 的转换方法，保护和充分利用已有的网络投资。IPv6 作为下一代 Internet 核心协议，其从诞生到广泛应用需要一个过程。过渡技术应该对用户做到无缝，对信息传递做到高效，对实现配置做到简便易行。

在 IPv6 过渡的初期，Internet 由运行 IPv6 协议设备组成的"孤岛"和运行 IPv4 协议设备组成的"海洋"组成。随着 IPv6 网络的不断扩大，由运行 IPv6 协议设备组成的孤岛将会越来越多、越来越大，而由运行 IPv4 协议设备组成的海洋将会逐渐变小，并被 IPv6 网络完全取代，形成纯 IPv6 网络。在这期间，主要需要解决三个方面的问题：一是如何实现这些 IPv6 孤岛与孤岛之间的通信；二是如何实现这些 IPv4 海洋与 IPv6 孤岛之间的通信；三是如何尽快演进到纯 IPv6 网络。IPv4 网络向 IPv6 网络的过渡阶段如图 8-1 所示。

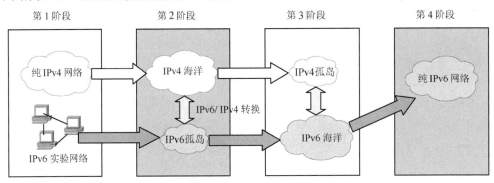

图 8-1　IPv4 网络向 IPv6 网络的过渡阶段

IETF 专门组建了 ngtrans 工作组，现在为 v6Ops，开展对于 IPv4/IPv6 过渡问题和高效无缝互连问题的研究，IETF 在全球范围内成立 IPv6 网络试验床 6Bone，专门对 IPv6 的特性进行研究。实现从 IPv4 平稳地向 IPv6 过渡是 IETF ngtrans 工作组的主要目标。双协议栈、隧道技术、翻译技术成为 IPv6 过渡阶段主要采用的技术。

IPv4 向 IPv6 过渡阶段会存在 3 种不同的网络业务类型。

（1）传统的 IPv4 业务通过纯 IPv4 网络来传输，由于缺乏公用 IPv4 地址，因此需要采用网络地址转换（NAT）和专用 IPv4 地址。

（2）IPv6 网络上的 IPv6 业务，在这种情况下通过 IPv6 路由即可完成，不需要 IPv4 网络上的隧道或使用协议翻译。

（3）IPv4 网络上的 IPv6 业务，IPv6 节点通过 IPv4 网络采用隧道技术实现连接，需要采用过渡技术。

过渡工作的重点应放在 IPv6 网络集成过渡平台的研究和开发上，需要提供一揽子的过渡方案，对服务器平台、安全平台、网络设备平台等分别展开研究，为 IPv6 网络的过渡"量身裁衣"，提供更优的过渡配置方案、平滑过渡方案，充分利用和保护已有的网络设备投资和软件资源。

## 8.1.2　推动 IPv6 过渡的措施

IPv6 从网络技术发展的必然趋势变成网络应用的现实，在技术得以保障的前提下，业务和市场推广及产品的开发是真正使 IPv6 得以广泛应用的基础。未来的 Internet、电信网、广电网将是基于 IPv6 技术的网络，电信级的 IP 网和 4G、5G 移动网成为关键性应用，有力推动 IPv6 公共信息基础设施平台建设。

为了减少 Intranet 向 IPv6 转移过程中产生的费用，首要原则就是充分利用现有网络设备，由于过渡要经历一段时间，Intranet 在短时间内不可能将所有资源转移至 IPv6，因此如何选取一种适合的 IPv6 过渡策略，实现 IPv4 向 IPv6 的平滑过渡成为必须面对的重要问题。

市场、成本与政策是推动 IPv6 实用化的关键。IPv4 向 IPv6 过渡已经成为业界的共识，IPv4 网络中数量巨大的设备和装置需要进行改造，以支持 IPv6 协议，在过渡的过程中，需要降低 IPv6 网络的启动门槛。可以采用两种办法降低门槛：一种办法是提供支持 IPv6 的硬件产品，以节省用于升级的成本。另一种办法是采用软件升级，采用协议转换（翻译）技术。

人们把推动 IPv6 技术过渡迁移的措施归纳为降低门槛启动 IPv6、市场需求驱动 IPv6、政策规划推动 IPv6。这里有重要的社会和市场需求，社会需求是一切技术发展的真正动力，加上国家对 IPv6 技术研究的支持，在人力、物力上的投入，制定 IPv6 网络优先的策略，使过渡的过程简单易行、降低过渡成本，让人们体会到过渡到 IPv6 网络的便捷。

向纯 IPv6 网络演进取得积极进展，IPv6 已成为包括新基建、教育专网在内的新兴基础数字设施建设最根本的"基石"。可以说，推进 IPv6 规模部署是互联网技术产业生态的一次全面升级，深刻影响着网络信息技术、产业、应用的创新和变革。

全球首份"推进 IPv6 规模部署向纯 IPv6 发展联合倡议"在 2020 年 7 月的全球 IPv6 下一代互联网峰会上，由互联网之父 Vinton Cerf、全球 IPv6 论坛主席 Latif Ladid 等国内外专家提出，该倡议将 2020 年作为全球大规模加速部署纯 IPv6 的元年，呼吁所有人参与到纯 IPv6 最佳实践的贡献中来，共同推进纯 IPv6 规模部署与 IPv6 融合技术。

依托中国教育和科研计算机网（CERNET）的科研技术实力及应用示范效应，2020 年 8 月，中国首个专注于 IPv6 产业创新的科技园区"下一代互联网及重大应用技术创新园"开园。

## 8.1.3　IPv6 技术过渡的一些原则

过渡方式应是逐步和渐进的，实现平稳的过渡，过渡技术尽可能简单、过渡费用尽可能低，尽可能保护已有的投资，确保在一个时期内 IPv4 网络设备可以正常、独立使用，并实现这些 IPv4 网络设备与 IPv6 网络的互通。IPv4 网络世界可以与 IPv6 网络世界长期共存、实现互操作。

过渡阶段网络中可以存在以下 3 种网络节点类型。

（1）纯 IPv4 节点，只有 IPv4 地址，仅支持 IPv4 协议，目前，Internet 上大部分主机和路由器均是纯 IPv4 节点。

（2）纯 IPv6 节点，只有 IPv6 地址，仅支持 IPv6 协议，纯 IPv6 节点可以在纯 IPv6 网络中通信。

（3）IPv6/IPv4 节点，既支持 IPv6 协议，又支持 IPv4 协议，也称为双协议栈节点。

为了兼容现有的 IPv4 技术和网络，尽快获取 IPv6 网络发展的空间，支持 IPv6 的网络设备要更多地在双栈环境下运行，一个原则是"兼容性"大于"先进性"，在确保兼容性的前提下，怎样使 IPv6 技术在网络应用支持方面做到比 IPv4 技术更具优势，是过渡阶段 IPv6 技术发展的重点。

有人提出 IPv6 兼容性问题是影响 IPv6 技术推广的重要原因，对 IPv6 最初的设计理念提出许多质疑，强调技术发展需要走兼容性的道路。这反映了兼容性和先进性共存的矛盾。人们看到，IPv6 技术与 IPv4 技术仅在网络层上不兼容，对网络层以上和网络层以下的协议层次，二者是基本相同的，仅需在协议格式、地址的位数等方面进行对应的修改，可以说，二者不兼容是在确保 TCP/IP 协议实现情况下的最小不兼容。从 IPv6 与 IPv4 协议数据单元的格式中也可以看出，二者有许多类似、修改或删除的字段，这些都在简化、高效、扩展等方面做了合理的改进。可以说，IPv6 协议格式是在 IPv4 协议格式的基础上改进设计的。

在尚未找到比 IPv6 技术更好的网络技术之前，应该推广、研究、应用 IPv6 技术，解决目前 IPv4 网络面临的问题和困境，应该一边部署 IPv6 网络，一边寻找比 IPv6 更好的网络技术，这才是一个相对稳妥的过渡策略。随着网络理论和技术的发展，将来会出现更好的网络技术，这也证实了没有最好，只有更好的道理。

## 8.1.4　早期的 IPv6 过渡技术研究

在 IPv6 过渡策略的研究上，国内外陆续提出了一系列的隧道技术，解决了 IPv4 网络与 IPv6 网络的兼容性问题。为了实现网络的互联互通，IETF 又提出了 NAT-PT 机制、NAT64/DNS64 技术方案等。

在 IPv6 过渡技术发展过程中，各大运营商也提出了各自的过渡技术，如日本电报电话公司（NTT）提出了运营商级网络地址转换（Large Scale NAT/Carrier Grade NAT，LSN/CGN）方案；诺基亚（Nokia）和法国电信提出了 A＋P（Address+Port）方案；美国康卡斯特公司（Comcast）基于 LSN/CGN 方案提出了双协议栈精简（Dual Stack Lite，DSL）草案。

1996 年，R. Gilligan 和 E. Nordmark 提出了 IPv6 in IPv4 手工配置隧道，该隧道的建立是由管理员手工配置的，该技术并没有得到很好的推广。1998 年，A. Conta 和 S. Deering 提出了 4over6 技术，该技术的实现原理与手工配置隧道类似。1999 年，B. Carpenter 和 C. Jung 提出了 6over4 过渡技术，该技术对 IPv6 in IPv4 技术进行了改进，是一种基于 IPv4 多播技术的自动配置隧道，6over4 隧道两端地址的配置是通过邻居发现协议来实现的。随后，国内外又陆续提出了一些自动隧道技术，包括 IPv4 兼容 IPv6 自动隧道技术、6to4 自动隧道技术、站间自动隧道寻址协议隧道技术和 Teredo 隧道技术等，Teredo 又称为面向 IPv6 的 IPv4 NAT 网络地址转换穿越。

2008 年 12 月，清华大学团队提出了"基于无状态地址映射的 IPv4 与 IPv6 网络互联技术"（IVI）。IVI 是一种无状态翻译机制，实现特定 IPv4 子网地址与特定 IPv6 子网地址的一一映射。

2009 年以来，IPv6 过渡技术进入快速发展阶段，国内外各大设备商、运营商及高校越来越关注对 IPv6 过渡技术的研究。

## 8.1.5　过渡阶段采用的主要技术

从 IPv4 向 IPv6 过渡阶段使用的主要技术有双栈技术、隧道技术和协议转换（翻译）技术。这 3 类技术分别针对不同的过渡环境和要求，可以灵活地组合使用，这些过渡技术的使用涉及 IPv6 地址技术、路由技术、安全技术等。

（1）双栈技术，该技术的思路是让网络节点同时运行 IPv4 和 IPv6 两种协议栈，构成双协议栈节点，网络节点可以分别与两种协议的网络连接，两种协议栈之间没有互操作和相互影响。双栈技术的技术文档是 RFC 2893。双协议栈节点具有收发 IPv4 协议包和 IPv6 协议包的能力。

（2）隧道技术，该技术的思路是让 IPv6 分组在现有 IPv4 网络基础设施上传输，相关技术文档有 RFC 2473、RFC 2893、RFC 3056 等。隧道技术提供了一种以现有 IPv4 路由体系来传递 IPv6 分组的方法。隧道可以分成两类：手工配置隧道和自动配置隧道。

（3）协议转换（翻译）技术，该技术的思路是让纯 IPv6 节点能够和纯 IPv4 节点相互通信。RFC 2766 对网络地址转换和协议转换给出了定义和描述，协议转换技术有时也称为 IP 层协议首部转换。转换网关除了要进行 IPv4 地址和 IPv6 地址转换，还要进行协议的转换和翻译，从而使纯 IPv4 节点和纯 IPv6 节点之间能够透明通信。协议转换有时也称为协议首部转换。

过渡阶段采用的 3 种主要技术如图 8-2 所示。

图 8-2　过渡阶段采用的 3 种主要技术

# 8.2　双 栈 技 术

## 8.2.1　双栈技术的工作原理

双栈技术使得 IPv6 节点同时支持 IPv4 协议和 IPv6 协议，具有一个 IPv4 栈和一个 IPv6 栈。IPv6 和 IPv4 是功能相近的网络层协议，二者都应用在相同的数据链路层和物理层协议平台之上，并承载相同的运输层协议 TCP 或 UDP，如果一台主机同时支持 IPv6 协议和 IPv4 协议，那么该主机就可以和仅支持 IPv4 协议或 IPv6 协议的主机进行通信，IPv6/IPv4 双 IP 层结构如图 8-3 所示。

具有双 IP 层结构的节点（主机或路由器）具有两个 IP 地址，分别对应 IPv6 地址和 IPv4 地址，该节点在与 IPv6 主机进行通信时使用 IPv6 地址，在与 IPv4 主机进行通信时使用 IPv4 地址。

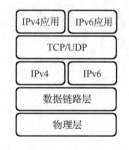

当双协议栈节点和 IPv6 节点进行通信时，像一个纯 IPv6 节点，而当它和 IPv4 节点进行通信时，又像一个纯 IPv4 节点。这类节点的实现可通过一个配置开关来启用或禁用其中某个栈。因此这类节点有 3 种操作模式：启用 IPv4 栈而禁用 IPv6 栈，节点像一个纯 IPv4 节点；启用 IPv6 栈而禁用 IPv4 栈，节点像一个纯 IPv6 节点；同时启用 IPv4 栈和 IPv6 栈，该节点能使用这两种 IP 协议版本。节点使

图 8-3　IPv6/IPv4 双 IP 层结构

用 IPv4 机制进行 IPv4 地址配置（静态配置、DHCP），而使用 IPv6 机制进行 IPv6 地址配置（静态配置、有状态自动配置、无状态自动配置）。

在源节点向目的节点发送分组时，首先应确定使用的是网络层哪个版本的协议，即使用 IPv4 协议还是 IPv6 协议，源节点主机要向 DNS 查询，若 DNS 返回 IPv4 地址，则源节点主机发送 IPv4 分组；若 DNS 返回 IPv6 地址，则源节点主机发送 IPv6 分组。

双协议栈节点工作过程描述如下。

（1）若应用程序使用的目的地址是 IPv4 地址，则使用 IPv4 协议栈。

（2）若应用程序使用的目的地址是兼容 IPv4 地址的 IPv6 地址，则使用 IPv4 协议栈，将 IPv6 分组封装在 IPv4 分组中。

（3）若应用程序使用的目的地址不是兼容 IPv4 地址的 IPv6 地址，而是其他类型的 IPv6 地址，

225

则使用 IPv4 协议栈。此时可能要采用隧道技术。

（4）若应用程序使用域名地址作为目的地址，则节点首先提供支持 IPv4 A 记录和 IPv6 A6 记录的解析器，先向网络中的 DNS 服务器请求解析服务，得到对应的 IPv4 地址或 IPv6 地址，再依据获得地址的情况进行相应的处理。

双栈网络构建了一个基础设施框架，在这个框架中的路由器上已经启用了 IPv4 转发与 IPv6 转发。这种技术的缺点在于必须升级整个网络软件才能运行两个独立的协议栈。这意味着要同步存储所有的表（如路由表），还要为这两种协议配置路由协议。对网络管理而言，根据协议的不同采用不同的命令。例如，在使用 Microsoft 操作系统的主机上，测试网络连接通路的命令，IPv4 使用 ping.exe，而 IPv6 使用 ping6.exe。

### 8.2.2　双栈技术的组网结构

IPv4 网络和 IPv6 网络之间通过 IPv4/IPv6 协议转换路由器进行连接，双协议栈节点与其他类型多栈节点的工作方式相同。拥有双协议栈的主机在工作的时候，首先将在物理层截获的信息交给数据链路层，在数据链路层对收到的分组进行分析。若 IPv4/IPv6 协议首部中的第一个字段值（IP首部中的版本号字段值）是 4，则该分组为 IPv4 分组；若版本号字段值是 6，则该分组为 IPv6 分组。处理结束后继续向上层递交，根据从底层接收的分组是 IPv4 分组还是 IPv6 分组，在网络层进行相应的处理，处理结束后继续递交给运输层，并由运输层进行相应的处理，直至上层用户的应用。双协议栈的网络拓扑结构如图 8-4 所示。

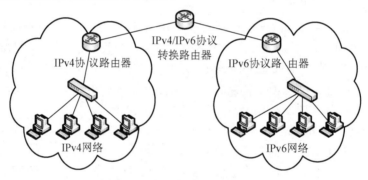

图 8-4　双协议栈的网络拓扑结构

两个协议栈并行工作的主要困难在于需要同时处理两套不同的地址方案。

首先，双栈技术应该能独立地配置 IPv4 地址和 IPv6 地址，双协议栈节点的 IPv4 地址可以使用传统的 DHCP、BOOTP（引导程序协议）或手动配置来获得，IPv6 地址可以手动配置。

其次，双栈技术需要解决 DNS 的问题，现有的 32 位 DNS 无法解决 IPv6 使用的 128 位地址命名问题，因此，IETF 定义了 IPv6 下的 DNS 标准，用"AAAA"或"A6"记录类型来实现主机域名与 IPv6 地址的映射。

双栈技术的优点是互通性好、易于理解，缺点是需要给每个运行 IPv6 协议的网络设备和终端分配 IPv4 地址，无法解决 IPv4 地址匮乏问题。

## 8.3　隧　道　技　术

### 8.3.1　隧道技术的工作原理

隧道技术将一种协议数据单元封装在另一种协议数据单元首部之后（作为数据部分），使得一种协议可以通过另一种协议的封装，在执行另一种协议的网络中进行通信。这种由另一种协议构成的网络类似一个提供通信的隧道。

IPv6 隧道将 IPv6 分组封装在 IPv4 首部之后，这样两个使用 IPv6 的计算机之间所传输的 IPv6 分组就可以穿越 IPv4 网络进行通信。为了标识 IPv4 分组封装的是 IPv6 分组，IPv4 分组中的协议字段值设置为 41。封装后的 IPv6 分组先进入隧道的一端（入口），通过 IPv4 网络传输到隧道的另一端（出口），再进行拆封，还原出 IPv6 分组。隧道技术采用的方法是"封装的封装"。

早期，由于互联网以 IPv4 网络为主，因此，隧道技术是 IPv6 主机之间进行通信的主要手段。两个 IPv6 网络通过隧道技术穿越 IPv4 网络的过程如图 8-5 所示。

图 8-5　两个 IPv6 网络通过隧道技术穿越 IPv4 网络的过程

隧道技术的工作原理为：隧道入口节点将 IPv6 分组封装在 IPv4 分组中，IPv4 分组的源地址和目的地址分别为两端节点的 IPv4 地址，封装好的分组穿越 IPv4 网络传输到达隧道出口节点后，解封还原为 IPv6 分组，并送往目的地址。隧道技术的机制实际上是一种封装和解封的过程。隧道技术的封装和解封过程如图 8-6 所示。

首先隧道入口节点 C 对 IPv6 分组进行 IPv4 封装，将该 IPv6 分组作为 IPv4 分组的有效荷载，并将该 IPv4 分组的协议字段值设为 41，表示该 IPv4 分组的有效荷载是一个 IPv6 分组，然后在 IPv4 网络上传输该 IPv4 封装分组。当 IPv4 分组到达隧道出口节点 D 时，其协议字段值为 41，该节点会拆封 IPv4 封装分组的首部，还原为 IPv6 分组，并送往目的地址。

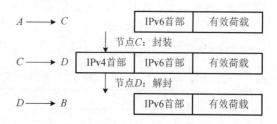

图 8-6　隧道技术的封装和解封过程

按照配置方式不同，通常采用的隧道技术有 IPv6 配置隧道、GRE over IPv4 隧道、IPv4 兼容 IPv6 自动配置隧道、6over4 隧道、6to4 隧道、ISATAP 隧道、隧道代理和 Teredo 隧道等。

## 8.3.2　隧道技术机制分析

在 IPv6 全面实施之前，总有一些网络会率先提供对 IPv6 的支持，但是这些 IPv6 网络被运行 IPv4 协议的骨干网络隔离开。"IPv6 over IPv4"的隧道用来连接这些孤立的 IPv6 网络。隧道技术是国际 IPv6 试验床 6Bone 所采用的技术。利用隧道技术可以通过现有的运行 IPv4 协议的 Internet 主干网络（隧道）将局部的 IPv6 网络连接起来，因而隧道技术是 IPv4 向 IPv6 过渡的初期最易于采用的技术。

隧道技术的优点在于隧道的透明性，源节点 IPv6 主机和目的节点 IPv6 主机感觉不到隧道的存在。隧道只起到物理通道的作用，在隧道的入口处，路由器将 IPv6 的数据分组封装在 IPv4 分组中，该 IPv4 分组的源地址和目的地址分别是隧道入口和出口的 IPv4 地址，在隧道出口处，将 IPv6 分组取出转发给目的站点。隧道技术不需要大量的 IPv6 专用路由器设备和专用链路，可以明显地减少投资。

隧道可以用不同的方式来实现，隧道的入口设备和出口设备构成可以是路由器-路由器、主机-路由器、主机-主机或路由器-主机。

RFC 2473、RFC 2893 与 RFC 3056 给出了隧道技术与协议包封装（将 IPv6 分组封装成 IPv4 分组的数据部分）的定义和配置规范，主要有两种隧道。

（1）手工配置隧道，在 IPv4 网络上承载 IPv6 分组，IPv6 分组被封装成 IPv4 分组的数据部分，通过 IPv4 网络传输。这些点对点的隧道需要手动配置。手工配置隧道用于非兼容 IPv4 的 IPv6 地址，即 IPv6 分组的地址是纯 IPv6 地址，需要通过 IPv4 网络传输 IPv6 分组。

例如，源节点（IPv6 主机）发送的 IPv6 分组在到达 IPv4 网络区域的路由器时，隧道入口的路由器把 IPv6 分组封装成 IPv4 分组，以隧道入口路由器接口的 IPv4 地址为源地址，以隧道出口路由器接口的 IPv4 地址为目的地址，IPv4 分组在 IPv4 网络中传输，到达隧道出口路由器后，取出封装在内的 IPv6 分组，发送给目的节点（IPv6 主机）。

（2）自动隧道，自动隧道的建立和拆除是动态的。在 IPv4 网络上承载 IPv6 分组，IPv6 节点可以使用不同地址类型，如兼容 IPv4 的 IPv6 地址、6to4 地址、ISATAP 地址等，这些特殊的 IPv6 单播地址在其 IPv6 地址字段中嵌入 IPv4 地址。在一个 IPv4 路由网络中动态地建立隧道并通过它传输 IPv6 分组。

例如，发送方（源节点）采用内嵌 IPv4 地址的 IPv6 地址作为目的地址，把 IPv4 分组发送给接收方（目的节点），当达到 IPv4 网络边界时，路由器将接收到的 IPv6 分组封装为 IPv4 分组，此时需要有 IPv4 地址，路由器从内嵌 IPv4 地址的 IPv6 地址中提取出 IPv4 地址，此后该分组作为 IPv4 分组，通过 IPv4 网络传输，若目的节点装有双协议栈，则目的节点可以接收 IPv4 分组，识别该分组的 IPv4 地址，读取 IPv4 分组的首部，通过协议字段值为 41，得知该 IPv4 分组携带了 IPv6 分组，把数据部分（IPv6 分组）取出，交给 IPv6 软件处理。

与隧道技术有关的隧道配置地址如表 8-1 所示。

表 8-1 与隧道技术有关的隧道配置地址

| 隧道地址名称 | 地址格式 | 描述 |
|---|---|---|
| 6over4 地址 | ::WWXX:YYZZ | 由 64 位单播地址和::WWXX:YYZZ 组成，其中 WWXX:YYZZ 是分配给接口的单播 IPv4 地址 W.X.Y.Z 的十六进制表示 |
| 6to4 地址 | 2002:WWXX:YYZZ::/48 | 由前缀 2002:WWXX:YYZZ::/48 通过地址自动配置方式生成，其中 WWXX:YYZZ 是公网 IPv4 地址 W.X.Y.Z 的十六进制表示 |
| ISATAP 地址 | ::0:5EFE:W.X.Y.Z | 由 64 位单播地址前缀和::0:5EFE:W.X.Y.Z 组成，其中 W.X.Y.Z 是分配给接口的单播 IPv4 地址 |
| Teredo 地址 | 前缀 3FFE:831F::/32 | 使用前缀 3FFE:831F::/32，其余为 Teredo Server、Flags 和 Teredo Client 的外部地址、端口等编码信息 |

需要指出的是，隧道技术其实是将 IPv6 分组作为 IPv4 分组的有效荷载（负载），通过 IPv4 网络进行传输的一种技术。当 IPv6 分组到达隧道的起始节点（入口）时，该节点会把 IPv6 分组作为 IPv4 分组的有效荷载放入 IPv4 分组，通过 IPv4 网络进行发送，发送到隧道的终端节点（出口），在终端节点上去掉 IPv4 分组的首部，取出 IPv6 分组，通过 IPv6 网络进行传输。对于进行通信的源节点和目的节点，隧道及隧道所处的 IPv4 网络部分是不可见的、透明的。

隧道技术中的数据传输经历了三个过程：第一个过程，在隧道的起始节点处对 IPv6 分组进行封装；第二个过程，在隧道中传输封装后的 IPv4 分组；第三个过程，在隧道的终端节点处对 IPv4 分组进行解封，得到 IPv6 分组。

需要说明的是，隧道技术的应用需要隧道的建立和维护机制，隧道的建立有两种：一种是隧道是预先建立好的，隧道在数据发送前就已经存在了，这种隧道称为配置隧道；另一种是隧道在需要发送数据时才被建立，在数据发送完后隧道是自动撤销的，这种隧道称为自动隧道。从隧道原理上看，这两种隧道的区别在于隧道的终点地址是否确定，若终点地址确定，则是配置隧道；若终点地址在通信时才确定，则是自动隧道。

### 8.3.3 IPv6 配置隧道

#### 1. 配置隧道的特征

IPv6 配置隧道（Configured Tunnel for IPv6）是 R. Gilligan 和 E. Nordmark 在 1996 年提出的一种隧道技术。该隧道是由管理员手工配置的，隧道的端节点地址由配置来决定，不需要为节点分配特殊的 IPv6 地址，适用于经常通信的 IPv6 节点之间。每个隧道起始节点必须保存隧道终端节点的地址，当一个 IPv6 分组在隧道上传输时，终端节点的地址将会被封装为 IPv4 分组的目的地址。

采用 IPv6 配置隧道进行通信的节点之间必须存在可用的 IPv4 网络连接，起始路由器和终端路由器需要支持双协议栈，并且至少要具有一个全球唯一的 IPv4 地址。同时，IPv6 网络中的每台主机都必须支持 IPv6，并被分配合法的 IPv6 地址。由于需要为每条隧道进行详细的配置，因此，IPv6 配置隧道的主要缺点是网络管理员的负担很重。另外，在需要经过 NAT 设备的情况下，配置隧道是不可用的。手工配置隧道如图 8-7 所示。

图 8-7　手工配置隧道

主机 A 和主机 B 分别位于两个不同的 IPv6 网络中，需要通过 IPv4 网络进行通信。R1 和 R2 为双栈路由器，位于 IPv4 网络的边界，分别与两个不同的 IPv6 网络连接。手工配置隧道时，在 R1 和 R2 之间互相指定隧道的起点和终点。

需要指出的是，手工配置隧道的终端节点的 IPv4 地址是由隧道的起始节点的配置信息决定的。当 IPv6 分组到达隧道的起始节点时，隧道入口无法从 IPv6 分组中得到隧道出口的 IPv4 地址，所以必须进行手工配置，在隧道起始节点上配置隧道终端节点地址，在封装 IPv6 分组的时候，隧道起始节点使用该地址作为 IPv4 分组首部中的目的地址。对于一条隧道，起始节点必须存储和维护相应的终端节点的地址信息。

#### 2. IPv6 分组的封装

IPv6 分组的封装如图 8-8 所示。

需要注意 IPv4 首部中的下列字段的内容。

首部长度字段包括 IPv4 首部的长度，加上 IPv6 首部的长度，还加上其他扩展首部的长度及 IPv6 有效荷载的长度。若封装后的分组必须分段，则

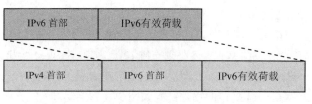

图 8-8　IPv6 分组的封装

标志位字段与段偏移字段中就会填入对应的值。生存时间字段值取决于所使用的实现方式。协议号字段值设置为 41，标识封装的是 IPv6 分组。IPv4 源地址指隧道起始节点的地址，IPv4 目的地址指隧道终端节点的 IPv4 地址。

### 3. GRE 隧道

通用路由封装（Generic Routing Encapsulation，GRE）隧道是一种配置隧道，也称为 GRE over IPv4 隧道，每条链路都是一条单独的隧道。GRE 隧道支持多种不同的网络协议，如 TCP/IP、IPX、APPLETALK。GRE 隧道可以像真实的网络接口那样传递多播数据包。GRE 隧道把 IPv6 协议称为乘客协议，把 GRE 称为承载协议。所配置的 IPv6 地址是在隧道接口上配置的，其源地址为隧道起始节点的 IPv6 地址，目的地址为隧道终端节点的 IPv6 地址。

在 GRE 隧道的封装过程中，IPv6 分组首先被封装为 GRE 分组，再被封装为 IPv4 分组。若 IPv4 协议首部中的协议字段值为 47，则表示下一个首部为 GRE 协议首部；若 GRE 协议首部中的协议字段值为 41，则表示下一个首部为 IPv6 协议首部。GRE over IPv4 隧道分组封装格式如图 8-9 所示。

| IPv4首部 | GRE首部 | IPv6首部 | IPv6数据 |
|---|---|---|---|

图 8-9　GRE over IPv4 隧道分组封装格式

## 8.3.4　IPv6 自动配置隧道

### 1. 自动配置隧道的特征

在自动配置隧道（Auto Configured Tunnel，ACT）中，隧道的建立和拆除是动态的，自动配置隧道中隧道终端节点的 IPv4 地址是由 IPv6 分组的目的地址决定的，要使用自动配置隧道，就必须在上述两种地址之间建立某种映射关系。根据映射关系和应用环境的不同，自动隧道分为几种，自动配置隧道需要采用兼容 IPv4 地址的 IPv6 地址 0::IPv4ADDR/96，源节点和目的节点之间必须有可用的 IPv4 网络，每台采用这种隧道的主机都需要有一个全球唯一的 IPv4 地址。

自动隧道不能解决 IPv4 地址空间耗尽的问题（采用手工配置隧道的站点不需要 IPv4 地址）。此外，还有一种问题是如果把 Internet 上全部的 IPv4 路由表都包括到 IPv6 网络中，那么会加剧路由表膨胀。这种隧道的两个端点必须支持双栈技术（手工配置隧道不需要）。自动隧道也不可以在隧道要经过 NAT 设施的情况下使用。

### 2. 6over4 隧道

6over4 隧道是 B. Carpenter 和 C. Jung 在 1999 年提出的一种自动配置隧道,其建立的隧道是一种虚拟的、非显式的隧道。具体来说，就是利用 IPv4 多播机制来实现虚拟链路，在 IPv4 多播域上承载 IPv6 链路本地地址，将 IPv6 链路本地地址映射到 IPv4 多播域上，并采用邻居发现协议来确定隧道端节点的 IPv4 地址。

6over4 协议将每个 IPv4 网络都看作一条支持多播的单独链路，使邻居发现过程的地址解析、路由器发现在该链路上运行。

6over4 隧道不需要任何地址配置，也不需要使用 IPv4 兼容 IPv6 地址。但是，采用 6over4 隧道的 IPv4 网络基础设备必须支持 IPv4 多播。6over4 主机采用一个由 64 位单播地址前缀和 64 位接口标识符组成的 IPv6 地址，其地址形式为 FE80::wwxx:yyzz，其中 wwxx:yyzz 为主机的 IPv4 地址。

6over4 隧道的物理结构如图 8-10 所示。

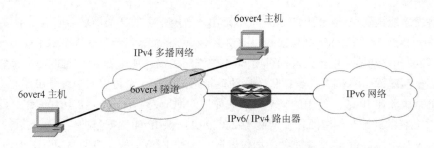

图 8-10　6over4 隧道的物理结构

### 8.3.5　6to4 隧道

6to4 隧道也是一种自动隧道，这种隧道要求站点采用特殊的 IPv6 地址，称为 6to4 地址。6to4 地址是一种特殊的 IPv6 地址，它以 2002 开头，其后面跟着 32 位的 IPv4 地址转化成的十六进制表示，构成一个 48 位的 6to4 前缀 2002::IPv4ADDR::/48。这种地址是自动从节点的 IPv4 地址派生出来的。在任何情况下，6to4 数据流中的源地址和目的地址嵌入的 IPv4 地址都必须是全球唯一的单播地址格式，否则这些数据包将会在不给出警告的情况下被丢弃。6to4 隧道的技术文档是 RFC 3065。

ICANN 为这种 6to4 隧道指派了一个特定的顶级聚合（Top Level Aggregation，TLA），其地址前缀为 2002::/16。6to4 前缀的格式如图 8-11 所示。

| 3 位 | 13 位 | 32 位 | 16 位 | 64 位 |
|---|---|---|---|---|
| FP 001 | TLA 0x0002 | IPv4 地址 | SLAID | 接口 ID |

图 8-11　6to4 前缀的格式

前缀 2002::/16 之后是以十六进制表示的 32 位 IPv4 地址，标识 6to4 网关地址（隧道出口）。后面是 80 位地址空间，可以用 16 位表示本地网络地址，即创建 65535 个网络，剩下的 64 位可用来表示某个网络中的节点地址，每个网络可以有 $2^{64}$ 个节点。

6to4 使用全球地址前缀 2002::IPv4ADDR::/48，也可以标识为 2002:WWXX:YYZZ::/48，其中，WWXX:YYZZ 是全球地址 NLA ID 部分，是公共 IPv4 地址冒号十六进制表示，对应的点分十进制表示为 W.X.Y.Z。例如，一个目的 IPv6 地址为 2002:WWXX:YYZZ:1::1 的 IPv6 分组到达隧道起始节点，隧道对其处理时，首先提取出隧道的终点地址，即 W.X.Y.Z，将原 IPv6 分组封装到 IPv4 分组中，此时，IPv4 分组的源地址是隧道起始节点，目的地址便是刚提取出来的地址 W.X.Y.Z，这样隧道就建立了，可以将 IPv6 数据包作为 IPv4 分组的有效荷载进行发送。隧道在数据发送时才建立，在数据不发送时，隧道并没有建立，所以 6to4 隧道是动态的。

6to4 隧道用来实现在没有提供 IPv6 互连服务的情况下，孤立的 IPv6 站点之间，以及这些孤立的 IPv6 站点与 IPv6 网络中网络节点的通信。

6to4 主机是任何一个配置了 6to4 地址的 IPv6 主机，6to4 路由器是支持使用 6to4 地址的 IPv6/IPv4 双栈路由器，用于转发带 6to4 地址的 IPv6 分组，6to4 中继路由器是 IPv4 网络中转发带 6to4 地址的 IPv6 分组的 IPv6/IPv4 路由器。

通过 6to4 中继路由器，6to4 网络中的主机可以和远程 IPv6 网络（如 6Bone）上的其他 IPv6 主机进行通信。中继路由器用于把 6to4 网络连接至纯 IPv6 网络上。需要说明的是，Internet 上有很多公共的 6to4 中继路由器可以使用。

6to4 中继路由器任播地址在 RFC 3068 中定义，目的是简化 6to4 网关的配置。6to4 网关需要通过默认路由才能找到 Internet 上的 6to4 中继路由器。所指派的任播地址对应满足前缀的 IPv4 网络中的第一个节点，如 192.88.99.1。6to4 中储路由器上必须配置一个默认路由指向该任播地址，使得 6to4 数据包自动地路由至最近的可用 6to4 中继路由器。如果 6to4 中继路由器掉线了，那么也没有必要重新配置 6to4 网关，数据包会自动重新路由至下一个可用的中继路由器。

在主机希望和纯 IPv6 子网中的某个节点（如目的地址为 3ffe:b00:c18:1::10）进行通信的情况下，IPv4 首部目的地址是保留的任播地址 192.88.99.1，该 IPv4 数据包被传递至最近的 6to4 中继路由器。对于某个纯 IPv6 主机希望把数据包发送至 6to4 网络中的主机的情况，纯 IPv6 主机会通过通告前缀 2002::/16，把自己的数据包路由至最近的 6to4 中继路由器。

6to4 站点的 IPv6 数据包进入外部 IPv4 网络的时候，通过 6to4 网关把这些 IPv6 数据包封装到 IPv4 数据包中，在外部 IPv4 网络中传输。

6to4 网络进行通信的两台主机，若一台仅有 6to4 地址，而另一台有一个 6to4 地址及一个纯 IPv6 地址，则这两台主机都应该使用 6to4 进行通信。若两台都有 6to4 地址及纯 IPv6 地址，则既可以使用 6to4 地址，又可以使用纯 IPv6 地址进行通信，在默认情况下选用纯 IPv6 地址进行通信。

## 8.3.6 ISATAP 隧道

站点内自动隧道寻址协议（Intra-Site Automatic Tunnel Addressing Protocol，ISATAP）隧道是 F. Templin 等人在 2005 年提出的一种自动配置隧道，用于在被 IPv4 网络分隔的 IPv6 主机之间进行通信，为没有 IPv6 路由器的 IPv4 网络中的 IPv6 节点提供 IPv6 连接。通过 ISATAP 隧道，IPv4 网络中的 IPv6 节点可以跨越 IPv4 网络连接访问 IPv6 节点，提供跨越 IPv4 网络的单播 IPv6 连通性。ISATAP 技术文档是 RFC 4214。

ISATAP 隧道不仅可以自动配置隧道，还可以自动配置地址。与 6over4 和 6to4 地址类似，ISATAP 地址也内嵌一个 IPv4 地址，当发往 ISATAP 地址的 IPv6 分组通过隧道跨越 IPv4 网络后，可以用内嵌的 IPv4 地址确定 IPv4 分组首部中的源 IPv4 地址和目的 IPv4 地址。

IPv4 网络中双栈主机在与其他主机或路由器进行通信之前，首先要获得一个 ISATAP 地址。双栈主机先向 ISATAP 服务器发送路由请求，得到一个 64 位的 IPv6 地址前缀，然后加上 64 位的接口标识符::0:5EFE:IPv4Address，这样就构成了一个 ISATAP 地址。双栈主机配置了 ISATAP 地址后，就成为一台 ISATAP 客户端，可以在 IPv4 网络内和其 ISATAP 客户端进行通信，可以通过 IPv4 网络连接远端的 IPv6 节点。

ISATAP 用到的地址是在其 EUI-64 接口标识符内嵌的一个 IPv4 地址。ISATAP 地址的格式如图 8-12 所示。

图 8-12　ISATAP 地址的格式

ISATAP 地址格式可以概括成"64 位前缀:5EFE:IPv4 地址"。ISATAP 地址有一个标准的 64 位前缀，可以是本地链路、本地站点、6to4 前缀，也可以是可汇聚全球单播地址。接口标识符中用到了 ICANN 的 OUI：00 00 5E，后面一个字节是类型字段，取值 FE 表示该地址中包含一个嵌入式 IPv4 地址。最后 4 字节（32 位）标识可以写成点分十进制表示的 IPv4 地址。

例如，若所指派的前缀为 2001:620:600:200::/64，IPv4 地址为 62.2.84.115，则这时 ISATAP 地址为 2001:620:600:200:0:5EFE:3E02:5473。

也可以把该地址写成 2001:620:600:200:0:5EFE:62.2.84.115，所对应的链路本地地址为 FE80::5EFE:62.2.84.115。

IPv4 网络中的 IPv6 主机可以利用 ISATAP 相互通信，不需要 IPv6 路由器。若这些 IPv6 主机要和 Internet 上的 IPv6 主机进行通信，如与 6Bone 上的 IPv6 主机通信，则需要配置一个边界路由器，这个边界路由器可以是 ISATAP 路由器，也称为 6to4 网关。

IPv4 网络中所有主机的 IPv4 地址都可以嵌入标准 ISATAP 前缀中，使得这些地址是唯一的且可路由的。具有标准 ISATAP 前缀的主机称为 ISATAP 主机，可以给大量的 ISATAP 主机指派一个 ISATAP 前缀。

对于内部网络中的某个网段上部署了 IPv6 的情况，可以在某个纯 IPv6 节点中配置一个 ISATAP 接口，使得这个 IPv6 节点担当纯 IPv6 网段与 IPv4 网段内 ISATAP 主机之间的路由器。由于 IPv4 网络上的 ISATAP 节点中没有能给它们发送自动配置前缀信息的 IPv6 路由器，因此需要配置这些 ISATAP 前缀。若这些 ISATAP 节点需要连接 Internet，则需要配置能指向 ISATAP 路由器的默认路由。

ISATAP 隧道的另一个特点是不要求隧道端节点必须具有全球唯一 IPv4 地址，可以用于在内部网络中实现双栈主机之间的 IPv6 通信连接。如果使用了专用 IPv4 地址及网络地址转换，那么 ISATAP 应是一种适用的隧道机制。

需要说明的是，ISATAP 隧道把 IPv4 网络看作一个 IPv6 的链路层，IPv6 邻居发现协议通过 IPv4 网络进行承载，从而实现设备在跨 IPv4 网络情况下的 IPv6 地址自动配置。分散在 IPv4 网络中的各个 IPv6 节点可以通过 ISATAP 隧道自动获取地址并连接起来。另外，ISATAP 主机可以生成链路本地 ISATAP 地址，这些主机也可以通过链路本地 ISATAP 地址直接进行通信。

## 8.3.7  ISATAP 隧道配置机制

### 1. ISATAP 隧道地址配置

ISATAP 隧道需要采用一个特殊的地址格式，由一个合法的 64 位单播 IPv6 地址和一个特定的 ISATAP 接口标识符构成。该 ISATAP 接口标识符用于标识链路上的接口，并且在该链路上必须是唯一的。当根据 IEEE EUI-64 标识符形成接口标识符时，通过插入"u"位就可以形成改进的 EUI-64 格式接口标识符。在改进的 EUI-64 格式中，"u"位为 1 表示全球范围，"u"位为 0 表示本地范围。ISATAP 接口标识符的格式如图 8-13 所示。

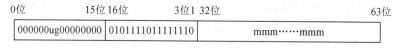

图 8-13  ISATAP 接口标识符的格式

其中，"u"是全球/本地（universal/local）位，"g"是个人/集体（individual/group）位，32 位的"m"是 IPv4 地址。ISATAP 接口标识符十六进制表达式为 ::5efe:wwxx:yyzz，其中 wwxx:yyzz 为 IPv4 地址（w.x.y.z 的十六进制表达式）。这个内嵌的 IPv4 地址既可以是公有地址，又可以是私有地址，只要是单播地址即可。

一个完整的 ISATAP 隧道地址表达式为 prefix::5efe:wwxx:yyzz 或 prefix::5efe:w.x.y.z，其中的 IPv6 前缀只要是合法的 64 位单播 IPv6 地址即可，包括本地链路范围的 fe80::/64。ISATAP 将 IPv4 地址嵌入 IPv6 地址中，从而使 ISATAP 隧道能够自动从 IPv6 地址中提取 IPv4 首部的源地址和目的地址。

### 2．ISATAP 隧道的网络结构

在 ISATAP 隧道的接口上，ISATAP 主机将自动生成一个链路本地 ISATAP 地址，其地址表达式为 fe80::0:5efe:w.x.y.z。因此，在同一个逻辑子网上，配置了链路本地 IASTAP 地址的 ISATAP 主机之间可以进行通信，但是该 ISATAP 主机不能与其他子网上的 ISATAP 主机或 IPv6 主机进行通信。该 ISATAP 主机必须通过 ISATAP 路由器获得全球单播地址前缀，才能和其他子网的 ISATAP 主机或 IPv6 主机进行通信。

ISATAP 隧道的网络拓扑结构如图 8-14 所示。

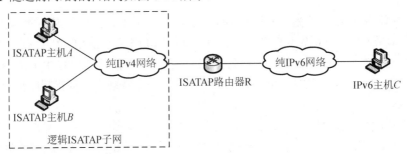

图 8-14　ISATAP 隧道的网络拓扑结构

可以看出，ISATAP 隧道网络中包括 ISATAP 节点/主机、ISATAP 路由器、ISATAP 接口及单个或多个逻辑 ISATAP 子网。

（1）ISATAP 节点/主机：执行 ISATAP 隧道技术的双协议栈节点/主机，可以使用全球、唯一本地或链路本地 ISATAP 地址进行通信。

（2）ISATAP 路由器：连接 IPv4 网络和 IPv6 网络之间的 ISATAP 隧道的双栈路由器，其主要功能是作为 ISATAP 子网内所有 ISATAP 主机的默认路由；为不同的 ISATAP 子网通告不同的 IPv6 地址前缀；在不同 ISATAP 子网的 ISATAP 主机和 IPv6 主机之间转发分组。

（3）ISATAP 接口：ISATAP 节点/主机的 NBMA IPv6 接口，用于对 IPv6 分组进行 IPv4 封装的自动隧道配置。

### 3．ISATAP 隧道的通信流程

ISATAP 隧道的通信流程如图 8-15 所示。

可以看出，ISATAP 隧道的通信过程可以分为两种情况，即同一个 ISATAP 子网内 ISATAP 主机之间的通信和 ISATAP 主机与其他网络的主机之间的通信。

（1）同一个 ISATAP 子网内 ISATAP 主机之间的通信。

同一个 ISATAP 子网内 ISATAP 主机之间的通信流程如图 8-16 所示。其中，主机 A 是一个 ISATAP 主机，主机 B 是一个与主机 A 处于同一个 ISATAP 子网内的 ISATAP 主机。

（2）ISATAP 主机与其他网络的主机之间的通信。

ISATAP 主机与其他网络的主机之间的通信流程如图 8-17 所示。其中，主机 A 是一个 ISATAP 主机，主机 C 是一个与主机 A 处于不同网络的 IPv6 主机。

### 4．ISATAP 邻居发现机制

ISATAP 主机收到 ISATAP 路由器的路由通告报文后，会创建一个默认路由。但是 ISATAP 路由器的路由通告报文是基于 IPv6 协议的，而 ISATAP 主机所在的网络是基于 IPv4 协议的，它们之间无法直接进行通信。因此，需要采用 ISATAP 邻居发现机制进行地址解析，来实现 ISATAP 主机

和 ISATAP 路由器之间的通信。

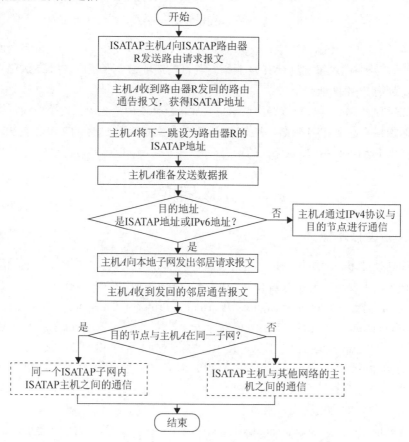

图 8-15   ISATAP 隧道的通信流程

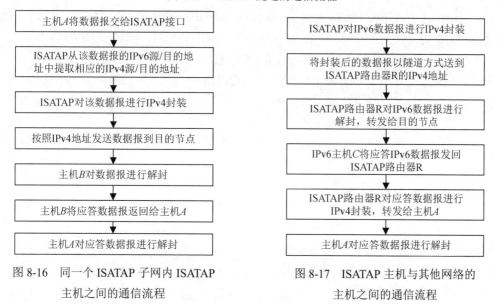

图 8-16   同一个 ISATAP 子网内 ISATAP
主机之间的通信流程

图 8-17   ISATAP 主机与其他网络的
主机之间的通信流程

（1）当一个 IPv6 主机开启了 ISATAP 隧道后，可以使用主机名称解析技术对 ISATAP 路由器的 IPv4 地址进行解析，一般包括检查本地主机名、检查 DNS 客户端解析器缓存、组成一个完全限定域名（FQDN）并发送 DNS 查询、使用 NetBIOS 机制等。同时，可以使用手动配置方式，如在 Windows 操作系统中可以通过命令对 ISATAP 路由器进行地址设置，命令格式如下。

```
netsh interface ipv6 isatap set router IPAddress/HostName
```

（2）当解析成功后，ISATAP 主机就会使用 IPv6 邻居发现协议，发送一个路由请求报文。在 ISATAP 接口对该路由请求报文进行 IPv4 封装，其目的地址为步骤（1）中对 ISATAP 路由器进行地址解析后得到的 IPv4 地址。

（3）当 ISATAP 路由器收到该路由请求报文后，就会发回一个单播的路由通告报文。同样需要对该路由通告报文进行 IPv4 封装，并携带用于自动配置 ISATAP 地址的 IPv6 前缀，以及用于指明是否允许作为 ISATAP 主机默认路由的相关标志位。

# 8.4 协议转换技术

## 8.4.1 协议转换技术概述

按照协议转换技术在网络协议层次中的位置，可以分为网络层转换技术、运输层转换技术、应用层转换技术，主要包括无状态的 IP/ICMP 转换（Stateless IP/ICMP Translation，SIIT）技术、网络地址转换-协议转换（Network Address Translation-Protocol Translation，NAT-PT）技术、栈内扩展块（Bump in the Stack，BIS）技术、套接字安全性协议（Socket Security，SOCKS64）技术、API 中的扩展块（Bump in the API，BIA）技术。协议转换技术也称为翻译技术。

RFC 2765 和 RFC 2766 给出了协议转换技术的定义和描述。协议转换的目标是为 IPv6 网络节点与 IPv4 网络节点相互通信提供透明的路由。

RFC 2766 中描述的协议转换技术如下。

（1）网络地址转换（Network Address Translation，NAT）技术，转换 IP 地址、TCP、UDP 及 ICMP 首部校验和等。

（2）网络地址端口转换（Network Address Port Translation，NAPT）技术，除了 NAT 传输中所转换的字段，还能转换其他标识符，如 TCP 端口号、UDP 端口号、ICMP 报文类型等。

（3）NAT-PT 技术允许 IPv6 数据包与等价 IPv4 数据包进行相互转换。

协议转换技术主要用于 Internet 的大部分已经过渡到 IPv6 技术，仍然有部分网络采用 IPv4 技术的情况，在这种情况下隧道技术无法使用，源节点使用 IPv6 技术，但目的节点不能识别 IPv6 技术，需要通过协议转换技术对两种 IP 协议的首部进行转换。

协议转换技术使用映射 IPv4 地址的 IPv6 地址，把 IPv6 地址转换为 IPv4 地址。协议转换技术把 IPv6 首部转换为 IPv4 首部。

## 8.4.2 NAT 和 NAPT 技术

### 1. NAT 技术

NAT 技术最初用于解决 IPv4 地址短缺问题，允许一个内网中只有一个合法的 Internet 地址，在内网中可以使用专用 IP 地址，通过设置硬件或软件的 NAT，内网的专用 IP 地址可以转换为在外网上可以使用的公用 IP 地址。

NAT 技术的另一个主要作用是对外网屏蔽了内网节点的地址，实现了内网和外网之间的隔离，起到了网络安全作用。NAT 技术的功能可以设置在路由器、防火墙或 NAT 设备中，NAT 技术通过维护一个地址转换表，把内网的专用 IP 地址映射到外网的公用 IP 地址上。

NAT 技术有 3 种类型：静态 NAT、动态 NAT、网络地址端口转换。对于 IPv4 向 IPv6 过渡机制，这里的内网和外网可以分别对应 IPv4 网络或 IPv6 网络。

内网与外网之间的 NAT 提供了 IPv6 网络与 IPv4 网络之间的路由。NAT 网关使用一个 IPv4 地址池，并把这些地址和相应 IPv6 地址绑定在一起，不需要对终端节点做任何修改。

NAT 可以是双向的，也可以是单向的。双向是两端都可以发起会话，单向是只有 IPv6 主机才能发起会话。IPv4 网络上的主机使用 DNS 解析域名，把域名解析为该域名所对应的 IP 地址，DNS 应用层网关能相互转换 IPv6 地址与 IPv4 NAT 地址绑定。

### 2. NAPT 技术

先从 IPv6 主机经 NAPT 网关发送至 IPv4 主机上，再从 IPv4 主机经 NAPT 网关发送至 IPv6 主机上，NAPT 数据包的传输过程如图 8-18 所示。

图 8-18　NAPT 数据包的传输过程

在图 8-18 中，IPv6 主机 *B* 的 IPv6 地址为 ABCD:BEEF::2228:7001。NAPT 路由器另一端主机 *A* 的 IPv4 地址为 120.140.160.101。NAPT 网关所指派的地址池为 120.10.40/24。NAPT 数据包的传输过程涉及的步骤如下。

（1）主机 *B* 给目的地址（前缀为 120.140.160.101，端口号为 23）发送了一个数据包之后，就发起了与主机 *A* 的会话。NAPT 向 IPv6 网络广播前缀::/96，只要有数据包发送至该前缀，就使其通过 NAPT 进行路由。作为源地址，主机 *B* 使用了自己的 IPv6 地址及端口号 3056。

（2）NAPT 网关将从自己的地址池中抽取一个 IPv4 地址及一个端口号。这里假定使用了地址 120.10.40.10。在从 NAPT 发至主机 *A* 的后续包中，其源地址是 120.10.40.10，端口号为 1025；其目的地址是 120.140.160.101，端口号为 23。

（3）主机 *A* 做出应答的时候，所发送的数据包的源地址是 120.140.160.101，端口号为 23；而目的地址则是 120.10.41.10，端口号为 1025。

（4）NAPT 根据其缓存中会话生存期的相关参数进行数据包的转换，把数据包从源地址（前缀为 120.141160.101，端口号为 23）发送至目的地址（ABCD:BEEF::2228:7001，端口号为 3056）。

RFC 2766 中所描述的这些协议转换技术存在的问题是，无法充分利用 IPv6 所提供的某些功能，也存在网络拓扑限制，与同一会话有关的入站及出站分组必须穿越同一台 NAT 路由器。改进的措施之一是在某些应用程序中使用 IP 分组有效荷载中的 IP 地址，NAT 并不知道应用层，也就不会查看有效荷载中的 IP 地址。这类应用程序改进在实现时，NAT 必须和应用层网关配合使用。

## 8.4.3　NAT-PT 技术

### 1. NAT-PT 技术基本原理

NAT-PT 是 G. Tsirtsis 和 P. Srisuresh 在 2000 年提出的一种地址和协议转换技术，在进行 IPv4/IPv6 地址转换的同时，进行 IPv4/IPv6 协议转换，适用于纯 IPv4 节点和纯 IPv6 节点之间的通信。NAT-PT 技术文档是 RFC 2766。

NAT-PT 技术是一种纯 IPv4 终端和纯 IPv6 终端之间的互通方式，也就是说，原 IPv4 网络用户终端不需要进行升级改造，所有包括地址、协议在内的转换工作都由网络转换设备来完成。NAT-PT 技术实现了对终端节点的透明，因为其提供了 IPv4/IPv6 地址转换，不需要对终端节点做任何改动。

NAT-PT 技术的基本原理是：将 IPv4 地址池指定的 IPv4 地址给 IPv6 节点，作为 IPv6 节点与 IPv4 网络进行通信时暂时对应的 IP 地址。NAT-PT 技术很重要的一项工作就是建立 IPv6 地址与 IPv4 地址之间的映射表。

NAT-PT 技术在进行 IPv4/IPv6 NAT 的同时，在 IPv4 分组和 IPv6 分组之间进行首部和语义的转换，对于一些内嵌地址信息的高层协议（如 FTP），NAT-PT 技术需要和应用层的网关协作来完成转换，在 NAT-PT 技术的基础上利用端口信息即可。

NAT-PT 技术采用传统 IPv4 下的 NAT 技术来分配 IPv4 地址，这样可以用很少的 IPv4 地址构成自己的 IPv4 地址分配池，可以给大量的需要进行地址转换的应用协议提供转换服务。

NAT-PT 技术只允许 IPv6 节点访问 IPv4 网络，进程的建立是单向的。例如，IPv6 节点通过 NAT-PT 获得一个 IPv4 地址 10.1.1.1，与 IPv4 网络进行通信。可以采用多个端口对应单一 IPv6 地址的方法，通过端口对应，每个 IPv4 地址都可以处理 65535 个 TCP 或 UDP 进程。该方法存在的不足是，一次只能提供一种端口服务。

NAT-PT 技术包括静态和动态两种，二者都可以提供一对一的 IPv6 地址和 IPv4 地址的映射，只不过动态 NAT-PT 需要一个 IPv4 地址池进行动态的地址转换。NAT-PT 技术的缺点是，IPv4 节点访问 IPv6 节点的实现方法比较复杂，网络设备进行协议转换、地址转换的处理开销较大，IETF 推荐不再使用，可以参考 RFC 4966。

### 2．DNS-ALG 与 NAT-PT 技术相结合

IPv4 和 IPv6 的 DNS 在记录格式等方面有所不同，为了实现 IPv4 网络和 IPv6 网络之间的 DNS 查询和响应，可以将应用层网关 DNS-ALG 与 NAT-PT 技术相结合，作为 IPv4 网络和 IPv6 网络之间的翻译器。例如，IPv4 的地址域名映射使用 A 记录，而 IPv6 使用 AAAA 或 A6 记录。那么，当 IPv4 节点发送到 IPv6 网络的 DNS 查询请求是 A 记录时，DNS-ALG 会把 A 改写成 AAAA，并发送给 IPv6 网络中的 DNS 服务器。

当服务器的应答到达 DNS-ALG 时，DNS-ALG 修改应答，把 AAAA 改为 A，把 IPv6 地址改为 DNS-ALG 地址池中的 IPv4 转换地址，把这个 IPv4 转换地址和 IPv6 地址之间的映射关系通知给 NAT-PT 技术，并把这个 IPv4 转换地址作为解析结果返回 IPv4 主机。IPv4 主机以这个 IPv4 转换地址为目的地址与实际的 IPv6 主机通过 NAT-PT 技术进行通信。

RFC 2766 描述了 DNS-ALG，用于实现在 IPv6 网络中的 NAT-PT 设备通过 IPv4 网络传输至 DNS 服务器之间的请求和访问服务；提供完成 IPv4 资源记录类型（A）到 IPv6 资源记录类型（AAAA 或 A6）的转换的机制。

## 8.4.4　SIIT 技术

SIIT 技术用于对 IP 和 ICMP 进行协议转换，这种转换不记录流的状态，因而是无状态的。

SIIT 技术使用特定的地址空间来完成 IPv4 地址与 IPv6 地址的转换，需要一个 IPv4 地址池，由于 SIIT 技术不提供地址复用，因此地址池的空间限制了 IPv6 节点的数量，SIIT 技术所能应用的网络规模也受到了限制。SIIT 技术在 RFC 2765 中进行了描述和定义。

SIIT 技术可以和其他技术（如 NAT-PT 技术）相结合，用于纯 IPv6 站点与纯 IPv4 站点之间的通信，但是在采用网络层加密和数据完整性保护的环境下，这种技术不可用。纯 IPv6 节点和纯 IPv4

节点通过一个 SIIT 转换器进行通信，IPv6 节点看到的是对方一个 IPv4 映射地址的主机，同时自己使用一个 IPv4 转换地址。如果 IPv6 主机发出的 IP 分组中的目的地址是一个 IPv4 映射地址，那么 SIIT 转换器就知道这个 IP 分组需要进行协议转换。

有了协议转换器就可以在内部建立新的纯 IPv6 网络，同时让这些纯 IPv6 客户端访问标准 IPv4 网络或其他纯 IPv4 节点。这样也就引入了一种新的地址类型——IPv4 转换地址。这种地址的格式为 0::ffff:0:0:0 /96。IPv6 节点需要配置成 0::ffff:0:w.x.y.z 的 IPv4 转换地址，其中 a.b.c.d 是 IPv4 节点认为 IPv6 节点在 IPv4 网络中的地址。IPv6 节点访问 IPv4 节点时通过映射地址 0::ffff:0: w.x.y.z 标识成 IPv4 节点。w.x.y.z 标识符是从特定地址池中抽取的一个 IPv4 地址，该标识符指派给了希望和 IPv4 节点通信的那个 IPv6 节点。

SIIT 技术的原理如图 8-19 所示。

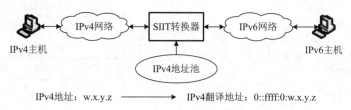

图 8-19　SIIT 技术的原理

协议转换器一般涉及对 TCP 首部及 UDP 首部的修改，对于计算校验和，涉及伪首部的计算范围。另外，ICMP 错误报文中还包含有效荷载中原始数据包的 IP 首部，协议转换器需要修改这个首部，否则接收节点无法理解原始数据包。需要说明的是，在多播中也不能使用 SIIT 技术，原因是 IPv4 多播地址与 IPv6 多播地址不能相互转换。

## 8.4.5　BIS、SOCKS64、BIA 技术

### 1. BIS 技术

BIS 技术是 K. Tsuchiya、H. Higuchi 和 Y. Atarashi 在 2000 年提出的一种协议转换技术。BIS 技术在 IPv4 协议栈中添加了 3 个特殊的扩展模块：扩展域名解析模块，用于扩展原有的域名解析功能，使其支持 IPv6 地址查询；地址映射模块，用于实现 IPv4 地址与 IPv6 地址之间的映射；转换模块，用于实现 IPv4 分组与 IPv6 分组之间的转换。BIS 技术的系统结构如图 8-20 所示。

BIS 技术允许 IPv4 主机利用已有的 IPv4 应用与 IPv6 主机进行通信，即使该主机没有 IPv6 应用，也可以与 IPv6 网络中的主机保持连接。由于 IPv4 分组和 IPv6 分组的格式不同，因此 BIS 技术无法将 IPv4 中的参数转换为相对应的 IPv6 参数。同时，在进行 IP 地址转换时，BIS 技术无法对应用所包含的 IP 地址进行完整的转换，从而造成一些应用不能使用。

另外，由于数据中包含 IP 地址信息，因此网络层以上的安全策略在采用 BIS 技术的主机上将无法使用。

### 2. SOCKS64 技术

SOCKS64 技术是 H. Kitamura 在 2001 年提出的一种协议转换技术。SOCKS64 技术是对原有防火墙安全会话转换协议（SOCKS）的扩展，并将其应用到 IPv4/IPv6 网关技术下，来实现 IPv4 节点和 IPv6 节点之间的通信，相当于网络层的代理。SOCKS64 技术增加了两个新的功能部件，即 SOCKS64 网关和 SOCKS64 客户端。

SOCKS64 技术不需要修改 DNS，也不需要地址映射，可以用于多种环境，实现纯 IPv4 节点和纯 IPv6 节点之间的通信。但是，由于 SOCKS64 技术需要使用 SOCKS 代理服务器，同时需要在客户端安装支持 SOCKS 代理的软件，因此，SOCKS64 技术对用户来说并不是透明的。

### 3．BIA 技术

BIA 技术是 S. Lee、E. Nordmark 和 A. Durand 在 2002 年提出的一种协议转换技术。BIA 技术通过在双栈主机的 Socket API 层和 TCP/IP 层之间添加一些特殊的扩展模块，来实现分组的转换。BIA 技术添加了一个 API 转换器，包括域名解析模块、地址映射模块和函数映射模块。BIA 技术的系统结构如图 8-21 所示。

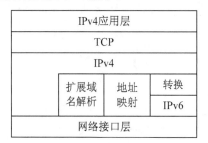

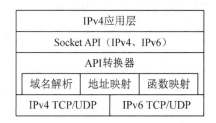

图 8-20　BIS 技术的系统结构　　　　图 8-21　BIA 技术的系统结构

BIA 技术与 BIS 技术类似，只是在 API 层次而不是在协议栈层次上进行分组的转换，实现起来比 BIS 技术要简单一些。BIA 技术使 IPv4 应用程序不需要做任何修改就可以与 IPv6 主机进行通信。但是，BIS 技术适用于无 IPv6 协议栈的主机，BIA 技术适用于有 IPv6 协议栈的主机。同时，BIA 技术只对单播有效，若用于多播，则需要在函数映射模块中添加一些相应的功能。由于 BIA 技术是在 Socket API 层对 API 进行转换的，因此当使用 BIA 技术的主机与使用 IPv4 应用程序的 IPv6 主机进行通信时，可以利用网络层的安全策略。

## 8.4.6　NAT64 与 DNS64

早期的协议转换技术一般只支持通过 IPv6 网络侧用户发起连接访问 IPv4 侧网络资源。但 NAT64 支持通过手工配置静态映射关系，实现 IPv4 网络主动发起连接访问 IPv6 网络。NAT64 可实现 TCP、UDP、ICMP 下的 IPv6 与 IPv4 网络地址和协议转换。NAT64 支持 IPv4 与 IPv6 互访，可以与 NAT444 或 DS-lite 结合使用，以满足多种业务应用。

NAT64 设备通常部署在网络边界，如 IPv6 城域网与 IPv4 城域网的互联互通层次，以及 IPv4 IDC 中心的出口路由器层次。

为了实现 IPv6 网络和 IPv4 网络的互通，NAT64 需要将 IPv4 地址和 IPv4 端口号与 IPv6 地址和 IPv6 端口号对应起来建立地址映射表，实现多种网络服务复用到一个 IP 上，可以节省 IPv4 池中地址的使用。

NAT64 与 DNS64 配合使用，分离 DNS-ALG 的功能与 NAT64 网关的功能。NAT64+DNS64 的典型应用场景有以下 3 种。

（1）IPv4 IDC/ISP 站点为 IPv6 用户提供业务。

（2）运营网络内 IPv6 用户与 IPv4 用户互访业务。

（3）IPv6-only IDC/ISP 站点为 IPv4 用户提供业务。

DNS64 则主要配合 NAT64 工作，其中 NAT64 执行 IPv4-IPv6 的有状态地址转换和协议转化，DNS64 实现域名地址解析。DNS64 主要将 DNS 查询信息中的 A 记录（IPv4 地址）合成到 AAAA

记录（IPv6 地址）中，返回合成的 AAAA 记录用户给 IPv6 侧用户。DNS64 也解决了 NAT-PT 技术中 DNS-ALG 存在的缺陷。

NAT64 在翻译 IPv6 地址到 IPv4 地址时，对于目的地址（IPv4 服务器的地址，是内嵌 IPv4 的 IPv6 地址），按照规则直接转换为 IPv4 地址，采用无状态地址转换，对于源地址（IPv6 用户地址），通过 NAT64 转换为公网 IPv4 地址，通常从配置的 IPv4 地址池中随机选择一个可用的 IPv4 地址和端口号，采用有状态地址转换，NAT64 设备记录该状态信息，用于数据流返回时的地址转换。

IVI 和 NAT64 的提出用于替代 NAT-PT，但由于 IVI 的翻译是一对一的，因此一个 IPv4 地址可转换为一个 IPv6 地址，但需要耗费较多的 IPv4 地址。而 NAT64 却可以拥有一个地址池，使多个 IPv6 地址对应一个 IPv4 地址。

NAT64 支持的双栈路由器跨接在 IPv4 网络和 IPv6 网络的边界上，一个接口上运行的是 IPv4，另外一个接口上运行的是 IPv6。NAT64 模块将 IPv4 分组文翻译成 IPv6 分组文，当流量返回时，模块又根据地址映射表将 IPv6 分组文翻译成 IPv4 分组文，使得 IPv4 节点和 IPv6 节点之间能相互访问。

DNS64Server 与 NAT64Router 是完全独立的部分。DNS64 的熟知前缀为 64:FF9B::/96，DNS64 默认使用此前缀进行 IPv4 地址到 IPv6 地址的嵌入合成，该前缀也作为 NAT64 的转换前缀，匹配该前缀的流量才进行 NAT64 转换。通常，该熟知前缀在 DNS64 与 NAT64 中被标识为 pref64::/n，该前缀可根据实际网络部署进行配置。在 NAT64 中则可使用 32，40，48，56，64 或 96 等长度范围，每种长度的前缀转换规则也不完全相同。在 NAT-PT 中，转换前缀是固定的 96 位长度。

需要注意的是，DNS64 地址合成所使用的 IPv6-prefix 要和 NAT64 配置的 IPv6-prefix 一致。如果网络中存在多台 NAT64 设备，那么每台 NAT64 配置的 IPv6-prefix 都是不同的，DNS64 可以通过不同的 IPv6-prefix 合成 IPv6 地址来控制 NAT64 间的业务（应用）负载。

NAT64 设备需要同时向 IPv4 网络和 IPv6 网络发布路由。NAT64 与 IPv6 网络连接的端口配置 IPv6 地址，向 IPv6 网络发布配置的 IPv6-prefix 路由，若 NAT64 配置了多个 IPv6-prefix，则需要选择合适的汇总方式发布 IPv6 路由。NAT64 与 IPv4 网络连接的端口配置 IPv4 地址，向 IPv4 网络发布配置的 IPv4 地址池路由。

# 8.5　IVI 转换技术

## 8.5.1　IVI 转换技术概述

IVI 是在"IPv4 网络到 IPv6 网络"和"IPv6 网络到 IPv4 网络"场景下的一个特定前缀和无状态地址映射机制。在罗马数字中，"IV"表示数字 4，"VI"表示数字 6，因此"IVI"表示 IPv4 和 IPv6 之间的转换。IVI 是一种基于运营商路由前缀的无状态 IPv4/IPv6 转换技术。IVI 方案在 CERNET2 的研究过程中提出并实现，形成 RFC 6052。

IVI 主要思路是从全球 IPv4 地址空间（IPG4）中，取出一部分地址映射到全球 IPv6 地址空间（IPG6）中。在 IPG4 中，每个运营商取出一部分 IPv4 地址，用来在 IVI 过渡中使用，被取出的这部分地址称为 IVI4（i）地址，这部分地址不能分配给实际的真实主机使用。

IVI 的地址映射规则是在 IPv6 地址中插入 IPv4 地址。地址的 0～31 位为 ISP 的/32 位的 IPv6 前缀，32～39 位设置为 FF，表示这是一个 IVI 映射地址。40～71 位表示插入的全局 IPv4 空间（IVIG4）的地址格式，如 IPv4/24 映射为 IPv6/64，IPv4/32 映射为 IPv6/72。

在 IVI 中，ISP 的 IPv4 地址子集被嵌入 ISP 的 IPv6 地址中。因此，通过使用这些 IVI 地址，主机可以直接与全球 IPv6 网络进行通信，也可以采用无状态转换器与全球 IPv4 网络进行通信。

无论是 IPv4 网络还是 IPv6 网络，都可以发起这种通信。同时，IVI 支持端到端的透明地址和可扩展部署。

IVI 的早期设计是部署在 CERNET 中的无状态转换，为了实现 CERNET2 和 IPv4 网络之间的通信，在 CERNET 和 CERNET2 主干网之间设计并安装了 IVI 转换器，并对 IVI 提出了如下几点要求。

（1）应当同时支持 IPv4 和 IPv6 发起的对 IPv6 网络中 IPv6 客户端/服务器的通信。

（2）应当沿用目前的 IPv4 和 IPv6 路由，不会增加全球 IPv4 和 IPv6 路由表。

（3）应当能够不断递增部署。

（4）由于 IPv4 地址枯竭问题，应当有效地使用 IPv4 地址。

（5）为了实现可扩展性，应当是无状态的。

（6）DNS 功能应当与翻译器分离。

## 8.5.2　IVI 地址格式

IVI 地址格式是基于一个特定 ISP 的 IPv6 地址前缀来定义的。IVI 地址格式如图 8-22 所示。

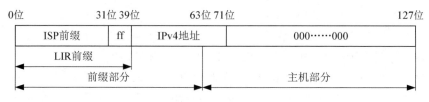

图 8-22　IVI 地址格式

其中，0～31 位为 CERNET 实施的 ISP（i）的前缀，ISP（i）表示一个特定的网络服务供应商；32～39 位为全 1，是 IVI 地址的标识；40～71 位为嵌入的全球 IPv4 地址空间，用十六进制表示；72～127 位为全 0。

根据 IVI 映射机制，IPv4/24 被映射为 IPv6/64，IPv4/32 被映射为 IPv6/72。例如，ISP 前缀为 2001:db8::/32，则 LIR 前缀为 2001:db8:ff00::/40，若该 ISP 的 IPv4 地址为 192.0.2.0/24，则其 IVI 映射地址为 2001:db8:ffc0:2:0::/64；若该 ISP 的 IPv4 地址为 192.0.2.33/32，则其 IVI 映射地址为 2001:db8:ffc0:2:21::/72。

## 8.5.3　IVI 路由

根据 IVI 地址映射规则，IVI 路由过程很简单。IVI 路由过程如图 8-23 所示。

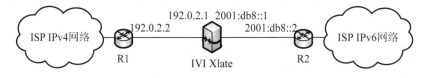

图 8-23　IVI 路由过程

IVI Xlate 是一个特殊的双协议栈路由器，可以由两个接口分别连接 IPv4 网络和 IPv6 网络，也可以由单个接口同时配置 IPv4 地址和 IPv6 地址。IVI Xlate 支持 IPv4 和 IPv6 地址簇的动态路由协议，也可以使用静态路由配置。

路由器 R1 中存在一条 IPv4 路由，用于指明下一跳为 192.0.2.1 的 IVI4（i）/k，其中 IVI4（i）表示 IPS4（i）的一个子集，该组的地址可以通过 IVI 映射机制被映射为 IPv6 地址，并被 ISP（i）的 IPv6 主机使用；k 为 IVI4（i）的前缀长度。这条路由通过适当聚合被分配到网络中。

路由器 R2 中存在一条 IPv6 路由，用于指明下一跳为 2001:db8::1 的 IVIG6(i)/40，其中 IVIG6(i) 表示 IPS6(i) 的一个子集，该组的地址是 IVIG4 通过 IVI 映射机制后在 IPv6 地址簇的映射地址。这条路由通过适当聚合被分配到 IPv6 网络中。

IVI 转换器中存在一条 IPv6 路由，用于指明下一跳为 2001:db8::2 的 IVI6(i)/(40+k)，其中 IVI6(i) 表示 IVIG6(i) 的一个子集，该组的地址是 IVI4(i) 通过 IVI 映射机制后在 IPv6 地址簇的映射地址。同时，IVI 翻译器中存在一条默认路由 0.0.0.0，用于指明下一跳为 192.0.2.2。

### 8.5.4　IVI 工作原理

IVI 主要通过 IPv4 地址和 IPv6 地址之间的地址映射来实现 IPv4 节点和 IPv6 节点之间的通信。其运行模式主要有 3 种：无状态 1∶1 运行模式、无状态 1∶N 运行模式和有状态 1∶N 运行模式。

#### 1. 无状态 1∶1 运行模式的 IVI

无状态 1∶1 运行模式的 IVI 是对 SIIT 技术的扩展，采用一段特殊的 IPv4 地址和 IPv6 地址进行 1∶1 的无状态映射，从而实现 IPv4 地址和 IPv6 地址之间的无状态地址映射。无状态 1∶1 运行模式的 IVI 下主机之间的通信过程如图 8-24 所示。

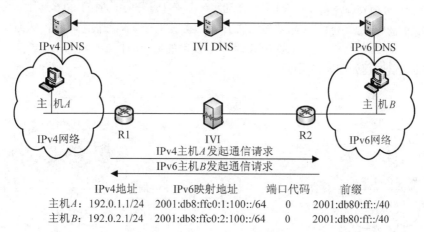

| | IPv4 地址 | IPv6 映射地址 | 端口代码 | 前缀 |
|---|---|---|---|---|
| 主机 A: | 192.0.1.1/24 | 2001:db8:ffc0:1:100::/64 | 0 | 2001:db80:ff::/40 |
| 主机 B: | 192.0.2.1/24 | 2001:db8:ffc0:2:100::/64 | 0 | 2001:db80:ff::/40 |

图 8-24　无状态 1∶1 运行模式的 IVI 下主机之间的通信过程

当 IPv4 主机 A 向 IPv6 主机 B 发起通信请求时，主机 A 会通过 IPv4 DNS 向 IVI DNS 发送一个域名查询请求，并获得主机 B 的 IPv4 映射地址 192.0.2.1/24。主机 A 发送一个 IPv4 分组，其目的地址为 192.0.2.1。IVI 转换器接收到这个 IPv4 分组，对其进行解析，并将该 IPv4 分组中的 IPv4 源地址和目的地址转换为 IPv6 源地址 2001:db8:ffc0:1:100::/64 和目的地址 2001:db8:ffc0:2:100::/64。转换完毕后，IVI 转换器将该分组发送给主机 B。

当 IPv6 主机 B 向 IPv4 主机 A 发起通信请求时，主机 B 会通过 IPv6 DNS 向 IVI DNS 发送一个域名查询请求，并获得主机 A 的 IPv6 映射地址 2001:db8:ffc0:1:100::/64。IVI 转换器接收到这个 IPv6 分组，对该分组进行解析和转换，并发送给主机 A。其域名解析过程如图 8-25 所示。

当主机 B 向 IVI DNS 发送域名查询请求时，需要查询主机 A 的 IPv6 地址，IVI DNS 首先在本地记录中查询主机 A 的 IPv6 地址（AAAA）记录，若该记录存在，则 IVI DNS 会将主机 A 的有效 IPv6 地址（AAAA）发回主机 B；若该记录不存在，则 IVI DNS 会向 IPv4 DNS 查询主机 A 的 IPv4 地址（A）记录，并通过 IVI 无状态地址映射机制将其映射为 IPv6 映射地址（AAAA）发回主机 B。

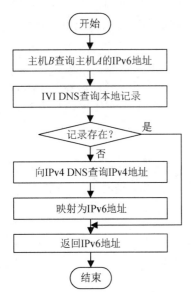

图 8-25　IPv6 主机 B 向 IPv4 主机 A
发起通信请求时的域名解析过程

### 2．无状态 1：N 运行模式的 IVI

无状态 1：N 运行模式的 IVI 采用端口复用的方式，将一个 IPv4 地址同时复用分配给多个 IPv6 地址，形成 IPv4 地址和 IPv6 地址的 1：N 无状态映射，从而实现 IPv4 地址和 IPv6 地址之间的无状态地址映射。无状态 1：N 运行模式的 IVI 在 IPv6 网络中的复用过程如图 8-26 所示。

其中，IPv4 地址 192.0.2.1/24 采用端口复用的方式，通过 IVI 无状态地址映射机制转换为 4 个不同的 IPv6 地址，分别为 2001:db8:ffc0:1:101::/64、2001:db8:ffc0:1:102::/64、2001:db8:ffc0:1:103::/64 和 2001:db8:ffc0:1:104::/64，分配给 IPv6 网络中的主机 B、主机 C、主机 D 和主机 E。

### 3．有状态 1：N 运行模式的 IVI

有状态 1：N 运行模式的 IVI 是对 NAT-PT 技术的改进，对于无法通过无状态 IVI 进行映射的 IPv6 地址，采用 IPv4 地址和这些 IPv6 地址进行 1：N 有状态映射，从而实现 IPv6 节点对 IPv4 节点发起的单向通信。有状态 1：N 运行模式的 IVI 下主机之间的通信过程如图 8-27 所示。

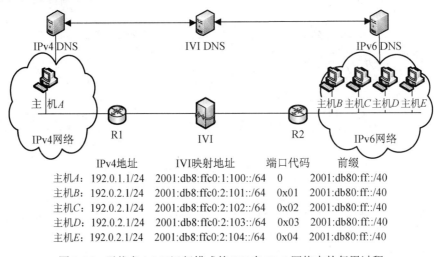

| 主机 | IPv4 地址 | IVI 映射地址 | 端口代码 | 前缀 |
|---|---|---|---|---|
| 主机 A： | 192.0.1.1/24 | 2001:db8:ffc0:1:100::/64 | 0 | 2001:db80:ff::/40 |
| 主机 B： | 192.0.2.1/24 | 2001:db8:ffc0:2:101::/64 | 0x01 | 2001:db80:ff::/40 |
| 主机 C： | 192.0.2.1/24 | 2001:db8:ffc0:2:102::/64 | 0x02 | 2001:db80:ff::/40 |
| 主机 D： | 192.0.2.1/24 | 2001:db8:ffc0:2:103::/64 | 0x03 | 2001:db80:ff::/40 |
| 主机 E： | 192.0.2.1/24 | 2001:db8:ffc0:2:104::/64 | 0x04 | 2001:db80:ff::/40 |

图 8-26　无状态 1：N 运行模式的 IVI 在 IPv6 网络中的复用过程

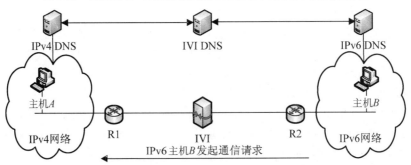

图 8-27　有状态 1：N 运行模式的 IVI 下主机之间的通信过程

当 IPv6 主机 B 向 IPv4 主机 A 发起通信请求时，IVI DNS 首先向 IPv4 DNS 发送一个域名查询请求，查询主机 A 的 IPv4 地址（A）记录，并通过 IVI 无状态地址映射机制将其映射为 IPv6 映射地址（AAAA），然后主机 B 通过访问一个临时 IPv4 地址池，获得一个作为主机 B 的 IPv4 地址，通过使用该 IPv4 地址与主机 A 进行通信。

# 8.6 IPv4 协议与 IPv6 协议之间的转换

## 8.6.1 IPv4 协议转换为 IPv6 协议概述

从 IPv4 协议转换为 IPv6 协议需要采用转换器。在 IPv4 协议转换为 IPv6 协议的过程中，转换器接收传来的 IPv4 分组。由于已经配置的转换器具有映射 IPv6 节点的 IPv4 地址池，因此转换器把 IPv4 首部中的所有信息都转换到 IPv6 首部中，这样就去掉了 IPv4 首部，并替换了上一个 IPv6 首部。这一转换过程是自动进行的，可以通过硬件和软件来实现。

转换时需要考虑路径 MTU 发现协议的应用，路径 MTU 在 IPv4 中是可选的，但在 IPv6 中是捆绑执行的。若 IPv4 主机设置了首部中的不分段标志位，则说明要进行路经 MTU 发现，这时转换器可以使用路径 MTU 发现协议。若 IPv4 数据包中并没有设置不分段标志位，则 IPv6 转换器要确保该数据包能够安全地通过 IPv6 网络，采用的方式是对 IPv4 数据包进行分段，必须满足 IPv6 数据包最小尺寸为 1280 字节的要求。IPv6 协议可以保证在传输 1280 字节数据包的过程中不需要再次分段。转换器在进行分段的过程中需要给每个分段加上一个分段首部，以此表示发送者允许分段，数据包在传输过程中通过 IPv6 到 IPv4 的转换器时，该转换器就会知道自己可以对该数据包进行分段。

## 8.6.2 IPv4 协议首部到 IPv6 协议首部的转换

### 1. 不分段 IPv4 协议首部到 IPv6 协议首部的转换

若收到的 IPv4 分组中，其 IPv4 协议首部的标志字段值为 DF = 1 且 MF = 0，则该分组不是分段分组，在 IP 协议首部转换过程中，不需要在 IPv6 协议首部中添加分段扩展首部。不分段 IPv4 协议首部到 IPv6 协议首部的转换如表 8-2 所示。

表 8-2  不分段 IPv4 协议首部到 IPv6 协议首部的转换

| IPv4 协议首部字段值 | 转换为 IPv6 协议首部字段值 |
| --- | --- |
| 版本（Version）= 4 | 版本（Version）= 6 |
| 首部长度（Header Length） | 丢弃（Discarded） |
| 服务类型（Type of Service） | 流量类别（Traffic Class）= 0 |
| — | 流标签（Flow Label）= 0 |
| 总长度（Total Length） | 有效荷载长度（Payload Length）= Total Length−IHL×4 |
| 标识（Identification） | 丢弃（Discarded） |
| 标志（Flags）DF = 1，MF = 0 | 丢弃（Discarded） |
| 分段偏移（Fragment Offset） | 丢弃（Discarded） |
| 生存时间（Time to Live） | 跳限制（Hop Limit）= TTL−1 |
| 协议（Protocol）= 1 表示 ICMPv4 | 下一个首部（Next Header）= 58 表示 ICMPv6 |
| 首部校验和（Header Checksum） | 丢弃（Discarded） |
| 源地址（Source Address） | 源地址（Source Address）= IVI 翻译 IPv6 地址 |
| 目的地址（Destination Address） | 目的地址（Destination Address）= IVI 翻译 IPv6 地址 |

在不分段 IPv4 协议首部到 IPv6 协议首部的转换过程中，可以看出如下内容。

（1）IPv4 协议首部的版本、服务类型、总长度、生存时间、协议、源地址和目的地址字段，可以分别翻译为 IPv6 协议首部的版本、流量类别、有效荷载长度、跳限制、下一个首部、源地址和目的地址字段。

（2）IPv6 协议首部的有效荷载长度字段值为 IPv4 协议首部的总长度字段值减去 4 倍的首部长度字段值，IPv6 协议首部的跳限制字段值为 IPv4 协议首部的生存时间字段值减 1。

（3）IPv6 协议首部的源地址和目的地址分别为 IPv4 协议首部的源地址和目的地址通过 IVI 转换后的 IPv6 源地址和目的地址。

（4）IPv6 协议首部的流标签字段值为 0。

（5）由于 IPv6 协议首部不需要 IPv4 协议首部的首部长度、服务类型、标识、标志、分段偏移、首部校验和字段，因此可直接删除这些字段。

### 2．分段 IPv4 协议首部到 IPv6 分段扩展首部的转换

若在收到的 IPv4 分组中，其 IPv4 协议首部的标志字段值为 DF = 0，则该分组是分段分组，在 IP 首部转换过程中，需要在 IPv6 协议首部中添加分段扩展首部，大小为 8 字节。

在分段 IPv4 协议首部到 IPv6 协议首部的转换过程中，与不分段 IPv4 协议首部到 IPv6 协议首部的转换过程相比较，其不同点如下。

（1）IPv6 协议首部的有效荷载长度字段值为 IPv4 协议首部的总长度字段值减去 4 倍的首部长度字段值，再加上 8（8 为 IPv6 分段扩展首部的长度）。

（2）IPv6 协议首部的下一个首部字段值为 44，表示分段扩展首部。

分段 IPv4 协议首部到 IPv6 分段扩展首部的转换如表 8-3 所示。

表 8-3　分段 IPv4 协议首部到 IPv6 分段扩展首部的转换

| IPv4 协议首部字段值 | 转换为 IPv6 分段扩展首部字段值 |
| --- | --- |
| 协议（Protocol）= 1 表示 ICMPv4 | 下一个首部（Next Header）= 58 表示 ICMPv6 |
| — | 保留（Reserved，8 位）= 0 |
| 分段偏移（Fragment Offset） | 分段偏移（Fragment Offset） |
| — | 保留（Reserved，2 位）= 0 |
| 标志（Flags） | MF |
| 标识（Identification） | 标识（Identification） |

在分段 IPv4 协议首部到 IPv6 分段扩展首部的转换过程中，可以看出如下内容。

（1）分段 IPv4 协议首部的协议、分段偏移、标志、标识字段，可以分别转换为 IPv6 分段扩展首部的下一个首部、分段偏移、MF 位、标识字段。

（2）IPv6 分段扩展首部的标识字段低 16 位为 IPv4 协议首部的标识字段，高 16 位为 0。

（3）IPv6 分段扩展首部的保留字段值为 0。

### 3．不分段 IPv6 协议首部到 IPv4 协议首部的转换

若收到的 IPv6 分组中，其 IPv6 协议首部中的下一个首部字段不存在分段扩展首部，则该分组不是分段分组，直接对 IP 首部进行转换。不分段 IPv6 协议首部到 IPv4 协议首部的转换如表 8-4 所示。

表 8-4　不分段 IPv6 协议首部到 IPv4 协议首部的转换

| IPv6 协议首部字段值 | 转换为 IPv4 协议首部字段值 |
|---|---|
| 版本（Version）= 6 | 版本（Version）= 4 |
| — | 首部长度 IHL（Header Length）= 5 |
| 流量类别（Traffic Class） | 服务类型（Type of Service）= 0 |
| 流标签（Flow Label） | 丢弃（Discarded） |
| 有效荷载长度（Payload Length） | 总长度（Total Length）= Payload Length + 20 |
| — | 标识（Identification）= 0 |
| — | 标志（Flags）DF = 1，MF = 0 |
| — | 分段偏移（Fragment Offset）= 0 |
| 下一个首部（Next Header）= 58 表示 ICMPv6 | 协议（Protocol）= 1 表示 ICMPv4 |
| 跳限制（Hop Limit） | 生存时间（Time to Live）= Hop Limit-1 |
| — | 首部校验和（Header Checksum） |
| 源地址（Source Address） | 源地址（Source Address）= IVI 转换 IPv4 地址 |
| 目的地址（Destination Address） | 目的地址（Destination Address）= IVI 转换 IPv4 地址 |

在不分段 IPv6 协议首部到 IPv4 协议首部的转换过程中，可以得出如下内容。

（1）IPv6 协议首部的版本、流量类别、有效荷载长度、下一个首部、跳限制、源地址和目的地址字段，可以分别转换为 IPv4 协议首部的版本、服务类型、总长度、协议、生存时间、源地址和目的地址字段。

（2）IPv4 协议首部的总长度字段值为 IPv6 协议首部的有效荷载长度字段值加上 20，IPv4 协议首部的生存时间字段值为 IPv6 协议首部的跳限制字段值减 1。

（3）IPv4 协议首部的源地址和目的地址字段分别为 IPv6 协议首部的源地址和目的地址通过 IVI 转换后的 IPv4 源地址和目的地址。

（4）IPv4 协议首部的首部长度字段值为 5，标识字段值为 0，标志字段值为 DF = 1、MF = 0，分段偏移字段值为 0，首部校验和字段值需要在 IPv4 协议首部生成后通过校验和重新计算。

（5）由于 IPv4 协议首部不需要 IPv6 协议首部的流标签字段，因此直接删除这个字段即可。

#### 4．IPv6 分段扩展首部到分段 IPv4 协议首部的转换

若收到的 IPv6 分组中，其 IPv6 协议首部中的下一个首部字段存在分段扩展首部，则该分组是分段分组，在 IP 首部转换过程中，需要将 IPv6 分段扩展首部转换为 IPv4 协议首部。

在 IPv6 分段扩展首部到 IPv4 协议首部的转换过程中，与不分段 IPv6 协议首部到 IPv4 协议首部的转换过程相比较，其不同点如下。

（1）IPv4 协议首部的总长度字段值为 IPv6 协议首部的有效荷载长度字段值加上 20，再减去 8（8 为 IPv6 分段扩展首部的长度）。

（2）IPv4 协议首部的标志字段值为 DF = 0，表示该分组为分段分组。

IPv6 分段扩展首部到分段 IPv4 协议首部的转换如表 8-5 所示。

表 8-5　IPv6 分段扩展首部到分段 IPv4 协议首部的转换

| IPv6 分段扩展首部字段值 | 转换为 IPv4 协议首部字段值 |
|---|---|
| 下一个首部（Next Header）= 58 表示 ICMPv6 | 协议（Protocol）= 1 表示 ICMPv4 |
| 保留（Reserved，8 位）= 0 | 丢弃（Discarded） |
| 分段偏移（Fragment Offset） | 分段偏移（Fragment Offset） |

| IPv6 分段扩展首部字段值 | 转换为 IPv4 协议首部字段值 |
|---|---|
| 保留（Reserved，2 位）= 0 | 丢弃（Discarded） |
| MF | 标志（Flags）MF |
| 标识（Identification） | 标识（Identification） |

在 IPv6 分段扩展首部到分段 IPv4 协议首部的转换过程中，可以得出如下内容。

（1）IPv6 分段扩展首部的下一个首部、分段偏移、MF 位、标识字段，可以分别转换为分段 IPv4 协议首部的协议、分段偏移、标志 MF 位、标识字段。

（2）IPv4 协议首部的标识字段值为 IPv6 分段扩展首部的标识字段的低 16 位。

（3）IPv4 协议首部的分段偏移字段值为 IPv6 分段扩展首部的分段偏移字段值。

## 8.6.3 ICMPv4 协议转换为 ICMPv6 协议

### 1. ICMPv4 协议首部到 ICMPv6 协议首部的转换

若收到的 IPv4 分组中，其 IPv4 协议首部的协议字段值为 1，则该分组是 ICMPv4 报文，在 ICMP 协议首部转换过程中，需要对 ICMPv4 协议首部的类型和代码字段进行转换。

ICMPv4 协议首部到 ICMPv6 协议首部的转换如表 8-6 所示。

表 8-6  ICMPv4 协议首部到 ICMPv6 协议首部的转换

| ICMPv4 的类型字段 | ICMPv4 的代码字段 | 转换为 ICMPv6 协议首部字段 |
|---|---|---|
| Type = 3 目的不可达 | Code = 0 网络不可达（Net Unreachable） | Type = 1 Code = 0  目的无路由<br>（No Route to Destination） |
| | Code = 1 主机不可达（Host Unreachable） | |
| | Code = 2 协议不可达<br>（Protocol Unreachable） | Type = 4 Code = 1  参数问题<br>（Parameter Problem） |
| | Code = 3 端口不可达<br>（Port Unreachable） | Type = 1 Code = 4  端口不可达<br>（Port Unreachable） |
| | Code = 4 需要分段和 DF 设置<br>（Fragmentation Needed and DF was Set） | Type = 2 Code = 0  分组太大<br>（Packet Too Big） |
| | Code = 5 源路由失败（Source Route Failed） | Type = 1 Code = 0  目的无路由<br>（No Route to Destination） |
| | Code = 6/7 目的网络/主机未知<br>（Destination Net/Host Unknown） | |
| | Code = 8 源主机孤立（Source Route Isolated） | |
| | Code = 9/10 禁止与目的网络/主机通信<br>（Communication with Destination Net/Host Administratively Prohibited） | Type = 1 Code = 1 禁止与目的通信<br>（Communication with Destination Administratively Prohibited） |
| | Code = 11/12 对 TOS 网络/主机不可达<br>（Net/Host Unreachable for TOS） | Type = 1 Code = 0 目的无路由<br>（No Route to Destination） |
| | Code = 13 禁止通信<br>（Communication Administratively Prohibited） | Type = 1 Code = 1 禁止与目的通信<br>（Communication with Destination Administratively Prohibited） |
| | Code = 15 有效权限终止<br>（Precedence cutoff in effect） | |
| | Code = 14 主机越权（Host Precedence Violation） | 丢弃 Drop |
| | 其他未知代码（Unknown Codes = others） | 丢弃 Drop |
| Type = 4 Code = 0 源点抑制（Source Quench） | | 丢弃 Drop |

| ICMPv4 的类型字段 | ICMPv4 的代码字段 | 转换为 ICMPv6 协议首部字段 |
|---|---|---|
| Type = 5 Code = 0/1/2/3 重定向（Redirect） | | 丢弃 Drop |
| Type = 6 替换主机地址（Alternative Host Address） | | 丢弃 Drop |
| Type = 11 Code = 0/1 超时（Time Exceeded） | | Type = 3 Code = 0/1 超时（Time Exceeded） |
| Type=12 参数问题 | Code = 0 指针出错（Pointer Indicates the Error） | Type = 4 Code = 0 错误首部域 |
| | Code = 2 错误长度（Bad Length | （Erroneous Header Field Encountered） |
| | Code = 1 丢失必要选项（Miss Required Option） | 丢弃 Drop |
| | 其他未知代码（Unknown Codes = others） | 丢弃 Drop |
| Type = 8/0 回送请求/应答（Echo Request/Reply） | | Type = 128/129 |
| Type = 9/10 路由通告/请求（Router Advertisement/Solicitation） | | 单跳分组，丢弃 Drop |
| Type = 13/14 时间戳请求/应答（Timestamp Request/Reply） | | 丢弃 Drop |
| Type = 15/16 信息请求/应答（Information Request/Reply） | | 丢弃 Drop |
| Type = 17/18 地址掩码请求/应答（Address Mask Request/Reply） | | 丢弃 Drop |
| 其他未知类型（Unknown Types = others） | | 丢弃 Drop |

在 ICMPv4 协议首部到 ICMPv6 协议首部的转换过程中，可以得出如下内容。

（1）ICMPv4 的目的不可达、超时、参数问题、回送请求/应答报文，可以分别转换为相应的 ICMPv6 报文。

（2）由于 ICMPv6 不需要源点抑制、重定向、替换主机地址差错报文，因此可直接丢弃。

（3）由于 ICMPv4 的路由通告/请求报文是单跳报文，不需要转发，因此可直接丢弃。

（4）由于 ICMPv6 不需要时间戳请求/应答、信息请求/应答、地址掩码请求/应答查询报文，因此可直接丢弃。

### 2. ICMPv6 协议首部到 ICMPv4 协议首部的转换

若收到的 IPv6 分组中，其 IPv6 协议首部的协议字段值为 58，则该分组是 ICMPv6 报文，在 ICMPv6 协议首部转换过程中，需要对 ICMPv6 协议首部的类型和代码字段进行转换。

ICMPv6 协议首部到 ICMPv4 协议首部的转换如表 8-7 所示。

表 8-7　ICMPv6 协议首部到 ICMPv4 协议首部的转换

| ICMPv6 的类型字段 | ICMPv6 的代码字段 | 转换为 ICMPv4 协议首部字段 |
|---|---|---|
| Type = 1 目的不可达 | Code = 1 禁止与目的通信 | Type = 3 Code = 10 禁止与目的主机通信 |
| | Code = 0 目的无路由 | Type = 3 Code = 1 主机不可达 |
| | Code = 2 超出源地址范围 | |
| | Code = 3 地址不可达 | |
| | Code = 4 端口不可达 | Type = 3 Code = 3 端口不可达 |
| | 其他未知代码 | 丢弃 |
| Type = 2 Code = 0 分组太大 | | Type = 3 Code = 4 需要分段和 DF 设置 |
| Type = 3 Code = 0/1 超时 | | Type = 11 Code = 0/1 超时 |
| Type = 4 参数问题 | Code = 0 错误首部域 | Type = 12 Code = 0 指针出错 |
| | Code = 1 无法识别下一首部类型 | Type = 3 Code = 2 协议不可达 |
| | Code = 2 无法识别 IPv6 选项 | 丢弃 |
| | 其他未知代码（Unknown Codes = others） | 丢弃 |

| ICMPv6 的类型字段 | ICMPv6 的代码字段 | 转换为 ICMPv4 协议首部字段 |
|---|---|---|
| Type = 128/129 回送请求/应答 | | Type = 8/0 |
| Type = 130/131/132MLD 多播监听 | | 单跳分组，丢弃 |
| Type = 133/134/135/136/137 邻居发现 | | 单跳分组，丢弃 |
| 其他未知类型 | | 丢弃 |

在 ICMPv6 协议首部到 ICMPv4 协议首部的转换过程中，可以得出如下内容。

（1）ICMPv6 的目的不可达、超时、参数问题、回送请求/应答报文，可以分别转换为相应的 ICMPv4 报文。

（2）由于 ICMPv4 没有分组太大差错报文，因此 ICMPv6 的分组太大差错报文将转换为 ICMPv4 目的不可达差错报文。

（3）由于 ICMPv6 的 MLD 多播监听、邻居发现报文是单跳报文，不需要转发，因此可直接丢弃。

# 8.7　过渡技术分析与比较

## 8.7.1　几种过渡技术的比较

### 1. 双栈技术

在三类过渡技术讨论中可以看出，双栈技术的特点包括：易于使用，在实现时比较灵活；处理效率高、无信息丢失；互通性好、网络规划简单。同时，双栈技术是一切过渡技术的基础。双栈技术需要给每个新的运行 IPv6 协议的网络设备和节点分配唯一的公用 IPv4 地址。

IPv6 和 IPv4 是功能相近的网络层协议，二者都基于同样的物理网络平台，加载其上的运输层协议 TCP 和 UDP 也没有什么区别。

在对双栈技术使用时需要注意，IPv6 协议和 IPv4 协议有各自的命令行选项集，需要处理两个协议上的不同命令。此外，要求双栈主机上运行的 DNS 解析器必须能够同时解析 IPv4 地址与 IPv6 地址。一般来讲，双栈主机上运行的所有应用程序都必须能决定主机与 IPv4 主机通信还是与 IPv6 主机通信。在使用了双栈技术的情况下，需要确保现有的防火墙不仅能保护 IPv4 网络，还能保护 IPv6 网络。

双栈技术可以与隧道技术配合使用，当 IPv6 节点需要利用 IPv4 网络的路由机制传递协议包时，需要使用隧道技术，此时隧道的建立需要双栈技术的支持。

双栈技术的不足在于要运行两个独立的协议栈，资源占用多，运维复杂，对网络设备的性能要求比较高，内部网络改造牵扯比较大，对主机的 CPU 速度能力和内存空间有一定的要求。协议转换表需要存储在每个协议栈中。

### 2. 隧道技术

隧道技术是计算机网络中常用的技术，有时也称为"封装的封装"。

隧道技术的核心思想就是把 IPv6 分组封装到 IPv4 分组中，通过 IPv4 网络进行 IPv6 协议包的传输。具体实现时，路由器将 IPv6 的分组作为 IPv4 分组的数据部分封装在 IPv4 分组中，此时 IPv4 分组首部的协议字段值设置为 41，标识后面的数据字段是 IPv6 分组（分组）。IPv4 分组的源地址和目的地址分别对应隧道入口和出口的 IPv4 地址。

IPv6 提供了多种不同实现机制的隧道技术，可以说隧道技术是灵活、方便和使用最多的过渡技术。隧道技术的优点包括：隧道的透明性，通过隧道进行通信的两台 IPv6 主机感觉不到隧道的存在；无信息丢失；网络运维比较简单；容易实现，只需要在隧道的入口和出口位置进行修改。

隧道技术与双栈技术是目前 IPv6 过渡中广泛认可的两种技术，这两种技术也可以在同一网络中共存、配合使用。

隧道技术仅要求在隧道的入口和出口位置进行修改，在技术实现上比较容易。隧道技术确定入口是直接的，因为入口出现在 IPv4 网络的边界；而确定隧道的出口相对比较复杂，需要根据隧道地址的获得方式确定。

隧道技术的不足包括：在 IPv4 网络上配置 IPv6 隧道的过程比较麻烦；隧道需要进行封装和解封装，转发效率低；隧道技术并不能实现 IPv6 主机与 IPv4 主机之间的通信。由于存在跳数及 MTU 的限制，因此在隧道的起始和终端节点处要考虑分段问题等。同时，隧道的起始和终端节点面临着出现单点故障的可能，故障解决更加复杂。

### 3. 协议转换技术

采用协议转换技术的优点：对 IPv4 地址的需求少；具有较好的可扩展性；协议转换技术对 IPv6 和 IPv4 应用程序透明；分组传输过程中其他开销少；允许 IPv6 主机与 IPv4 主机直接相互通信。

协议转换技术依据转换所对应计算机网络体系结构的层次，分为网络层转换、运输层转换和应用层转换 3 类，目前采用的多是网络层转换。

在一般情况下，只有在不能使用隧道技术或双栈技术时，才考虑使用协议转换技术。协议转换技术可以通过地址和协议的形式转换实现 IPv4 网络和 IPv6 网络的互操作性。

协议转换技术的缺点：地址和协议转换需要较大的时间延迟，可能存在不能转换的字段，带来信息的丢失，有时可能会产生碎片数据。

无论采用哪种过渡技术，在选择时需要考虑的因素均包括：周期性、成本、技术难度、部署的便捷性。

## 8.7.2 如何选择合适的过渡技术

在选择过渡技术时，先要明确网络应用的类型、涉及的范围，以及需要互通的网络系统的类型。进一步设计合适的转换技术，尽量选择容易进行和实施的过渡技术。IPv6 过渡阶段采用的过渡原则如下。

（1）在能直接建立 IPv6 链路的情况下，使用纯 IPv6 路由，构成纯 IPv6 网络。

（2）在不能使用 IPv6 链路的情况下，IPv6 节点之间使用隧道技术，通过 IPv4 网络实现 IPv6 节点之间的通信。

（3）双栈的 IPv6/IPv4 主机和纯 IPv6 网络或纯 IPv4 网络的主机进行通信，尽量不要采用协议转换技术，最好直接自动选择相应的通信协议，如 IPv4 协议或 IPv6 协议。

（4）纯 IPv6 网络和纯 IPv4 网络主机之间的通信，应该使用协议转换技术或应用层网关技术，所设计的协议转换器或应用层网关应该尽量保证不修改原有应用。

（5）采用逐步渐进的过渡方式，以保护原有 IPv4 网络的投资，过渡技术应尽可能简单。由于两种网络要共存一段时间，因此应尽量保证 IPv6 与 IPv4 之间的互操作性。

在现有的 IPv4 网络上逐步融合 IPv6 技术，过渡的内容包括网络的过渡、主机节点的过渡、应用程序的过渡、IPv4 网络与 IPv6 网络之间的互通、IPv6 网络之间的互通。

从已有的过渡技术中可以看出，目前所有的方案都是针对某种问题提出的。这些过渡技术都不是普遍适用的，每种技术都适用于一种或几种特定的网络情况，而且常常需要和其他技术组合使用。目前，还没有一种过渡技术能够适用于所有的网络情况，各种过渡技术都有其特定的适用环境和条件。

在部署 IPv6 网络的过程中，首先要明确应用的类型、范围，以及选择的系统平台类型，然后选择合适的过渡技术进行设计和实施。只有因地制宜、科学分析，才能更好、更顺利、更平稳地用最小的代价从 IPv4 网络逐步过渡到 IPv6 网络。

### 8.7.3 纯 IPv6 网络使得网络回归简洁

纯 IPv6 网络以 IPv6 协议为网络的基础通信协议，网络采用 IPv6 编址，给终端只分配 IPv6 地址，不分配私有地址。纯 IPv6 网络近期内不会完全杜绝 IPv4，而是将 IPv4 作为 IPv6 基础网络的业务，即 "IPv4 as a Service"。

纯 IPv6 网络只需要维护 IPv6 协议栈，IPv6 单栈网络比双栈网络更加简洁，网络的管理维护负担显著减小。早在 2014 年已有运营商开始在 4G 网络中采用 464XLAT / NAT64 实现纯 IPv6 网络规模部署的案例。

纯 IPv6 使得网络回归简洁（Concise），已经呈现固网和移动网采用同样的纯 IPv6 技术的趋势，此时需要家庭网关和企业网关 CPE 均支持 464XLAT，网络侧只采用 NAT64 有利于简化网络的运营。

引入纯 IPv6 的好处是利用 IPv6 海量地址满足终端的编址需求。新的业务场景，如工业互联网、物联网、车路协同等，更应该在新的起点上采用纯 IPv6 技术来发展。

在网络从双栈向纯 IPv6 演进的过程中，网络层演进会相对较快一些，而业务（应用）完全迁移到纯 IPv6 网络将需要较长时间。

# 8.8 运营商采用的 IPv6 过渡技术

## 8.8.1 NAT444 技术

NAT444 技术是由运营商部署的运营商级 NAT（Carrier-Grade NAT，CGN）设备，同时与用户侧的 NAT 组成两级地址转换，形成 3 块地址空间：用户侧私有地址、运营商私有地址、公网地址。

严格来说，NAT444 技术本身和 IPv6 关系不大，其实现的还是 IPv4 私网地址到 IPv4 公网地址间的转换。NAT444 技术的目的是通过将私网地址引入运营商的网络，从而缓解目前 IPv4 地址不足的问题。NAT444 组网架构示意图如图 8-28 所示。

在 NAT444 组网架构中，网络地址分为三部分：用户家庭私网地址、运营商网络私网地址和 Internet 公网地址。通过 CPE 和 CGN 的两次 4 到 4 的转换，将用户家庭私网地址转为 Internet 公网地址，称为 NAT444。需要注意的是，NAT444 解决的主要是 IPv4 地址不足问题，NAT444 作为一种 IPv6 过渡技术，可以配合双栈技术实现向 IPv6 平稳过渡。

从 NAT444 组网架构来看，定义的用户终端设备（CPE）为路由型设备。NAT444 技术的好处在于其只需要在运营商处部署 LSN 设备，对 CPE 没有任何要求。运营商的 CPE 大多为桥接设备，如 ADSL 猫和 ONU 等，只能在二层传输 IPv6 报文，但这并不影响通过 LSN 设备的部署来实现 NAT444 方案。

采用 NAT444 方案，运营商是为了用户终端分配私网地址，而不是给 CPE 分配私网地址。对于运营商，不需要对现网的海量 CPE 进行改造更换，大大降低了改造成本，是目前比较可行的大规模部署方案。

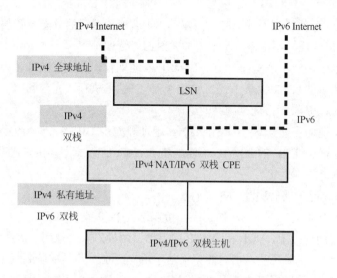

图 8-28　NAT444 组网架构示意图

## 8.8.2　DS-lite 技术

DS-lite（Dull Stack Lite）技术的本质是在 IPv6 网络中部署 IPv4 in IPv6 隧道，完成 IPv4 业务的传输，而 IPv6 业务则直接通过 IPv6 网络传输。

DS-lite 技术是协议转换和隧道技术的结合。DS-lite 技术也称为双栈精简版。IETF 给出的技术文档为 RFC 6333 "面对 IPv4 耗尽的双栈精简版宽带部署"，RFC 6333 定义了基于主机的架构和基于网关的架构，给出了 B4 单元的定义。

DS-lite 技术是针对双栈用户或纯 IPv4 用户的 IPv4 流量提供穿越 IPv6 网络的解决方案。DS-lite 技术结合了 4in6 隧道和 NAT444 功能，包含两个功能实体（单元）：B4（Basic Bridging Broadband element）位于用户侧，实现了 4in6 隧道的封装和解封装；AFTR（Address Family Translation Router）位于网络侧，实现了 4in6 隧道的解封装和封装，以及执行 IPv4 私网地址到 IPv4 公网地址的 NAT444 转换。

AFTR 设备需要维护软件与 IPv4 地址的映射关系，即记录 IPv6 隧道源地址、源私网 IPv4 地址、源端口号与公网 IPv4 地址、端口号的映射关系。

基于主机的架构是将 B4 集成到主机内，类似一个 VPN 客户端软件。而在基于网关的架构中，B4 就是 CPE。注意，此时 CPE 是一个路由型 CPE，与桥接性 CPE 不同。

在 DS-lite 部署场景中，运营商只为 B4（CPE 或主机）分配 IPv6 地址，可以加大城域网中的 IPv6 流量。对于双栈用户终端，IPv4 的流量通过 DS-lite 隧道访问，IPv6 的流量则直接通过路由转发。随着 IPv6 资源的日益丰富，用户终端逐步可以由双栈迁移到纯 IPv6 终端。

需要指出的是，DS-lite 部署需要改造用户的 CPE，改造成本较高。

## 8.8.3　LAFT6 技术

在 DS-lite 技术中，AFTR 设备需要记录地址映射信息，属于有状态地址转换，因此对 AFTR 设备要求较高。轻量级的 IPv4 over IPv6（Lightweight 4over6）技术是对 DS-lite 技术的一种改进，简称 LAFT6。

LAFT6 技术结合有状态和无状态的优点，充分利用 CPE 的 NAT444 功能，将 AFTR 的集中

NAT444 下放到 CPE 上执行，增加 CPE 的公网 IPv4 地址和端口的分配及管理机制。LAFT6 进行基于用户的映射信息管理，不再进行基于流的映射信息管理。

在 LAFT6 技术中体现了"NAT 卸载、IPv4/IPv6 地址管理分离"的理念。

（1）NAT 卸载：将 AFTR 的集中式 NAT 卸载到 CPE 上执行，充分利用了 CPE 的 NAT 能力，ALG 交由应用层及 CPE 维护，无须网络改造。

（2）IPv4/IPv6 地址管理分离：CPE 的 IPv6 地址分配由 BRAS（宽带远程接入服务器）通过 DHCPv6 方式进行分配。CPE 的公网 IPv4 地址和 port-set 的分配由其他方式来实现，业界主流的方式是 PCP 和 DHCP。

LAFT6 技术在实际部署时关注的 3 个问题如下。

（1）CPE 获得 IPv4 地址+port-set 的机制，可以选择 PCP 或 DHCP。

（2）在 port-set 的分配上，PCP 和 DHCP 均提供了两种方式，掩码分配和随机端口算法。

（3）在转发过程中，对于状态信息的记录基于用户级别，不是精确到每个流的映射表，降低了资源消耗。对于返回的数据流量需要先匹配 IPv4+port-set，然后封装 IPv6 隧道，这个过程与 DS-lite 匹配 IPv4+post-set 是有所区别的。

## 8.8.4　Smart6 技术

### 1．Smart6 技术和 Space6 技术的形成

NAT444 技术和 DS-lite 技术都包括协议转换技术，但都是私网 IPv4 到公网 IPv4 的转换。要实现 IPv6 和 IPv4 之间的互访，需要部署 NAT64 这样的转换技术。NAT64 是一种 IPv6 到 IPv4 的转换技术，主要考虑过渡初期 IPv6 终端对 IPv4 资源的访问，不涉及 IPv4 访问 IPv6 资源的情况。

中国电信提出的 Smart6 技术和 Space6 技术，是基于 NAT64 的改进，Smart6 技术属于城域网 IPv6 过渡技术。Smart6 技术和 Space6 技术可以部署在 IDC（互联网数据中心）出口，在 IPv6 资源有限的情况下，可以使 IPv6 用户访问已有的 IPv4 资源，从而牵引用户向 IPv6 迁移。Smart6 技术的业务流程与 NAT64 技术的业务流程类似。

Smart6 技术也是一种 IPv6 到 IPv4 的转换技术，Smart6 技术的主要应用环境有两类。

（1）在 IPv4 ICP（Internet 内容提供商）无力或未能提供双栈改造时，提供快速迁移方案，实现 IPv4 ICP 为 IPv6 用户提供业务，同时丰富 IPv6 用户的业务。

（2）在 ICP 直接建设 IPv6 业务平台时，提供 IPv4 用户访问单栈 IPv6 ICP 服务的能力。

### 2．Smart6 技术的第一类应用环境

Smart6 设备主要部署在 IPv4 IDC 出口。Smart6 推荐采用 Stateful NAT64，适用于 IPv6 侧用户发起访问 IPv4 的分组文。当 IPv6 报文到达 Smart6 设备时，先查找映射表中是否有已存在的映射；若有匹配项，则直接转换为 IPv4 报文；若没有匹配项，则先新生成一条映射记录再转换为 IPv4 报文。在此场景中，Smart6 技术的业务流程与 NAT64 技术的业务流程类似。

Smart6 技术与 NAT64 技术存在的主要差异如下。

（1）Smart6 技术只负责 IP 地址层面的映射，不需要 TCP/UDP 会话信息维护，提高了处理效率，减少了日志信息数量。

（2）Smart6 技术是针对 IDC 的快速改造，场景部署非常精确，所以在 Smart6 上配置 IPv4 Pool 时可以采用私网地址段来转换用户 IPv6 地址，因为 IPv4 私网地址的使用范围是 Smart6 与 IDC 服务器之间，属于运营商可以控制和管理的区域，这样就大大降低了对 IPv4 地址的需求。

Smart6 的地址映射有以下两种模式。

（1）1∶1 模式：一个 IPv6 地址映射为一个 IPv4 地址（设定生存时间），默认 IPv4 Pool 为 10.0.0.0/8，节省公网 IPv4 地址消耗。

（2）$N$∶1 模式：每个 IPv4 地址为多个 IPv6 地址共享映射（IPv4 addr + port 映射为一个 IPv6 地址），IPv4 Pool 可以配置公网地址段，通过为每个用户分配一段 port 来减少 log 信息数量。

Smart6 技术的第一类应用环境业务流程如图 8-29 所示。

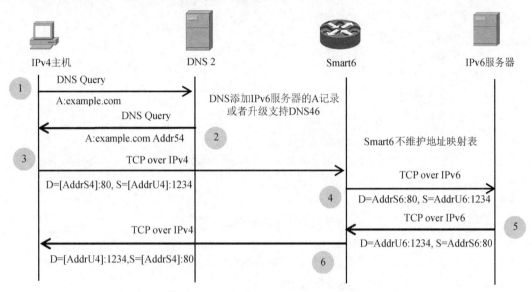

图 8-29　Smart6 技术的第一类应用环境业务流程

### 3．Smart6 技术的第二类应用环境

采用 NAT64 技术，IPv4 用户发起访问 IPv6 服务器，是在 NAT64 设备上静态配置 IPv4 到 IPv6 的映射关系，并且在 DNS4 中注册 IPv6 服务器的 A 记录，这种方式配置比较烦琐。

在 Smart6 技术中，采用 IVI 技术的思想，数据包源地址和目的地址的映射均采用 1∶1 模式，即 IPv6 服务器在 IPv4 网络中有唯一的 IPv4 地址进行标识，同时 IPv6 服务器的 IPv6 地址与 IPv4 地址是 IVI 映射关系。IPv4 用户地址在 IPv6 网络中采用 IVI 算法映射为 IPv6 地址。

Smart6 技术在对用户和服务器的 IPv4 到 IPv6 地址之间映射均采用 IVI 技术，较 NAT64 技术易于部署。在 DNS4 服务器中需要手动增加 IPv6 服务器的 A 记录。

### 4．NAT64 技术与 Smart6 技术的比较

（1）二者均主要关注"IPv6 用户访问 IPv4-only 服务器"场景。不同点是 NAT64 技术可以部署在网络边界，也可以部署在 IDC 出口，IPv4 Pool 配置建议是公网 IPv4 地址池，而 Smart6 技术关注部署在服务器侧，通常部署在 IDC 出口，IPv4 Pool 配置建议是私网 IPv4 地址池。

（2）二者均兼顾关注"IPv4 用户访问 IPv6-only 服务器"场景。不同点是 NAT64 技术采用静态映射关系方式实现，而 Smart6 技术采用 IVI 规则映射方式实现。

（3）业务流程类似，均需要 DNS 解析和 IP 报文传送两个部分，在 IPv6 用户访问 IPv4-only 服务器场景时，需要 NAT64 或 Smart6 设备维护映射状态表。不同点是 NAT64 技术可以实现 TCP/UDP/ICMP 的转换，Smart6 技术仅要求实现 IP 地址层面的转发。

## 8.9　思考练习题

8-1　简述 IPv6 过渡阶段的特征。

8-2　描述 IPv4 网络向 IPv6 网络过渡的 4 个阶段的特点。

8-3　推动 IPv6 技术实用化的措施可以归纳为哪几个方面？

8-4　简述 IPv6 过渡阶段面临的主要问题。

8-5　写出 IPv6 技术过渡的原则。

8-6　给出用双栈技术组网的结构。

8-7　双栈技术有哪些特点？

8-8　隧道技术有哪些？

8-9　简述隧道技术的工作原理。

8-10　简述隧道技术在 IPv6 过渡阶段的作用。

8-11　给出两个 IPv6 网络通过纯 IPv4 网络实现互联的图示。

8-12　简述采用隧道技术 IPv6 数据包的封装步骤。

8-13　简述地址和协议转换技术的特点。

8-14　描述 NAPT 数据包的传输过程中涉及的步骤。

8-15　给出几种过渡技术的比较。

8-16　IPv4 向 IPv6 过渡阶段通常采用的原则有哪些？

8-17　写出与隧道技术有关的隧道配置地址。

8-18　写出手工配置隧道与自动隧道的主要不同。

8-19　给出 ISATAP 隧道的要点。

8-20　画出 ISATAP 隧道的网络拓扑结构。

8-21　描述 ISATAP 隧道的通信流程。

8-22　协议转换技术有哪些？

8-23　写出 IVI 的实现思路。

8-24　给出 IVI 的地址格式。

8-25　写出 IPv4 协议转换至 IPv6 协议的主要内容。

8-26　如何选择合适的过渡技术？

8-27　写出 IPv4 协议首部到 IPv6 协议首部的转换过程中的要点。

8-28　写出 ICMPv4 协议转换至 ICMPv6 协议转换过程中的要点。

8-29　运营商采用的过渡技术主要有哪些？

8-30　NAT64 技术与 DNS64 技术怎样配合使用？

8-31　Smart6 技术的主要应用环境有哪些？

8-32　简述 DS-lite 技术的特点。

8-33　NAT444 技术的目的是什么？

8-34　给出 NAT64 技术与 Smart6 技术的比较。

# 第 9 章　IPv6 网络访问配置和地址分配设置

## 9.1　IPv6 主机协议栈安装

### 9.1.1　使用 IPv6 访问互联网需要的支持

网络技术日新月异，使用 IPv6 协议访问互联网已经成为必然趋势。互联网用户工作环境、智能家居设备越来越多地采用 IPv6 协议访问互联网，因此人们需要熟悉和了解运营商、家庭网关和路由、终端设备的支持，DNS 服务的配置，以及选择方法。

#### 1. 选择支持 IPv6 的运营商

截至 2019 年 5 月，中国电信、移动、联通的骨干网络设备已全部支持 IPv6，均已完成全国 30 个省城域网 IPv6 改造。

虽然骨干网络已全面支持 IPv6，但从接入网层面，各个运营商在各个小区、街道内对 IPv6 的支持并不统一。应该询问清楚运营商是否在该小区或街道支持 IPv6。中国三大网络运营商 IPv6 地址前缀如表 9-1 所示。

表 9-1　中国三大网络运营商 IPv6 地址前缀

| 网络运营商 | IPv6 地址前缀 |
| --- | --- |
| 中国移动 | 2409:8000::/20 |
| 中国联通 | 2408:8000::/20 |
| 中国电信 | 240e::/20 |

#### 2. 家庭网关应支持 IPv6

家庭网关作为家庭网络控制中心，是智慧家庭的关键，如家庭接入路由器、无线路由器、GPON（千兆位无源光网络）和 EPON（以太网无源光网络、光猫）终端等是否支持 IPv6。目前市面上的华为、网件（NETGEAR）全系列及友讯、小米等品牌的路由器均支持 IPv6。

IPv6 Forum（全球 IPv6 论坛）发起 IPv6 Ready 测试认证，获 IPv6 Ready Logo 的产品需要 100%通过 IPv6 一致性和互通性的全部测试用例，具有国际通用的权威 IPv6 支持证明、产品查看方式。

#### 3. 终端设备、操作系统、软件应用是否支持 IPv6

家中所选择的终端设备同样需要完全遵从 IPv6 标准协议，才能确保 IPv6 互联互通。以智能家居解决方案为例，PC、视频监控、智能音箱、智能门锁、照明系统、空调系统、智能机器人、智能手机等一系列终端设备，都需要端到端的 IPv6 支持，才能实现智能便捷的生活方式。终端设备的甄选相对家庭网关类产品来说，要复杂很多。面对品类繁多、性能层出不穷的终端设备，操作系统、软件应用均应支持 IPv6。

#### 4. 配置 IPv6 DNS 服务

当运营商及网络设备产品的选择全部支持 IPv6 后，若发现家中仍无法正常使用 IPv6 上网，则问题可能出在默认的 DNS 服务上。DNS 是设备访问互联网的基础服务之一，解决办法是手动更改默认的 DNS 服务器地址，配置一个高性能的公共 DNS 服务器。下一代互联网国家工程中心依托自主研发的高性能 IPv6 DNS 系统，推出了面向公众的免费 IPv6 公共 DNS 服务，地址为 240C::6666。

## 9.1.2　Windows 环境中 IPv6 协议栈配置

微软公司 Windows 操作系统已经支持 IPv6 协议。Windows Vista 和 Windows 7 以上版本默认安装 IPv6 协议栈和 IPv4 协议栈，IPv6 协议栈是预安装的，支持双协议栈网络应用，只需要检查网络连接的属性。

Windows Vista 查看 IPv6 协议的方法：在"此连接使用下列项目"列表框中，可看到 Windows Vista 默认安装了 IPv6 协议，如图 9-1 所示。

Windows XP 已经集成了 IPv6 协议栈，若不知道系统是否安装了 IPv6 协议，则可以进入命令行，在命令行窗口输入 IPv6/? 命令，若已经安装，则会在窗口中出现 IPv6 帮助显示，若没有安装，则会在窗口中提示"the stack is not installed"。可以在命令行窗口中输入"ipv6 install"，系统将自动安装 IPv6 协议栈；或者输入"ipv6 uninstall"，系统将自动卸载 IPv6 协议栈。

在 Windows XP 中安装或卸载 IPv6 协议栈如图 9-2 所示。

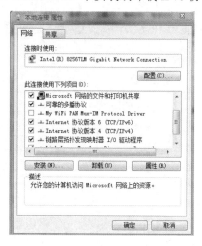
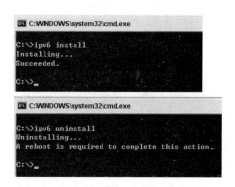

图 9-1　Windows Vista 默认安装了 IPv6 协议　　　图 9-2　在 Windows XP 中安装或卸载 IPv6 协议栈

在 Windows XP 人机对话环境（图形用户界面）中安装 IPv6 协议栈的步骤如下。

选择"开始"→"控制面板"选项，打开"控制面板"窗口，双击"网络连接"选项，打开"网络连接"窗口，如图 9-3 所示。

右击"本地连接"选项，在弹出的快捷菜单中选择"属性"选项，打开"本地连接属性"对话框，如图 9-4 所示。

单击"安装"按钮，在弹出的"选择网络组件类型"对话框中，选择网络组件类型，如图 9-5 所示。

选择"协议"选项，然后单击"添加"按钮。在弹出的"选择网络协议"对话框中，选择"Microsoft Ipv6 protocal"选项，然后单击"确定"按钮。单击"关闭"按钮，保存对网络连接所做的修改。

正确安装后，在"此连接使用下列项目"列表框中会显示 IPv6 协议选项。IPv6 协议栈安装成功后情况如图 9-6 所示。

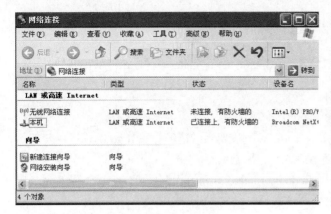

图 9-3 "网络连接"窗口

图 9-4 "本地连接属性"对话框

图 9-5 "选择网络组件类型"对话框

图 9-6 IPv6 协议栈安装成功的情况

在 Windows 2003 环境中，IPv6 协议栈安装分为命令行模式的安装和图形界面的安装两种方式。对于 Windows 2003，在命令行模式下需要使用 netsh 命令来完成 IPv6 的安装，具体安装命令如下。

```
C:\>netsh
netsh>interface
netsh interface>ipv6 install
```

也可以在命令行窗口中输入"netsh interface ipv6 install"。

图形界面的安装类似 Windows XP，安装步骤类似。

### 9.1.3 Linux 环境中 IPv6 协议栈配置

#### 1. 加载 IPv6 协议栈

从 Linux Kernel 2.2 起逐步增加了对 IPv6 协议的支持。在 GNU Linux Kernel 2.2.13 之后的版本中，已经对 IPv6 协议有更多的支持，包括对部分 IPv6 扩展首部的支持，以及对流标签、邻居发现等的支持。

Linux 把 IPv6 协议功能编译为一个可以载入的模块，在默认情况下的设置是未载入，需要在应用 IPv6 协议时载入 IPv6 协议功能。

使用 modprobe IPv6（或 insmod IPv6）命令加载 IPv6 模块，然后用 lsmod 命令查看系统已加载的模块列表，若看到 IPv6，则表示模块已经加载成功。用 rmmod IPv6 命令可以删除 IPv6 模块。

也可以让系统在网络启动的时候自动加载 IPv6 模块，方法是在/etc/sysconfig/network 文件中加入一行 NETWORKING_IPV6 = YES 命令。

检查 Linux 内核是否支持 IPv6 协议栈，可以检查/proc/net/if_inet6 是否存在，以管理员（root）用户登录，在管理员权限下输入以下命令

```
test -s /proc/net/if_inet6 &.&. echo "IPv6 is ready"
```

若命令执行后，系统返回并显示"IPv6 is ready"，则表明系统已经加载 IPv6 协议栈；若返回错误信息，则表明没有加载，可以运行命令加载 IPv6 协议栈。

Linux 的内核版本需要在 2.2.0 以上，以 Red Hat Linux 9.0 系统为例，可以使用下面的命令来加载 IPv6 模块

```
[root@localhost net]#modprobe ipv6
```

如果已经成功安装了 IPv6 模块，那么可以通过 more if_inet6 命令，检查/proc/net/if_inet6 文件是否存在，输入以下命令

```
[root@localhost net]#more if_inet6
00000000000000000000000000000001 01 80 10 80    lo
20010da88007000102e081fffeb12b1e 02 40 00 00    eth0
fe8000000000000002e081fffeb12b1e 02 40 20 80    eth0
```

### 2. Linux 环境配置 IPv6 协议的命令

Linux 环境中使用 ifconfig 命令对 IPv6 协议进行配置，ifconfig 命令存放在/sbin 目录中。常用的 IPv6 协议配置命令如下。

（1）为网络接口配置 IPv6 地址。

命令格式：ifconfig [interface] inet6 add [v6address]。

示例：ifconfig eth0 inet6 add 3ffe:331f:0:1::1。

（2）查看指定接口或所有接口的 IPv6 地址。

命令格式：ifconfig [interface/a]。

示例：ifconfig eth0。

（3）删除接口的 IPv6 地址。

命令格式：ifconfig [interface] inet6 del [v6address]。

示例：ifconfig eth0 inet6 del 3ffe:331f:0:1::1。

（4）设置 IPv6 路由。

命令格式：route-A inet6 add [net/fix] dev <manual-sit> [metric 1]。

示例：route-A inet6 add 2000::1/3 dev sit1 metric 1（添加默认路由到 sit1）。

### 3. 配置 IPv6 地址和静态路由

在默认情况下，一旦加载了 IPv6 模块，系统就会自动给网卡配置 IPv6 的链路本地地址，链路本地地址的格式以[fe80::]开头。如果网络节点主机所接入的网络中，有支持 IPv6 的路由器，并且该路由器配置的是无状态地址自动配置，那么系统还会自动给网卡配置一个全球单播地址。链路本地地址是本地链路中唯一的，全球单播地址是全球 IPv6 网络中唯一的。

也可以手工给网卡配置地址。例如，为以太网卡的网络接口配置一个全球地址为 2001:250:3000: 1::1:1，网络前缀为 112 的 IPv6 地址，输入以下命令

```
ifconfig eth0 add 2001:250:3000:1::1:1/112
```

可以使用 route 命令配置静态路由表，也可以查看路由表。查看 IPv6 的静态路由表的命令如下

```
route -A inet6
```

使用 route 命令在系统的静态路由表中加上一条静态路由记录，例如

```
route -A inet6 add default gw 2001:250:3000:2:2c0:95ff:fee0:473f
```

可以把 IPv6 协议的配置命令编辑成一个 Shell 文件，如 ipv6config.sh，把该文件保存在/shin 目录中。编辑修改 rc.local 文件，加入/shin/ipv6config.sh。以后在 Linux 系统启动时，会自动将 IPv6 配置内容加载到系统中。

## 9.1.4 IPv6 地址查看和 IPv6 连通性测试

### 1. Windows 环境下查看 IPv6 地址

可以在命令行模式下，使用 ipconfig 命令来查看 IPv6 的地址和工作情况

```
C:\>ipconfig/all
```

可在命令行模式下使用 ipconfig 命令来查看 IPv6 的地址，如图 9-7 所示。

图 9-7　查看 IPv6 的地址

### 2. Linux 环境下查看 IPv6 地址

对于 Linux 环境，可以使用 ifconfig –a 命令来查看 IPv6 的地址和工作情况

```
[root@localhost net]#ifconfig –a
```

该命令执行后输出内容

```
eth0 Link encap:Ethernet  HWaddr 00:E0:81:B1:2B:1E
```

```
inet addr:X.X.X.X  Bcast:X.X.X.X  Mask:255.255.255.128
inet6 addr: 2001:da8:8007:1:2e0:81ff:feb1:2b1e/64 Scope:Global
inet6 addr: fe80::2e0:81ff:feb1:2b1e/64 Scope:Link
UP BROADCAST RUNNING MULTICAST  MTU:1500  Metric:1
RX packets:254532256 errors:0 dropped:0 overruns:0 frame:0
TX packets:244110437 errors:0 dropped:0 overruns:0 carrier:0
collisions:0 txqueuelen:1000
RX bytes:3737272748 (3.4 GiB) TX bytes:2766824028 (2.5 GiB)
Interrupt:233
```

### 3. Windows 环境测试 IPv6 网络连通性

Windows 环境用 ping < IPv6 地址>命令测试 IPv6 网络的连通性。例如，假设另外一台机器的网络节点的全球 IPv6 地址为 2001:da8:8005:1::3，在命令行模式下，输入命令

```
C:\>ping 2001:da8:8005:1::3
```

在网络正常连通的情况下，该命令执行后输出内容

```
正在 ping 2001:da8:8005:1::3 具有 32 字节的数据:
来自 2001:da8:8005:1::3 的回复: 时间=9ms
来自 2001:da8:8005:1::3 的回复: 时间=1ms
来自 2001:da8:8005:1::3 的回复: 时间=1ms
来自 2001:da8:8005:1::3 的回复: 时间=1ms
2001:da8:8005:1::3 的 ping 统计信息:
    数据包: 已发送 = 4，已接收 = 4，丢失 = 0 （0% 丢失），
往返行程的估计时间（以毫秒为单位）:
    最短 = 1ms，最长 = 9ms，平均 = 3ms
```

表明这两个网络节点之间的 IPv6 网络连通正常。

### 4. Linux 环境测试 IPv6 网络连通性

Linux 环境使用 ping6 < IPv6 地址>命令验证 IPv6 网络的连通性。例如，假设另外一台机器的网络节点的全球 IPv6 地址为 2001:da8:8005:1::3，输入命令

```
[root@localhost net]#ping6 2001:da8:8005:1::3
```

在网络正常连通的情况下，该命令执行后输出内容

```
PING 2001:da8:8007:1::3（2001:da8:8005:1::3）56 data bytes
64 bytes from 2001:da8:8005:1::3: icmp_seq=0 ttl=64 time=1.36 ms
64 bytes from 2001:da8:8005:1::3: icmp_seq=1 ttl=64 time=0.314 ms
64 bytes from 2001:da8:8005:1::3: icmp_seq=2 ttl=64 time=0.303 ms
64 bytes from 2001:da8:8005:1::3: icmp_seq=3 ttl=64 time=0.330 ms
64 bytes from 2001:da8:8005:1::3: icmp_seq=4 ttl=64 time=0.328 ms
64 bytes from 2001:da8:8005:1::3: icmp_seq=5 ttl=64 time=0.231 ms
64 bytes from 2001:da8:8005:1::3: icmp_seq=6 ttl=64 time=0.344 ms
--- 2001:da8:8005:1::3 ping statistics ---
7 packets transmitted, 7 received, 0% packet loss, time 5999ms
rtt min/avg/max/mdev = 0.231/0.459/1.369/0.373 ms, pipe 2
```

则表明这两个网络节点之间的 IPv6 网络连通正常。

# 9.2 IPv6 协议配置命令和 IPv6 ISATAP 配置

## 9.2.1 IPv6 网络配置命令行工具 netsh

在 Windows 操作系统中 IPv6 协议的配置方法有两种：IPv6 命令和 netsh 命令。

netsh 是 Windows 操作系统本身提供的网络配置命令行工具。在 Windows 2003 之后的版本中，微软公司用 netsh 命令系列取代了 IPv6 命令。netsh 命令有与 IPv6 命令相对应的命令行。

可以通过输入"？"获得 netsh 命令的帮助提示。

例如，执行 C:\>netsh ?命令后显示内容

```
C:\>netsh ?
用法 : netsh [-a AliasFile] [-c Context] [-r RemoteMachine] [-u
[DomainName]UserName] [-p Password | *] [Command | -f ScriptFile]
下列指令有效:
此上下文中的命令:
..            - 移到上一层上下文级。
?             - 显示命令列表。
abort         - 丢弃在脱机模式下所做的更改。
add           - 在项目列表上添加一个配置项目。
alias         - 添加一个别名。
bridge        - 更改到 'netsh bridge' 上下文。
bye           - 退出程序。
commit        - 提交在脱机模式中所做的更改。
delete        - 在项目列表上删除一个配置项目。
diag          - 更改到 'netsh diag' 上下文。
dump          - 显示一个配置脚本。
exec          - 运行一个脚本文件。
exit          - 退出程序。
help          - 显示命令列表。
interface     - 更改到 'netsh interface' 上下文。
offline       - 将当前模式设置成脱机。
online        - 将当前模式设置成联机。
popd          - 从堆栈上打开一个上下文。
pushd         - 将当前上下文推入堆栈。
quit          - 退出程序。
ras           - 更改到 'netsh ras' 上下文。
routing       - 更改到 'netsh routing' 上下文。
set           - 更新配置设置。
show          - 显示信息。
unalias       - 删除一个别名。
wcn           - 更改到 'netsh wcn' 上下文。
winhttp       - 更改到 'netsh winhttp' 上下文。
winsock       - 更改到 'netsh winsock' 上下文。
wlan          - 更改到 'netsh wlan' 上下文。
下列的子上下文可用:
bridge diag interface ras routing winsock
若需要命令的更多帮助信息，请键入命令，接着是空格，后面跟?。
```

```
netsh>
```

在根级目录中使用 exec 命令可以加载一个配置脚本，对 winsock、route、ras 等网络服务的配置也可以通过 netsh 的内置命令进行。

可以执行 C:\>netsh 命令，进入 netsh 环境，此时的提示符为 netsh>，在 netsh>环境下查看 interface 上下文中的命令如图 9-8 所示。

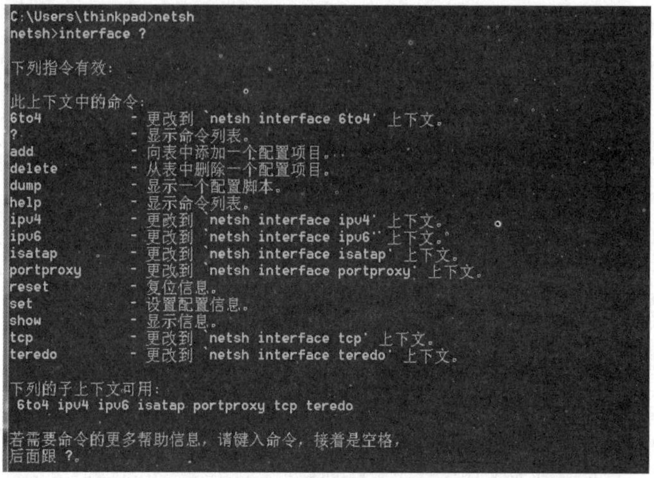

图 9-8　在 netsh>环境下查看 interface 上下文中的命令

## 9.2.2　常用 IPv6 命令格式及功用

IPv6 环境配置需要在命令行方式下操作。可以用它们来查询和配置 IPv6 的接口、地址、高速缓存和路由等。常用的 IPv6 命令及功用如下。

（1）IPv6 install　！安装 IPv6 协议栈。

（2）IPv6 uninstall　！卸载 IPv6 协议栈。

（3）IPv6 [-v] if [ifindex]　！显示 IPv6 所有接口界面的配置信息。用接口索引号来表示。

参数说明：[ifindex]为指定接口的索引号；[-v]为接口的其他信息。

例如，IPv6 if 显示所有接口的信息，IPv6 if 4 显示接口 4 的信息。

通常在安装 IPv6 协议栈后，一块网卡默认网络接口有 4 个：interface 1，用于回环接口；interface 2，用于自动隧道虚拟接口；interface 3，用于 6to4 隧道虚拟接口；interface 4，用于正常的网络连接接口，即 IPv6 地址的单播接口。若有多块网卡，则后面还有其他接口。

（4）IPv6 [-p] adu <ifindex>/<address> [life validlifetime[/preflifetime]][anycast] [unicast]　！给指定接口配置 IPv6 地址。注意，这里没有配置前缀长度。

参数说明：[life validlifetime[/preflifetime]]，作用是标识 IPv6 地址的生存时间；[anycast]，作用是把地址设成任播地址；[unicast]，作用是把地址设成单播地址，默认为单播地址；[-p]，作用是保存所做的配置，若不加此参数进行配置，则当计算机重新启动时配置将丢失，这点需要注意；其他参数的作用不再另做说明。

例如，IPv6 adu 4/3eff:124e::1 表示给索引号为 4 的接口界面配置 IPv6 地址 3eff:124e::1；IPv6 adu 4/3eff:124e::1 life 0 表示删除上面刚刚配置的 IPv6 地址。

（5）IPv6 [-p] ifc<ifindex> [forwards] [-forwards] [advertises] [-advertises] [mtu #bytes] [site site-identifier] [preference P]　！配置接口的属性。

参数说明：forwards，表示允许在该接口上转发收到的数据包；-forwards，表示禁止在该接口上转发收到的数据包；advertises，表示允许在该接口上发送路由器通告报文；-advertises，表示禁止在该接口上发送路由器通告报文；mtu，表示为链接设置最大传输单位的大小（以字节为单位）；site，表示设置站点标识，站点标识被用来区分属于不同管理区域（使用站点本地寻址）的接口。

例如，IPv6 ifc 4 forwards 的作用是打开接口 4 的 IPv6 的转发功能。

（6）IPv6 [-v] rt　！查看路由表。

参数说明：[-v]，查看路由表中的系统路由。若不加参数，则只能查看手动路由。

例如，IPv6 -v rt 的作用是查看路由表中的所有路由（手动路由和系统路由）。

注意，路由表包括系统自动生成的路由（系统路由）表项和用户手动添加的路由（手动路由）表项。

（7）IPv6 [-p] rtu <prefix> <ifindex>[/address] [life valid[/pref]] [preference P][publish] [age] [spl SitePrefixLength]　！添加路由表项。

参数说明：[/address]，用于指定下一跳地址；[life valid[/pref]]，表示生存时间；[publish]，是否发布；[age]，是否老化；[spl SitePrefixLength]，指定与路由关联的站点前缀长度。

例如，IPv6 rtu 2000:3440::/64 4 的作用是为接口 4 添加一条路由；IPv6 rtu 2000:3440::/64 4 life 0 的作用是为接口 4 删除一条路由；IPv6 rtu ::/0 4/3ffe:124e::2 的作用是添加一条默认路由，网关为 3ffe:345e::2；IPv6 rtu 3ffe:124e::/64 4 的作用是为接口 4 添加前缀 64。

注意，默认设置是建立的路由表项老化，但不发布。

（8）IPv6 [-p] ifcr v6v4 <v4src> <v4dst> [nd] [pmld]　！建立 IPv6/IPv4 隧道。

参数说明：[nd]，允许邻居发现跨过隧道，以便发送和接收路由器通告报文；[pmld]，允许周期性的多播监听发现报文。

例如，一方与另一台计算机建立 IPv6/IPv4 隧道，一方的 IPv4 地址是 133.100.8.2，对方的 IPv4 地址是 210.28.10.4，执行 IPv6 ifcr v6v4 133.100.8.2 210.28.10.4 命令。

执行完命令之后，系统会显示新创建的接口的索引号。对这个接口的配置方法与别的接口完全一样，但需要注意，它是一个点到点链路的接口。

（9）IPv6 [-p] ifcr 6over4<v4src>　！用指定的 IPv4 源地址创建 6over4 接口。

（10）IPv6 [-p] ifd<ifindex>！删除接口。

例如，IPv6 ifd 4 的作用是删除接口 4。

注意，此命令不能删除回环和隧道虚拟接口，即 interface 1、2、3 不能删除。

（11）IPv6 nc [ifindex [address]]　！查看所有接口的邻居缓存，类似 IPv4 中的 ARP 缓存，邻居高速缓存将显示用于邻居高速缓存项的接口标识符、邻居节点的 IPv6 地址、相应的链路层地址，以及邻居高速缓存项的状态。

参数说明：ifindex，用于指定接口；[address]，若指定了接口，则可以指定 IPv6 地址，只显示单个邻居高速缓存项。

例如，IPv6 nc 的作用是查看邻居缓存信息；IPv6 nc 4 的作用是查看接口 4 的邻居缓存信息；IPv6 nc 4 3eff:124e::1 的作用是查看接口 4 上的 3eff:124e::1 地址的缓存项。

（12）IPv6 ncf [ifindex [address]]　！删除指定的邻居高速缓存项。

参数说明：ifindex，用于指定接口号；[address]，若指定了接口，则可以指定 IPv6 地址，只删除单个邻居高速缓存项。

例如，IPv6 ncf 4 的作用是删除接口 4 的邻居高速缓冲项。

注意，只有没有引用的邻居高速缓存项会被删除。因为路由高速缓存项包含对邻居高速缓存项的引用，建议先运行 IPv6 rcf 命令。

（13）IPv6 rc [ifindex [address]]　！查看路由缓存信息。

参数说明：ifindex，用于指定接口号；[address]，显示指定接口上的指定地址的路由缓存项。

例如，IPv6 rc 4 的作用是显示接口 4 的路由缓存项。

注意，路由高速缓存将显示目标地址、接口标识符和下一跳地址、接口标识符和发送到目标时用作源地址的地址，以及用于目标的路径 MTU。

（14）IPv6 rcf [ifindex [address]]　！删除指定的路由高速缓存项。参数含义同 IPv6 rc 命令。

例如，IPv6 rcf 4 的作用是删除接口 4 上的路由缓存项。

（15）IPv6 bc　！显示绑定高速缓存的内容，主要是每个绑定的家庭地址、转交地址和绑定序列号，以及生存时间。

注意，绑定高速缓存将保存家庭地址和用于移动 IPv6 的转交地址之间的绑定。

（16）IPv6 spt　！显示站点前缀表的内容。

（17）IPv6 spu<prefix> <ifindex> [life L]　！添加、删除或更新站点前缀表中的前缀。

参数说明：[life L]，用于指定生存时间，默认无限期，若生存时间为 0，则删除表项。

例如，IPv6 spu 3ffe:124e::/64 4 的作用是添加一条前缀表项；IPv6 spu 3ffe:124e::/64 4 life 0 的作用是删除一条前缀表项。

（18）IPv6 gp　！显示 IPv6 协议的全局参数的值。

例如，IPv6 gp 命令执行后显示的全局参数如下。

```
C:\>IPv6 gp
DefaultCurHopLimit = 128
UseAnonymousAddresses = yes
MaxAnonDADAttempts = 5
MaxAnonLifetime = 7d/24h
AnonRegenerateTime = 5s
MaxAnonRandomTime = 10m
AnonRandomTime = 2m21s
NeighborCacheLimit = 8
RouteCacheLimit = 32
BindingCacheLimit = 32
ReassemblyLimit = 262144
MobilitySecurity = on
```

（19）IPv6 [-p] gpu ...　！修改 IPv6 协议的全局参数，这是一组命令，用于对应修改 IPv6 gp 命令显示的全局参数。

例如，IPv6 [-p] gpu DefaultCurHopLimit，设置 IPv6 分组首部中跳数限制字段值，默认为 128；IPv6 [-p] gpu UseAnonymousAddresses [yes|no|always|Counter]，设置是否使用匿名地址，默认为 yes。

（20）IPv6 ppt　！显示前缀策略表。

注意，前缀策略被用来指定用于源地址和目标地址选择的策略。

（21）IPv6 [-p] ppu prefix precedence P srclabel SL [dstlabel DL]　！用指定首选项、源标签值（SourceLabelValue）和目标标签值（DestinationLabelValue）的策略，更新前缀策略表。

（22）IPv6 [-p] ppd　！删除前缀策略。

（23）IPv6 renew [ifindex]　！为所有接口恢复 IPv6 配置。

参数说明：[ifindex]，用于恢复指定接口的 IPv6 配置。

例如，IPv6 renew 4 的作用是刷新接口 4 的自动分配地址。

注意，通过在合适的接口上发送路由器请求报文来刷新主机的自动配置地址，基于收到的路由器通告报文来配置地址，类似 IPv4 中的 ipconfig /renew 命令。

### 9.2.3　IPv6 命令与等价的 netsh 命令

在 Windows 2000、Windows XP 中有提供 IPv6 命令的 IPv6.exe 工具，通过 IPv6 命令配置 IPv6 协议。Windows 2003 之后的版本中不再包含 IPv6.exe 工具，而是采用 netsh.exe 工具，IPv6 命令的功用将被 netsh 命令取代，IPv6 命令均有等价的 netsh 命令。IPv6 命令与等价的 netsh 命令及功用如表 9-2 所示。

表 9-2　IPv6 命令与等价的 netsh 命令及功用

| IPv6 命令 | 等价的 netsh 命令 | 功用 |
| --- | --- | --- |
| ipv6 install | netsh interface ipv6 install | 安装 IPv6 协议栈 |
| ipv6 uninstall | netsh interface ipv6 uninstall | 卸载 IPv6 协议栈 |
| ipv6 [-v] if [IfIndex] | netsh interface ipv6 show interface [[interface=]String] [[level=]{normal \| verbose}] [[store=]{active \| persistent}] | 显示 IPv6 接口信息 |
| ipv6 ifcr v6v4 V4Src V4Dst [nd] [pmld] | netsh interface ipv6 add v6v4tunnel [[interface=]String] [localaddress=]IPv4Address [remoteaddress=]IPv4Address [[neighbordiscovery=]{enabled \| disabled}] [[store=]{active \| persistent}] | 建立 IPv4/ IPv6 隧道 |
| ipv6 ifcr 6over4 V4Src | netsh interface ipv6 add 6over4tunnel [[interface=]String] [localaddress=]IPv4Address [[store=]{active \| persistent}] | 用指定的 IPv4 源地址创建 6over4 接口 |
| ipv6 ifc IfIndex {[forwards] \| [-forwards]} {[advertises] \| [-advertises]} [mtu #Bytes] [site SiteIdentifier] | netsh interface ipv6 set interface [[interface=]String] [[forwarding=]{enabled \| disabled}] [[advertise=]{enabled \| disabled}] [[mtu=]Integer] [[siteid=]Integer] [[metric=]Integer] [[store=]{active \| persistent}] | 设置 IPv6 接口的属性 |
| ipv6 ifd <IfIndex> | netsh interface ipv6 delete interface [[interface=]String] [[store=]{active \| persistent}] | 删除接口 |
| ipv6 adu IfIndex/Address [life ValidLifetime[/PrefLifetime]] [anycast] [unicast] | netsh interface ipv6 add address [[interface=]String] [address=]IPv6Address [[type=]{unicast \| anycast}] [[validlifetime=]{Integer \| infinite}] [[preferredlifetime=]{Integer \| infinite}] [[store=]{active \| persistent}] | 为接口添加或删除 IPv6 地址 |
| ipv6 nc [IfIndex [Address]] | netsh interface ipv6 show neighbors [[interface=]String] [[address=]IPv6Address] | 显示邻居高速缓存 |
| ipv6 ncf [IfIndex [Address]] | netsh interface ipv6 delete neighbors [[interface=]String] [[address=]IPv6Address] | 删除邻居缓存 |
| ipv6 rc [IfIndex [Address]] | netsh interface ipv6 show destinationcache [[interface=]String] [[address=]IPv6Address] | 显示路由缓存 |
| ipv6 rcf [IfIndex [Address]] | netsh interface ipv6 delete destinationcache [[interface=]String] [[address=]IPv6Address] | 删除路由缓存 |
| ipv6 bc | netsh interface ipv6 show bindingcacheentries | 显示绑定缓存 |

| IPv6 命令 | 等价的 netsh 命令 | 功用 |
|---|---|---|
| ipv6 [-v] rt | netsh interface ipv6 show routes [[level=]{normal \| verbose}] [[store=]{active \| persistent}] | 显示路由表 |
| ipv6 rtu Prefix IfIndex[/Address] [lifetime Valid[/Preferred]] [preference P] [publish] [age] [spl SitePrefixLength] | netsh interface ipv6 add route [prefix=]IPv6Address/Integer [[interface=]String] [[nexthop=]IPv6Address] [[metric=]Integer] [[siteprefixlength=]Integer] [[publish=]{no \| yes\| immortal}] [[validlifetime=]{Integer \|infinite}] [[preferredlifetime=]{Integer \| infinite}] [[store=]{active \| persistent}] | 添加或删除路由表项 |
| ipv6 spt | netsh interface ipv6 show siteprefixes | 显示站点前缀表 |
| ipv6 spu Prefix IfIndex [life L] | netsh interface ipv6 add route [prefix=]IPv6Address/Integer [[siteprefixlength=]Integer] [[store=]{active \| persistent}] | 添加、删除或更新站点前缀表中的前缀 |
| ipv6 gp | netsh interface ipv6 show global [[store=]{active \| persistent}] | 显示 IPv6 协议全局参数 |
| ipv6 [-p] gpu DefaultCurHopLimit <Hops> | netsh interface ipv6 set global [[defaultcurhoplimit=]Integer] [[store=]{active \| persistent}] | 设置 IPv6 分组首部跳数限制字段值 |
| ipv6 [-p] gpu UseAnonymousAddresses [yes\|no\|always\|Counter] | netsh interface ipv6 set privacy [[state=]{enabled \| disabled}] [[store=]{active \| persistent}] | 设置是否使用匿名地址 |
| ipv6 [-p] gpu MaxAnonDADAttempts <Number> | netsh interface ipv6 set privacy [[maxdadattempts=]Integer] [[store=]{active \| persistent}] | 设置检查匿名地址唯一性的次数 |
| ipv6 [-p] gpu MaxAnonLifetime Valid[/Preferred] | netsh interface ipv6 set privacy [[maxvalidlifetime=]Integer] [[maxpreferredlifetime=]Integer] [[store=]{active \| persistent}] | 设置匿名地址的有效生存时间和首选生存时间 |
| ipv6 [-p] gpu AnonRegenerateTime <Time> | netsh interface ipv6 set privacy [[regeneratetime=]Integer] [[store=]{active \| persistent}] | 设置时间段 |
| ipv6 [-p] gpu MaxAnonRandomTime <Time> | netsh interface ipv6 set privacy [[maxrandomtime=]Integer] [[store=]{active \| persistent}] | 设置最大匿名随机时间 |
| ipv6 [-p] gpu AnonRandomTime <Time> | netsh interface ipv6 set privacy [[randomtime=]Integer] [[store=]{active \| persistent}] | 设置最小匿名随机时间 |
| ipv6 [-p] gpu NeighborCacheLimit <Number> | netsh interface ipv6 set global [neighborcachelimit=]Integer [[store=]{active \| persistent}] | 设置邻居缓存 |
| ipv6 [-p] gpu RouteCacheLimit <Number> | netsh interface ipv6 set global [[routecachelimit=]Integer] [[store=]{active \| persistent}] | 设置路由缓存 |
| ipv6 ppt | netsh interface ipv6 show prefixpolicy [[store=]{active \| persistent}] | 设置前缀策略表 |
| ipv6 ppu Prefix precedence PrecedenceValue srclabel SourceLabelValue [dstlabel DestinationLabelValue] | netsh interface ipv6 add prefixpolicy [[maxvalidlifetime=]Integer] [[maxpreferredlifetime=]Integer] [[store=]{active \| persistent}] | 用指定首选项、源标签值和目标标签值的策略，更新前缀策略表 |
| ipv6 renew [IfIndex] | netsh interface ipv6 renew [[interface=]String] | 刷新 IPv6 配置 |

## 9.2.4 IPv6 ISATAP 配置

ISATAP 隧道将 IPv4 地址嵌入 IPv6 地址，当两台 ISATAP 主机通信时，可自动抽取出 IPv4 地址，通过建立隧道进行通信，且并不需要透过其他特殊网络设备，只需要彼此之间的 IPv4 网络通畅。

通过 ISATAP 隧道接入 IPv6 环境的示例如下：假设某大学的 ISATAP 隧道路由器的 IPv4 地址是 isatap.tsinghua.edu.cn，某大学 ISATAP 隧道 IPv6 地址前缀为 2402:f000:1:1501::/64，用户设置 ISATAP 隧道的接入点为 isatap.tsinghua.edu.cn。

### 1. Windows XP/2003 的配置过程

```
C:\>netsh
netsh>int
netsh interface>IPv6
netsh interface>IPv6>install
netsh interface IPv6>ISATAP
netsh interface IPv6 ISATAP>set router isatap.tsinghua.edu.cn
```

配置之后，通过 ipconfig 命令，可以看到一个前缀为 2402:f000:1:1501:的 IPv6 地址，主机标识为 0:5efe:x.x.x.x，其中 x.x.x.x 为所在计算机设备的真实的 IPv4 地址，配置完成后即可访问 IPv6 网络的资源。

### 2. Windows 2000 的配置过程

设置静态 ISATAP 隧道地址

```
停止 IPv6 协议
net stop tcpIPv6
开始 IPv6 协议
net start tcpIPv6
IPv6 adu 2 / 2402:f000:1:1501:200:5efe:166.111.8.28
```

配置说明：该命令添加 IPv6 地址，其中 2 表示隧道伪接口的接口号，可通过 IPv6 if 命令进行查看，2402:f000:1:1501:200:5efe:166.111.8.28 为 ISATAP 隧道的 IPv6 地址，只需要把 166.111.8.28 更换成所在计算机的 IPv4 地址。

IPv6 rtu ::/0 2 /::isatap.tsinghua.edu.cn，设置 IPv6 路由。

### 3. RedHat Linux 的配置过程

设置静态 ISATAP 隧道地址

```
modprobe IPv6
ip Tunnel add sit1 mode sit remote isatap.tsinghua.edu.cn local 166.111.247.116
ifconfig sit1 up
ifconfig sit1 add 2001:da8:200:900e:0:5efe:166.111.247.116/64
ip route add ::/0 via 2001:da8:200:900e::1 metric 1
```

配置说明：假设 Linux 属于隧道的那个接口是 sit1，这个接口可根据情况假设；Linux 不能用 sit0；166.111.247.116 可用实际配置时所在计算机的 IPv4 地址替换；isatap.tsinghua.edu.cn 是校园网 ISATAP 隧道接入点的地址；2402:f000:1:1501:200:5efe:166.111.247.116/64 为 ISATAP 隧道的 IPv6 地址，只需要把 166.111.247.116 更改成所在计算机的 IPv4 地址。

# 9.3 路由器 IPv6 配置命令

## 9.3.1 基本配置命令和邻居发现设置命令

以 Cisco 路由器 IPv6 基本配置命令为例，其他厂家的路由器的配置方法基本类似。依据配置要求，进入相应的配置模式。例如，若用 R2 标识路由器名字，则全局配置模式的命令行提示符为 R2（config），接口配置模式为 R2（config-if），特权模式为 R2#。

### 1．基本配置命令

（1）R2（config）#ipv6 unicast-routing ！在路由器上开启 IPv6 路由功能。

（2）R2（config-if）#ipv6 enable ！在接口启用 IPv6，自动生成一个链路本地地址。

（3）R2（config-if）#ipv6 address 2001::1/64 ！指定一个 IP 地址，自动生成一个链路本地地址。

（4）R2（config-if）#ipv6 address FE80:0:0:0:0123:0456:0789:0abc link-local ！手工指定链路本地地址。

（5）R2（config-if）#ipv6 address 2001:0410:0:1::/64 eui-64 ！使用 eui-64 格式自动生成 IPv6 地址的低 64 位。

（6）R2（config-if）#ipv6 unnumbered ！让本接口使用另一个接口的 MAC 地址生成源地址。

（7）R2（config-if）#ipv6 mtu 1500 ！配置接口的 MTU。

（8）R2（config-if）#ipv6 nd suppress-ra ！关闭自动下发前缀。

（9）R2（config-rtr）#no split-horizon ！关闭水平分割。注意：IPv6 的水平分割是在进程下关闭的，不是在接口下。

（10）show ipv6 interface e0 ！显示 IPv6 接口 e0 的信息，包括 IPv6 地址、链路本地地址、加入的多播地址及被请求节点多播地址。注意：串口和 loopback 口会借用以太口的 MAC 地址来生成链路本地地址。

### 2．邻居发现设置命令

（1）show ipv6 neighbors ！显示 IPv6 邻居的地址、生存时间、链路层地址、去往邻居的接口。

（2）R2#ipv6 neighbor fec0::1:0:0:1:b e0 0080:12ff:6633 ！静态加入一个邻居项。

（3）clear ipv6 neighbors ！清除邻居发现表。

（4）R2（config-if）#ipv6 nd ns-interval 1000 ！在默认情况下邻居请求消息 1000 毫秒发送一次，可以用此命令修改设置。

（5）R2（config-if）#ipv6 nd reachable-time 1800000 ！设置邻居的可达时间间隔，默认 30 分钟，若 30 分钟内还没收到邻居的消息，则从邻居发现表中删除邻居表项。

## 9.3.2　自动配置命令

当本地链路的路由器发送网络类型信息（前缀）给所有节点时，IPv6 主机把自己 48 位的链路层地址（MAC 地址）附在 64 位前缀后面，按 EUI-64 格式自动配置成 128 位的地址，保证地址的唯一性，自动配置启用即插即用（Plug and Play）。

（1）show ipv6 interface e0 prefix ！显示路由器接口上通告的前缀的参数。

（2）R2（config-if）#ipv6 address autoconfig ！用路由器模拟主机时，允许这个接口使用无状态自动配置，在默认情况下，路由器不允许使用无状态自动配置。

（3）R2（config-if）#ipv6 nd ra-lifetime 1000000 ！设定路由器通告报文（RA134）的生存时间，在默认情况下为 30 分钟。

（4）R2（config-if）#ipv6 nd ra-interval 200 ！设定路由器通告报文的时间间隔，默认是 200 秒。

（5）R2（config-if）#ipv6 nd prefix 2001:1:1::/64 20000 10000 ！改写前缀通告的参数，后面分别是有效时间和首选时间。

（6）R2（config-if）#no ipv6 nd prefix 2001:1:1::/64 ！不通告本前缀。

（7）R2（config-if）#ipv6 nd suppress-ra　！基于接口关闭路由器通告。

（8）R2（config-if）#ipv6 nd managed-config-flag　！在主机节点上启用有状态自动配置。

（9）debug ipv6 nd　！调试前缀通告信息。

### 9.3.3　IPv6 访问控制列表配置命令

IPv6 访问控制列表（ACL）可以配置 N 张表，但在一台设备上，一个需求只能调用一张表，从上往下逐条匹配，若上条匹配适配则按上条执行，不再查看下条。IPv6 ACL 没有标准列表，只有扩展列表。

（1）R2（config）#ipv6 access-list ccie　！创建 ACL。

（2）R2（config-ipv6-acl）#deny tcp host 12::1 host 12::2 eq 23　！拒绝一个 host 对另一个 host 的 telnet。

（3）R2（config-ipv6-acl）#deny IPV6 12::/64 12::/64　！拒绝一个地址到另一个地址的所有通信。

（4）R2（config-ipv6-acl）#permit ipv6 any any　！允许所有，表示没有设置控制。

（5）在 IPv6 ACL 中不使用反掩码，直接使用如下掩码

R2（config-ipv6-acl）#iinterface serail1/1。

R2（config-if）#ipv6 traffic-filter ccie in　！接口调用时注意方向。

（6）开启隐含。

R2（config-ipv6-acl）#permit icmp any any nd-na。

R2（config-ipv6-acl）#permit icmp any any nd-ns。

（7）默认隐含。

R2（config-ipv6-acl）#deny ipv6 any any。

# 9.4　IPv6 地址分配的设置方式

### 9.4.1　IPv6 无状态自动配置操作

IPv6 地址分配有两种方式：无状态自动配置和有状态地址配置 DHCPv6。无状态自动配置环境如图 9-9 所示。

图 9-9　无状态自动配置环境

1）R1 端口配置

```
R1（config）#interface f0/0
R1（config-if）#ipv6 enable
R1（config-if）#ipv6 address 2012::1/64
```

2）R2 打开 debug 功能

```
R2#debug ipv6 icmp
R2#debug ipv6 nd
```

3）R2 端口配置

```
R2（config）#interface fastEthernet 1/0
R2（config-if）#ipv6 enable
R2（config-if）#ipv6 address autoconfig    ！无状态自动配置
R2#show ipv6 interface brief
    FastEthernet1/0 [up/up]
    FE80::CE01:28FF:FE94:10
    2012::CE01:28FF:FE94:10  ！可以看出 f1/0 获取到的地址前缀就是 R1 f0/0 的地址前缀
```

4）在配置了 ipv6 address autoconfig 后，看 R2 现在的路由信息，没有默认路由

```
R2#show ipv6 route
    C 2012::/64 [0/0] via ::, FastEthernet1/0
    L 2012::CE01:28FF:FE94:10/128 [0/0] via ::, FastEthernet1/0
    L FE80::/10 [0/0] via ::, Null0
    L FF00::/8 [0/0] via ::, Null0
```

5）若配置的是 ipv6 address autoconfig default，看 R2 现在的路由信息，有默认路由，则 R2 会把 R1 的 f0/0 作为网关

```
R2#show ipv6 route
    S ::/0 [1/0]    via FE80::CE00:28FF:FE94:0, FastEthernet1/0  ！自动添加了
静态默认路由
    C 2012::/64 [0/0]   via ::, FastEthernet1/0
    L 2012::CE01:28FF:FE94:10/128 [0/0] via ::, FastEthernet1/0
    L FE80::/10 [0/0]   via ::, Null0
    L FF00::/8 [0/0] via ::, Null0
```

## 9.4.2  IPv6 有状态地址配置 DHCPv6 操作

有状态地址配置 DHCPv6 环境如图 9-10 所示。

图 9-10   有状态地址配置 DHCPv6 环境

1）R1 的配置

配置顺序是：①配置本地地址池；②创建 DHCPv6 地址池并绑定本地地址池；③接口应用 DHCPv6 地址池。

```
ipv6 local pool v6pool 2012::/64 64
ipv6 dhcp pool DHCP-pool
prefix-delegation pool v6pool
dns-server 2000::8
domain-name dantothefourth.com
interface FastEthernet0/0
ipv6 address 2012::1/64
ipv6 enable
```

```
ipv6 nd managed-config-flag    ！将 M 位置 1，通过 DHCP 获取地址
ipv6 nd other-config-flag      ！将 O 位置 1，通过 DHCP 获取其他信息，如 DNS
ipv6 dhcp server DHCP-pool
```

2）R2 的配置

```
debug ipv6 dhcp
interface fastEthernet 1/0
ipv6 enable
ipv6 dhcp client pd test    ！R2 通过 DHCP 获取到的地址前缀和 test 绑定
R2（config-if）#ipv6 address test ::2/64
R2（config-if）#no shutdown
R2#show ipv6 interface brief
    FastEthernet1/0 [up/up]
    FE80::CE05:28FF:FE94:10
    2012::2
```

3）捕获的 DHCPv6 协议报文

捕获的 DHCPv6 协议报文如图 9-11 所示。

```
*Mar  1 00:12:04.043: IPv6 DHCP: Sending SOLICIT to FF02::1:2 on FastEthernet1/0
*Mar  1 00:12:04.143: IPv6 DHCP: Received ADVERTISE from FE80::CE04:28FF:FE94:0 on FastEthernet1/0
*Mar  1 00:12:04.143: IPv6 DHCP: Adding server FE80::CE04:28FF:FE94:0
*Mar  1 00:12:05.067: IPv6 DHCP: Sending REQUEST to FF02::1:2 on FastEthernet1/0
*Mar  1 00:12:05.067: IPv6 DHCP: DHCPv6 changes state from SOLICIT to REQUEST (ADVERTISE_RECEIVED) on FastEthernet1/0
*Mar  1 00:12:05.103: IPv6 DHCP: Received REPLY from FE80::CE04:28FF:FE94:0 on FastEthernet1/0
*Mar  1 00:12:05.103: IPv6 DHCP: Processing options
*Mar  1 00:12:05.103: IPv6 DHCP: Adding prefix 2012::/64 to test
*Mar  1 00:12:05.111: IPv6 DHCP: T1 set to expire in 302400 seconds
*Mar  1 00:12:05.111: IPv6 DHCP: T2 set to expire in 483840 seconds
*Mar  1 00:12:05.111: IPv6 DHCP: Configuring DNS server 2000::2
*Mar  1 00:12:05.111: IPv6 DHCP: Configuring domain name dantothefourth
R5(config-if)#
*Mar  1 00:12:05.115: IPv6 DHCP: DHCPv6 changes state from REQUEST to OPEN (REPLY_RECEIVED) on FastEthernet1/0
```

图 9-11　捕获的 DHCPv6 协议报文

### 9.4.3　运营商 DHCPv6-PD 部署及应用配置

DHCPv6-PD 中的 PD 代表前缀委派（Prefix Delegation）。DHCPv6-PD 常用于 IPv6 宽带连接中。运营商（ISP）通过 DHCPv6-PD 为客户（Customer）分配一段略大于/64（如/56）的 IPv6 地址段，然后客户路由器就可在这个地址段内构建若干 /64 的子网来供园区网内网主机（PC）接入 IPv6 网络。

#### 1. 运营商 DHCPv6-PD 部署及应用配置环境

DHCPv6-PD 部署及应用配置网络拓扑如图 9-12 所示。

若某运营商拥有一段 /48 的 IPv6 地址，则运营商路由器会在这段 /48 的 IPv6 地址范围内为每个客户端分配一段 /56 的 IPv6 地址。客户路由器在得到运营商分配的 /56 的 IPv6 地址之后，将自动在该范围内划分 /64 的 IPv6 网段供园区网内网主机使用。运营商拥有的 IPv6 地址段为 2001:123:456::/48。配置完成后，客户园区网内网主机（Windows 系统）能通过 IPv6 访问百度的 IPv6 DNS 服务器。运营商路由器和客户路由器有关 DHCPv6-PD 的配置方法如下。

#### 2. 运营商路由器配置步骤

1）开启 IPv6 路由功能

```
ISP（config）#ipv6 unicast-routing  ！开启 IPv6 路由功能
```

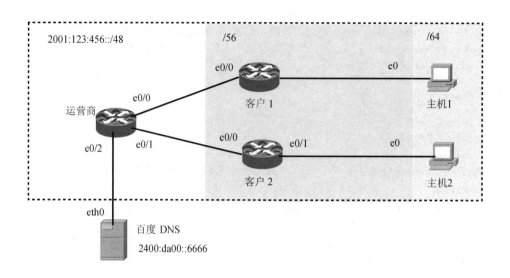

图 9-12　DHCPv6-PD 部署及应用配置网络拓扑

2）创建本地 IPv6 地址池

```
  ! 创建一个名为 PD 的本地 IPv6 地址池，包含 2001:123:456::/48 范围内的所有/56 子网
ISP（config）#ipv6 local pool PD 2001:123:456::/48 56
```

3）创建 DHCP 地址池

```
ISP（config）#ipv6 dhcp pool PD   ! 创建一个名为 PD 的 DHCP 地址池
ISP（config-dhcpv6）#prefix-delegation pool PD   ! 开启 PD 功能，为客户端分配名为
PD 的本地 IPv6 地址池中的子网
ISP（config-dhcpv6）#exit
```

4）配置连接客户的接口

```
  ! 连接客户 1（Customer 1）的接口
ISP（config）#interface ethernet 0/0
ISP（config-if）#ipv6 enable   ! 为接口自动配置一个链路本地地址
ISP（config-if）#ipv6 dhcp server PD   ! 在接口上使用名为 PD 的 DHCP 地址池提供 DHCP
服务
ISP（config-if）#no shutdown
ISP（config-if）#exit
  ! 连接客户 2（Customer 2）的接口
ISP（config）#interface ethernet 0/1
ISP（config-if）#ipv6 enable   ! 为接口自动配置一个链路本地地址
ISP（config-if）#ipv6 dhcp server PD   ! 在接口上使用名为 PD 的 DHCP 地址池提供 DHCP
服务
ISP（config-if）#no shutdown
ISP（config-if）#exit
```

### 3．客户路由器配置步骤

两个客户路由器的配置基本相同，以客户 1 路由器的配置为例。

1）开启 IPv6 路由功能

```
Customer1（config）#ipv6 unicast-routing
```

2）配置外网接口

```
Customer1 (config) #interface ethernet 0/0
Customer1 (config-if) #ipv6 address autoconfig default    ! 通过路由器通告报文自
动学习 IPv6 地址并将该接口作为默认出接口
Customer1 (config-if) #ipv6 dhcp client pd PD    ! 通过 DHCPv6-PD 获取可供内网使用
的前缀，并将前缀命名为 PD
Customer1 (config-if) #no shutdown
Customer1 (config-if) #exit
```

3）配置内网接口

```
Customer1 (config) #interface ethernet 0/1
Customer1 (config-if) #ipv6 address PD ::/64 eui-64    ! 在名为 PD 的前缀中划分一
个 /64 网段，并自动设置 IPv6 地址
Customer1 (config-if) #no shutdown
Customer1 (config-if) #exit
```

### 4. 验证配置结果

1）客户路由器内网接口的 IPv6 地址

```
客户 1
Customer1#show ipv6 interface brief ethernet 0/1
Ethernet0/1  [up/up]
    FE80::A8BB:CCFF:FE00:2110
    2001:123:456:0:A8BB:CCFF:FE00:2110    ! 通过 DHCPv6-PD 自动设置网段
客户 2
Customer2#show ipv6 interface brief ethernet 0/1
Ethernet0/1  [up/up]
    FE80::A8BB:CCFF:FE00:4110
    2001:123:456:100:A8BB:CCFF:FE00:4110    ! 通过 DHCPv6-PD 自动设置网段
```

可以看出，客户路由器内网接口可以通过 DHCPv6-PD 自动设置内网网段，验证通过。

2）客户路由器的 IPv6 默认路由

```
客户 1
Customer1#show ipv6 route ::/0
Routing entry for ::/0
    Known via "ND", distance 2, metric 0
    Route count is 1/1, share count 0
    Routing paths:
    FE80::A8BB:CCFF:FE00:1100, Ethernet0/0
    Last updated 00:20:52 ago
客户 2
Customer2#show ipv6 route ::/0
Routing entry for ::/0
    Known via "ND", distance 2, metric 0
    Route count is 1/1, share count 0
    Routing paths:
    FE80::A8BB:CCFF:FE00:1110, Ethernet0/0
    Last updated 00:06:40 ago
```

可以看出，客户路由器均可通过运营商路由器发送的路由器通告报文自动设置 IPv6 默认路由，验证通过。

3）运营商路由器的 IPv6 路由表

```
ISP#show ipv6 route
IPv6 Routing Table - default - 5 entries
Codes: C - Connected, L - Local, S - Static, U - Per-user Static route
       B - BGP, HA - Home Agent, MR - Mobile Router, R - RIP
       H - NHRP, I1 - ISIS L1, I2 - ISIS L2, IA - ISIS interarea
       IS - ISIS summary, D - EIGRP, EX - EIGRP external, NM - NEMO
       ND - ND Default, NDp - ND Prefix, DCE - Destination, NDr - Redirect
       O - OSPF Intra, OI - OSPF Inter, OE1 - OSPF ext 1, OE2 - OSPF ext 2
       ON1 - OSPF NSSA ext 1, ON2 - OSPF NSSA ext 2, la - LISP alt
       lr - LISP site-registrations, ld - LISP dyn-eid, a - Application
S   2001:123:456::/56 [1/0]  via FE80::A8BB:CCFF:FE00:2100, Ethernet0/0  ! 去
往客户 1 内网的路由
S   2001:123:456:100::/56 [1/0] via FE80::A8BB:CCFF:FE00:4100, Ethernet0/1 !
去往客户 2 内网的路由
C   2001:4860:4860::/64 [0/0]  via Ethernet0/2, directly connected
L   2001:4860:4860::1/128 [0/0]  via Ethernet0/2, receive
L   FF00::/8 [0/0]  via Null0, receive
```

可以看出，路由器会为分配出去的 /56 地址段自动添加相应的静态路由条目，验证通过。

4）客户园区网内网主机访问 IPv6 外网

分别在客户 1 主机 1、客户 2 主机 2 命令行界面执行下列两行命令，验证客户园区网内网主机是否获取到正确的 IPv6 地址，是否成功通过 IPv6 访问到百度的 IPv6 DNS 服务器。

```
C:\User\Administrator>ipconfig
C:\User\Administrator>ping 2400:da00::6666
```

# 9.5　思考练习题

9-1　简述 Windows 环境中 IPv6 协议栈的配置方法。

9-2　简述 Linux 环境中 IPv6 协议栈的配置过程。

9-3　怎样测试 IPv6 协议的连通性？

9-4　说明 IPv6 网络配置命令行工具 netsh 的使用要点。

9-5　写出 Linux 环境配置 IPv6 协议命令的方法。

9-6　写出 IPv6 ISATAP 配置的过程。

9-7　对网络接口 IPv6 地址进行设置的 IPv6 命令与等价的 netsh 命令做一比较。

9-8　对进行静态路由配置的 IPv6 命令与等价的 netsh 命令做一比较。

9-9　使用 IPv6 访问互联网需要的支持有哪些？

9-10　路由器 IPv6 配置命令主要有哪些？

9-11　简述 IPv6 ACL 配置命令。

9-12　写出 IPv6 无状态自动配置操作的要点。

9-13　写出 IPv6 有状态地址配置 DHCPv6 操作的要点。

9-14　DHCPv6-PD 的含义是什么？

9-15　画出运营商 DHCPv6-PD 应用配置的网络拓扑图。

# 第 10 章　IPv6 技术配置实验

## 10.1　IPv6 网络基本实验

### 10.1.1　Windows 环境 IPv6 网络实验

#### 1．实验环境设计

IPv6 网络实验硬件组成包括：2 台配置双网卡、安装 Windows Server 2003 的计算机，在这两台计算机上配置静态路由，分别用作 IPv6 子网路由器 Win-R1 和 Win-R2；2 台安装 Windows XP 的计算机，分别用作 IPv6 子网中的主机 Win-PC1 和 Win-PC2。Windows 其他版本的实验设计类似。

IPv6 网络实验由 3 个网段构成，3 个网段通过 Win-R1 和 Win-R2 互连，也可以在网络中接入交换机，Win-PC1 和 Win-PC2 通过交换机分别连接 Win-R1 和 Win-R2，为简单说明问题，本例中没有使用交换机。IPv6 网络实验拓扑结构如图 10-1 所示，实验中的一个网段标识一个网络。

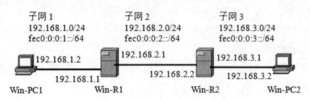

图 10-1　IPv6 网络实验拓扑结构

其中，子网 1 的 IPv4 网络标识和 IPv6 网络标识分别为 192.168.1.0/24、fec0:0:0:1::/64；子网 2 的 IPv4 网络标识和 IPv6 网络标识分别为 192.168.2.0/24、fec0:0:0:2::/64；子网 3 的 IPv4 网络标识和 IPv6 网络标识分别为 192.168.3.0/24、fec0:0:0:3::/64。

网络节点中网卡的地址分配如表 10-1 所示。

表 10-1　网络节点中网卡的地址分配

| 网络节点 | 网卡编号 | IPv4 地址、子网掩码 | 网关地址 | IPv6 地址 |
| --- | --- | --- | --- | --- |
| Win-R1 | 1 | 192.168.1.1、255.255.255.0 | 192.168.2.1 | fec0:0:0:1::1 |
| Win-R1 | 2 | 192.168.2.1、255.255.255.0 | 192.168.2.2 | fec0:0:0:2::1 |
| Win-R2 | 1 | 192.168.2.2、255.255.255.0 | 192.168.2.1 | fec0:0:0:2::2 |
| Win-R2 | 2 | 192.168.3.1、255.255.255.0 | 192.168.2.2 | fec0:0:0:3::1 |
| Win-PC1 | 1 | 192.168.1.2、255.255.255.0 | 192.168.1.1 | fec0:0:0:1::2 |
| Win-PC2 | 1 | 192.168.3.2、255.255.255.0 | 192.168.3.1 | fec0:0:0:3::2 |

#### 2．Win-R1 和 Win-R2 配置

在 Win-R1 上的配置过程如下。

（1）安装 Windows Server 2003（SP2）。

（2）安装 IPv6 协议栈，以管理员账号登录，执行 netsh interface ipv6 install 命令。

（3）为 Win-R1 网卡 1 配置 IPv4 地址：192.168.1.1，子网掩码：255.255.255.0，网关地址：192.168.2.1；为网卡 1 配置 IPv6 地址（本地站点地址）：fec0:0:0:1: :1。

（4）为 Win-R1 网卡 2 配置 IPv4 地址：192.168.2.1，子网掩码：255.255.255.0，网关地址：192.168.2.2；为网卡 1 配置 IPv6 地址：fec0:0:0:2: :1。

（5）激活子网 1 和子网 2 之间的路由，方法是，运行注册表编辑程序 Regedit.exe，对键值 HKEY_LOCAL_MACHINE\SYSTEM\CurrentControlSet\Tcpip\Parameters\IPEnableRouter 进行修改，设置该键值为 1。之后进行重启，Win-R1 开始具有路由转发功能。

Win-R2 上的配置过程与 Win-R1 类似。

为 Win-R2 网卡 1 配置 IPv4 地址：192.168.2.2，子网掩码：255.255.255.0，网关地址：192.168.2.1；为网卡 1 配置 IPv6 地址（本地站点地址）：fec0:0:0:2: :2。

为 Win-R2 网卡 2 配置 IPv4 地址：192.168.3.1，子网掩码：255.255.255.0，网关地址：192.168.2.2；为网卡 1 配置 IPv6 地址：fec0:0:0:3: :1。

### 3．Win-PC1 和 Win-PC2 配置

在 Win-PC1 上配置 IPv4/ IPv6 地址的过程如下。

（1）在 Win-PC1 上安装 Windows XP（SP2）。

（2）配置 TCP/IP 协议栈，为网卡（网络接口）配置 IPv4 地址：192.168.1.2，子网掩码：255.255.255.0，网关地址：192.168.1.1。

（3）安装 IPv6 协议栈，执行 netsh interface ipv6 install 命令。

（4）通过 netsh interface ipv6 set address 命令本地连接<ipv6 address>，为网络接口配置 IPv6 地址（本地站点地址）：fec0:0:0:1: :2。

Win-PC2 上的配置过程与 Win-PC1 类似，为 Win-PC2 网卡配置 IPv4 地址：192.168.3.2，网关地址：192.168.3.1，IPv6 地址：fec0:0:0:3: :2。

### 4．IPv6 静态路由配置

（1）在 Win-R1 和 Win-R2 上，执行 netsh interface ipv6 show address 命令，获取子网 1、子网 2、子网 3 的接口索引号和链路本地地址。假设，Win-R1 的子网 1 接口索引号为 4，链路本地地址为 fe80:213:d3ff:fe27:aa78，本地站点地址为 fec0:0:0:1::1；Win-R1 的子网 2 接口索引号为 5，链路本地地址为 fe80:205:5dff:fe0f:4e0c，本地站点地址为 fec0:0:0:2::1。Win-R2 的子网 2 接口索引号为 4，链路本地地址为 fe80:213:d3ff:fe27:aab4，本地站点地址为 fec0:0:0:2::2；Win-R2 的子网 3 接口索引号为 5，链路本地地址为 fe80:205:5dff:fe0f:c798，本地站点地址为 fec0:0:0:3::1。

（2）配置 Win-R1 和 Win-R2 的静态路由，假设 3 个子网分别对应标识为 Subnet1、Subnet2 和 Subnet3。配置静态路由用的命令如下

```
    netsh interface ipv6 set interface <"Subnet1 Connection"> fpRSaeding=enabled
advertise= enabled
    netsh interface ipv6 add route fec0:0:0:1::/64 4 publish=yes
    netsh interface ipv6 add route ::/0 <"Subnet2 Connection"> next hop=<"Win-R2
address On Subnet2"> publish=yes
```

进入命令行方式，在 Win-R1 上配置静态路由的方法如下

```
C:\>netsh interface ipv6 set interface 4 fpRSaeding=enabled advertise= enabled
C:\>netsh interface ipv6 set interface 5 fpRSaeding=enabled advertise= enabled
C:\>netsh interface ipv6 add route fec0:0:0:1::/64 4 publish=yes
C:\>netsh interface ipv6 add route fec0:0:0:1::/64 5 publish=yes
C:\>netsh interface ipv6 add route ::/0 5 next hop= fe80:213:d3ff:fe27:aab4
publish=yes
```

在 Win-R2 上配置静态路由的方法与 Win-R1 类似。

（3）在 Win-PC1 和 Win-PC2 上，执行 netsh interface ipv6 show address 命令，查看网络接口的本地站点地址前缀 fec0:0:0:1::/64、fec0:0:0:3::/64 的新地址，从命令执行结果可以看到 Win-PC1 的本地连接地址新增为 fec0::1:213:d3ff:fe27:aa59，Win-PC2 的本地连接地址新增为 fec0::3:213:d3ff:fe27:aa59。

（4）在 Win-PC1 和 Win-PC2 上，执行 netsh interface ipv6 show routes 命令，查看本地站点地址前缀 fec0:0:0:1::/64、fec0:0:0:2::/64、fec0:0:0:3::/64 和::/0 的新路由，从命令执行结果可以看到 Win-PC1 的新路由为 fec0:0:0:1::/64、fec0:0:0:2::/64 和::/0，Win-PC2 的新路由为 fec0:0:0:2::/64、fec0:0:0:3::/64 和::/0。

### 5. 测试配置结果

（1）在 Win-PC1 上测试到 Win-PC2 的连通性，执行 ping fec0:0:0:03::2 命令，其中 fec0:0:0:03::2 为 Win-PC2 本地站点地址。

（2）在 Win-PC1 上跟踪 Win-PC1 到 Win-PC2 之间经过的路由，可以看出 Win-R1 子网 1 的地址为 fec0:0:0:1::1，Win-R2 子网 2 的地址为 fec0:0:0:3::1。

（3）在 Win-PC1 上，执行 netsh interface ipv6 show neighbors 命令。可以在 Win-R1 邻居高速缓存中查看与 Win-PC1 和 Win-PC2 相关的表项，可以看到除本机之外的 Win-PC1 的链路本地地址为 fe80:213:d3ff:fe27:aa59，类型不是路由器，看到 Win-R2 的链路本地地址为 fe80:213:d3ff:fe27:aab4、fe80:205:5dff:fe0f:c798 和 fec0:0:0:2::2，类型是路由器。

（4）在 Win-PC1 上，执行 netsh interface ipv6 show destination catch 命令。可以在 Win-R1 目标高速缓存中查看与 Win-PC1 和 Win-PC2 相关的表项，可以看到除本机之外的 Win-R2 的链路本地地址为 fe80:213:d3ff:fe27:aab4 和 fe80:205:5dff:fe0f:c798。

## 10.1.2 IPv6 网络路由器的静态路由配置

### 1. IPv6 路由配置实验设计

IPv6 路由配置实验硬件组成包括 3 台 Cisco 2811 路由器，分别标识为 R1、R2 和 R3，路由器之间用 V.35 电缆连接路由器的同步串口（S0/0/0、S0/0/1），模拟出 2 个广域网段。为简单起见，采用逻辑网段和逻辑接口（模拟一个终端节点），每台路由器都配置一个逻辑接口（loopback），一个逻辑接口用来标识一个网段上的一个网络节点，逻辑网段模拟出 3 个局域网段。这样设计的好处是，可以在实验环境中没有交换机和主机，节省交换机和主机的连接，节省网络设备和配置时间，给整个实验带来方便。选用的 Cisco IOS 版本必须支持 IPv6 协议，实验选用的 Cisco IOS 版本为 c2800nm-advipservicesk9-mz.124-9.T4.bin。

IPv6 路由配置实验拓扑如图 10-2 所示。

实验环境包括 5 个网段，2 个广域网段、3 个局域网段。实验环境网段的网络标识、路由器网络接口的 IPv6 地址分配如表 10-2 所示。

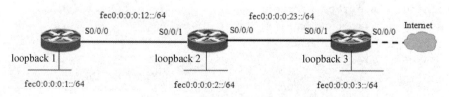

图 10-2  IPv6 路由配置实验拓扑

表 10-2　实验环境网段的网络标识、路由器网络接口的 IPv6 地址分配

| 路由器 | 网络接口 | 网段（子网） | 网络标识 | IPv6 地址 |
|---|---|---|---|---|
| 1 | loopback 1 | 1 | fec0:0:0:0:1::/64 | fec0:0:0:0:1::1/64 |
| 2 | loopback 2 | 2 | fec0:0:0:0:2::/64 | fec0:0:0:0:2::2/64 |
| 3 | loopback 3 | 3 | fec0:0:0:0:3::/64 | fec0:0:0:0:3::3/64 |
| 1 | S0/0/0 | 4 | fec0:0:0:0:12::/64 | fec0:0:0:0:12::1/64 |
| 2 | S0/0/1 | 4 | fec0:0:0:0:12::/64 | fec0:0:0:0:12::2/64 |
| 2 | S0/0/0 | 5 | fec0:0:0:0:23::/64 | fec0:0:0:0:23::2/64 |
| 3 | S0/0/1 | 5 | fec0:0:0:0:23::/64 | fec0:0:0:0:23::3/64 |

### 2．IPv6 静态路由配置

IPv6 静态路由配置在 3 台路由器上进行。对路由器的配置涉及特权模式 R#、全局配置模式 R（config）#、接口配置模式 R（config-if）#。

用一台计算机作为路由器的超级终端，通过反转线（一端为 DB-9 连接器，另一端为 RJ45 连接器）连接超级终端（主机）的 RS232-D 接口和路由器的控制接口，对路由器进行配置。

1）对 R1 的 IPv6 静态路由配置

```
Router>enable
Router#config terminal
Router (config) #hostname R1                 ! 给路由器的提示符更名
R1 (config) #
R1 (config) #ipv6 unicast-routing            ! 启用 IPv6 路由转发
R1 (config) #interface loopback 1            ! 对 loopback 1 配置
R1 (config-if) #ipv6 address fec0:0:0:0:1::1/64
R1 (config-if) #no shutdown
R1 (config-if) #exit
R1 (config) #interface S0/0/0                ! 对 S0/0/0 配置
R1 (config-if) #ipv6 address fec0:0:0:0:12::1/64
R1 (config-if) #encapsulation ppp
R1 (config-if) #clock rate 64000
R1 (config-if) #no shutdown
R1 (config-if) #exit
! 对 R1 的静态路由配置
R1 (config) #ipv6 route fec0:0:0:0:1::/64 fec0:0:0:0:12::1/64
R1 (config) #ipv6 route fec0:0:0:0:3::/64 fec0:0:0:0:12::2/64
R1 (config) #ipv6 route fec0:0:0:0:23::/64 fec0:0:0:0:12::2/64
```

2）对 R2 的 IPv6 静态路由配置

```
R2 (config) #ipv6 unicast-routing            ! 启用 IPv6 路由转发
R2 (config) #interface loopback 2            ! 对 loopback 2 配置
R2 (config-if) #ipv6 address fec0:0:0:0:2::2/64
R2 (config-if) #no shutdown
R2 (config-if) #exit
R2 (config) #interface S0/0/1                ! 对 S0/0/1 配置
R2 (config-if) #ipv6 address fec0:0:0:0:12::2/64
R2 (config-if) #encapsulation ppp
```

```
R2 (config-if)#no shutdown
R2 (config-if)#exit
R2 (config)#interface S0/0/0                    ! 对 S0/0/0 配置
R2 (config-if)#ipv6 address fec0:0:0:0:23::2/64
R2 (config-if)#encapsulation ppp
R2 (config-if)#clock rate 64000
R2 (config-if)#no shutdown
R2 (config-if)#exit
```
! 对 R2 静态路由和默认路由的配置
```
R2 (config)#ipv6 route fec0:0:0:0:2::/64 fec0:0:0:0:12::1/64
R2 (config)#ipv6 route fec0:0:0:0:3::/64 fec0:0:0:0:23::3/64
R2 (config)#ipv6 route ::/0 fec0:0:0:0:12::1/64
```

3）对 R3 的 IPv6 静态路由配置

```
R3 (config)#ipv6 unicast-routing                  ! 启用 IPv6 路由转发
R3 (config)#interface loopback 3                  ! 对 loopback 3 配置
R3 (config-if)#ipv6 address fec0:0:0:0:3::3/64
R3 (config-if)#no shutdown
R3 (config-if)#exit
R3 (config)#interface S0/0/1                      ! 对 S0/0/1 配置
R3 (config-if)#ipv6 address fec0:0:0:0:23::3/64
R3 (config-if)#encapsulation ppp
R3 (config-if)#no shutdown
R3 (config-if)#exit
```
! 对 R3 的静态路由配置
```
R3 (config)#ipv6 route fec0:0:0:0:1::/64 fec0:0:0:0:23::2/64
R3 (config)#ipv6 route fec0:0:0:0:2::/64 fec0:0:0:0:23::2/64
R3 (config)#ipv6 route fec0:0:0:0:12::/64 fec0:0:0:0:23::2/64
```

4）对 IPv6 静态路由配置的测试

以 R3 为例，在静态路由配置完成后，在特权模式下执行 show ipv6 interface 命令，查看路由器网络接口配置信息，执行 show ipv6 route 命令，查看静态路由表。

```
R3#show ipv6 interface
R3#show ipv6 route
```

用 ping ipv6 命令测试网络的连通性。

```
R3#ping ipv6 fec0:0:0:0:23::2/64
R3#ping ipv6 fec0:0:0:0:12::2/64
R3#ping ipv6 fec0:0:0:0:2::2/64
R3#ping ipv6 fec0:0:0:0:1::1/64
```

在路由器上进行的静态路由配置会对后面路由配置产生影响，可以在全局配置模式下，执行 no ipv6 route 命令，取消路由设置。

```
R3 (config)#no ipv6 route fec0:0:0:0:1::/64 fec0:0:0:0:23::2/64
R3 (config)#no ipv6 route fec0:0:0:0:2::/64 fec0:0:0:0:23::2/64
R3 (config)#no ipv6 route fec0:0:0:0:12::/64 fec0:0:0:0:23::2/64
```

### 10.1.3 IPv6 动态路由 RIPng 配置

配置动态路由时，对路由器网络接口的配置方法与静态路由是一样的。

1）配置 R1 动态路由 RIPng

```
R1 (config) #ipv6 unicast-routing                    ！启用 IPv6 路由转发
R1 (config) #ipv6 route rip test                     ！设置 RIPng 进程 test
R1 (config-rtr) #split-horizon                       ！启用水平分割
R1 (config-rtr) #poison-reverse                       ！启用毒性逆转
R1 (config-rtr) #interface loopback 1                ！对 loopback 1 配置
R1 (config-if) #ipv6 address fec0:0:0:0:1::1/64
R1 (config-if) #ipv6 rip test enable                  ！在接口上启用 RIPng
R1 (config-if) #no shutdown
R1 (config-if) #exit
R1 (config) #interface S0/0/0                         ！对 S0/0/0 配置
R1 (config-if) #ipv6 address fec0:0:0:0:12::1/64
R1 (config-if) #encapsulation ppp
R1 (config-if) #clock rate 64000
R1 (config-if) #ipv6 rip test enable                  ！在接口上启用 RIPng
！在 RIPng 区域注入一条经过该接口的默认路由
R1 (config-if) #ipv6 rip test default-information originate
R1 (config-if) #no shutdown
R1 (config-if) #exit
R1 (config-if) #ipv6 route ::/0 loopback 1           ！配置默认路由
```

2）配置 R2 动态路由 RIPng

```
R2 (config) #ipv6 unicast-routing                    ！启用 IPv6 路由转发
R2 (config) #ipv6 route rip test                     ！设置 RIPng 进程 test
R1 (config-rtr) #split-horizon                        ！启用水平分割
R1 (config-rtr) #poison-reverse                       ！启用毒性逆转
R2 (config-rtr) #interface loopback 2                ！对 loopback 2 配置
R2 (config-if) #ipv6 address fec0:0:0:0:2::2/64
R2 (config-if) #ipv6 rip test enable                  ！在接口上启用 RIPng
R2 (config-if) #no shutdown
R2 (config-if) #exit
R2 (config) #interface S0/0/1                         ！对 S0/0/1 配置
R2 (config-if) #ipv6 address fec0:0:0:0:12::2/64
R2 (config-if) #encapsulation ppp
R2 (config-if) #ipv6 rip test enable                  ！在接口上启用 RIPng
R2 (config-if) #no shutdown
R2 (config-if) #exit
R2 (config) #interface S0/0/0                         ！对 S0/0/0 配置
R2 (config-if) #ipv6 address fec0:0:0:0:23::2/64
R2 (config-if) #encapsulation ppp
R2 (config-if) #clock rate 64000
R2 (config-if) #ipv6 rip test enable                  ！在接口上启用 RIPng
R2 (config-if) #no shutdown
R2 (config-if) #exit
```

3）配置 R3 动态路由 RIPng

```
R2（config）#ipv6 unicast-routing              ！启用 IPv6 路由转发
R2（config）#ipv6 route rip test               ！设置 RIPng 进程 test
R1（config-rtr）#split-horizon                 ！启用水平分割
R1（config-rtr）#poison-reverse                ！启用毒性逆转
R2（config-rtr）#interface loopback 3          ！对 loopback 3 配置
R2（config-if）#ipv6 address fec0:0:0:0:3::3/64
R2（config-if）#ipv6 rip test enable           ！在接口上启用 RIPng
R2（config-if）#no shutdown
R2（config-if）#exit
R2（config）#interface S0/0/1                  ！对 S0/0/1 配置
R2（config-if）#ipv6 address fec0:0:0:0:23::3/64
R2（config-if）#encapsulation ppp
R2（config-if）#ipv6 rip test enable           ！在接口上启用 RIPng
R2（config-if）#no shutdown
R2（config-if）#exit
```

4）对 IPv6 RIPng 路由配置的测试

以 R3 为例，在 RIPng 路由配置完成后，在特权模式下执行如下命令。

```
show ipv6 route                               ！查看配置的 RIPng 路由信息
show ipv6 rip next-hops                       ！查看 RIPng 路由的下一跳地址
show ipv6 protocols                           ！查看是否启动了 RIPng 进程
show ipv6 rip database                        ！查看 RIPng 路由数据库信息
debug ipv6 rip                                ！查看 RIPng 路由更新信息
```

用 ping ipv6 命令测试网络的连通性，方法与静态路由类似。

为了避免 RIPng 配置对以后路由协议实验的影响，需要取消已经做的路由配置，可以在全局配置模式下，执行 no ipv6 router rip test 命令，取消 RIPng 路由配置，以在 R3 上操作为例。

```
R3（config）#no ipv6 router rip test
```

5）进一步说明

执行在 RIPng 区域注入默认路由命令。

```
R1（config-if）#ipv6 rip test default-information only
```

该命令的作用是，仅从该接口发送默认路由，该接口其他的 RIPng 路由均无效。

## 10.1.4　IPv6 动态路由 OSPFv3 配置

对路由器网络接口的配置方法与静态路由是一样的。

1）配置 R1 动态路由 OSPFv3

```
R1（config）#ipv6 unicast-routing              ！启用 IPv6 路由转发
R1（config）#ipv6 router ospf 100              ！设置 OSPFv3 进程
R1（config-rtr）#router-id 1.1.1.1             ！设置路由器 ID
R1（config-rtr）#interface loopback 1          ！对 loopback 1 配置
R1（config-if）#ipv6 address fec0:0:0:0:1::1/64
R1（config-if）#ipv6 ospf 100 area 200         ！在接口上启用 OSPFv3，通告所在区域
                                               （area 2 00）
```

```
R1（config-if）#no shutdown
R1（config-if）#exit
R1（config）#interface S0/0/0              ! 对 S0/0/0 配置
R1（config-if）#ipv6 address fec0:0:0:0:12::1/64
R1（config-if）#encapsulation ppp
R1（config-if）#clock rate 64000
R1（config-if）#ipv6 ospf 100 area 200    ! 在接口上启用 OSPFv3，通告所在区域
R1（config-if）#no shutdown
R1（config-if）#exit
R1（config-if）#ipv6 route ::/0 loopback 1 ! 配置默认路由
```

2）配置 R2 动态路由 OSPFv3

```
R2（config）#ipv6 unicast-routing          ! 启用 IPv6 路由转发
R2（config）#ipv6 router ospf 100           ! 设置 OSPFv3 进程
R2（config-rtr）#router-id 2.2.2.2          ! 设置路由器 ID
R2（config-rtr）#interface loopback 2       ! 对 loopback 2 配置
R2（config-if）#ipv6 address fec0:0:0:0:2::2/64
R2（config-if）#ipv6 ospf 100 area 200      ! 在接口上启用 OSPFv3，通告所在区域
R2（config-if）#no shutdown
R2（config-if）#exit
R2（config）#interface S0/0/1              ! 对 S0/0/1 配置
R2（config-if）#ipv6 address fec0:0:0:0:12::2/64
R2（config-if）#encapsulation ppp
R2（config-if）#ipv6 ospf 100 area 200      ! 在接口上启用 OSPFv3，通告所在区域
R2（config-if）#no shutdown
R2（config-if）#exit
R2（config）#interface S0/0/0              ! 对 S0/0/0 配置
R2（config-if）#ipv6 address fec0:0:0:0:23::2/64
R2（config-if）#encapsulation ppp
R2（config-if）#clock rate 64000
R2（config-if）#ipv6 ospf 100 area 200      ! 在接口上启用 OSPFv3，通告所在区域
R2（config-if）#no shutdown
R2（config-if）#exit
```

3）配置 R3 动态路由 OSPFv3

```
R3（config）#ipv6 unicast-routing          ! 启用 IPv6 路由转发
R3（config）#ipv6 router ospf 100           ! 设置 OSPFv3 进程
R3（config-rtr）#router-id 3.3.3.3          ! 设置路由器 ID
! 注入一条经过该路由器的默认路由（::/0）
R3（config-rtr）#default-information originate metric 30 metric-type 2
R3（config-rtr）#interface loopback 3       ! 对 loopback 3 配置
R3（config-if）#ipv6 address fec0:0:0:0:3::3/64
R3（config-if）#ipv6 ospf 100 area 200      ! 在接口上启用 OSPFv3，通告所在区域
R3（config-if）#no shutdown
R3（config-if）#exit
R3（config）#interface S0/0/1              ! 对 S0/0/1 配置
R3（config-if）#ipv6 address fec0:0:0:0:23::3/64
R3（config-if）#encapsulation ppp
```

```
R3 (config-if) #ipv6 ospf 100 area 2    00   ! 在接口上启用 OSPFv3，通告所在区域
R3 (config-if) #no shutdown
R3 (config-if) #exit
R3 (config) #ipv6 route ::/0 S0/0/0              ! 配置经过 S0/0/1 的默认路由
```

4）对 IPv6 OSPFv3 路由配置的测试

以 R3 为例，在 OSPFv3 路由配置完成后，在特权模式下执行命令。

```
R3#show ipv6 route
```

可以查看路由信息，可以查看 OSPFv3 的外部路由（OE1、OE2）、区域间路由（OI）、区域内路由（O）。

用 ping ipv6 命令测试网络的连通性，方法与 RIPng 路由类似。

为了避免 OSPFv3 配置对以后路由协议实验的影响，需要取消已经做的路由配置，可以在全局配置模式下，执行 no ipv6 router ospf 100 命令，取消 OSPFv3 路由配置，以在 R3 上操作为例。

```
R3 (config) #no ipv6 router ospf 100
```

5）进一步说明

区域号 area 200，标识路由器交换路由信息的区域。例如，一个单位的网络区域，区域号的取值范围为 0～4 294 967 295，为简单起见，实验中的 3 台路由器标识在同一个路由信息交换区域。

可以在 OSPFv3 路由网络上注入一条经过该路由器的默认路由（::/0），以 R3 为例，命令格式如下。

```
R3 (config-rtr) #default-information originate metric 30 metric-type 2
```

若该路由器的一个同步串口 S0/0/0（或由 ISP 提供的其他物理接口）与 Internet 连接，则可以在 S0/0/0 上配置从运营商处得到的 IPv6 地址，封装相应的数据链路层协议，设置时钟速率，启用 OSPFv3，并配置经过 S0/0/0 的默认路由，实现内网与 Internet 的互通。配置默认路由命令如下。

```
R3 (config) #ipv6 route ::/0 S0/0/0
```

# 10.2　连接外网 IPv6 节点的实验

## 10.2.1　配置设计与网络拓扑

实验室主机连接到外网 IPv6 节点的网络拓扑如图 10-3 所示。

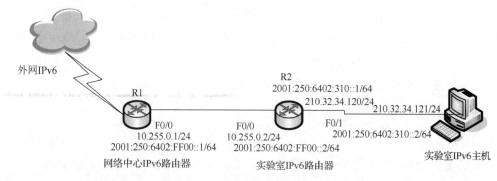

图 10-3　实验室主机连接到外网 IPv6 节点的网络拓扑

网络设备主要采用 Cisco 公司的 Cisco 2811 路由器、Cisco 6509 路由器、Catalyst 2950 交换机、Catalyst 3750 交换机、主机，下面实验中采用类似的网络设备。网络操作系统采用 Cisco 的 IOS。网络设备位置、接口和 IP 地址如表 10-3 所示。

表 10-3　网络设备位置、接口和 IP 地址

| 网络设备位置 | 网络设备 | 网络接口 | IPv6 地址 | IPv4 地址 |
| --- | --- | --- | --- | --- |
| 网络中心 | 中心路由器 | F0/0 | 2001:250:6402:FF00::1/64 | 10.255.0.1/24 |
| 实验室 | IPv6 路由器 | F0/0 | 2001:250:6402:FF00::2/64 | 10.255.0.2/24 |
| 实验室 | IPv6 路由器 | F0/1 | 2001:250:6402:310::1/64 | 210.32.34.120/24 |
| 实验室 | 主机 | 以太网网卡 | 2001:250:6402:310::2/64 | 210.32.34.121/24 |

配置设计和网络拓扑说明如下。

网络中心 IPv6 路由器 R1 已连接到外部 IPv6 网络 CERNET2，能提供 IPv6 路由转发服务。实验室 IPv6 路由器通过校园网（以太网）连接到网络中心 IPv6 路由器，然后将实验室 IPv6 主机连接到实验室 IPv6 路由器 R2，这样只需要配置实验室 IPv6 路由器和 IPv6 主机，IPv6 主机即可访问外部 IPv6 网络。

网络中心 IPv6 路由器 R1 的 F0/0 接口的 IPv4 地址为 10.255.0.1/24，IPv6 地址为 2001:250:6402:FF00::1/64，和它直连的实验室 IPv6 路由器 R2 的 F0/0 接口 IPv4 地址为 10.255.0.2/24，IPv6 地址为 2001:250:6402:FF00::2/64。路由器 R1 与路由器 R2 用双绞线连接，双绞线两端的接口属于同一个网段。

实验室 IPv6 路由器和实验室 IPv6 主机相连的 F0/1 接口的 IPv4 地址是 210.32.34.120/24，IPv6 地址是 2001:250:6402:310::1/64，实验室 IPv6 主机的 IPv4 地址是 210.32.34.121/24，IPv6 地址是 2001:250:6402:310::2/64。R2 与 IPv6 主机的网络接口属于同一个网段。

可以看出，实验中网络设备和主机的网络接口均为双栈配置。

## 10.2.2　网络设备和网络接口配置过程

下面是具体的配置过程。

（1）在 IPv6 路由器上开启 IPv6 路由转发功能，路由器开启 IPv6 路由转发功能的配置操作命令如图 10-4 所示。

（2）实验室 IPv6 路由器 F0/0 接口的配置如图 10-5 所示。

```
Router(config)#int f0/0
Router(config-if)#ip address 10.255.0.2 255.255.255.0
Router(config-if)#ipv6 address 2001:250:6402:ff00::2/64
Router(config-if)#no shutdown
Router(config-if)#exit
```

```
Router(config)#ipv6 unicast-routing
```

图 10-4　路由器开启 IPv6 路由转发功能的配置操作命令　图 10-5　实验室 IPv6 路由器 F0/0 接口的配置

（3）实验室 IPv6 路由器 F0/1 接口的配置如图 10-6 所示。

（4）实验室 IPv6 路由器静态路由的配置如图 10-7 所示。

```
Router(config)#int f0/1
Router(config-if)#ip address 210.32.34.120 255.255.255.0
Router(config-if)#ipv6 address 2001:250:6402:310::1/64
Router(config-if)#no shutdown
Router(config-if)#exit
```

```
Router(config)#ip route 0.0.0.0 0.0.0.0 10.255.0.1
Router(config)#ipv6 route ::/0 2001:250:6402:ff00::1
```

图 10-6　实验室 IPv6 路由器 F0/1 接口的配置　　　图 10-7　实验室 IPv6 路由器静态路由的配置

（5）实验室 Windows 主机的 IPv4 地址和路由配置如图 10-8 所示。

（6）实验室 Windows 主机的 IPv6 地址和路由配置如图 10-9 所示。

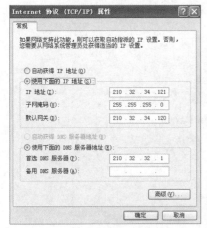

图 10-8　实验室 Windows 主机的 IPv4 地址和路由配置

```
C:\Documents and Settings\Administrator>ipv6 adu 6/2001:250:6402:310::2

C:\Documents and Settings\Administrator>ipv6 rtu ::/0 6/2001:250:6402:310::1
```

图 10-9　实验室 Windows 主机的 IPv6 地址和路由配置

## 10.2.3　内网 IPv6 主机与外网 IPv6 站点的连接测试

（1）实验室 IPv6 主机 ping www.ipv6.org IPv6 站点如图 10-10 所示。

（2）实验室 IPv6 主机 ping www.kame.net IPv6 站点如图 10-11 所示。

```
C:\Documents and Settings\Administrator>ping www.ipv6.org

Pinging shake.stacken.kth.se [2001:6b0:1:ea:202:a5ff:fecd
 data:

Reply from 2001:6b0:1:ea:202:a5ff:fecd:13a6: time=333ms
Reply from 2001:6b0:1:ea:202:a5ff:fecd:13a6: time=332ms
Reply from 2001:6b0:1:ea:202:a5ff:fecd:13a6: time=333ms
Reply from 2001:6b0:1:ea:202:a5ff:fecd:13a6: time=334ms

Ping statistics for 2001:6b0:1:ea:202:a5ff:fecd:13a6:
    Packets: Sent = 4, Received = 4, Lost = 0 (0% loss),
Approximate round trip times in milli-seconds:
    Minimum = 332ms, Maximum = 334ms, Average = 333ms
```

```
C:\Documents and Settings\Administrator>ping www.kame.net

Pinging www.kame.net [2001:200:0:8002:203:47ff:fea5:3085]

Reply from 2001:200:0:8002:203:47ff:fea5:3085: time=137ms
Reply from 2001:200:0:8002:203:47ff:fea5:3085: time=137ms
Reply from 2001:200:0:8002:203:47ff:fea5:3085: time=137ms
Reply from 2001:200:0:8002:203:47ff:fea5:3085: time=137ms

Ping statistics for 2001:200:0:8002:203:47ff:fea5:3085:
    Packets: Sent = 4, Received = 4, Lost = 0 (0% loss),
Approximate round trip times in milli-seconds:
    Minimum = 137ms, Maximum = 137ms, Average = 137ms
```

图图 10-10　实验室 IPv6 主机 ping www.ipv6.org 站点　10-11　实验室 IPv6 主机 ping www.kame.net 站点

（3）实验室 IPv6 主机 ping ipv6.sjtu.edu.cn 站点如图 10-12 所示。

```
C:\Documents and Settings\Administrator>ping ipv6.sjtu.edu.cn

Pinging ipv6.sjtu.edu.cn [2001:da8:8000:1::80] with 32 bytes

Reply from 2001:da8:8000:1::80: time=5ms
Reply from 2001:da8:8000:1::80: time=5ms
Reply from 2001:da8:8000:1::80: time=5ms
Reply from 2001:da8:8000:1::80: time=5ms

Ping statistics for 2001:da8:8000:1::80:
    Packets: Sent = 4, Received = 4, Lost = 0 (0% loss),
Approximate round trip times in milli-seconds:
    Minimum = 5ms, Maximum = 5ms, Average = 5ms
```

图 10-12　实验室 IPv6 主机 ping ipv6.sjtu.edu.cn 站点

## 10.2.4　实验室 Windows 主机使用浏览器访问外网 IPv6 站点

（1）实验室 Windows IPv6 主机浏览器访问 www.ipv6.org 站点如图 10-13 所示。

图 10-13　实验室 Windows IPv6 主机浏览器访问 www.ipv6.org 站点

（2）实验室 Windows IPv6 主机浏览器访问 ipv6.sjtu.edu.cn 站点如图 10-14 所示。

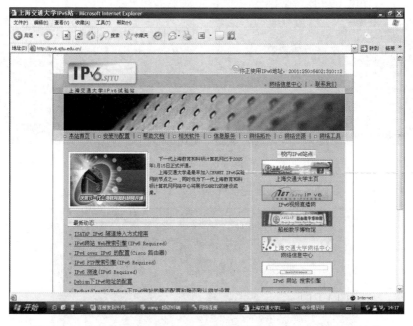

图 10-14　实验室 Windows IPv6 主机浏览器访问 ipv6.sjtu.edu.cn 站点

# 10.3　Internet 主机访问 IPv6 网络中的节点

## 10.3.1　连接 ISATAP 路由器实验设计和网络拓扑

通过连接 ISATAP 路由器访问 IPv6 节点的网络拓扑如图 10-15 所示。

以访问上海交大 IPv6 站点为例，访问其他站点的方法类似，配置设计和网络拓扑说明如下。

上海交大
ISATAP路由器　　　　　　　　纯IPv4网络　　　　　　IPv4/IPv6双栈主机

图 10-15　通过连接 ISATAP 路由器访问 IPv6 节点的网络拓扑

上海交大 IPv6 站点是一个 IPv6 ISATAP 路由器，能提供对 IPv6 网络的访问。上海交大 IPv6 站点名称为 isatap.sjtu.edu.cn，IP 地址为 202.120.58.150。任何一台连接到 Internet（IPv4 网络）、运行 Windows 系统、拥有公网 IP 地址的主机经过 ISATAP 的主机端配置，都可以通过纯 IPv4 网络连接到上海交大 IPv6 网络中的 IPv6 ISATAP 路由器，再访问 IPv6 网络中的节点。

### 10.3.2　网络设备和接口配置过程

下面是具体的配置过程。

（1）在 Windows 双栈主机上配置 ISATAP 主机端，如图 10-16 所示。

```
C:\Documents and Settings\Administrator>netsh interface ipv6 isatap set router isatap.sjtu.edu.cn
确定。

C:\Documents and Settings\Administrator>netsh interface ipv6 isatap set state enable.
确定。
```

图 10-16　在 Windows 双栈主机上配置 ISATAP 主机端

（2）应用上述命令后，Windows 双栈主机上将自动获得 ISATAP IPv6 前缀，Windows 双栈主机上显示自动获取的 ISATAP IPv6 前缀，如图 10-17 所示。

```
C:\Documents and Settings\Administrator>ipconfig
Ethernet adapter 本地连接:

        Connection-specific DNS Suffix  . :
        IP Address. . . . . . . . . . . . : 122.235.39.135
        Subnet Mask . . . . . . . . . . . : 255.255.224.0
        IP Address. . . . . . . . . . . . : fe80::21f:d0ff:fed8:aba%5
        Default Gateway . . . . . . . . . : 122.235.32.1

PPP adapter ChinaNetSNWide:

        Connection-specific DNS Suffix  . :
        IP Address. . . . . . . . . . . . : 218.72.84.187
        Subnet Mask . . . . . . . . . . . : 255.255.255.255
        Default Gateway . . . . . . . . . : 218.72.84.187
Tunnel adapter Automatic Tunneling Pseudo-Interface:

        Connection-specific DNS Suffix  . :
        IP Address. . . . . . . . . . . . : 2001:da8:8000:d010:0:5efe:218.72.84.187
        IP Address. . . . . . . . . . . . : fe80::5efe:218.72.84.187%2
        Default Gateway . . . . . . . . . : fe80::5efe:202.120.58.150%2
```

图 10-17　Windows 双栈主机上显示自动获取的 ISATAP IPv6 前缀

图 10-17 显示的 2001:da8:8000:d010::/64 前缀就是上海交大 ISATAP 隧道接入点的 IPv6 前缀，说明该 Windows 主机已经成功应用了 ISATAP 路由器通告的 IPv6 前缀。

Windows 主机自动生成符合 ISATAP 地址的格式 IPv6-prefix:0:5efe:IPv4-address 的 IPv6 地址 2001:da8:8000:d010::0:5efe:218.72.84.187。

### 10.3.3 测试公网 IP 地址主机与外网 IPv6 的连接

通过测试命令和 Web 站点访问，测试公网 IP 地址主机与外网 IPv6 的连接。

（1）公网 IP 地址主机 ping www.ipv6.org IPv6 站点如图 10-18 所示。

（2）公网 IP 地址主机 ping www.kame.net IPv6 站点如图 10-19 所示。

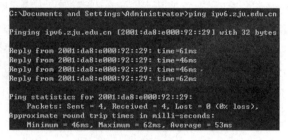

图 10-18　公网 IP 地址主机
ping www.ipv6.org IPv6 站点

图 10-19　公网 IP 地址主机
ping www.kame.net IPv6 站点

（3）公网 IP 地址主机使用浏览器访问浙江大学 IPv6 站点如图 10-20 所示。

图 10-20　公网 IP 地址主机使用浏览器访问浙江大学 IPv6 站点

# 10.4　IPv6 网络隧道技术配置实验设计和实验环境搭建

## 10.4.1　IPv6 网络隧道技术配置实验设计

常见的 IPv6 网络隧道配置主要有配置隧道、6to4 隧道和 ISATAP 隧道。

### 1．配置隧道拓扑设计

路由器到路由器的配置隧道：隧道的两端是两台双栈路由器（双栈路由器为同时运行 IPv4 协议和 IPv6 协议的路由器）。路由器到路由器的配置隧道如图 10-21 所示。

图 10-21　路由器到路由器的配置隧道

隧道的两端分别是一台双栈主机（双栈主机为同时运行 IPv4 协议和 IPv6 协议的主机）和一台双栈路由器。主机到路由器和路由器到主机的配置隧道如图 10-22 所示。

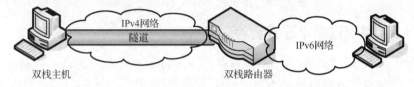

图 10-22　主机到路由器和路由器到主机的配置隧道

### 2. 6to4 隧道拓扑设计

隧道的两端是两台 6to4 路由器（本质上是一台双栈路由器，只是配置的 IPv6 地址要求是 6to4 地址）。路由器到路由器的 6to4 隧道如图 10-23 所示。

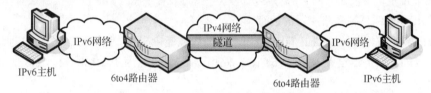

图 10-23　路由器到路由器的 6to4 隧道

隧道的两端是一台 6to4 主机（本质上是一台双栈主机，只是配置的 IPv6 地址要求是 6to4 地址）和一台 6to4 路由器。主机到路由器和路由器到主机的 6to4 隧道如图 10-24 所示。

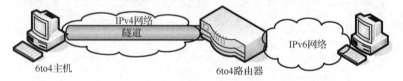

图 10-24　主机到路由器和路由器到主机的 6to4 隧道

### 3. ISATAP 隧道拓扑设计

隧道两端是一台 ISATAP 主机（本质上是一台双栈主机，只是配置的 IPv6 地址要求是 ISATAP 地址）和一台 ISATAP 路由器（本质上是一台双栈路由器，只是配置的 IPv6 地址要求是 ISATAP 地址）。主机到路由器和路由器到主机的 ISATAP 隧道如图 10-25 所示。

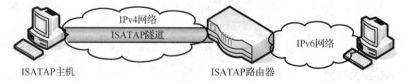

图 10-25　主机到路由器和路由器到主机的 ISATAP 隧道

隧道两端是两台 ISATAP 主机。主机到主机的 ISATAP 隧道如图 10-26 所示。

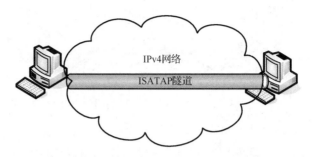

图 10-26　主机到主机的 ISATAP 隧道

## 10.4.2　IPv6 网络隧道技术配置实验环境搭建

实验设备选用 Cisco 2800 Series（2811）路由器、Windows XP SP2 主机、RedHat Enterprise Linux AS4 主机。首先需要对路由器进行 IOS 安装，使其支持 IPv6，路由器 IOS 版本为 c2800nm-advipservicesk9- mz.124-2.T4.bin。

### 1. 支持 IPv6 的路由器 IOS 的安装

（1）从 Cisco 官网下载 IOS c2800nm-advipservicesk9-mz.124-2.T4.bin。

（2）在一台主机上安装 TFTP 服务器，并将下载的 IOS 放入 TFTP 安装根目录。

（3）将 IOS 文件复制到路由器的闪存中。

先将 TFTP 服务器与路由器的 F0/1 接口用交叉线缆连接起来，设置好二者的 IP 地址，使其可以相通，如 TFTP 服务器设置为 192.168.1.1，路由器 F0/1 设置为 192.168.1.2。IOS 的安装过程如图 10-27 所示。

（4）下载到闪存中后，在特权模式下使用 reload 命令重启路由器，新 IOS 安装好后，可以在特权模式下使用 show version 命令查看当前的 IOS 版本，如图 10-28 所示。

```
RouterB#copy tftp flash
Address or name of remote host []? 192.168.1.2
Source filename []? c2800nm-advipservicek9-mz.124-2.T4.bin
Destination filename [c2800nm-advipservicek9-mz.124-2.T4.bin]? _
```

```
Cisco IOS Software, 2800 Software (C2800NM-ADVIPSERVICESK9-M), Version 12.4(2)T4
, RELEASE SOFTWARE (fc2)
Technical Support: http://www.cisco.com/techsupport
Copyright (c) 1986-2006 by Cisco Systems, Inc.
Compiled Wed 01-Mar-06 06:46 by ccai
```

图 10-27　IOS 的安装过程　　　　　图 10-28　使用 show version 命令查看当前的 IOS 版本

使用特权模式下的 show ipv6 ? 命令验证 IPv6 支持，如图 10-29 所示。

```
routerA#show ipv6 ?
  access-list        Summary of access lists
  cef                Cisco Express Forwarding for IPv6
  dhcp               IPv6 DHCP
  flow               flow cache entries
  general-prefix     IPv6 general prefixes
  inspect            CBAC (Context Based Access Control) information
  interface          IPv6 interface status and configuration
  local              IPv6 local options
  mfib               IP multicast forwarding information base
  mld                Multicast group membership information
  mobile             Mobile IPv6
  mrib               Multicast Routing Information Base
  mroute             IPv6 multicast routing table
  mtu                MTU per destination cache
  nat                IPv6 NAT-PT information
  neighbors          Show IPv6 neighbor cache entries
  ospf               OSPF information
  pim                PIM information
  policy             Policy routing
  port-map           Port to Application Mapping (PAM) information
  prefix-list        List IPv6 prefix lists
  protocols          IPv6 Routing Protocols
  --More--
```

图 10-29　使用 show ipv6 ? 命令验证 IPv6 支持

### 2. 开启 IPv6 路由转发

IOS 安装已经完成。但是 IPv6 的路由转发功能支持不是默认打开的，所以在进行 IPv6 通信前必须先打开 IPv6 路由转发功能，命令格式如下

```
Router（config）#ipv6 unicast-routing
```

## 10.5 路由器到路由器的配置隧道的实现及分析

### 10.5.1 网络拓扑和实验设计思路

#### 1. 网络设备和网络拓扑

首先建立网络拓扑，网络设备包括两台路由器，均配置为双栈路由器；两台计算机主机，其中一台装有 Windows 系统，另一台装有 Linux 系统。隧道建立在 IPv4 网络之上。路由器到路由器的配置隧道网络拓扑如图 10-30 所示。

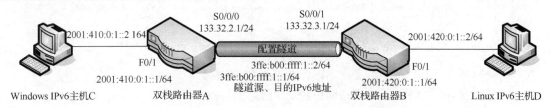

图 10-30　路由器到路由器的配置隧道网络拓扑

网络设备、接口和 IP 地址如表 10-4 所示。

表 10-4　网络设备、接口和 IP 地址

| 网络设备 | 网络接口 | IPv6 地址 | IPv4 地址 |
|---|---|---|---|
| 双栈路由器 A | F0/1 | 2001:410:0:1::1/64 | |
| 双栈路由器 A | S0/0/0 | 3ffe:b00:ffff:1::1/64 | 133.32.2.1/24 |
| 双栈路由器 B | F0/1 | 2001:420:0:1::1/64 | |
| 双栈路由器 B | S0/0/1 | 3ffe:b00:ffff:1::2/64 | 133.32.3.1/24 |
| Windows IPv6 主机 C | 主机网卡 | 2001:410:0:1::2/64 | |
| Linux IPv6 主机 D | 主机网卡 | 2001:420:0:1::2/64 | |

#### 2. 实验设计思路

主机 C 使用交叉线和路由器 A 的 F0/1 接口相连，路由器 A 的 S0/0/0 接口通过 V.35 电缆线与路由器 B 的 S0/0/1 接口相连，主机 D 使用交叉线和路由器 B 的 F0/1 接口相连。隧道的两端是路由器 A 和路由器 B。主机 C 是处于路由器 A 的纯 IPv6 网络中的 IPv6 主机，主机 D 是处于路由器 B 的纯 IPv6 网络中的 IPv6 主机。隧道可以实现两个纯 IPv6 网络的网络节点通过在 IPv4 网络上建立的隧道进行通信，即主机 C 和主机 D 可以进行通信。

### 10.5.2 路由器到路由器的配置隧道实验配置过程

（1）路由器 A 的 S0/0/0 接口的配置如图 10-31 所示。

（2）路由器 B 的 S0/0/1 接口的配置如图 10-32 所示。

```
RouterA(config)#int s0/0/0
RouterA(config-if)#ip address 133.32.2.1 255.255.255.0
RouterA(config-if)#encapsulation ppp
RouterA(config-if)#clock rate 64000
RouterA(config-if)#no shutdown
RouterA(config-if)#exit
```

```
RouterB(config)#int s0/0/1
RouterB(config-if)#ip address 133.32.3.1 255.255.255.0
RouterB(config-if)#encapsulation ppp
RouterB(config-if)#no shutdown
RouterB(config-if)#exit
```

图 10-31　路由器 A 的 S0/0/0 接口的配置　　　　图 10-32　路由器 B 的 S0/0/1 接口的配置

（3）路由器 $A$ 的隧道接口的配置如图 10-33 所示。

（4）路由器 $B$ 的隧道接口的配置如图 10-34 所示。

```
RouterA(config)#int tunnel0
RouterA(config-if)#ipv6 address 3ffe:b00:ffff:1::1/64
RouterA(config-if)#tunnel source 133.32.2.1
RouterA(config-if)#tunnel destination 133.32.3.1
RouterA(config-if)#tunnel mode ipv6ip
RouterA(config-if)#exit
```

```
RouterB(config)#int tunnel0
RouterB(config-if)#ipv6 address 3ffe:b00:ffff:1::2/64
RouterB(config-if)#tunnel source 133.32.3.1
RouterB(config-if)#tunnel destination 133.32.2.1
RouterB(config-if)#tunnel mode ipv6ip
RouterB(config-if)#exit
```

图 10-33　路由器 A 的隧道接口的配置　　　　图 10-34　路由器 B 的隧道接口的配置

（5）路由器 A 的 F0/1 接口的配置如图 10-35 所示。

（6）路由器 B 的 F0/1 接口的配置如图 10-36 所示。

```
RouterA(config)#int f0/1
RouterA(config-if)#ipv6 address 2001:410:0:1::1/64
RouterA(config-if)#no shutdown
RouterA(config-if)#exit
```

```
RouterB(config)#int f0/1
RouterB(config-if)#ipv6 address 2001:420:0:1::1/64
RouterB(config-if)#no shutdown
RouterB(config-if)#exit
```

图 10-35　路由器 A 的 F0/1 接口的配置　　　　图 10-36　路由器 B 的 F0/1 接口的配置

（7）路由器 A、B 上 IPv6 静态路由的配置如图 10-37 所示。

（8）路由器 A、B 启用 IPv6 单播路由转发功能如图 10-38 所示。

```
RouterA(config)#ipv6 route 2001:420:0:1::/64 tunnel0

RouterB(config)#ipv6 route 2001:410:0:1::/64 tunnel0
```

```
RouterA(config)#ipv6 unicast-routing

RouterB(config)#ipv6 unicast-routing
```

图 10-37　路由器 A、B 上 IPv6 静态路由的配置　　图 10-38　路由器 A、B 启用 IPv6 单播路由转发功能

以上两步非常重要，若出错，则会出现主机 C 能 ping 通路由器 A，路由器 A 也能 ping 通路由器 B，但是主机 C 却不能 ping 通路由器 B 的情况。这主要是因为在路由器上没有启用 IPv6 单播路由转发功能，这样主机 C 发送的数据包就不会被路由器 A 转发到路由器 B 上。

在路由器 A 上启用 IPv6 单播路由转发功能以后，路由器 B 就能 ping 通和路由器 A 直连的 Windows IPv6 主机了。注意，Windows IPv6 主机 C 的配置参照步骤（9）。路由器 B ping Windows IPv6 主机 C 的结果如图 10-39 所示。

在路由器 B 上启用 IPv6 单播路由转发功能以后，路由器 A 就能 ping 通和路由器 B 直连的 Linux IPv6 主机了。注意，Linux IPv6 主机 D 的配置参照步骤（10）。路由器 A ping Linux IPv6 主机 D 的结果如图 10-40 所示。

```
RouterB#ping 2001:410:0:1::2

Type escape sequence to abort.
Sending 5, 100-byte ICMP Echos to 2001:410:0:1::2, timeout is 2 seconds:
!!!!!
Success rate is 100 percent (5/5), round-trip min/avg/max = 32/34/36 ms
```

```
RouterA#ping 2001:420:0:1::2

Type escape sequence to abort.
Sending 5, 100-byte ICMP Echos to 2001:420:0:1::2, timeout is 2 seconds:
!!!!!
Success rate is 100 percent (5/5), round-trip min/avg/max = 32/34/36 ms
```

图 10-39　路由器 B ping Windows IPv6　　　　图 10-40　路由器 A ping Linux IPv6
主机 C 的结果　　　　　　　　　　　　　主机 D 的结果

需要注意的是，无论是在 Windows IPv6 主机上还是在 Linux IPv6 主机上进行测试，都必须将防火墙关闭。例如，Windows 主机自带的 ICF 防火墙默认禁止其他主机 ping 该主机，不允许其他主机发送该主机的 ICMP 请求报文，可以在"防火墙"→"高级"→"指定连接"（如本地连接）的设置项的"服务和 ICMP"选项卡中看到，很多来自外网的常用服务的请求和 ICMP 请求都默认禁止，如 FTP 服务请求，HTTP 服务请求，POP3、IMAP 服务请求，以及常用的 ICMP 请求，如回显请求和时间戳请求等。

关闭防火墙的方法：执行"开始"→"控制面板"→"Windows 防火墙"命令，双击 Windows 防火墙，在弹出的对话框中选择关闭防火墙。也可以右击"网上邻居"图标，在弹出的快捷菜单中选择"属性"选项，打开"网络连接"窗口，右击"本地连接"选项，在弹出的快捷菜单中选

择"属性"选项，弹出"属性"对话框，选择"高级"选项卡，单击 Windows 防火墙中的"设置"按钮，弹出"Windows 防火墙设置"对话框，可以直接在常规项中选择关闭；或者选择"高级"选项卡，在网络连接设置中选择本地连接并进行设置，选择外网（Internet）能够访问的本地服务及允许的 ICMP 报文。

（9）Windows 主机 *C* 上的配置。

① 必须在 Windows 主机 *C* 上安装 IPv6 支持，如图 10-41 所示。

② 使用以下命令显示 IPv6 接口（包括伪接口）信息，如图 10-42 所示。

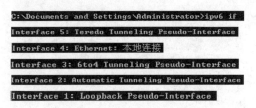

图 10-41　安装 IPv6 支持　　　　　　　　　　图 10-42　显示 IPv6 接口信息

③ 为 IPv6 主机添加 IPv6 地址，如图 10-43 所示。

```
C:\Documents and Settings\Administrator>ipv6 adu 4/2001:410:0:1::2
```

图 10-43　为 IPv6 主机添加 IPv6 地址

④ 为 IPv6 主机添加默认路由，如图 10-44 所示。

```
C:\Documents and Settings\Administrator>ipv6 rtu ::/0 4/2001:410:0:1::1
```

图 10-44　为 IPv6 添加默认路由

⑤ 验证刚添加的 IPv6 地址和默认网关信息，如图 10-45 所示。

（10）Linux 主机 D 上的配置。

① 必须在 Linux 主机 D 上检查是否具有 IPv6 支持，RedHat Enterprise Linux AS4 默认支持 IPv6，不需要另外安装 IPv6 支持。检查是否具有 IPv6 支持的命令，如图 10-46 所示。

```
[root@localhost ~]# ifconfig
eth0      Link encap:Ethernet  HWaddr 00:0C:29:3E:44:9F
          inet6 addr: fe80::20c:29ff:fe3e:449f/64 Scope:Link
          UP BROADCAST RUNNING MULTICAST  MTU:1500  Metric:1
          RX packets:13 errors:0 dropped:0 overruns:0 frame:0
          TX packets:68 errors:0 dropped:0 overruns:0 carrier:0
          collisions:0 txqueuelen:1000
          RX bytes:1763 (1.7 KiB)  TX bytes:9788 (9.5 KiB)
          Interrupt:185 Base address:0x1400

lo        Link encap:Local Loopback
          inet addr:127.0.0.1  Mask:255.0.0.0
          inet6 addr: ::1/128 Scope:Host
          UP LOOPBACK RUNNING  MTU:16436  Metric:1
          RX packets:3151 errors:0 dropped:0 overruns:0 frame:0
          TX packets:3151 errors:0 dropped:0 overruns:0 carrier:0
          collisions:0 txqueuelen:0
          RX bytes:4085649 (3.8 MB)  TX bytes:4085649 (3.8 MB)
```

图 10-45　验证刚添加的 IPv6 地址和默认网关信息　　　图 10-46　检查是否具有 IPv6 支持的命令

② 为 Linux IPv6 主机添加 IPv6 地址和默认路由，如图 10-47 所示。

```
[root@localhost ~]# ifconfig eth0 inet6 add 2001:420:0:1::2/64
[root@localhost ~]# route -A inet6 add ::/0 gw 2001:420:0:1::1
```

图 10-47　给 Linux IPv6 主机添加 IPv6 地址和默认路由

③ 验证 Linux IPv6 主机添加的 IPv6 地址，如图 10-48 所示。

④ 验证 Linux IPv6 主机添加的默认网关信息，如图 10-49 所示。

```
[root@localhost ~]# ifconfig eth0
eth0    Link encap:Ethernet  HWaddr 00:0C:29:3E:44:9F
        inet6 addr: 2001:420:0:1::2/64 Scope:Global
        inet6 addr: 2001:420:0:1:20c:29ff:fe3e:449f/64 Scope:Global
        inet6 addr: fe80::20c:29ff:fe3e:449f/64 Scope:Link
        UP BROADCAST RUNNING MULTICAST  MTU:1500  Metric:1
        RX packets:8 errors:0 dropped:0 overruns:0 frame:0
        TX packets:82 errors:0 dropped:0 overruns:0 carrier:0
        collisions:0 txqueuelen:1000
        RX bytes:1840 (1.7 KiB)  TX bytes:9192 (8.9 KiB)
        Interrupt:185 Base address:0x1400
```

```
[root@localhost ~]# route -A inet6
Kernel IPv6 routing table
Destination                              Next Hop
      Flags Metric Ref    Use Iface
::1/128                                  *
      U     0      6        2 lo
2001:420:0:1::2/128                      *
      U     0      1        2 lo
2001:420:0:1:20c:29ff:fe3e:449f/128      *
      U     0      1        2 lo
2001:420:0:1::/64                        *
      UA    256    0        0 eth0
fe80::20c:29ff:fe3e:449f/128             *
      U     0      1        2 lo
fe80::/64                                *
      U     256    0        0 eth0
ff00::/8                                 *
      U     256    0        0 eth0
ff00::/8                                 *
      U     256    0        0 eth0
*/0                                      2001:420:0:1::1
      UG    1      0        0 eth0
*/0                                      fe80::213:7fff:feab:6b40
      UGDA  1024   1        0 eth0
*/0                                      fe80::213:7fff:feab:6b40
      UGDA  1024   1        0 eth0
```

图 10-48  验证 Linux IPv6 主机添加的 IPv6 地址　　图 10-49  验证 Linux IPv6 主机添加的默认网关信息

⑤ 在 Linux 主机 D 上 ping Windows 主机 C，如图 10-50 所示。

⑥ 在 Windows 主机 C 上 ping Linux 主机 D，如图 10-51 所示。

```
[root@localhost ~]# ping6 2001:410:0:1::2
PING 2001:410:0:1::2(2001:410:0:1::2) 56 data bytes
64 bytes from 2001:410:0:1::2: icmp_seq=0 ttl=62 time=52.3 ms
64 bytes from 2001:410:0:1::2: icmp_seq=1 ttl=62 time=37.9 ms
64 bytes from 2001:410:0:1::2: icmp_seq=2 ttl=62 time=38.6 ms
64 bytes from 2001:410:0:1::2: icmp_seq=3 ttl=62 time=24.6 ms
64 bytes from 2001:410:0:1::2: icmp_seq=4 ttl=62 time=40.8 ms
64 bytes from 2001:410:0:1::2: icmp_seq=5 ttl=62 time=23.4 ms
64 bytes from 2001:410:0:1::2: icmp_seq=6 ttl=62 time=41.9 ms

--- 2001:410:0:1::2 ping statistics ---
7 packets transmitted, 7 received, 0% packet loss, time 6022ms
rtt min/avg/max/mdev = 23.473/37.127/52.352/9.360 ms, pipe 2
```

```
C:\Documents and Settings\Administrator>ping 2001:420:0:1::2

Pinging 2001:420:0:1::2 with 32 bytes of data:

Reply from 2001:420:0:1::2: time=30ms
Reply from 2001:420:0:1::2: time=30ms
Reply from 2001:420:0:1::2: time=30ms
Reply from 2001:420:0:1::2: time=30ms

Ping statistics for 2001:420:0:1::2:
    Packets: Sent = 4, Received = 4, Lost = 0 (0% loss),
Approximate round trip times in milli-seconds:
    Minimum = 30ms, Maximum = 30ms, Average = 30ms
```

图 10-50  在 Linux 主机 D 上 ping Windows 主机 C　　图 10-51  在 Windows 主机 C 上 ping Linux 主机 D

## 10.5.3  路由器到路由器的配置测试过程及分析

### 1．Windows 主机 C ping Linux 主机 D

首先创建 IPv6 数据包，数据包的源地址是主机 C 的 IPv6 地址，即 2002:410:0:1::2，目的地址是主机 D 的 IPv6 地址，即 2002:420:0:1::2。数据包通过主机 C 的本地连接发送到路由器 A 的 F0/1 接口，当到达路由器 A 的 F0/1 接口后，路由器 A 会根据路由表 2002:420:0:1::/64 [1/0] via tunnel 0 把数据包发送到 tunnel 0，隧道会把 IPv6 数据包封装进 IPv4 数据包，IPv4 源地址是配置好的隧道的源地址，即 133.32.2.1（路由器 A 的 S0/0/0 接口），IPv4 的目的地址是配置好的隧道的目的地址，即 133.32.3.1（路由器 B 的 S0/0/1 接口），然后把刚刚创建的 IPv4 数据包通过 IPv4 网络发送出去。路由器 B 收到数据包后，会解封装 IPv4 数据包，提取出 IPv6 数据包，因为 IPv6 目的地址和 F0/1 接口的 IPv6 地址的前缀相同，所以路由器 B 通过 F0/1 接口将数据包发送到主机 D。

### 2．Linux 主机 D 和 Windows 主机 C 发起通信

首先创建 IPv6 数据包，数据包源地址是主机 D 的 IPv6 地址，即 2002:420:0:1::2，目的地址是主机 C 的 IPv6 地址，即 2002:410:0:1::2。数据包通过主机 D 的本地连接发到路由器 B 的 F0/1 接口，当到达路由器 B 的 F0/1 接口后，路由器 B 会根据路由表 2002:410:0:1::/64 [1/0] via tunnel 0 把数据包发送到 tunnel 0，隧道会把 IPv6 数据包放入 IPv4 数据包，IPv4 源地址是配置好的隧道的源地址，即 133.32.3.1（路由器 B 的 S0/0/1 接口），目的地址是配置好的隧道的目的地址，即 133.32.2.1

（路由器 A 的 S0/0/0 接口），然后把刚刚创建的 IPv4 数据包通过 IPv4 网络发送出去。当路由器 A 接收到数据包后，会解封装 IPv4 数据包，提取出 IPv6 数据包，因为 IPv6 目的地址和 F0/1 接口的 IPv6 地址的前缀相同，所以路由器 A 通过 F0/1 接口将数据包发到主机 C。

## 10.6　主机到路由器和路由器到主机的配置隧道的实现及分析

### 10.6.1　网络拓扑和实验设计说明

#### 1．网络设备和网络拓扑

首先建立网络拓扑。主机到路由器和路由器到主机的配置隧道网络拓扑如图 10-52 所示。

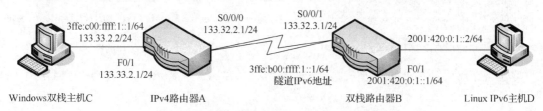

图 10-52　主机到路由和路由到主机的配置隧道网络拓扑

网络设备、接口和 IP 地址如表 10-5 所示。

表 10-5　网络设备、接口和 IP 地址

| 网络设备 | 网络接口 | IPv6 地址 | IPv4 地址 |
| --- | --- | --- | --- |
| IPv4 路由器 A | F0/1 | | 133.33.2.1/24 |
| IPv4 路由器 A | S0/0/0 | | 133.32.2.1/24 |
| 双栈路由器 B | F0/1 | 2001:420:0:1::1/64 | |
| 双栈路由器 B | S0/0/1 | 3ffe:b00:ffff:1::1/64 | 133.32.3.1/24 |
| Windows 双栈主机 C | 主机网卡 | 3ffe:c00:ffff:1::1/64 | 133.33.2.2/24 |
| Linux IPv6 主机 D | 主机网卡 | 2001:420:0:1::2/64 | |

#### 2．实验设计和网络拓扑说明

主机 C 使用交叉线和路由器 A 的 F0/1 接口相连，路由器 A 的 S0/0/0 接口使用串行线和路由器 B 的 S0/0/1 接口相连，主机 D 使用交叉线和路由器 B 的 F0/1 接口相连。隧道的两端分别是主机 C 和路由器 B。主机 C 是处于 IPv4 网络中的 IPv4/IPv6 双栈主机，主机 D 是处于路由器 B 的纯 IPv6 网络中的 IPv6 主机。隧道可以实现主机 C 和路由器 B 纯 IPv6 网络的通信，即主机 C 可以和主机 D 进行通信。

### 10.6.2　主机到路由器和路由器到主机的配置隧道的实验配置过程

（1）路由器 A 的 S0/0/0 接口的配置如图 10-53 所示。

（2）路由器 A 的 F0/1 接口的配置如图 10-54 所示。

```
RouterA(config)#int s0/0/0
RouterA(config-if)#ip address 133.32.2.1 255.255.255.0
RouterA(config-if)#encapsulation ppp
RouterA(config-if)#clock rate 64000
RouterA(config-if)#no shutdown
RouterA(config-if)#exit
```

```
RouterA(config)#int f0/1
RouterA(config-if)#ip address 133.33.2.1 255.255.255.0
RouterA(config-if)#no shutdown
RouterA(config-if)#exit
```

图 10-53　路由器 A 的 S0/0/0 接口的配置　　　　图 10-54　路由器 A 的 F0/1 接口的配置

（3）路由器 B 的 S0/0/1 接口的配置如图 10-55 所示。

（4）路由器 B 的 F0/1 的配置如图 10-56 所示。

```
RouterB(config)#int s0/0/1
RouterB(config-if)#ip address 133.32.3.1 255.255.255.0
RouterB(config-if)#encapsulation ppp
RouterB(config-if)#no shutdown
RouterB(config-if)#exit
```

图 10-55　路由器 B 的 S0/0/1 接口的配置

```
RouterB(config)#int f0/1
RouterB(config-if)#ipv6 address 2001:420:0:1::1/64
RouterB(config-if)#no shutdown
RouterB(config-if)#exit
```

图 10-56　路由器 B 的 F0/1 接口的配置

（5）路由器 B 的隧道配置如图 10-57 所示。

（6）路由器 B 的路由配置如图 10-58 所示。

```
RouterB(config)#int tunnel0
RouterB(config-if)#ipv6 address 3ffe:b00:ffff:1::1/64
RouterB(config-if)#tunnel source 133.32.3.1
RouterB(config-if)#tunnel destination 133.33.2.2
RouterB(config-if)#tunnel mode ipv6ip
RouterB(config-if)#exit
```

图 10-57　路由器 B 的隧道配置

```
RouterB(config)#ip route 133.33.2.0 255.255.255.0 133.32.2.1

RouterB(config)#ipv6 route 3ffe:c00:ffff:1::/64 tunnel0
```

图 10-58　路由器 B 的路由配置

（7）显示路由器 B 上的路由信息，IPv4 路由信息如图 10-59 所示，IPv6 路由信息如图 10-60 所示。

```
RouterB#show ip route static
     133.33.0.0/24 is subnetted, 1 subnets
S       133.33.2.0 [1/0] via 133.32.2.1
```

图 10-59　路由器 B 上的 IPv4 路由信息

```
RouterB#show ipv6 route static
IPv6 Routing Table - 7 entries
Codes: C - Connected, L - Local, S - Static, R - RIP, B - BGP
       U - Per-user Static route
       I1 - ISIS L1, I2 - ISIS L2, IA - ISIS interarea, IS - ISIS summary
       O - OSPF intra, OI - OSPF inter, OE1 - OSPF ext 1, OE2 - OSPF ext 2
       ON1 - OSPF NSSA ext 1, ON2 - OSPF NSSA ext 2
S    3FFE:C00:FFFF:1::/64 [1/0]
       via ::, Tunnel0
```

图 10-60　路由器 B 上的 IPv6 路由信息

（8）Windows 双栈主机 C 上的配置。

① 双栈主机 C 的 IPv4 配置如图 10-61 所示。

② 使用下面的命令启用配置隧道伪接口（指明配置隧道的源、目的 IPv4 地址），命令成功执行后，在 Windows XP 中，一个新的伪接口号将分配给配置隧道，如图 10-62 所示。

③ 系统自动分配隧道伪接口号后，给隧道伪接口分配 IPv6 地址、添加默认路由，如图 10-63 所示。

④ 验证 Windows 双栈主机 C 上 IPv4、IPv6 地址和路由的配置。双栈主机 C 的 IPv4 地址和路由如图 10-64 所示。双栈主机 C 的 IPv6 地址和路由如图 10-65 所示。

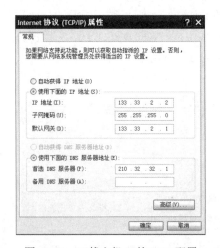

图 10-61　双栈主机 C 的 IPv4 配置

图 10-62　一个新的伪接口号将分配给配置隧道

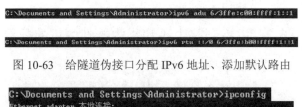

图 10-63　给隧道伪接口分配 IPv6 地址、添加默认路由

```
C:\Documents and Settings\Administrator>ipconfig
Ethernet adapter 本地连接:

        Connection-specific DNS Suffix  . :
        IP Address. . . . . . . . . . . . : 133.33.2.2
        Subnet Mask . . . . . . . . . . . : 255.255.255.0
        IP Address. . . . . . . . . . . . : fe80::213:46ff:fe64:c883%5
        Default Gateway . . . . . . . . . : 133.33.2.1
```

图 10-64　双栈主机 C 的 IPv4 地址和路由

（9）Linux 主机 D 上的配置。

① 为 Linux 主机 D 添加 IPv6 地址和默认路由，如图 10-66 所示。

```
Tunnel adapter <FEB50163-ECBB-9649-1C48-AA73E2DB4100>:

        Connection-specific DNS Suffix  . :
        IP Address. . . . . . . . . . . . : 3ffe:c00:ffff:1::1
        IP Address. . . . . . . . . . . . : fe80::6:8521:202x6
        Default Gateway . . . . . . . . . : 3ffe:b00:ffff:1::1
```

```
[root@localhost ~]# ifconfig eth0 inet6 add 2001:420:0:1::2/64

[root@localhost ~]# route -A inet6 add ::/0 gw 2001:420:0:1::1
```

图 10-65　双栈主机 C 的 IPv6 地址和路由　　　　　图 10-66　为 Linux 主机 D 添加 IPv6 地址和默认路由

② 验证添加的 IPv6 地址和默认网关信息，如图 10-67 所示。

（10）测试主机到路由器隧道的连通性。

① Windows 双栈主机 C ping Linux IPv6 主机 D，如图 10-68 所示。

```
[root@localhost ~]# ifconfig eth0
eth0      Link encap:Ethernet  HWaddr 00:0C:29:3E:44:9F
          inet6 addr: 2001:420:0:1::2/64 Scope:Global
          inet6 addr: 2001:420:0:1:20c:29ff:fe3e:449f/64 Scope:Global
          inet6 addr: fe80::20c:29ff:fe3e:449f/64 Scope:Link
          UP BROADCAST RUNNING MULTICAST  MTU:1500  Metric:1
          RX packets:8 errors:0 dropped:0 overruns:0 frame:0
          TX packets:82 errors:0 dropped:0 overruns:0 carrier:0
          collisions:0 txqueuelen:1000
          RX bytes:1840 (1.7 KiB)  TX bytes:9192 (8.9 KiB)
          Interrupt:185 Base address:0x1400
```

```
C:\Documents and Settings\Administrator>ping 2001:420:0:1::2

Pinging 2001:420:0:1::2 with 32 bytes of data:

Reply from 2001:420:0:1::2: time=29ms
Reply from 2001:420:0:1::2: time=29ms
Reply from 2001:420:0:1::2: time=29ms
Reply from 2001:420:0:1::2: time=29ms

Ping statistics for 2001:420:0:1::2:
    Packets: Sent = 4, Received = 4, Lost = 0 (0% loss),
Approximate round trip times in milli-seconds:
    Minimum = 29ms, Maximum = 29ms, Average = 29ms
```

图 10-67　验证添加的 IPv6 地址和　　　　　图 10-68　Windows 双栈主机 C ping Linux IPv6
　　　　　　默认网关信息　　　　　　　　　　　　　　　　　主机 D

② Linux IPv6 主机 D ping Windows 双栈主机 C，如图 10-69 所示。

```
[root@localhost ~]# ping6 3ffe:c00:ffff:1::1
PING 3ffe:c00:ffff:1::1(3ffe:c00:ffff:1::1) 56 data bytes
64 bytes from 3ffe:c00:ffff:1::1: icmp_seq=0 ttl=127 time=55.1 ms
64 bytes from 3ffe:c00:ffff:1::1: icmp_seq=1 ttl=127 time=40.9 ms
64 bytes from 3ffe:c00:ffff:1::1: icmp_seq=2 ttl=127 time=20.9 ms
64 bytes from 3ffe:c00:ffff:1::1: icmp_seq=3 ttl=127 time=39.9 ms
64 bytes from 3ffe:c00:ffff:1::1: icmp_seq=4 ttl=127 time=36.9 ms
64 bytes from 3ffe:c00:ffff:1::1: icmp_seq=5 ttl=127 time=27.9 ms
64 bytes from 3ffe:c00:ffff:1::1: icmp_seq=6 ttl=127 time=40.9 ms

--- 3ffe:c00:ffff:1::1 ping statistics ---
7 packets transmitted, 7 received, 0% packet loss, time 6008ms
rtt min/avg/max/mdev = 20.999/37.549/55.134/10.034 ms, pipe 2
```

图 10-69　Linux IPv6 主机 D ping Windows 双栈主机 C

通过对测试过程进行分析，可以看出，主机到路由器的隧道传输过程和路由器到路由器的隧道传输过程本质上是相同的，只是隧道的起点变为主机 C。

# 10.7　路由器到路由器的 6to4 隧道的实现及分析

## 10.7.1　网络拓扑实验设计说明

### 1．网络实验设备和网络拓扑

首先建立网络拓扑。路由器到路由器的 6to4 隧道网络拓扑如图 10-70 所示。

图 10-70　路由器到路由器的 6to4 隧道网络拓扑

网络设备、接口和 IP 地址如表 10-6 所示。

表 10-6　网络设备、接口和 IP 地址

| 网络设备 | 网络接口 | IPv6 地址 | IPv4 地址 |
|---|---|---|---|
| 双栈路由器 A | F0/1 | 2002:8520:201:1::1/64 | |
| 双栈路由器 A | S0/0/0 | | 133.32.2.1/24 |
| 双栈路由器 B | F0/1 | 2002:8520:301:1::1/64 | |
| 双栈路由器 B | S0/0/1 | | 133.32.3.1/24 |
| Windows IPv6 主机 C | 主机网卡 | 2002:8520:201:1::2/64 | |
| Linux IPv6 主机 D | 主机网卡 | 2002:8520:301:1::2/64 | |

### 2．网络实验设计和网络拓扑说明

主机 C 使用交叉线和路由器 A 的 F0/1 接口相连，路由器 A 的 S0/0/0 接口使用串行线和路由器 B 的 S0/0/1 接口相连，主机 D 使用交叉线和路由器 B 的 F0/1 接口相连。隧道两端是路由器 A 和路由器 B。主机 C 是处于路由器 A 的纯 IPv6 网络中的 IPv6 主机，主机 D 是处于路由器 B 的纯 IPv6 网络中的 IPv6 主机。隧道可以实现两个纯 IPv6 网络之间的通信，即主机 C 可以和主机 D 进行通信。

## 10.7.2　路由器到路由器的 6to4 隧道配置过程

实验配置过程和步骤如下。

（1）路由器 A 的 S0/0/0 接口的配置如图 10-71 所示。

（2）路由器 B 的 S0/0/1 接口的配置如图 10-72 所示。

```
RouterA(config)#int s0/0/0
RouterA(config-if)#ip address 133.32.2.1 255.255.255.0
RouterA(config-if)#encapsulation ppp
RouterA(config-if)#clock rate 64000
RouterA(config-if)#no shutdown
RouterA(config-if)#exit
```

图 10-71　路由器 A 的 S0/0/0 接口的配置

```
RouterB(config)#int s0/0/1
RouterB(config-if)#ip address 133.32.3.1 255.255.255.0
RouterB(config-if)#encapsulation ppp
RouterB(config-if)#no shutdown
RouterB(config-if)#exit
```

图 10-72　路由器 B 的 S0/0/1 接口的配置

（3）路由器 A 的 F0/1 接口的配置如图 10-73 所示。

（4）路由器 B 的 F0/1 接口的配置如图 10-74 所示。

```
RouterA(config)#int f0/1
RouterA(config-if)#ipv6 address 2002:8520:201:1::1/64
RouterA(config-if)#no shutdown
RouterA(config-if)#exit
```

图 10-73　路由器 A 的 F0/1 接口的配置

```
RouterB(config)#int f0/1
RouterB(config-if)#ipv6 address 2002:8520:301:1::1/64
RouterB(config-if)#no shutdown
RouterB(config-if)#exit
```

图 10-74　路由器 B 的 F0/1 接口的配置

（5）路由器 A 的 6to4 隧道的配置如图 10-75 所示。

（6）路由器 B 的 6to4 隧道的配置如图 10-76 所示。

```
RouterA(config)#int tunnel0
RouterA(config-if)#no ip address
RouterA(config-if)#tunnel source s0/0/0
RouterA(config-if)#ipv6 unnumbered f0/1
RouterA(config-if)#tunnel mode ipv6ip 6to4
RouterA(config-if)#exit
```

图 10-75　路由器 A 的 6to4 隧道的配置

```
RouterB(config)#int tunnel0
RouterB(config-if)#no ip address
RouterB(config-if)#tunnel source s0/0/1
RouterB(config-if)#ipv6 unnumbered f0/1
RouterB(config-if)#tunnel mode ipv6ip 6to4
RouterB(config-if)#exit
```

图 10-76　路由器 B 的 6to4 隧道的配置

（7）在路由器 A、B 上配置 IPv6 静态路由，如图 10-77 所示。

（8）路由器 A 上显示的 IPv6 路由表如图 10-78 所示。

```
RouterA(config)#ipv6 route 2002:8520:301::/48 tunnel0

RouterB(config)#ipv6 route 2002:8520:201::/48 tunnel0
```

图 10-77　在路由器 A、B 上配置 IPv6 静态路由

```
RouterA#show ipv6 route static
IPv6 Routing Table - 5 entries
Codes: C - Connected, L - Local, S - Static, R - RIP, B - BGP
       U - Per-user Static route
       I1 - ISIS L1, I2 - ISIS L2, IA - ISIS interarea, IS - ISIS summary
       O - OSPF intra, OI - OSPF inter, OE1 - OSPF ext 1, OE2 - OSPF ext 2
       ON1 - OSPF NSSA ext 1, ON2 - OSPF NSSA ext 2
S   2002:8520:301::/48 [1/0]
      via ::, Tunnel0
RouterA#
```

图 10-78　路由器 A 上显示的 IPv6 路由表

（9）路由器 B 上显示的 IPv6 路由表如图 10-79 所示。

（10）在路由器 A、B 上启用 IPv6 单播路由转发功能，如图 10-80 所示。

```
RouterB#show ipv6 route static
IPv6 Routing Table - 3 entries
Codes: C - Connected, L - Local, S - Static, R - RIP, B - BGP
       U - Per-user Static route
       I1 - ISIS L1, I2 - ISIS L2, IA - ISIS interarea, IS - ISIS summary
       O - OSPF intra, OI - OSPF inter, OE1 - OSPF ext 1, OE2 - OSPF ext 2
       ON1 - OSPF NSSA ext 1, ON2 - OSPF NSSA ext 2
S   2002:8520:201::/48 [1/0]
      via ::, Tunnel0
RouterB#
```

图 10-79　路由器 B 上显示的 IPv6 路由表

```
RouterA(config)#ipv6 unicast-routing

RouterB(config)#ipv6 unicast-routing
```

图 10-80　在路由器 A、B 上启用 IPv6 单播路
由转发功能

（11）Windows 主机 C 上的配置。

① 在 Windows 主机 C 上安装 IPv6 支持，如图 10-81 所示。

② 使用以下命令显示 IPv6 接口（包括伪接口）信息，如图 10-82 所示。

```
C:\Documents and Settings\Administrator>ipv6 install
Installing...
Succeeded.

C:\Documents and Settings\Administrator>
```

图 10-81　安装 IPv6 支持

```
C:\Documents and Settings\Administrator>ipv6 if
Interface 5: Ethernet: 本地连接
Interface 4: Teredo Tunneling Pseudo-Interface
Interface 3: 6to4 Tunneling Pseudo-Interface
Interface 2: Automatic Tunneling Pseudo-Interface
Interface 1: Loopback Pseudo-Interface
```

图 10-82　显示 IPv6 接口信息

③ 为 IPv6 主机添加 IPv6 地址和默认路由，如图 10-83 所示。

```
C:\Documents and Settings\Administrator>ipv6 adu 5/2002:8520:201:1::2

C:\Documents and Settings\Administrator>ipv6 rtu ::/0 5/2002:8520:201:1::1
```

图 10-83　为 IPv6 主机添加 IPv6 地址和默认路由

④ 验证添加的 IPv6 地址和默认网关信息，如图 10-84 所示。

（12）Linux 主机 D 上的配置。

① 给 Linux IPv6 主机添加 IPv6 地址和默认路由，如图 10-85 所示。

```
C:\Documents and Settings\Administrator>ipconfig
Ethernet adapter 本地连接:

   Connection-specific DNS Suffix  . :
   IP Address. . . . . . . . . . . . : 192.168.173.66
   Subnet Mask . . . . . . . . . . . : 255.255.255.0
   IP Address. . . . . . . . . . . . : 2002:8520:201:1::2
   IP Address. . . . . . . . . . . . : fe80::213:46ff:fe64:c883%5
   Default Gateway . . . . . . . . . : 192.168.173.254
                                       fe80::213:80ff:fe50:5219%5
                                       2002:8520:201:1::1
```

图 10-84　验证添加的 IPv6 地址和默认网关信息

```
[root@localhost ~]# ifconfig eth0 inet6 add 2002:8520:301:1::2/64

[root@localhost ~]# route -A inet6 add ::/0 gw 2002:8520:301:1::1
```

图 10-85　给 Linux IPv6 主机添加 IPv6 地址和默认路由

② 验证刚才添加的 IPv6 地址和默认路由，添加的 IPv6 地址信息如图 10-86 所示，添加的默认路由如图 10-87 所示。

```
[root@localhost ~]# ifconfig eth0
eth0      Link encap:Ethernet  HWaddr 00:0C:29:F8:F9:C2
          inet addr:192.168.173.78  Bcast:192.168.173.255  Mask:255.255.255.0
          inet6 addr: 2002:8520:301:1::2/64 Scope:Global
          inet6 addr: 2002:8520:201:1:20c:29ff:fef8:9e2/64 Scope:Global
          inet6 addr: fe80::20c:29ff:fef8:9e2/64 Scope:Link
          UP BROADCAST RUNNING MULTICAST  MTU:1500  Metric:1
          RX packets:43 errors:0 dropped:0 overruns:0 frame:0
          TX packets:52 errors:0 dropped:0 overruns:0 carrier:0
          collisions:0 txqueuelen:1000
          RX bytes:4633 (4.5 KiB)  TX bytes:3370 (3.2 KiB)
          Interrupt:185 Base address:0x1400
```

图 10-86　添加的 IPv6 地址信息

```
[root@localhost ~]# route -A inet6
Kernel IPv6 routing table
Destination                              Next Hop
                    Flags Metric Ref    Use Iface
::1/128                                  *
                    U     0      29      2 lo
2002:8520:201:1:20c:29ff:fef8:9e2/128    *
                    U     0      3       2 lo
2002:8520:201:1::/64                     *
                    UA    256    0       0 eth0
2002:8520:301:1::2/128                   *
                    U     0      3       2 lo
2002:8520:301:1::/64                     *
                    U     256    0       0 eth0
fe80::20c:29ff:fef8:9e2/128              *
                    U     0      0       2 lo
fe80::/64                                *
                    U     256    0       0 eth0
fe80::20c:29ff:fef8:9e2/128              *
                    U     0      0       2 lo
fe80::/64                                *
                    U     256    0       0 eth0
ff00::/8                                 *
                    U     256    0       0 eth0
*/0                                      2002:8520:301:1::1
                    UG    1      0       0 eth0
```

图 10-87　添加的 IPv6 默认路由

（13）Windows 主机 C 和 Linux 主机 D 连通性测试。

① 在 Linux 主机 D 上 ping Windows 主机 C，如图 10-88 所示。

② 在 Windows 主机 C 上 ping Linux 主机 D，如图 10-89 所示。

```
[root@localhost ~]# ping6 2002:8520:201:1::2
PING 2002:8520:201:1::2(2002:8520:201:1::2) 56 data bytes
64 bytes from 2002:8520:201:1::2: icmp_seq=0 ttl=62 time=54.3 ms
64 bytes from 2002:8520:201:1::2: icmp_seq=1 ttl=62 time=41.9 ms
64 bytes from 2002:8520:201:1::2: icmp_seq=2 ttl=62 time=39.9 ms
64 bytes from 2002:8520:201:1::2: icmp_seq=3 ttl=62 time=21.9 ms
64 bytes from 2002:8520:201:1::2: icmp_seq=4 ttl=62 time=42.9 ms
64 bytes from 2002:8520:201:1::2: icmp_seq=5 ttl=62 time=38.9 ms
64 bytes from 2002:8520:201:1::2: icmp_seq=6 ttl=62 time=21.2 ms

--- 2002:8520:201:1::2 ping statistics ---
7 packets transmitted, 7 received, 0% packet loss, time 6008ms
rtt min/avg/max/mdev = 21.231/37.323/54.337/10.994 ms, pipe 2
```

```
C:\Documents and Settings\Administrator>ping 2002:8520:301:1::2

Pinging 2002:8520:301:1::2 with 32 bytes of data:

Reply from 2002:8520:301:1::2: time=30ms
Reply from 2002:8520:301:1::2: time=30ms
Reply from 2002:8520:301:1::2: time=30ms
Reply from 2002:8520:301:1::2: time=30ms

Ping statistics for 2002:8520:301:1::2:
    Packets: Sent = 4, Received = 4, Lost = 0 (0% loss),
Approximate round trip times in milli-seconds:
    Minimum = 30ms, Maximum = 30ms, Average = 30ms
```

图 10-88　在 Linux 主机 D 上 ping Windows 主机 C　　图 10-89　在 Windows 主机 C 上 ping Linux 主机 D

## 10.7.3　路由器到路由器的 6to4 隧道配置测试分析

### 1. Windows 主机 C ping Linux 主机 D

首先创建 IPv6 数据包，数据包的源地址是主机 C 的 IPv6 地址，即 2002:8520:201:1::2，目的地址是主机 D 的 IPv6 地址，即 2002:8520:301:1::2。数据包通过主机 C 的本地连接发送到路由器 A 的 F0/1 接口，当到达路由器 A 的 F0/1 接口后，路由器 A 根据路由表 2002:8520:301::/48 [1/0] via tunnel 0 把数据包发送到 tunnel 0，隧道会把 IPv6 数据包封装到 IPv4 数据包，路由器 A 会自动从源、目的 IPv6 地址中提取源、目的 IPv4 地址，6to4 目的地址前缀 2002:8520:301::/48 提取出的目的 IPv4 地址为 133.32.3.1，6to4 源地址前缀 2002:8520:201::/48 提取出的源 IPv4 地址为 133.32.2.1，然后把刚刚创建的 IPv4 数据包通过 IPv4 网络发送出去。路由器 B 收到数据包后，会解封装 IPv4 数据包，提取出 IPv6 数据包，因为 IPv6 的目的地址和 F0/1 接口的 IPv6 地址前缀相同，所以路由器 B 通过 F0/1 接口将数据包发送到主机 D。

### 2. Linux 主机 D Ping Windows 主机 C

首先创建 IPv6 数据包，数据包的源地址是主机 D 的 IPv6 地址，即 2002:8520:301:1::2，目的地址是主机 C 的 IPv6 地址，即 2002:8520:201:1::2。数据包通过主机 D 的本地连接发送到路由器 B 的 F0/1 接口，当到达路由器 B 的 F0/1 接口后，路由器 B 根据路由表 2002:8520:201::/48 [1/0] via tunnel 0 把数据包发送到 tunnel 0，隧道会把 IPv6 数据包封装到 IPv4 数据包，路由器 B 会自动从源、目的 IPv6 地址中提取源、目的 IPv4 地址，6to4 目的地址前缀 2002:8520:201::/48 提取出的目的 IPv4 地址为 133.32.2.1，6to4 源地址前缀 2002:8520:301::/48 提取出的源 IPv4 地址为 133.32.3.1，然后把刚刚创建的 IPv4 数据包通过 IPv4 网络发送出去。路由器 A 收到数据包后，会解封装 IPv4 数据包，提取出 IPv6 数据包，因为 IPv6 目的地址和 F0/1 接口的 IPv6 地址前缀相同，所以路由器 A 通过 F0/1 接口将数据包发送到主机 C。

# 10.8 主机到路由器和路由器到主机的 ISATAP 隧道的实现及分析

## 10.8.1 网络拓扑和实验设计说明

### 1. 网络实验设备和网络拓扑

首先建立网络拓扑。主机到路由器和路由器到主机的 ISATAP 隧道实验的网络拓扑如图 10-90 所示。

图 10-90　主机到路由器和路由器到主机的 ISATAP 隧道实验的网络拓扑

网络设备、接口和 IP 地址如表 10-7 所示。

表 10-7　网络设备、接口和 IP 地址

| 网络设备 | 网络接口 | IPv6 地址 | IPv4 地址 |
|---|---|---|---|
| IPv4 路由器 A | F0/1 | | 133.33.2.1/24 |
| IPv4 路由器 A | S0/0/0 | | 133.32.2.1/24 |
| ISATAP 路由器 B | F0/1 | 3ffe:b00:ffff:1::1/64 | |
| ISATAP 路由器 B | S0/0/1 | 3ffe:c00:ffff:1::/64<br>ISATAP 路由器通告的 IPv4 前缀 | 133.32.3.1/24 |
| ISATAP 主机 C | 主机网卡 | 3ffe:c00:ffff:1:0:5efe:8521:202 | 133.33.2.2/24 |
| Linux IPv6 主机 D | 主机网卡 | 3ffe:b00:ffff:1::2/64 | |

### 2. 实验设计和网络拓扑说明

主机 C 使用交叉线和路由器 A 的 F0/1 接口相连，路由器 A 的 S0/0/0 接口使用串行线和路由器 B 的 S0/0/1 接口相连，主机 D 使用交叉线和路由器 B 的 F0/1 接口相连。隧道的两端是主机 C 和路由器 B。主机 C 是处于 IPv4 网络中的双栈主机，主机 D 是处于路由器 B 的 IPv6 网络的 IPv6 主机。隧道可以实现主机 C 和路由器 B 的纯 IPv6 网络的通信，即主机 C 可以和主机 D 进行通信。

## 10.8.2 实验和配置步骤

（1）路由器 A 的 S0/0/0 接口的配置如图 10-91 所示。

（2）路由器 A 的 F0/1 接口的配置如图 10-92 所示。

```
RouterA(config)#int s0/0/0
RouterA(config-if)#ip address 133.32.2.1 255.255.255.0
RouterA(config-if)#encapsulation ppp
RouterA(config-if)#clock rate 64000
RouterA(config-if)#no shutdown
RouterA(config-if)#exit
```

图 10-91　路由器 A 的 S0/0/0 接口的配置

```
RouterA(config)#int f0/1
RouterA(config-if)#ip address 133.33.2.1 255.255.255.0
RouterA(config-if)#no shutdown
RouterA(config-if)#exit
```

图 10-92　路由器 A 的 F0/1 接口的配置

（3）路由器 B 的 S0/0/1 接口的配置如图 10-93 所示。

（4）路由器 B 的隧道接口的配置如图 10-94 所示。

```
RouterB(config)#int s0/0/1
RouterB(config-if)#ip address 133.32.3.1 255.255.255.0
RouterB(config-if)#encapsulation ppp
RouterB(config-if)#no shutdown
RouterB(config-if)#exit
```

图 10-93　路由器 B 的 S0/0/1 接口的配置

```
RouterB(config)#int tunnel0
RouterB(config-if)#tunnel source s0/0/1
RouterB(config-if)#tunnel mode ipv6ip isatap
RouterB(config-if)#no ipv6 nd suppress-ra
RouterB(config-if)#ipv6 address 3ffe:c00:ffff:1::/64 eui-64
RouterB(config-if)#exit
```

图 10-94　路由器 B 的隧道接口的配置

（5）路由器 B 的 F0/1 接口的配置如图 10-95 所示。

（6）路由器 B 的路由配置如图 10-96 所示。

```
RouterB(config)#int f0/1
RouterB(config-if)#ipv6 address 3ffe:b00:ffff:1::1/64
RouterB(config-if)#no shutdown
RouterB(config-if)#exit
```

图 10-95　路由器 B 的 F0/1 接口的配置

```
RouterB(config)#ip route 133.33.2.0 255.255.255.0 133.32.2.1
```

图 10-96　路由器 B 的路由配置

（7）Windows 双栈主机 C 上的配置。

① 双栈主机 C 的 IPv4 部分配置如图 10-97 所示。

② 在 Windows 主机 C 上安装 IPv6 支持，如图 10-98 所示。

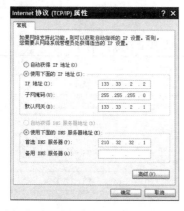

图 10-97　双栈主机 C 的 IPv4 部分配置

```
C:\Documents and Settings\Administrator>ipv6 install
Installing...
Succeeded.

C:\Documents and Settings\Administrator>
```

图 10-98　安装 IPv6 支持

③ 使用，如图 10-99 所示的显示 IPv6 接口（包括伪接口）信息。

④ Windows XP 主机只要分配了 IPv4 地址，系统就默认给 ISATAP 隧道伪接口分配一个 ISATAP 地址，所以可以给伪接口添加 ISATAP 地址，也可以使用自动生成的 ISATAP 地址，如图 10-100 所示。

```
C:\Documents and Settings\Administrator>ipv6 if
Interface 5: Ethernet: 本地连接
Interface 4: Teredo Tunneling Pseudo-Interface
Interface 3: 6to4 Tunneling Pseudo-Interface
Interface 2: Automatic Tunneling Pseudo-Interface
```

图 10-99　显示 IPv6 接口信息

```
C:\Documents and Settings\Administrator>ipconfig
Tunnel adapter Automatic Tunneling Pseudo-Interface:

        Connection-specific DNS Suffix  . :
        IP Address. . . . . . . . . . . . : fe80::5efe:133.33.2.2%2
        Default Gateway . . . . . . . . . :
```

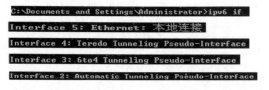

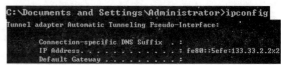

图 10-100　自动生成的 ISATAP 地址

⑤ 在 Windows 主机 C 上设置 ISATAP 路由器，并启用 ISATAP 隧道，如图 10-101 所示。

```
C:\Documents and Settings\Administrator>netsh interface ipv6 isatap set router 1
33.32.3.1
确定。

C:\Documents and Settings\Administrator>netsh interface ipv6 isatap set state en
able
确定。
```

图 10-101　启用 ISATAP 隧道

⑥ 验证 Windows 双栈主机 C 上 IPv4、IPv6 地址和路由配置，如图 10-102 所示。

```
C:\Documents and Settings\Administrator>ipconfig
Ethernet adapter 本地连接:

        Connection-specific DNS Suffix  . :
        IP Address. . . . . . . . . . . . : 133.33.2.2
        Subnet Mask . . . . . . . . . . . : 255.255.255.0
        IP Address. . . . . . . . . . . . : fe80::213:46ff:fe64:c883%5
        Default Gateway . . . . . . . . . : 133.33.2.1
Tunnel adapter Automatic Tunneling Pseudo-Interface:

        Connection-specific DNS Suffix  . :
        IP Address. . . . . . . . . . . . : 3ffe:c00:ffff:1:0:5efe:133.33.2.2
        IP Address. . . . . . . . . . . . : fe80::5efe:133.33.2.2%2
        Default Gateway . . . . . . . . . : fe80::5efe:133.32.3.1%2
```

图 10-102　验证 Windows 双栈 C 上 IPv4、IPv6 地址和路由配置

（8）Linux 主机 D 上的配置。

① 给 Linux IPv6 主机添加 IPv6 地址和默认路由，如图 10-103 所示。

```
[root@localhost ~]# ifconfig eth0 inet6 add 3ffe:b00:ffff:1::2/64
[root@localhost ~]# route -A inet6 add ::/0 gw 3ffe:b00:ffff:1::1
```

图 10-103　给 Linux IPv6 主机添加 IPv6 地址和默认路由

② 验证刚才添加的 IPv6 地址和默认网关信息，IPv6 地址如图 10-104 所示，默认网关信息如图 10-105 所示。

```
[root@localhost ~]# ifconfig eth0
eth0      Link encap:Ethernet  HWaddr 00:0C:29:95:2A:C9
          inet addr:192.168.173.78  Bcast:192.168.173.255  Mask:255.255.255.0
          inet6 addr: 3ffe:b00:ffff:1::2/64 Scope:Global
          inet6 addr: 3ffe:b00:ffff:1:20c:29ff:fe95:2ac9/64 Scope:Global
          inet6 addr: fe80::20c:29ff:fe95:2ac9/64 Scope:Link
          UP BROADCAST RUNNING MULTICAST  MTU:1500  Metric:1
          RX packets:131 errors:0 dropped:0 overruns:0 frame:0
          TX packets:20 errors:0 dropped:0 overruns:0 carrier:0
          collisions:0 txqueuelen:1000
          RX bytes:13464 (13.1 KiB)  TX bytes:1148 (1.1 KiB)
          Interrupt:185 Base address:0x1400
```

图 10-104　添加的 IPv6 地址

```
[root@localhost ~]# route -A inet6
Kernel IPv6 routing table
Destination                                    Next Hop
    Flags Metric Ref    Use Iface
::1/128                                        *
    U     0      8        2 lo
3ffe:b00:ffff:1::2/128                         *
    U     0      1        2 lo
3ffe:b00:ffff:1:20c:29ff:fe95:2ac9/128         *
    U     0      3        2 lo
3ffe:b00:ffff:1::/64                           *
    UA    256    10       0 eth0
fe80::20c:29ff:fe95:2ac9/128                   *
    U     0      0        2 lo
fe80::/64                                      *
    U     256    0        0 eth0
ff00::/8                                       *
    U     256    0        0 eth0
ff02::1:ff00:2/128                             ff02::1:ff00:2
    UC    0      1        0 eth0
ff00::/8                                       *
    U     256    0        0 eth0
*/0                                            3ffe:b00:ffff:1::1
```

图 10-105　添加的 IPv6 默认网关信息

（9）测试主机到路由器隧道的连通性。

① Windows 双栈主机 C ping Linux IPv6 主机 D，如图 10-106 所示。

② Linux IPv6 主机 D ping Windows 双栈主机 C，如图 10-107 所示。

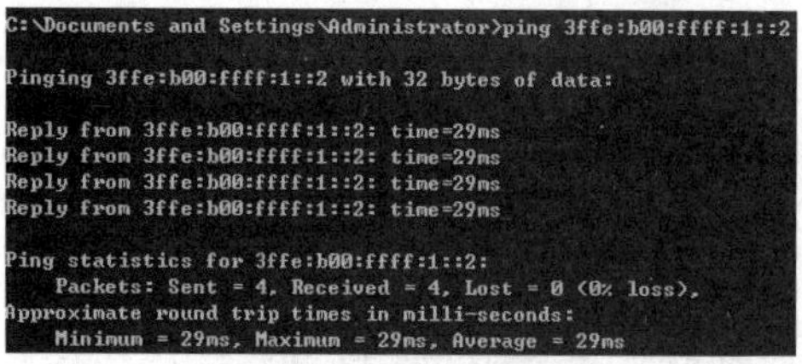

图 10-106  Windows 双栈主机
C ping Linux IPv6 主机 D

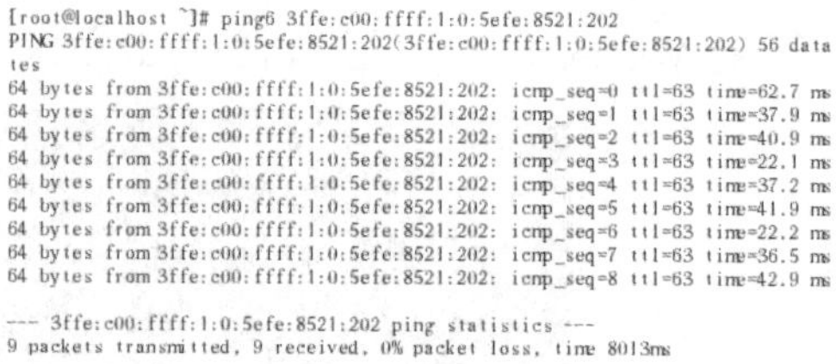

图 10-107  Linux IPv6 主机 D ping Windows
双栈主机 C

### 10.8.3  主机到路由器的 ISATAP 隧道测试过程分析

当配置好路由器 B 后，路由器 B 会把自己通告成一台 ISATAP 路由器。当配置好主机 C 后，主机 C 会根据设置的 ISATAP 路由器地址（路由器 B 的 IPv4 地址），向该地址发送一个路由请求报文，请求一个 IPv6 前缀。路由器 B 回应该路由请求报文，向主机 C 返回一个包含 IPv6 前缀的数据包，主机 C 收到这个数据包后，根据其中的 IPv6 前缀信息来配置自己的 IPv6 地址。

#### 1. 主机 C 和主机 D 进行通信

主机 C 先创建 IPv6 数据包，数据包源地址是主机 C 的地址，目的地址是主机 D 的地址，然后把 IPv6 数据包封装在一个 IPv4 数据包中，IPv4 数据包源地址是主机 C 的 IPv4 地址 133.33.2.2，目的地址是 ISATAP 路由器的 IPv4 地址，即路由器 B 的 S0/0/1 地址 133.32.3.1。当带有 IPv6 数据的 IPv4 数据包通过 IPv4 网络从主机 C 发送到路由器 B 后，路由器 B 会从中提取出 IPv6 数据包，因为 IPv6 数据包的目的地址前缀和 F0/1 接口的 IPv6 前缀相同，所以路由器 B 会把该 IPv6 数据包从 F0/1 接口直接发送到主机 D。

#### 2. 主机 D 和主机 C 进行通信

主机 D 先创建 IPv6 数据包，数据包源地址是主机 D 的地址，目的地址是主机 C 的地址，然后把 IPv6 数据包发送到路由器 B，路由器 B 将该 IPv6 数据包封装在一个 IPv4 数据包中，IPv4 数据包的源地址是路由器 B 的 S0/0/1 接口的 IPv4 地址 133.32.3.1，目的地址是主机 C 的 IPv4 地址 133.33.2.2。当通过 IPv4 网络将封装 IPv6 数据包的 IPv4 数据包从路由器 B 发送到主机 C 后，双栈主机 C 会从中提取出 IPv6 数据包。

# 10.9  思考练习题

10-1  写出 Windows 环境中 IPv6 实验网络的设计思路。

10-2  给出图 10-1 中 Win-R2 配置的步骤，指出需要注意的地方。

10-3  给出 IPv6 网络路由器的静态路由配置的实验拓扑，说明实验设计的特点。

10-4  说明路由器的静态路由配置实验环境网段的网络标识、路由器网络接口的 IPv6 地址分配。

10-5  写出对图 10-2 中的 R1 进行 IPv6 静态路由配置的过程。

10-6  写出对图 10-2 中的 R2 进行 IPv6 动态路由 RIPng 配置的过程。

10-7  写出对图 10-2 中的 R3 进行 IPv6 动态路由 OSPFv3 配置的过程。

10-8  说明对 IPv6 OSPFv3 路由配置的测试方法及需要注意的问题。

10-9  画出连接外网 IPv6 节点的实验拓扑。

10-10  实验室 Windows 主机怎样使用浏览器访问外网 IPv6 站点？

10-11 画出 Internet 主机通过连接 ISATAP 路由器访问 IPv6 网络中的节点的网络拓扑。

10-12 给出 Internet 主机通过连接 ISATAP 路由器访问 IPv6 网络中的节点中网络设备的接口的 IP 地址。

10-13 对路由器到路由器的配置隧道的实现及分析，给出网络拓扑和实验设计说明。

10-14 对主机到路由器和路由器到主机的配置隧道的实现和分析，给出网络拓扑和实验设计说明。

10-15 给出路由器到路由器的 6to4 隧道网络拓扑及实验设计说明。

10-16 对主机到路由器的 ISATAP 隧道的实现及分析，给出网络拓扑和实验设计说明。

10-17 在自己的主机上，进行 Internet 主机通过 ISATAP 路由器访问 IPv6 网络中的节点的实验，并写出实验配置小结。

10-18 举例说明对路由器 f0/0/1 接口配置 IPv6 地址的过程。

10-19 给出路由器到路由器的配置隧道实验中的网络设备、接口和 IP 地址表。

# 第 11 章　IPv6 网络部署

## 11.1　IPv6 网络部署要求与面临的问题

### 11.1.1　IPv6 网络就在人们身边

在 IPv6 网络迅速推广、日益引起人们重视的今天，IPv6 离人们还有多远，人们身边的 IPv6 技术在哪里，人们什么时候才能用上 IPv6 网络？其实，IPv6 技术正在或已经融入了人们的生活，世界范围的 IPv6 的推广和部署一直在紧锣密鼓地进行着，IPv6 网络就在人们身边，人们在计算机网络上发送和接收的信息，此刻就在作为 Internet 主干网的 IPv6 网络上传输，人们正在使用 IPv6。

IPv6 地址推广使用后，每个人或每部机器都可以拥有一个或多个 IPv6 地址，充分满足物联网、移动互联网对地址的需求，从根本上解决 IP 地址短缺的问题。IPv6 在协议上预留了广阔的创新空间，为互联网长期升级演进提供了新的基础平台，以 IPv6 为起点不断融合网络新技术、提升互联网承载能力和服务水平、培育新应用新业态，已成为全球下一代互联网发展的核心方向，也是支撑中国互联网升级演进的唯一正确路径。

IPv6 技术对发展中国家信息技术的发展和进步是一次机遇，对中国而言，电信业和网络市场其实是全球新技术和新设备的温床，IPv6 应当在这里获得第一推动性的发展。

2012 年 6 月，国际互联网协会举行了世界 IPv6 启动纪念日，宣布全球 IPv6 网络正式启动，Google、Yahoo 等多家知名网站于当天世界标准时间 0 时（北京时间 8 时）起，开始永久支持和提供 IPv6 访问。

到 2013 年 9 月，互联网 328 个顶级域名中有 283 个支持 IPv6 的 DNS 服务，占整个顶级域名的 86%。2013 年，中国拥有的 IPv6 地址的数量位居世界第二。

中国互联网络信息中心（CNNIC）发布了《2013—2014 年中国移动互联网调查研究报告》，报告显示，截至 2014 年 6 月，中国手机网民有 5.27 亿名，在整体网民中占比达 83.4%。移动互联网网络节点对 IPv6 的需求日益增长。

2017 年 11 月，中共中央办公厅、国务院办公厅印发了《推进互联网协议第六版（IPv6）规模部署行动计划》，明确提出了未来五到十年，中国基于 IPv6 的下一代互联网发展的总体目标、路线图、时间表和重点任务。中国成立了推进 IPv6 规模部署专家委员会，IPv6 部署呈加速发展态势。

中国政府和中央企业发挥示范带头作用，重点互联网应用的 IPv6 升级提速。数据显示，截至 2018 年 11 月，中国 93 家省部级政府网站中有 63 家，97 家中央企业网站中有 92 家，可以通过 IPv6 网络访问。

2020 年 4 月 20 日，中国国家发展改革委员会首次明确了新型基础设施（新基建）的范围。新基建主要包括：信息基础设施、融合基础设施、创新基础设施。以 IPv6 为基础的下一代互联网将为"新基建"夯实基础。

截至 2020 年 7 月，中国三大基础电信企业长期演进（Long Term Evolution，LTE）网络已分配 IPv6 地址用户数为 12.17 亿名。中国已申请 IPv6 地址资源总量达到 50209 块（/32），位居世界第二；中国已在互联网中通告的 AS 数量为 609 个。在已通告的 AS 中，支持 IPv6 的 AS 数量为 325 个，占比 53.4%。

工业和信息化部联合中共中央网络安全和信息化委员会办公室发布了《IPv6 流量提升三年专

项行动计划（2021—2023 年）》，明确了中国 IPv6 发展的重点任务，标志着中国 IPv6 发展经过网络就绪、端到端贯通等关键阶段后，加快推动中国 IPv6 从"通路"走向"通车"，正式步入"流量提升"时代。

欧洲地区互联网注册网络协调中心（RIPE NCC）宣布，截至北京时间 2019 年 11 月 25 日 22:35，全球最后一批 IPv4 地址被完全耗尽。截至 2021 年 2 月，18 个国家 IPv6 能力率突破了 40%，43 个国家突破了 20%，IPv6 部署已成大势所趋。

截至 2021 年 3 月，中国 IPv6 互联网活跃用户数已达 4.86 亿名，约占中国网民的 49.15%，IPv6 地址资源位居世界第二。

## 11.1.2 IPv6 网络推广面临的问题

### 1．IPv6 技术推广面临的主要问题

（1）现有的 IPv4 网络运行还算稳定，网络设备制造商（包括芯片设计与生产商）、网络运营商、网络连接提供商等从 IPv4 上获得了稳定的收益。有些商家并不想立即转到 IPv6 网络上，因为那意味着要淘汰现有的网络设施，构建新的通信基础设施。新的 IPv6 网络的建设成本需要相当长的时间才能收回。

（2）开发新的 IPv6 网络应用需要较多的人员投入，每个使用 IPv4 技术的网络应用都必须进行修改，以适应 IPv6 网络的技术规范和要求。网络管理人员不愿意对大量网络基础设施进行升级操作，担心在 IPv4 网络向 IPv6 网络迁移过程中会出现许多意想不到的困难和问题。

（3）由于 IPv6 与 IPv4 不兼容，现有网络仅靠简单的软件升级是无法很好地支持通信服务性能的，要想提升 IPv6 网络性能，必须在芯片一级上按 IPv6 的特性进行设计，这是一项相当大的开销，因此人们在还能容忍现有 IPv4 网络的情况下，不会轻易对 IPv4 网络进行 IPv6 改造。

（4）以前开发的网络应用都基于 IPv4 网络，因此 IPv6 网络提供给用户的网络应用比较少。只要现有的 IPv4 网络还能够较经济地解决人们各个方面的应用需求，IPv6 就无法得到长足的发展和大面积推广。

### 2．支持能力不足

中国启用 IPv6 的 ASN（自治系统号）从 2018 年开始增多，但较美国、欧盟等国家和地区起步晚。RIPE NCC 针对 2020 年获得 IPv6 地址分配量最高的前 5 个国家，通过软件自动评估系统（Automated Software Evaluation System，ASES）对 IPv6 网络前缀的百分比数据进行分析，在这 5 个国家中，美国和巴西量级较大，尤其是美国，计算基数大，其宣布的网络数量日均超 1 万，而中国以百为计数单位。

中国大量软件登录首页特别提示程序支持 IPv6，但其中多数仅支持首页跳转，软件内部多级跳转并未开发相应支持能力，核心内容支持 IPv6 访问的较少。家庭网络在视频、游戏等垂直领域流量消耗大，但家庭无线路由器 IPv6 支持率偏低，导致很多家庭网络尚不支持 IPv6。

2020 年 1 月数据显示，LTE 网络 IPv6 流量仅为 IPv4 的 5%左右，城域网流量占比不足 3%。即使政策明确要求添加默认支持 IPv6 功能，但在短时间内依然无法完成 IPv6 支持的需要。

### 3．升级难度大导致过渡缓慢

IPv4 到 IPv6 的转化道路仍然漫长。RIPE NCC 监测 2004—2021 年中国的路由地址数据变化，发现 IPv4 路由数量大但已进入耗尽期，IPv6 路由增长呈上升状态，2017 年 6 月后，ASN 申请量剧增并保持稳定增长。

相较 IPv4 网络，IPv6 在技术上有较大变化，对安全、隐私和管理提出了新的挑战。例如，内容分发网络（Content Delivery Network，CDN）和云平台的产品升级，需要设计新的安全解决方案，这就限制了 CDN 和云平台短期内的升级比例，使技术过渡进程较为缓慢。

### 11.1.3　IPv6 网络部署的要求

#### 1．提升支持能力和完善保障措施

（1）提升支持能力。积极引导更多企业开展 IPv6 改造工作，支撑更多用户迁移。同时要求企业在保障网络安全和用户隐私的前提下，改善 IPv6 网络服务性能。

（2）规范行业标准。针对不同行业，尽快推动完善标准体系，达成行业共识，在国际标准化组织中，推动企业和科研机构积极参与制订 IPv6 标准。

（3）加强监管监控。相关部门需要明确 IPv6 的发展战略目标及时间表，多措并举，建立考核指标，定期检测，加强行业监管，以保障技术安全可控的迭代，评估阶段性成果，通报改造进度，及时解决 IPv6 部署改造过程中出现的问题。

#### 2．增强研发和投入掌握 IPv6 核心技术

欧盟委员会发布的 *2020 EU Industrial Research and Development Scoreboard* 对 2019 年全球研发投入最多的 2500 家公司进行了分析。从总体数据来看，美国公司研发投入占比 38%，继续保持全球研发投入第一，中国公司研发投入占比 25%，位列第二。从研发投入总额来看，美国投入最高，为 3477 亿欧元。从研发投入增速来看，中国同比增长 21%，增速最快，领先美国、欧盟、日本和世界其他国家及地区。

位列全球 TOP 50 和 TOP 10 的公司中，美国公司的研发投入无论是从总量还是从平均值来看，均为中国公司的 2.77～2.85 倍。中国在部分领域投入和关注不足，如在健康领域研发投入比例和其他国家存在明显差距。需要增强研发和投入掌握 IPv6 核心技术。

#### 3．拓展应用广度和深度

构建产业生态互联网进入了发展的快车道，对新生态的包容和治理手段越发成熟，为很多新技术和新产品营造了良好的环境。下一代互联网在应对经济环境变化、助推产业发展的重要手段是技术升级和行业协同。从 IPv4 地址耗尽到逐步完成向 IPv6 的过渡，各企业内部需要持续转型、储备关键技术、坚持自主创新，在已有成果的基础上，拓展应用广度和深度。随着 IPv6 应用示范标杆的落地，以服务万物互联的市场化应用将日趋增长，规模化落地和行业全方位探索实践将推动应用市场趋向成熟。对外不断拓展市场，促进互联网与实体经济的深度融合，以此良性循环为 IPv6 的发展开辟更大的应用市场。

#### 4．需要开展广泛的跨界合作

基于 IPv6 的下一代互联网可以促进不同企业或行业的数字化转型，需要开展广泛的跨界合作，通过不同的合作方式，与产业链和生态圈的合作伙伴展开不限形式的合作交流。政、产、学、研各方合力推动 IPv6 的全面部署，实现产业链的互连互通，创造全新"技术+模式+应用"的解决方案，构建平等、合作、共赢的行业新生态。

不同行业之间需要开展广泛的跨界合作，构建产业生态，共同解决规模部署中的重点、难点问题。需要在 IPv6 相关研发中投入更多资源，真正掌握核心技术，做到技术与实体经济的深度融合、良性循环。

### 5. 尽快具有 IPv6 核心技术和话语权

（1）尽快参与国际 IPv6 的研究，争取成为 IPv6 顶级地址分配单位之一，从根本上解决地址申请的问题。中国已经设立域名解析根服务器，可以加快域名解析的速度，减少不必要的出国流量，也可避免受制于人，保护用户上网浏览的资源地址、访问信息。

（2）中国的电信运营商可以借此机会在将来的 IPv6 商业应用中占据先机，甚至有可能让各种国外网络生产厂商按照中国网络企业的意见设计并生产更符合中国网络情况的硬件产品，如更高效的网络路由系统。

（3）中国科研部门和生产厂商可以利用本地化的优势抢占商机，研制具有中国自主知识产权的 IPv6 网络硬件设备，研究 IPv6 协议的核心技术，设计 IPv6 网络安全产品，在争夺市场份额方面获得话语权，有助于增强其在全球网络产品市场中的竞争能力。

## 11.2 国内外 IPv6 网络部署

### 11.2.1 IPv6 在国外的部署

#### 1. 2015 年前的部署

从 1996 年起，美国开始启动对下一代互联网的研究与建设。1998 年，美国 100 多所大学联合成立了大学高级互联网发展集团（University Corporation for Advanced Internet Development，UCAID），从事 Internet2 的建设与研究，目的是构造一个全新概念的计算机互联网，从而保证美国在未来的科学与经济领域拥有足够的竞争力。

2001 年 7 月，思科公司宣布与微软、IBM、惠普、SUN 和摩托罗拉公司组成伙伴关系，开展 IPv6 软、硬件产品的开发。2003 年，美国国防部宣布到 2008 年美国国防部所有信息网络系统全部升级到 IPv6 网络，并规定不再购买不支持 IPv6 的网络设备。

Internet 的发源地在美国，研究和开发 IPv6 的主要国际组织 IETF 等均在美国，用于 IPv6 研究的主要网络 6Bone 等也在美国。

6Bone 的结构为两层或多层的层次网络，其顶层包括一套骨干网传输提供者，称为顶级聚类（pseudo Top Level Aggregator，pTLA）地址分配机构，它使用 BGP4+作为路由协议。底层由通过 6Bone 连接的分部站点组成。下一级聚类（pseudo Next Level Aggregator，pNLA）地址分配机构的中间各层把分部站点和 pTLA 骨干网互连起来。

6Bone 最初工作在现有 IPv4 Internet 基础设施上的 IPv6 网络上，IPv6 分组以隧道封包方式和 IPv4 分组一起传输。隧道主要配置为静态的点到点连接。6Bone 实验床按地区分配次级聚类标识（Next Level Aggregation Identifier，NLAI）。经过多个研究机构的努力，6Bone 在 1996 年实验成功。第一批隧道建立于 IPv6 实验室之间，这些实验室包括法国的 G6、丹麦的 UNI-C 和日本的 WIDE。

欧洲国家虽然在互联网领域落后于美国，但在移动通信领域处于领先地位。"先移动，后固定"是欧洲对发展 IPv6 技术的基本战略。2002 年 1 月，欧洲同时启动了 Euro6IX 与 6NET。其中，Euro6IX 在欧洲范围内建立了一定数量支持 IPv6 高速接入的节点，而 6NET 则实现了在 2.5Gb/s 高速链路上将 11 个国家级研究机构与教育网络构建成一个纯 IPv6 网络的目标。

除此以外，欧洲实施的 IPv6 研究计划与项目还包括 6INIT、ANDROID、RENATER2 等。

6INIT 开始于 2000 年 1 月，该项目由欧盟第 5 框架创建，其创建的目标是促进欧洲 IPv6 网络的多媒体和安全服务发展。

ANDROID 由英国电信领导，目的是验证在基于 IPv4/IPv6 的基础设施上提供可以管理的、易于扩展的、可以支持按需 IP 服务的网络结构。ANDROID 网络使用 RENATER、6Bone 和 6NET 作为骨干网。

RENATER2 是法国的 IPv6 科学网，骨干网使用 ATM 交换机连接，同时连接到 6Bone，捷克研究网络 TEN-155，美国、加拿大和日本的试验网。

韩国电子与电信研究院在 1998 年建设了第一个 IPv6 实验网，并引入了 6Bone-KR。在 1999 年成功开发了 IPv4/IPv6 地址翻译器，并着手进行 IPv6 标准化，建立了韩国的 IPv6 论坛。

日本是 IPv6 技术研究与应用推广最快的国家。2000 年起，日本将 IPv6 技术的确立、推广及国际贡献作为其政府的基本政策，正式提出建设"e-Japan"的构想，并创建日本千兆位网（JGH）。2006 年后又制订了下一代互联网计划"Akari"（黑暗中的亮光），并逐步完善 JGH2，向 JGH2+、JGH3 不断演进。此外，在东京建立了 IPv6IX（Internet Exchange，Internet 交换中心）试验网的大规模一体化分布环境（WIDE）项目，成为世界上最大的 IPv6IX 之一。日本形成了一条集 IPv6 运营商、IPv6 设备供应商、IPv6 终端设备供应商、IPv6 用户的产业链，使得日本在 IPv6 商业应用方面走在世界前列。

### 2．2016 年以来的部署

国家和行业的认可使 IPv6 的发展成为世界大趋势，各地区均要求互联网相关企业部署 IPv6，并从国家层面引导其发展，各企业也提前谋划布局。美国发布的推进 IPv6 升级的备忘录 *Completing the Transition to Internet Protocol Version6*（*IPv6*）明确提出基于纯 IPv6 的基础设施升级计划和时间要求。日本、韩国、欧盟等在 IPv6 产业化方面起步较早，均出台政策鼓励其发展，在国家战略、研发等方面较为领先。印度作为全球 IPv6 用户数量最多的国家，拥有最快的用户规模增速。

截至 2021 年 2 月，18 个国家 IPv6 能力率突破了 40%，43 个国家突破了 20%，IPv6 部署已成大势所趋。截至 2021 年 IPv6 在各大洲的部署情况如表 11-1 所示。

表 11-1　截至 2021 年 IPv6 在全球的部署情况

| 区域范围 | 世界 | 美洲 | 亚洲 | 大洋洲 | 其他 | 欧洲 | 非洲 |
| --- | --- | --- | --- | --- | --- | --- | --- |
| 部署率（%） | 28.13 | 34.55 | 32.14 | 25.15 | 23.30 | 23.14 | 0.95 |

从表 11-1 中数据可以看出，美洲和亚洲领先世界平均水平，除非洲整体落后之外，其他各大洲部署率都超过了 20%。

下一代互联网国家工程中心全球 IPv6 测试中心发布的《2020 全球 IPv6 支持度白皮书》提供了 IPv6 综合部署情况，表明 TOP 6 国家的 TOP 50 网站 IPv6 支持数量，均呈逐渐上升趋势。目前 IPv6 的地址资源申请量仍然持续增长，随着未来 5G、人工智能等新兴技术的快速发展，社会和产业对 IPv6 的需求将会进一步增加。

## 11.2.2　IPv6 在国内的部署

### 1．2015 年前的情况

中国 Internet 和通信市场的巨大空间和前景，都使中国的 IPv6 技术研究和应用有机会、有潜力成为未来 IPv6 产业化进程中举足轻重的一部分。

从 20 世纪 90 年代末期开始，在相关部委科技计划的支持下，一批 IPv6 关键技术研究课题作为国家重大专项立项，并陆续取得了突破性成果，为中国开展以 IPv6 为基础核心协议的下一代 Internet 的研究奠定了较好的基础。与此同时，中国相关研究机构、高校、厂商及运营商也陆续开始跟踪与关注 IPv6 技术发展，投入 IPv6 技术研发，并相继建成 IPv6 试验床及实验网络，如用于科学研究和教育应用的中国教育与科研计算机网络（China Education and Research NETwork，CERNET）的 IPv6 实验网、中科院 IPv6 城域网，以及下一代 IP 电信实验网、中国电信集团 IPv6 实验网等。中国在 IPv6 核心技术研发、协议标准制定、组网、过渡策略、测试、应用示范和商业模式探讨等方面积累了宝贵的知识与经验。

CERNET 于 1998 年 6 月加入 IPv6 实验床 6Bone，同年 11 月成为其骨干网成员，从 6Bone 中获得了顶级聚类（pTLA）3FFE:3200::/24 的地址空间，并建立了 5 条以隧道为基础的国际 IPv6 虚拟链路，直接通达美国、英国和德国的 IPv6 网络，与 6Bone 成员实现互连。

2010 年 3 月，由清华大学与中国电信联合建立的"下一代互联网技术与应用联合实验室"正式揭牌。中国电信计划于 2010 年开始在湖南、广东、江苏、浙江、四川和山东等省部署 20 余万名 IPv6 宽带用户，包括小区宽带、ADSL 及 WiFi 接入。同时，推出了基于 IPv6 技术的天翼 Live、互联星空、IDC 及 VPN 业务。此外，国家以教育科研领域为先锋，拉开了 IPv6 商用的序幕，并明确了中国 100 所知名高校的校园网在 2010 年底实现向 IPv6 网络的升级改造。

### 2．CNGI-CERNET 2

2003 年，国家发展和改革委员会牵头，由国家发展和改革委员会、信息产业部、教育部、科技部、国务院信息化工作办公室、中国科学院、中国工程院和国家自然科学基金委员会八个部委联合启动了中国下一代网络示范工程（China Next Generation Internet，CNGI）的建设，用于 IPv6 核心技术研究、IPv6 网络建设、IPv6 技术应用示范和推广。CERNET 承担了 CNGI 的主干 IPv6 网络 CERNET2 的建设。

CNGI-CERNET2 主干网于 2004 年底开通运行，连接分布在 20 个城市的 25 个核心节点，接入 IPv6 用户网 260 多个。国际国内互联中心 CNGI-6IX 于 2005 年底开通运行（位于清华大学），连接其他 6 个 CNGI 主干网，与北美、欧洲、亚太地区实现高速互连。

2006 年，CNGI 核心网 CNGI-CERNET2/6IX 项目通过验收，取得了 4 个首要突破：世界上第一个纯 IPv6 网络；提出源地址认证互连新体系结构；提出 4over6 过渡技术；在主干网上大规模应用国产核心路由器。

2008 年，北京奥运会 IPv6 官方网站镜像站点开通，成为中国面向全球的 IPv6 重要应用示范。在 CERNET 2 建设推动下，几十个教育科研重大应用实现了 IPv6 升级，带动了上千个校园信息资源和应用系统 IPv6 升级，在 100 个 IPv6 校园网上提供了上千个 IPv6 信息资源与应用服务。

2012 年，国家颁布了《教育信息化十年发展规划（2011—2020 年）》，大力推进"三通两平台"建设，即宽带网络校校通、优质资源班班通、网络学习空间人人通；建设教育资源公共服务平台、教育管理公共服务平台。

### 3．2016 年以来 IPv6 部署

基于 IPv6 的新型地址结构为新增根服务器提供了契机。2016 年，"雪人计划"（由中国下一代互联网工程中心领衔发起，联合国际互联网 M 根运营机构、互联网域名工程中心等共同创立）在全球 16 个国家完成 25 台 IPv6 根服务器架设，其中，在中国部署 4 台，中国开始有根服务器。

按年份划分的 IPv6 地址分配量如表 11-2 所示。

表 11-2　按年份划分的 IPv6 地址分配量

| 排序 | 2016 年 | | 2017 年 | | 2018 年 | | 2019 年 | | 2020 年 | |
|---|---|---|---|---|---|---|---|---|---|---|
| | 国家 | 分配量 | 国家 | 分配量 | 国家 | 分配量 | 国家 | 分配量 | 国家 | 分配量 |
| 1 | 英国 | 9571 | 中国 | 2345 | 中国 | 17647 | 中国 | 6787 | 中国 | 6765 |

| 排序 | 2016 年 | | 2017 年 | | 2018 年 | | 2019 年 | | 2020 年 | |
|---|---|---|---|---|---|---|---|---|---|---|
| | 国家 | 分配量 | 国家 | 分配量 | 国家 | 分配量 | 国家 | 分配量 | 国家 | 分配量 |
| 2 | 德国 | 1525 | 美国 | 1479 | 俄罗斯 | 4675 | 美国 | 5504 | 美国 | 5051 |
| 3 | 荷兰 | 1312 | 德国 | 1364 | 德国 | 1932 | 俄罗斯 | 3716 | 巴西 | 1358 |
| 4 | 美国 | 1142 | 俄罗斯 | 1358 | 英国 | 1209 | 德国 | 2522 | 荷兰 | 1331 |
| 5 | 俄罗斯 | 1005 | 荷兰 | 1296 | 新加坡 | 1055 | 荷兰 | 2516 | 德国 | 716 |
| 6 | 法国 | 926 | 西班牙 | 1170 | 荷兰 | 1025 | 英国 | 1355 | 俄罗斯 | 715 |
| 7 | 巴西 | 727 | 印度 | 1087 | 巴西 | 1007 | 法国 | 1182 | 英国 | 552 |
| 8 | 西班牙 | 702 | 英国 | 1072 | 美国 | 874 | 意大利 | 1052 | 意大利 | 391 |
| 9 | 意大利 | 679 | 巴西 | 1049 | 西班牙 | 851 | 巴西 | 1040 | 法国 | 390 |
| 10 | 中国 | 567 | 法国 | 714 | 法国 | 722 | 西班牙 | 854 | 土耳其 | 290 |

表 11-2 中地址分配量的单位为分配量/32，由该表中数据可见，中国近年来的 IPv6 地址分配量均居首位。

APNIC 对中国 IPv6 的评估数据表明，2017 年中国 IPv6 的支持率和首选项在大幅飙升后回落，2019 年前后活跃度开始提升，目前支持率在 20%上下浮动；首选项目前占比约 15%，其增长趋势与支持率增长趋势类似。IPv6 数量和比例上的显著提升，反映了国内企业从观望到认可并实际应用的转变。国内云服务提供商不断升级优化，在技术层面逐步完善对 IPv6 的支持能力，通信设备商同步加快产品升级，保障网络和终端的兼容能力，多数软件均提供对 IPv6 的支持。

2020 年 9 月发布的《中国 IPv6 发展状况白皮书》指出，中国支持 IPv6 的网络超过半数。运营商网络全面支持 IPv6，LTE 网络和宽带接入网络大规模分配 IPv6 地址。

中国三大基础电信企业的移动宽带接入网络均完成端到端 IPv6 改造，开启 IPv6 业务承载功能，骨干网设备全部支持 IPv6，在 13 个骨干直联点中有 5 个直联点开通 IPv6 互连互通。基础电信企业分配 IPv6 地址的 LTE 和固定宽带接入网络用户总数超 8.65 亿名。支撑 IPv6 发展的产业环境正趋于成熟，形成了政企联动、多方参与，以及网络、应用和终端协同推进的局面。

截至 2021 年 8 月，中国 IPv6 分配地址用户数达 16.10 亿名，IPv6 活跃用户数达 5.35 亿名。IPv6 地址资源位居世界第二。

### 11.2.3　IPv6 网络部署持续进展的原因

#### 1. 宏观政策层面的推动

科技政策是重要导向，市场和商业竞争为新技术及应用提供了广阔的发展空间。云计算和人工智能等领域不断深入发展，需要加快 IPv6 部署。

2017 年 11 月，中共中央办公厅、国务院办公厅印发了《推进互联网协议第六版（IPv6）规模部署行动计划》，针对不同的实施年份提出了应用、设施、安全和前沿技术等阶段性实施步骤，明确了实现 2020—2025 年的 IPv6 网络规模、用户规模、流量规模等目标。

2017 年 11 月，国务院发布《关于深化"互联网+先进制造业"发展工业互联网的指导意见》，提出到 2025 年，基本形成具备国际竞争力的基础设施和产业体系，到 2035 年，工业互联网全面深度应用，并在优势行业形成创新引领能力。

2020 年 4 月，工业和信息化部办公厅、国家广播电视总局办公厅发布关于《推进互联网电视业务 IPv6 改造的通知》，三大运营商要对互联网电视业务经过的骨干网、城域网、接入网及互联网骨干直联点相关设备进行 IPv6 改造，明确网络基础设施 IPv6 升级改造工作的时间节点、网络性能和主要指标。

### 2．技术及需求层面的推动

加快推进 IPv6 部署规模，构建智能化下一代互联网，将带动 5G 产业，推动相关市场和技术产业的发展。互联网行业引领着中国云计算和人工智能等新兴技术的升级，产品应用范围不断扩大，在医疗健康、金融、教育等多个垂直领域表现优异，同时助力传统产业优化转型。

欧洲地区互联网注册网络协调中心（RIPE NCC）宣布截至北京时间 2019 年 11 月 25 日 22:35，全球最后一批 IPv4 地址被完全耗尽，意味着为应对未来发展大规模物联网、工业互联网对地址的需求，IPv6 的普及成为互联网演进发展的必然趋势，IPv6 技术创新和研发构成互联网演进的知识基础支撑。技术优势和发展背景共同驱动基于 IPv6 的下一代互联网的发展，也有助于提升中国互联网的竞争力，共享全球资源，支持未来经济。

# 11.3　IPv6 部署与新型基础设施

## 11.3.1　IPv6 技术为"新基建"夯实基础

以 IPv6 为基础的下一代互联网将为"新基建"夯实基础，2020 年 4 月，国家发展和改革委员会首次明确了新基建的范围。新基建是以新发展理念为引领，以技术创新为驱动，以信息网络为基础，面向高质量发展需要，提供数字转型、智能升级、融合创新等服务的基建体系。新基建主要包括以下三方面内容。

（1）信息基建，包括以 5G、物联网、工业互联网、卫星互联网为代表的通信网络基建，以人工智能、云计算、区块链等为代表的新技术基建，以数据中心、智能计算中心为代表的算力基建等。

（2）融合基建，主要指深度应用互联网、大数据、人工智能等技术，支撑传统基建转型升级，进而形成的融合基建，如智能交通基建、智慧能源基建等。

（3）创新基建，主要指支撑科学研究、技术开发、产品研制的具有公益属性的基建，如重大科技基建、科教基建、产业技术创新基建等。

相比传统基建，科技创新、数字化、信息网络这 3 个要素是所有关于新基建认知中的最大公约数，也是中国下一步经济发展的主要路径。从人与人之间的连接走向万物互联，所需的元器件整体数量更多，产生的数据更大，对时延等要求也更高。工业互联网、物联网的特性决定了其需要使用大量的 IP 地址。IPv6 使得每个单元都可以拥有独立的 IP 地址，使工业互联网和物联网得以落地，IPv6 已经成为支撑信息基建的基础。

## 11.3.2　IPv6 网络"可用"正在逐步实现

### 1．基础电信企业基本完成网络改造

电信企业的 LTE 网络和固定网络 IPv6 升级改造全面完成，截至 2020 年 1 月，全国已有 11.93 亿名 LTE 网络用户、1.99 亿名固定网络用户获得了 IPv6 地址。

骨干直联点实现 IPv6 互连互通，2019 年，武汉、西安、沈阳、南京、重庆、杭州、贵安、福州 8 个互联网骨干直联点全部完成了 IPv6 升级改造，支持互联网网间 IPv6 流量交换，加上 2018 年完成的北京、上海、广州、郑州、成都 5 个骨干网直联点，中国 13 个骨干网直联点全部完成了 IPv6 改造。

基础电信企业 IDC（互联网数据中心）全面完成 IPv6 升级改造，中国电信、中国移动、中国联通等基础电信企业已完成全部 907 个超大型、大型、中小型 IDC 的 IPv6 改造。

内容分发网络资源对 IPv6 的支持能力持续提升，截至 2020 年 1 月，阿里云、腾讯云、金山云、中国移动等主要内容分发网络（Content Delivery Network，CDN）企业支持 IPv6 的节点数超过 3195 个。按照省级行政区计算，IPv6 全国覆盖能力达到 99% 以上，IPv6 本地覆盖能力达到 IPv4 本地覆盖能力的 85% 以上，基本具备 IPv6 分发加速能力。

### 2．网站及应用积极稳妥推进 IPv6 升级

截至 2020 年 1 月，中国 91 家省级以上政府网站和 96 家中央企业网站中有 165 家网站的首页可通过 IPv6 网络访问，支持率为 88.2%。中国电信、中国移动、中国联通发挥运营商的自身优势，2019 年除了完成门户网站、网上营业厅 IPv6 改造，还分别完成了掌上营业厅、邮箱等自营业务、排名前 10 的移动互联网 App 应用的 IPv6 深度改造。基础电信企业 30 款自营移动互联网应用平均 IPv6 流量占比超过 71%。

### 3．从网络"可用"到网络"好用"

网络质量是网络"好用"的基础。IPv6 网络质量包括端到端网络质量和 CDN 质量两个方面。2020 年初进行的 IPv6 网络质量测试结果显示，相比 2019 年，2020 年 IPv6 网络质量已经有了显著改善。IPv6 网络从 "可用"到"好用"，再逐步从"好用"到"爱用"，体现了技术进步没有最好只有更好的发展轨迹。

## 11.3.3　IPv6 部署存在的问题和挑战

### 1．活跃用户增长幅度与流量占比不匹配

中国已有 5 亿名左右的 IPv6 活跃用户，但 IPv6 网络流量占比仍偏低，LTE 网络 IPv6 流量仅为 IPv4 的 5% 左右，城域网流量占比不足 3%。正常来说，在改造和放量期，活跃用户占比与流量占比偏差不应超过 50%。需要通过制定和完善技术与产业标准，引导和加快 IPv6 在行业的落地应用和服务创新。

### 2．家庭无线路由器的支持率低限制了大流量的提升

家庭无线路由器 IPv6 支持率偏低，已经成为整个 IPv6 规模发展的最大瓶颈。网络接入的"最后一公里"无法支持 IPv6，无法带动视频、游戏这些大流量的提升。家庭无线路由器厂商不仅要对存量终端进行升级，还要对新上市的终端默认支持 IPv6。

### 3．安全面临挑战

IPv6 在组网架构、服务提供方式上有较大的变化，这些变化也对 IPv6 的安全提出了更大的挑战。例如，在云产品中，原来用于 IPv4 的许多安全解决方案可能不再适用于 IPv6，此外涉及网络业务、用户数据、用户隐私管理和控制等方面的安全挑战。

### 4．产业生态尚需培育

多年来，由于 IPv4 地址短缺，互联网的发展一直深陷"网络地址转换"（NAT）技术泥潭中。很多企业出于自身成本利益的考虑，对切换至 IPv6 持观望态度，相关厂商在 IPv6 领域中独自摸索，业界对 IPv6 未来发展的理解不尽相同，产业生态尚未成熟。IPv6 的最终目的是促进各行业的数字化转型，全面支持新基建，不仅需要全面构建面向垂直行业需求的多元化平台，还需要进行广泛的跨界合作，培育产业生态。

### 11.3.4　IPv6 部署发展对策

#### 1．加强家庭无线路由器的 IPv6 支持

家庭无线路由器的 IPv6 支持体现在两个方面：路由器要和上游运营商提供的智能家庭网关相匹配，为用户提供 IPv6 接入能力；可以通过自动推送固件的方式升级，避免烦琐的设置。

应尽快出台家庭无线路由器支持 IPv6 的统一技术规范，以标准化为手段引导和促进产业链的合作。标准化是一个系统工程，需要权威机构进行统一规划，为标准的制定提供指导思路；对已经应用的关键技术，及时进行标准化，确保互操作性和连续性。

#### 2．完善 IPv6 相关安全机制

新基建的提出，对安全和可靠性提出了更高的要求，需要迅速完善相关的安全产品，有序扩大网络安全设备部署的规模，制订切实可行的安全技术规范和技术标准。

网络与信息安全是推进 IPv6 健康发展的前提，有效的 IPv6 安全机制可以从技术和管理上切实保障安全，清除互联网应用的隐患。

#### 3．构建开放共赢的产业生态

IPv6 不仅是网络技术的创新，还是商业模式的创新。5G、物联网、工业互联网除了技术与应用的融合，还有生态的合作。构建产业生态需要更开放的合作研究和更广泛的行业实践，在产业链的共同努力推进下，稳健推进 IPv6 的发展。为了推动 IPv6 的规模部署与发展，需要不断完善融合体系，为运营商和行业的合作渠道或载体提供便利，构建共赢的产业生态。

# 11.4　推进 IPv6 规模部署行动计划

## 11.4.1　IPv6 规模部署行动计划要点

#### 1．规模部署行动计划的提出

依据《国民经济和社会发展第十三个五年规划纲要》《国家信息化发展战略纲要》《"十三五"国家信息化规划》相关内容，2017 年 11 月 26 日，中共中央办公厅、国务院办公厅印发了《推进互联网协议第六版（IPv6）规模部署行动计划》，是加快推进中国 IPv6 规模部署、促进互联网演进升级和健康创新发展的行动指南。

中国工业和信息化部按照《推进互联网协议第六版（IPv6）规模部署行动计划》工作部署，先后开展"IPv6 网络就绪""IPv6 端到端贯通能力提升"系列专项工作。

#### 2．规模部署行动计划的意义

（1）互联网演进升级的必然趋势：发展基于 IPv6 的下一代互联网，有助于显著提升中国互联网的承载能力和服务水平，更好融入国际互联网，共享全球发展成果，有力支撑经济社会发展。

（2）技术产业创新发展的重大契机：推进 IPv6 规模部署是互联网技术产业生态的一次全面升级，深刻影响网络信息技术、产业、应用的创新和变革。有助于提升中国网络信息技术自主创新能力和产业高端发展水平，高效支撑移动互联网、物联网、工业互联网、云计算、大数据、人工智能等新兴领域快速发展，不断催生新技术、新业态。

（3）网络安全能力强化的迫切需要：有助于进一步创新网络安全保障手段，不断完善网络安全保障体系，显著增强网络安全态势感知和快速处置能力，大幅提升重要数据资源和个人信息安

全保护水平，进一步增强互联网的安全可信和综合治理能力。

### 3. 行动计划提出的主要目标

行动计划提出的主要目标是：用 5 到 10 年时间，形成下一代互联网自主技术体系和产业生态，建成全球最大规模的 IPv6 商业应用网络，实现下一代互联网在经济社会各领域深度融合应用，成为全球下一代互联网发展的重要主导力量。

（1）到 2018 年底，市场驱动的良性发展环境基本形成，IPv6 活跃用户数达到 2 亿名，在互联网用户中的占比不低于 20%。

（2）到 2020 年底，市场驱动的良性发展环境日臻完善，IPv6 活跃用户数超过 5 亿名，在互联网用户中的占比超过 50%，

（3）到 2025 年底，中国 IPv6 网络规模、用户规模、流量规模位居世界第一，网络、应用、终端全面支持 IPv6，全面完成向下一代互联网的平滑演进升级，形成全球领先的下一代互联网技术产业体系。

### 4. 行动计划提出的重点任务

加快互联网应用服务升级，不断丰富网络资源。

（1）升级典型应用：推动用户量大、服务面广的门户、社交、视频、电商、搜索、游戏、应用商店及上线应用等网络服务和应用全面支持 IPv6。

（2）升级政府、中央媒体、中央企业网站：强化政府网站、新闻及广播电视媒体网站和应用的示范带动作用，开展各级政府、新闻及广播电视媒体、中央企业外网网站 IPv6 升级改造。

（3）创新特色应用：支持地址需求量大的特色 IPv6 应用创新与示范，在宽带中国、"互联网+"、新型智慧城市、工业互联网、云计算、物联网、智能制造、人工智能等重大战略行动中加大 IPv6 推广应用力度。

## 11.4.2　网络基建改造与自主技术产业生态

### 1. 开展网络基建改造，提升网络服务水平

（1）升级改造移动和固定网络：以 LTE 语音（VoLTE）业务商业应用、光纤到户改造为契机，全面部署支持 IPv6 的 LTE 移动网络和固定宽带接入网络。

（2）推广移动和固定终端应用：新增移动终端和固定终端全面支持 IPv6，引导不支持 IPv6 的存量终端逐步退网。

（3）实现骨干网互联互通：建立完善 IPv6 骨干网网间互联体系，升级改造互联网骨干网互联节点，实现互联网、广电网骨干网 IPv6 的互联互通。

（4）扩容国际出入口：逐步扩容 IPv6 国际出入口带宽，在保障网络安全的前提下，实现与全球下一代互联网的高效互联互通。

（5）升级改造广电网络：以全国有线电视互联互通平台建设为契机，加快推动广播电视领域平台、网络、终端等支持 IPv6，促进文化传媒领域业务创新升级。

### 2. 加快应用基建改造，优化流量调度能力

（1）升级改造互联网数据中心：加强互联网数据中心接入能力建设，完成互联网数据中心内网和出口改造，为用户提供 IPv6 访问通道。

（2）升级改造内容分发网络和云服务平台：加快内容分发网络、云服务平台的 IPv6 改造，全面提升 IPv6 网络流量优化调度能力。

（3）升级改造域名系统：加快 DNS 的全面改造，构建域名注册、解析、管理全链条 IPv6 支持能力，开展面向 IPv6 的新型根域名服务体系的创新与实验。

（4）建设监测平台：建设国家级 IPv6 发展监测平台，全面监测和深入分析互联网网络、应用、终端、用户、流量等 IPv6 发展情况，服务推进 IPv6 规模部署工作。

### 3．强化网络安全保障，维护国家网络安全

（1）升级安全系统：进一步升级改造现有网络安全保障系统，提高网络安全态势感知、快速处置、侦查打击能力。

（2）强化地址管理：统筹 IPv6 地址申请、分配、备案等管理工作，严格落实 IPv6 网络地址编码规划方案，协同推进 IPv6 部署与网络实名制。

（3）加强安全防护：开展针对 IPv6 的网络安全等级保护、个人信息保护、风险评估、通报预警、灾难备份及恢复等工作。

（4）构筑新兴领域安全保障能力：加强 IPv6 环境下工业互联网、物联网、车联网、云计算、大数据、人工智能等领域的网络安全技术、管理及机制研究，增强新兴领域网络安全保障能力。

### 4．突破关键前沿技术，构建自主技术产业生态

（1）加强 IPv6 关键技术研发：支持网络过渡、网络安全、新型路由等关键技术创新，支持网络处理器、嵌入式操作系统、重要应用软件、终端与网络设备、安全设备与系统、网络测量仪器仪表等核心设备系统研发，加强 IPv6 技术标准研制。

（2）强化网络前沿技术创新：处理好 IPv6 发展与网络技术创新、互联网中长期演进的关系，加强下一代互联网的顶层设计和统筹谋划。超前布局新型网络体系结构、编址路由、网络虚拟化、网络智能化、IPv6 安全可信体系等技术研发。

# 11.5　IPv6 网络部署分析

## 11.5.1　IPv6 网络部署发展分析

推进 IPv6 规模部署专家委员会在"2020 中国 IPv6 发展论坛"上，发布了中国 IPv6 发展状况报告，分别从用户数、流量、基础资源、云端、网络、终端、应用等多个维度对中国 IPv6 发展情况进行了综合分析。

### 1．活跃用户数持续上升、流量大幅上涨

IPv6 活跃用户数是指中国具备 IPv6 网络接入环境，已获得 IPv6 地址，且在近 30 天内有使用 IPv6 协议访问网站或 App 的互联网用户数量，直观反映中国网站和 App IPv6 改造情况。随着 IPv6 部署持续推进，IPv6 活跃用户数持续上升。

IPv6 流量客观体现了 IPv6 协议在中国基础网络中的实际使用情况。随着互联网应用加大上线力度，城域网流量、LTE 网络流量均大幅上升、增长迅速。

### 2．IPv6 基础资源增长、网络全面支持 IPv6

IPv6 基础资源反映了 IPv6 资源的拥有及使用情况，主要包括 IPv6 地址拥有量和 AS 数量。截至 2020 年 7 月，中国已申请 IPv6 地址资源总量达到 50209 块（/32），位居世界第二；中国已在互联网中通告的 AS 数量为 609 个。在已通告的 AS 中，支持 IPv6 的 AS 数量为 325 个，占比 53.4%。

LTE 网络和宽带接入网络大规模分配 IPv6 地址。随着 LTE 网络端到端改造进程的加速，呈现

移动网络 IPv6 用户数发展速度大幅领先固定网络的趋势。

### 3. 云端就绪度明显提升

内容分发网络和云改造速度提升明显。云端就绪度反映了中国应用基建的 IPv6 支持就绪程度。截至 2020 年 7 月，三大基础电信企业的超大型、大型及中小型 IDC 已经全部完成 IPv6 改造。三大基础电信企业的递归 DNS 全部完成双栈改造并支持 IPv6 域名记录解析，截至 2020 年 7 月，已经完成全部 907 个 IDC 的 IPv6 改造。

### 4. LTE 终端瓶颈基本消除

终端就绪度反映了中国 LTE 终端和固定终端 IPv6 支持就绪程度。在 LTE 移动终端方面，苹果系统在 iOS12.1 版本后，安卓系统在 Android8.0 版本后，已全面支持 IPv4/IPv6 双栈协议。固定终端包括智能家庭网关及家庭无线路由器。在智能家庭网关方面，三大基础电信企业 2018 年以来采集的机型已全面支持 IPv6，目前正在逐步开展在网存量家庭网关的升级工作。主流家庭无线路由器正在逐步改善对 IPv6 的支持程度。

### 5. 网络就绪度

网络就绪度反映了中国网络基建的 IPv6 支持就绪程度。截至 2020 年 7 月，相关数据如下。

（1）三大基础电信企业的 LTE 网络、城域网已基本完成 IPv6 改造，并为用户分配 IPv6 地址。

（2）三大基础电信企业均完成了全国 30 个省，333 个地级市的 LTE 网络 IPv6 改造，以及 30 个省的城域网 IPv6 改造，其骨干网设备已全部支持 IPv6，全面开启 IPv6 承载服务。

（3）全国 13 个骨干网直联点已全部实现 IPv6 互连互通，但骨干直联点 IPv6 流量与已开通节点带宽比例小于 3%，占比较低，空闲资源较多，利用率不高。

（4）三大基础电信企业已开通 IPv6 国际出入口带宽 90Gbit/s，国际出入口 IPv6 总流量超过已开通总带宽的 90%，还需加快扩容升级 IPv6 国际出入口带宽。

### 6. 应用可用度

应用可用度反映了 IPv6 网站和移动互联网应用部署的情况。政府、中央企业网站改造进度较好，充分发挥了示范引领作用。中央和省级新闻网站和高校网站 IPv6 支持率较低，改造亟待提速。商业网站及应用改造明显加速，但由于改造周期较长、牵涉环节较多，因此改造广度和深度有待提升。

## 11.5.2　IPv6 部署提升专项行动计划

工业和信息化部联合中共中央网络安全和信息化委员会办公室发布了《IPv6 流量提升三年专项行动计划（2021—2023 年）》，该行动计划指出，要以 IPv6 流量提升为主要目标，重点突破应用、终端等环节 IPv6 部署短板，着力提升网络和应用基建服务能力和质量，大力促进 IPv6 新技术与经济社会各领域融合创新发展，同步推进网络安全系统规划、建设、运行，促进 IPv6 各关键环节整体提质升级。推动 IPv6 规模部署从"通路"走向"通车"，从"能用"走向"好用"。

该行动计划要求到 2021 年底：中国移动网络 IPv6 流量占比超过 20%，固定网络 IPv6 流量规模较 2020 年底提升 20%以上；国内排名 TOP 100 的商业移动互联网应用 IPv6 流量超过 40%，并完成全部省级行政单位 IPv6 覆盖；获得 IPv6 地址的固定终端占比超过 70%；IPv6 网络平均丢包率、时延等关键网络性能指标，连接建立成功率、页面加载时间、视频播放卡顿率等关键应用性能指标与 IPv4 基本一致。

到 2023 年底，中国移动网络 IPv6 流量占比超过 50%，固定网络 IPv6 流量规模达到 2020 年底的 3 倍以上；国内排名 TOP 100 的商业移动互联网应用 IPv6 流量超过 70%；获得 IPv6 地址的固定终端占比超过 80%。

该行动计划部署了 4 个方面的重点工作任务。

（1）在强化基建 IPv6 承载能力方面，要提升网络基建 IPv6 服务能力，优化内容分发网络 IPv6 加速性能，加快数据中心 IPv6 深度改造，扩大云平台 IPv6 覆盖范围，增强域名解析服务器 IPv6 解析能力。

（2）在激发应用生态 IPv6 创新活力方面，要深化商业互联网网站和应用 IPv6 升级改造，拓展工业互联网 IPv6 应用，完善智慧家庭 IPv6 产业生态，推进 IPv6 网络及应用创新。

（3）在提升终端设备 IPv6 支持能力方面，要推动新出厂终端设备全面支持 IPv6，加快存量终端设备 IPv6 升级改造。

（4）在强化 IPv6 安全保障能力方面，要加强 IPv6 网络安全管理和配套改造，持续推动 IPv6 安全产品和服务发展。

# 11.6　IPv6 部署中的关键要素

## 11.6.1　IPv6 部署应采取的原则和步骤

为确保平稳实现 IPv6 网络的过渡和迁移，需要认真分析 IPv6 部署中的关键要素。应当明确的是，将 IPv4 网络转换为纯 IPv6 网络是大势所趋，可行的做法是对网络中的终端系统、服务器、路由交换设备、网络管理设备进行逐步升级，IPv6 部署应采取的原则是"逐步部署、最小更新"，尽量降低对现有网络的影响。

IPv6 部署的步骤如下。

（1）获取 IPv6 地址空间，联系运营商或区域地址分配注册中心，申请 IPv6 地址。

（2）建立 IPv6 测试网络，在部署任何新的网络技术时，重要的是获得这项技术的体验，包括小范围的配置、应用和测试，为积累部署 IPv6 连接的经验，可以建立一个 IPv6 测试网络，用于测试 IPv6 的连接性、过渡配置、路由、域名解析、应用程序和网络服务。

（3）进行应用程序迁移，更新应用程序，使其支持 IPv6 应用。建议列出应用程序的详细清单，对网络中的所有应用程序进行分类和说明，制订迁移工作计划，确定合理的迁移顺序。

（4）对每个应用程序需要确定：该程序从何而来；该程序是否已经支持 IPv6；该程序的用途和重要性；该程序是否容易修改。进一步确定哪些应用程序不需要迁移，或者无法迁移。对于新的应用程序，应确保支持 IPv6，验证应用程序已经在 IPv6 环境中经过测试，不存在依赖 IPv4 API 的隐患。

（5）配置 DNS 设施，使其支持 IPv6 的 AAAA 记录和动态升级。

（6）部署 IPv6 过渡技术，实现内联网中的网络节点穿越 IPv4 网络访问 IPv6 网络，或者穿越 IPv6 访问 IPv4 网络。

（7）将支持 IPv4 的主机更新为支持 IPv4/IPv6 的双栈主机，或者直接连接纯 IPv6 网络。

（8）开发支持 IPv6 的软件和应用，更新网络设备，全面连接 IPv6 网络，最终建成纯 IPv6 网络（Intranet）。

### 11.6.2　IPv6 地址规划和路由规划

#### 1．IPv6 地址规划

IPv6 的地址使用方式有两类：一类是普通网络申请使用的 IP 地址，这类地址完全遵从前缀+接口标识符的 IP 地址表示方法；另一类是取消接口标识符，只使用前缀来表示 IP 地址。IPv6 地址分配通常遵循的原则如下。

（1）地址划分应有层次性，便于网络互连，简化路由表。地址资源应统一分配，要尽量给每个区域分配连续的 IP 地址空间，在每个城域网中，相同的业务和功能尽量分配连续的 IP 地址空间，有利于路由聚合及安全控制。

（2）各个主干网络或特殊区域网络按照业务量需求，在主干区域分配不同的地址段。例如，对于城域网，考虑 IETF 对 IPv6 地址空间的网络前缀/48 的分配建议，结合城域网的地址空间需求，再划分为两级：城域区域和站点区域。其中，城域区域划分为主干区域地址前缀到前缀/48 地址之间的地址空间，而站点区域，按照 IETF 的建议，使用网络前缀/48～/64 之间的地址空间。

（3）IP 地址的规划与划分应该兼顾近期的需求与远期的发展，以及网络的扩展，预留相应的地址段。充分合理利用已申请的地址空间，提高地址的利用效率。IP 地址的分配应考虑现有业务、新型业务及各种特殊业务的要求，满足多种用户的不同业务需要。

（4）IP 地址规划应该是网络整体规划的一部分，即 IP 地址规划要和网络层次规划、路由协议规划、流量规划等结合起来考虑。IP 地址的规划应尽可能和网络部署层次相对应，采用自顶向下的规划方法。

#### 2．IPv6 路由规划

适用于 IPv6 网络的内部（域内）路由协议主要是 OSPFv3、RIPng 和 IS-ISv6。外部（域间）路由协议主要是 BGP4+，BGP4+用来在 AS 之间交换网络路由可达信息。

从路由协议标准化进程来看，RIPng 和 OSPFv3 协议已较为成熟，支持 IPv6 的 IS-ISv6 协议正在得到主流厂家网络设备的支持。RIPng 适用于小规模的网络，OSPFv3 和 IS-ISv6 协议适用于较大规模的网络，这是因为大规模网络的内部路由协议必须使用链路状态路由协议，确保网络的可靠性和可扩展性。

OSPFv3 协议只能用来交换 IPv6 路由信息，IS-ISv6 协议可以同时交换 IPv4 路由信息和 IPv6 路由信息。OSPFv3 协议是 IETF 推荐的用于 IPv6 的内部路由协议。

IPv6 采用的外部路由协议是 BGP4+，用于实现不同 AS 之间的连接。BGP4+协议的特点是有丰富的路由策略，这是 RIPng、OSPFv3 等协议无法做到的。BGP4+协议通过 AS 边界路由器寻找到达目的网络的可达性。

### 11.6.3　IPv6 网络安全部署要素

#### 1．网络安全问题的解决思路

（1）安全策略在网络设计时就要考虑，而不是在安全问题出现的时候"修补"网络。尤其是在 IPv6/IPv4 混合组网的环境下，需要考虑 IPv6 网络与 IPv4 网络有效隔离。

（2）安全实施方面应注意网络安全不是安全设备的简单堆砌，而是基础网络架构和网络安全的有机整体，仅依靠一种设备很难解决网络安全问题，需要在接入层、汇聚层和核心层上分别部署相应的安全机制，构成"立体"的安全构架。

（3）IPv6 网络在数据链路层面临的安全问题与 IPv4 网络是相同的，需要注意某些协议在实现上发生的变化。例如，ARP 攻击被替代为针对 IPv6 中邻居发现协议等价问题的攻击，这种攻击可能引起在隧道技术的使用中产生流量欺骗问题。

（4）仅依靠认证和访问控制列表的安全措施无法防止来自网络数据链路层的安全攻击。一个经过认证的用户仍然可以很容易地执行所有数据链路层攻击，需要网络设备本身具备端口的保护、完善的数据链路层攻击防护能力。

（5）在网络层及网络层以上层次的安全问题上，应针对 IPv6 的特点给出相应的防护措施。

### 2．用户侧和网络侧安全部署

（1）在 IPv6 网络部署初期，按安全机制部署的位置，可以分为用户侧和网络侧。在用户侧首要解决的是"接入安全"的问题。以园区网为例，为保证接入用户的合法性，可以采用传统的 802.1x 认证，用户在通过认证后才可以正常访问网络。

（2）网络节点在加入 IPv6 网络时，通过无状态地址自动分配获得 IPv6 地址，随机产生用户的链路本地地址、生成的单播地址，可以有效防止 IP 地址的盗用问题。通过在设备上记录用户端口、VLAN 与 MAC 的映射关系，或者在 RADIUS 上记录用户账号、用户端口与用户 MAC 的绑定关系，可以防止用户账号的盗用。

（3）可以采用有状态地址自动分配方式，即采用 DHCPv6 分配用户地址。通过设备上记录的 MAC+IP 对应关系，可以防止 IP 地址仿冒。通过将 IP 地址、MAC 地址与用户端口绑定，可以保证用户账号安全。

（4）网络侧主要指网络设备本身和专用的网络安全设备，如 IDS、IDP 和防火墙。在网络设备上实施相应的安全措施，使网络设备在攻击出现时仍然能够稳定运行，同时可以对网络中的各类应用加以监控，及时发现并中止异常的流量。

## 11.6.4　IPv6 网络 QoS 和网络管理的部署

### 1．IPv6 网络 QoS 的部署

IPv6 网络 QoS 的部署需要结合"通信类型"和"流标签"机制，IPv6 协议固定首部中有两个字段与 QoS 有关。

（1）通信类型，占 8 位，用于对 IPv6 报文（分组）的业务类别进行标识。

（2）流标签，占 20 位，用于标识属于同一个业务流的分组。流标签和源、目的地址一起，唯一标识一个业务流。同一个业务流中的所有分组都具有相同的流标签，以便对有同样 QoS 要求的业务流进行快速、相同的处理。

IPv6 网络 QoS 的实现机制主要靠区分服务（Diff-Serv）、综合服务（Int-Serv）、IPv6 QoS 信令等方式，以及防拥塞、队列、流量标记、流量分类、流量整形、加权随机先期检测（WRED）等技术。

### 2．IPv6 网络管理的部署

基于 IPv6 的网络管理是建设可管理、可维护、可运营的 IPv6 网络的基础。目前，针对 IPv6 的网络管理设备和网络管理软件的成熟产品正在逐步出现，网络管理向 IPv6 的过渡可以采用以下思路实现。

（1）对网络管理系统、网络监控、网络优化、防火墙设备，可以在现有的设备上启用 IPv6 功能，也可以更新、升级、替换，使这些设备和装置支持 IPv6 应用。

（2）提供基于 IPv6 特性的管理信息库，现有的网络管理可以通过基于 IPv4 的简单网络管理

协议访问这些管理信息库，实现 IPv6 特性的管理。

（3）将现有网络管理升级为双栈网络管理，通过 IPv4 网络管理访问 IPv4 设备，通过 IPv6 网络管理访问 IPv6 设备，实现双栈管理。

# 11.7　IPv6 网络部署方案

## 11.7.1　升级现有 IPv4 网络支持 IPv6 应用

现有的园区 IPv4 网络具备相当的用户规模，如果重建园区 IPv4 网络，将面临投资较大、网络重新规划、业务整合等一系列问题，可以考虑采用升级现有 IPv4 网络的方案。

升级现有 IPv4 网络的组网思路：在现有 IPv4 网络下，分散着若干 IPv6/IPv4 双栈主机，为使这些主机接入 IPv6 网络当中且对现网的原有应用的影响最小，可首先将园区网核心设备（核心交换机）升级为双栈，网络的其他部分保持不变。建议逐步完成对所有核心设备的升级。核心设备完成升级后，可分别提供至 IPv4 网络和 IPv6 网络的出口。

IPv6/IPv4 双栈主机可以采用 ISATAP 隧道的方式直接接入核心交换机。对于原有的 IPv4 用户不会造成任何影响，同时实现 IPv6 用户的接入。

升级现有 IPv4 网络的拓扑结构如图 11-1 所示。

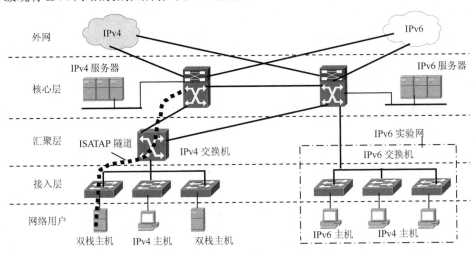

图 11-1　升级现有 IPv4 网络的拓扑结构

这种升级组网方案适用于网络中有少量 IPv6/IPv4 双栈用户的情况。需要考虑的问题是，由于用户直接接入核心设备，因此应避免核心设备的负担过重；可以分别针对每个用户的 IP 地址、VLAN、端口做相应的策略，避免 IPv6 业务对原有网络的影响，同时保障核心设备的安全，提供"百兆到桌面"的连接。

升级组网方案应具有更好的可扩展性。当 IPv6/IPv4 用户数量较大时，面临的问题是配置太烦琐，大量的流量直接上传至核心层设备。

考虑到园区网中可能存在 IPv6 用户相对集中的节点，如校园网中的 IPv6 试验网、IPv6 研究性质的网络，建议先用一个双栈低端设备做一次汇聚，IPv6 主机连接到 IPv6 接入交换机之后，通过双栈直接上连至核心交换机。也可以根据网络实际情况，在 IPv6 接入交换机与双栈核心交换机间采用 IPv6 over IPv4 隧道方式连接，以穿过核心交换机与主机间可能存在的 IPv4 网络。

IPv6 用户的接入方式有多种，在原 IPv4 网络环境中，由于网络中汇聚层依然是原有的 IPv4

交换机，接入层是原有的 IPv4 交换机或第二层交换机，因此为完成 IPv6 用户到核心交换机的连接，可采用 ISATAP 隧道的方式。在 IPv6 实验网络环境中，接入层采用 IPv6 交换机，用户可以选择通过双栈方式或 IPv6 over IPv4 隧道方式完成连接。

升级现有 IPv4 网络后，原 IPv4 网络下的 IPv4 用户的业务不受影响。新增的 IPv6/IPv4 双栈用户可以正常访问 IPv6 网络和 IPv6 业务，以及 IPv4 网络和 IPv4 业务。

在 IPv6 业务资源相对较少时，需要考虑纯 IPv6 用户对于现有 IPv4 业务资源的访问。同时，IPv4 用户会有访问 IPv6 业务资源的需求。为实现这两种可能的业务互访的需求，需要考虑如何放置 NAT-PT 设备。如果要访问的业务位于园区网内部，那么可以考虑在业务服务器出口处放置双栈路由器，完成 NAT-PT 功能。如果要访问的业务位于园区网外部，由于出口路由器也需要升级为双栈，因此可以考虑在园区网出口的路由器上实现 NAT-PT 功能。

### 11.7.2  新建 IPv6 网络的部署

随着 IPv6 网络规模的扩大，需要建设全新的 IPv6 网络。新建 IPv6 网络的组网思路是，可以按照现有的园区网建设模式，选取支持双栈的交换机设备组网。

网络核心层和汇聚层可选用双栈交换机，接入层可使用现有的二层接入交换机组网。根据用户带宽的需要，可以选用"百兆到桌面"或"千兆到桌面"的连接。

采用冗余设计来提高网络的可靠性，汇聚层与核心层之间、接入层与汇聚层之间采用双归链路上连实现链路冗余；汇聚设备作为用户接入点网关设备，通过运行 VRRP 实现网关冗余；核心节点采用双核心部署实现节点冗余。

对于 3 层到桌面的需求，可根据实际网络需求提供相应的 IPv6 三层接入交换机，同时根据端口汇聚的需要提供合适的汇聚交换机。新建 IPv6 网络的拓扑结构如图 11-2 所示。

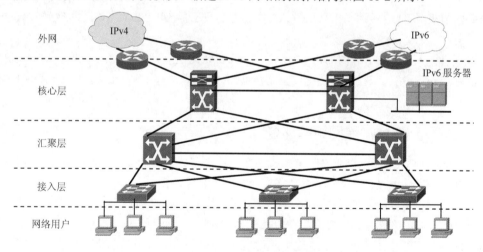

图 11-2  新建 IPv6 网络的拓扑结构

IPv6 用户直接通过双栈方式完成接入连接。双栈用户可以正常访问 IPv6 网络和 IPv6 业务，以及 IPv4 网络和 IPv4 业务。为解决 IPv4 用户对于 IPv6 的访问，以及纯 IPv6 用户对于 IPv4 的访问，同样需要考虑 NAT-PT 设备的放置问题。

### 11.7.3  远端 IPv6 节点接入网络的部署

远端 IPv6 节点的接入用于校园网或科研单位的 IPv6 节点接入 CERNET2，实现对 IPv6 网络的访问，或者借助 CERNET2 出口访问国际 IPv6 网络资源。

远端 IPv6 节点接入的组网思路是：CERNET2 主干网络覆盖国内 25 个地区，为高校校园网提供 IPv6 接入，每个地区的校园网建有接入 CERNET2 节点的直连链路，一般采用复用光纤链路的方式接入，多采用 GE 接口，CERNET2 节点的汇聚设备多采用核心/汇聚交换机设备，可以采用专线方式实现接入 CERNET2。

还有部分校园网或相关的科研单位不具备接入 CERNET2 的直连链路，只能采用 IPv6 over IPv4 隧道的方式跨越 CERNET 网络（IPv4 网络）接入 CERNET2。

远端 IPv6 节点接入的网络拓扑如图 11-3 所示。

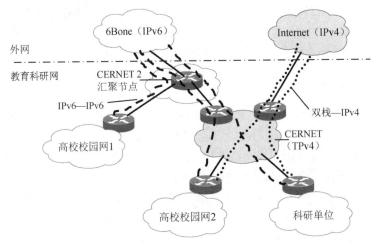

图 11-3  远端 IPv6 节点接入的网络拓扑

对于采用专线方式接入 CERNET2 的节点，接入方式为双栈方式。对于没有接入 CERNET2 直连链路的节点，可以启用手工隧道或 GRE 隧道穿越现有的 CERNET 网络，实现到 IPv6 网络的连接。

通过隧道接入，远端节点内的 IPv6 用户可以正常访问 IPv6 网络和 IPv6 业务，如 CERNET2 网络及国际 IPv6 网络。双栈用户还可以正常访问原 IPv4 网络和 IPv4 业务，如 CERNET 网络及 Internet。

## 11.7.4  基于 IPv6 的广域网组网部署

基于 IPv6 的广域网组网侧重"IPv6 孤岛"之间跨越广域网的连接，如企业网总部与企业分部之间、企业分部之间通过公共网络，实现 IPv6 连接和 IPv4 连接。

企业分部网络节点接入的组网思路是：企业分部与企业总部采用星形连接，各分部出口路由器通过 N×E1 专线的方式分别汇接至企业总部汇聚路由器。

为了实现与企业分部节点的 IPv6 连接，可将企业总部作为汇聚节点的路由器设备升级为双栈。这样，原 IPv4 分部与总部的连接保持不变，新建的 IPv6 分部节点出口设备采用双栈路由器，可接入企业总部的双栈设备上。企业分部网络与企业总部之间可运行 OSPFv3 协议。广域网 IPv6 接入的网络拓扑如图 11-4 所示。

IPv6 用户的接入方式比较灵活，原 IPv4 分部连接保持不变，新建的 IPv6 分部采用双栈方式接入，企业分部的出口设备与企业总部的汇聚节点设备之间采用双栈连接。

企业分部内的 IPv6 用户可直接访问企业总部的 IPv6 网络和 IPv6 业务。由于总部双栈路由器可以作为 NAT-PT 设备，因此企业分部的 IPv6 用户也可以通过 NAT-PT 设备访问原 IPv4 网络和 IPv4 业务。

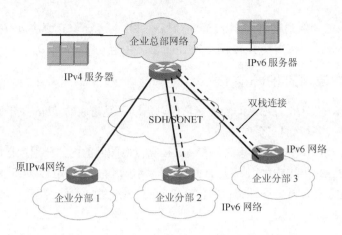

图 11-4　广域网 IPv6 接入的网络拓扑

## 11.7.5　中型企业 IPv6 网络部署

中型企业 IPv6 网络的组网思路是：企业网络具备多协议标记交换（MPLS）网络，可以借助电信运营商提供的通信服务，通过 VPN 实现源端与远端网络节点之间的连接，配置 VPN 服务器端和 VPN 客户端。

MPLS VPN 中的设备及功用如下。

（1）P（Provider）设备，核心层设备，称为提供商路由器，是不连接任何 CE 路由器的骨干网路由设备，它相当于标签交换路由器（LSR）。

（2）PE（Provider Edge）设备，Provide 的边缘设备，服务提供商骨干网的边缘路由器，它相当于标签边缘路由器（LER）。PE 路由器连接 CE 路由器和 P 路由器，是最重要的网络节点。用户的流量通过 PE 路由器流入用户网络，或者通过 PE 路由器流入 MPLS 骨干网。

（3）CE（Customer Edge）设备，用户边缘设备，服务提供商所连接的用户端路由器。CE 路由器通过连接一个或多个 PE 路由器，为用户提供服务接入。CE 路由器通常是一台 IP 路由器，它与连接的 PE 路由器建立邻接关系。CE 路由器是感觉不到 VPN 存在的。

在 MPLS 中，用户站点是用户端网络的总称，一个用户站点可以通过一条或多条链路连接服务提供商的骨干网。中国电信的 CN2 和中国联通的宽带承载网都采用了 MPLS VPN 技术。

为实现企业分部 IPv6 的接入，可将 PE 路由器升级为双栈。新建 IPv6 分部节点出口设备作为 CE 设备，采用双栈路由器。中型企业 IPv6 接入的网络拓扑如图 11-5 所示。

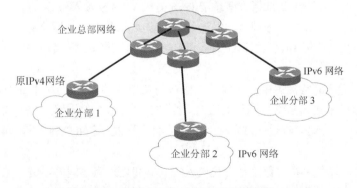

图 11-5　中型企业 IPv6 接入的网络拓扑

企业原有 MPLS 网络中的 P 设备不需要支持 IPv6，依然运行原有的 MPLS 的标记分发协议。

企业分部节点的 CE 设备通过 IPv6 连接至 PE 设备，PE 上运行 6PE 解决 IPv6 分部间互连的问题。IPv6 分部间的 IPv6 用户可实现 IPv6 网络和 IPv6 业务的互访。

## 11.7.6　跨越广域网的 IPv6 连接

距离较远的两个 IPv6 分部之间的连接，可以借助已经建成的 IPv6 主干网资源实现，同时需要考虑实际部署中的链路的冗余保护。

跨越广域网的 IPv6 连接组网思路：在 A、B 高校校园网的内部分别运行内部路由协议，在 A 高校校园网出口与 CERNET2 网络间及 B 高校校园网出口与 CERNET2 网络间用 IPv6 专线或隧道方式连接，实现 A、B 高校校园网出口路由器之间的 IPv6 路由互通。跨越广域网实现 IPv6 连接的网络拓扑如图 11-6 所示。

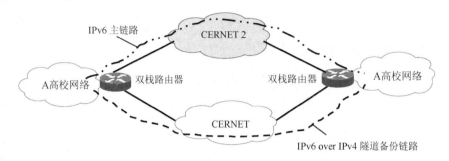

图 11-6　跨越广域网实现 IPv6 连接的网络拓扑

A、B 高校校园网的出口路由器为双栈路由器。在 A、B 高校之间穿过 CERNET2（IPv6 网络）建立一条 IPv4 over IPv6 手工隧道。

为保证链路的可靠性，在 A、B 高校之间穿过 CERNET 外建立一条手工隧道或 GRE 隧道，隧道中运行 OSFPv3 或 RIPng，作为 IPv6 链路的备份链路。对隧道进行 IPSec 加密，利用成熟技术保障数据链路安全。

在 IPv6 业务传输量不够多时，IPv6 主干网中会有大量带宽闲置，可以穿过 IPv6 主干网来传输现有 IPv4 业务。例如，两个 IPv4 网络利用 IPv4 over IPv6 隧道穿过 IPv6 主干网来传输现有 IPv4 业务的数据，从而实现 IPv6 带宽资源的充分利用。

## 11.7.7　基于 IPv6 的园区无线网络部署

在双栈园区网络中，无线部署方案基于 IPv6 提供 WLAN 接入服务，接入点会先在 IPv4 网络进行接入控制器的发现和连接处理，如果接入点无法成功通过 IPv4 网络和接入控制器建立连接，那么接入点会切换到使用 IPv6 进行接入控制器的发现和连接处理。基于 IPv6 的园区无线网络部署拓扑如图 11-7 所示。

在双栈园区无线网络部署中，无线接入服务与在单纯的 IPv4 网络中部署没有太多差别，无线网络为终端提供了接入到指定网络的服务。在访问（无线）控制器（AC）与访问接入点（AP）之间既能够基于 IPv4 建立隧道，完成对用户的分组文转发，又可以建立基于 IPv6 的隧道并进行转发。

所有的无线终端相关报文数据都会被接入控制器和接入点之间的隧道在无线终端和接入网络之间进行转发，而无线终端不需要关心隧道所穿越的网络。对终端用户而言，虽然没有通过有线网络和指定网络连接，但是通过无线接入服务，无线客户端就像直接连接到指定网络中一样。

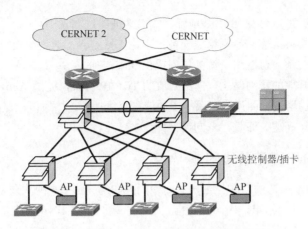

图 11-7　基于 IPv6 的园区无线网络部署拓扑

### 11.7.8　提供 IPv6 连接的校园网部署

校园网设计思路和技术方案是：采用万兆以太网交换技术和虚拟网络技术；按核心层、汇聚层和接入层组建网络；无线网络与有线网络的连接采用就近接入；移动终端接入无线网络应通过身份认证；选用 SSL VPN 网关为师生、员工提供在校园网外接入校园网的服务，提供双栈接入、隧道机制。

提供 IPv6 连接的校园网拓扑结构如图 11-8 所示。

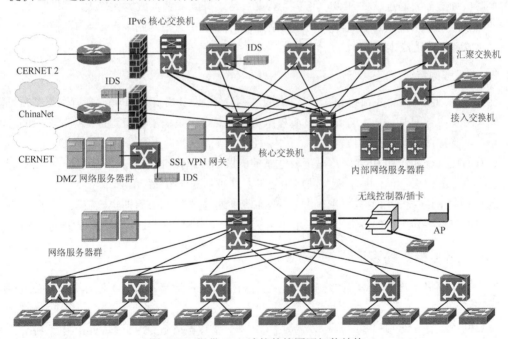

图 11-8　提供 IPv6 连接的校园网拓扑结构

校园计算机网络建设目标：在校园内构筑一套高性能、全交换、以万兆以太网结合快速以太网为主体、以双星（树）结构为主干的覆盖整个校园的网络系统；支持高速数据传输，满足网络用户突发性、大负荷访问的需求；采用宽带接入方式连接到 Internet，实现国内外高校之间的资源共享、信息传输和学术交流；为与外网（广域网、城域网、Internet）的连接提供安全性措施，设置非军事区，支持访问控制列表，部署入侵检测系统，采用路由器防火墙或单独的防火墙设备，实现网络协议包过滤，可以设置针对 IP 地址、端口地址的过滤规则。

核心层和汇聚层交换机应支持网络层交换技术，支持 QoS。通过交换机进行 VLAN 划分，实现对网络用户的分类控制，对网络资源的访问提供权限控制。

校园网一般采用开放的网络结构，采用开放的 TCP/IP 协议，提供 Web、电子邮件、文件传输等网络应用；具有传递语音、图形、图像等多种信息媒体功能，二级以上交换机应支持多播功能，提供校园内外网络信息高速、海量、双向访问。

### 11.7.9 运营商 IPv6 过渡阶段部署

当前 IPv6 端到端产业链的结构呈现两头弱中间强的纺锤形状，两头弱是指移动终端及业务系统对 IPv6 支持度低，升级困难，中间强是指主干、承载网络对 IPv6 的支持度高。IPv6 端到端产业链的纺锤形状如图 11-9 所示。

图 11-9　IPv6 端到端产业链的纺锤形状

#### 1．两头弱的主要问题

终端当前不成熟，家庭网关现网路由多不支持 IPv6，并且家庭网关升级面临着较大风险；现用的家用机顶盒需要通过软件升级才能支持 IPv6；终端升级或替换成本比较大。

业务（应用）系统当前不成熟，全球网站排行榜前 100 万个网站中，仅有不到百分之一支持 IPv6，业务系统改造成本很大。

#### 2．中间强的特征

从主干网到城域网，主流网络厂商的网络设备和核心设备均支持 IPv6，现有网络多数可以升级，接入网改造有压力。IPv4 向 IPv6 过渡技术走向成熟，争议在于如何制订优化和可行的过渡方案。目前，支撑网具备支持双栈的条件。

运营商在部署和迁移 IPv6 网络时需要注意的问题是，怎样继续维持和提高现有的 IPv4 业务，避免已有用户的丢失；如何基于现有网络和技术，升级和构建 IPv6 网络。

现有 IPv4 网络设备和主机数量很大，升级和替换的成本很高，周期也比较长，需要考虑在部署过程中网络设备和主机的协调，解决好 IPv4 网络与 IPv6 网络的共存和互通，实现平稳过渡。

### 11.7.10 路由模式的家庭用户 IPv6 接入

宽带接入网络需要从 IPv4 升级到 IPv6，运营商提供的宽带接入业务不同，家庭网关运行的模式也不同。

家庭网关运行在终端模式时，可以为没有 IP 地址的终端发起连接，如 VoIP 电话终端。家庭网关也可以发起到网络管理的连接，运营商可以通过该连接管理家庭网关设备。

用户采用终端模式时，接入方式与其他终端设备（如主机、机顶盒）相同。用户采用 PPPoX 的方式接入，对现有网络的改造要求最少，接入网无须升级改造，仅需要终端和接入设备支持 IPv6。用户采用 IPoX 的方式接入，接入网设备必须支持 IPv6 协议多播报文的转发。

家庭网关运行在路由模式时，先发起连接请求，运营商对家庭网关进行认证之后，为家庭网关分配 IPv6 前缀，家庭网关用获得的前缀为家庭中有需要连接的设备分配 IPv6 地址。运营商管理家庭网关，家庭网关管理家庭中的连接设备。家庭网关运行在路由模式的 IPv6 接入如图 11-10 所示。

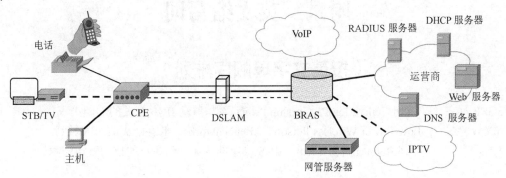

图 11-10　家庭网关运行在路由模式的 IPv6 接入

# 11.8　思考练习题

11-1　为什么说 IPv6 网络就在人们身边？

11-2　简述 IPv6 技术推广面临的问题。

11-3　简述 IPv6 在国外的部署情况。

11-4　简述 IPv6 在国内的部署情况。

11-5　中国为什么要发展 IPv6 技术？

11-6　CNGI-CERNET 2 有哪些突破？

11-7　现有 IPv4 网络向 IPv6 网络转化时面临的问题有哪些？

11-8　简述正在研究的 IPv6 关键技术。

11-9　简述未来 IPv6 的发展趋势。

11-10　简述采用 IPv6 核心技术实现的商业价值。

11-11　写出 IPv6 部署应采取的原则和步骤。

11-12　分别说明 IPv6 网络安全部署要素中用户侧和网络侧的特征。

11-13　画出升级现有 IPv4 网络支持 IPv6 应用的拓扑结构图。

11-14　写出远端 IPv6 节点接入网络的部署的要点。

11-15　给出跨越广域网的 IPv6 连接拓扑。

11-16　简述基于 IPv6 的园区无线网络部署的要点。

11-17　写出提供 IPv6 连接的校园网络部署的要点。

11-18　简述路由模式的家庭用户 IPv6 接入的要点。

11-19　写出 IPv6 网络部署持续进展的原因。

11-20　IPv6 部署与"新基建"的关系是什么？

11-21　IPv6 网络"可用"正在逐步实现表现在哪些方面？

11-22　简述 IPv6 规模部署行动计划要点。

11-23　写出 IPv6 部署提升专项行动计划的要点。

# 附录　英文缩写词

## （按英文字母顺序排列）

3GPP　　　　Third Generation Partnership Project，与移动 IPv6 有关的欧洲第三代伙伴计划

6LoWPAN　　Low-Power Wireless Personal Area Networks，低耗能无线个人域网

6RD　　　　 IPv6 Rapid Deployment，IPv6 快速部署（点到多点的自动隧道技术）

AA　　　　　Anycast Address，任播地址

AAA　　　　 Authentication Authorization Accounting，认证、授权和记账

AAL　　　　 ATM Adaptation Layer，ATM 适配层

AAL5　　　　ATM Adaptation Layer 5，ATM 适配层 5

AAE　　　　 Algorithms for Authentication and Encryption，认证和加密算法

ACM　　　　 Association for Computing Machinery，美国计算机协会

ACT　　　　 Auto Configured Tunnel，自动配置隧道

AD　　　　　Area Directors，领域主管

ADSL　　　　Asymmetric Digital Subscriber Line，非对称用户数字线

ABR　　　　 Area Border Router，区域边界路由器

AC　　　　　Access Control，接入控制

ACL　　　　 Access Control Lable，访问控制列表

AFI　　　　　Address Family Identifier，地址簇标识符

AFRINIC　　 非洲互联网络信息中心 非洲区域

AFTR　　　　Address Family Transition Router，地址簇转换路由器

AGUA　　　　Aggregatable Global Unicast Addresses，可汇聚全球单播地址

AH　　　　　Authentication Header，身份认证扩展首部

ALAAC　　　 IPv6 Stateless Address Auto Configuration，IPv6 无状态自动地址配置

ALG　　　　 Application Layer Gateway，应用层网关

AP　　　　　Access Point，接入点

API　　　　　Application Programming Interface，应用编程接口

ARIN　　　　美洲网络编号注册局 加拿大、美国和一些加勒比岛屿区域

APN6　　　　Application-aware IPv6 Networking，应用感知网络

APNIC　　　 Asia-Pacific Network Information Center，亚太互联网络信息中心 亚洲、太平洋区域

ARP　　　　 Address Resolution Protocol，地址解析协议

AS　　　　　Autonomous System，自治系统

ASA　　　　 Adaptive Security Appliance，自适应安全设备（Cisco ASA 防火墙）

ASES　　　　Automated Software Evaluation System，软件自动评估系统

ASBR　　　　Autonomous System Border Router，自治系统边界路由器

ASM　　　　 Any-Source Multicast，任意源多播

| ASN | Autonomous System Number，自治系统号 |
| ATM | Asynchronous Transfer Mode，异步传输模式 |

| B4 | Basic Bridging Broadband element，功能实体 B4 单元（IPv6 过渡机制） |
| BDR | Backup Designated Router，备份指定路由器 |
| BGMP | Border Gateway Multicast Protocol，边界网关多播协议 |
| BGP | Border Gateway Protocol，边界网关协议 |
| BIA | Bump in the API，API 扩展块 |
| BIS | Bump in the Stack，栈内扩展块 |
| BMK | Binding Management Key，绑定管理密钥 |
| BOF | Birds Of a Feather，兴趣小组 |
| BOOTP | Bootstrap Protocol，引导程序协议 |
| BRAS | Broadband Remote Access Server，宽带远程接入服务器 |
| BS | Browser Server，浏览器/服务器模式 |
| BT | Bi-directional Tunneling，双向隧道 |

| CA | Certification Authority，认证中心 |
| CA | Correspondent Node，通信对端节点 |
| CATNIP | Common Architecture for the Next Generation Internet Protocols，Internet 通用体系结构 |
| CBC | Cipher Block Chaining，密码分组链接 |
| CCITT | International Telegraph and Telephone Consultative Committee，国际电报电话咨询委员会 |
| CCSA | China Communication Standards Association，中国通信标准化协会 |
| CCSP | Change Cipher Specification Protocol，更改密码规格协议 |
| ccTLD | country code Top Level Domain，国家顶级域名 |
| CDN | Content Delivery Network，内容分发网络 |
| CERNET | China Education and Research NETwork，中国教育与科研计算机网络 |
| CFN | Computational Force Network，算力网络 |
| CGA | Cryptographically Generated Addresses，加密生成地址 |
| CGN | Carrier-Grade NAT，运营商级 NAT |
| CIDR | Classless Inter Domain Router，无分类域间路由 |
| CLNP | Connectionless Network Protocol，无连接网络协议 |
| CN | Correspondent Node，通信对端节点 |
| CNGI | China Next Generation Internet，中国下一代网络示范工程 |
| CoA | Care of Address，转交地址 |
| CPE | Customer Premise Equipment，用户终端设备（接收 WiFi 信号的无线终端设备） |
| CRC | Cyclic Redundancy Check，循环冗余校验 |
| CS | Client Server，客户端/服务器模式 |

| DA | Destination Address，目的地址 |
| DAD | Duplicate Address Detection，重复地址检测 |

| | | |
|---|---|---|
| DCE | Data Circuit-terminating Equipment，数据电路端接设备 | |
| DD | Database Description，数据库描述报文 | |
| DDNS | Dynamic DNS，动态 DNS | |
| DDoS | Distributed Denial of Service，分布式拒绝服务 | |
| DEC | Digital Equipment Corporation，美国数字设备公司 | |
| DES | Data Encryption Standard，数据加密标准 | |
| DHKE/AA | Diffie-Hellman Key Exchange/Agreement Algorithm，Diffie-Hellman 密钥交换协议/算法 | |
| DHCP | Dynamic Host Configuration Protocol，动态主机配置协议 | |
| DHCPv6 | Dynamic Host Configuration Protocol for IPv6，支持 IPv6 的动态主机配置协议 | |
| DHCPv6-PD | Dynamic Host Configuration Protocol for IPv6 Prefix Delegation，DHCPv6 前缀委派 | |
| DIPAD | Duplicate IP Address Detection，重复 IP 地址检测 | |
| DNS | Domain Name System，域名系统 | |
| DNSSEC | Domain Name System Security Extensions，域名系统安全扩展 | |
| DOH | Destination Option Header，目的选项扩展首部 | |
| DOI | Digital Object unique Identifier，数字对象唯一标识符 | |
| DOI | Domain of Interpretation，Internet IP 安全解释域 | |
| DoS | Denial of Service，拒绝服务 | |
| DPH | Destination Option Header，目的站选项扩展首部 | |
| DR | Designated Router，指定路由器 | |
| DSA | Digital Signature Algorithm，数字签名算法 | |
| DSL | Dual Stack Lite，双协议栈精简 | |
| DSLAM | Digital Subscriber Line Access Multiplexer，数字用户线路接入复用器 | |
| DSS | Digital Signature Standard，数字签名标准 | |
| DSTM | Dual Stack Transition Mechanism，双栈翻译机制 | |
| DTE | Data Terminal Equipment，数据终端设备 | |
| DV-RA | Distance Vector Routing Algorithm，距离向量路由算法 | |
| DVMRP | Distance Vector Multicast Routing Protocol，远程向量多播路由协议 | |
| | | |
| EBGP | External Border Gateway Protocol，外部边界网关协议 | |
| ECMA | European Computer Manufacturers Association，欧洲计算机制造商协会 | |
| ECMC | Electric Cable Makers Confederation，电缆厂商联合会 | |
| EFM | Ethernet for the First Mile，第一千米以太网 | |
| EGP | Exterior Gateway Protocol，外部网关协议（外部路由协议） | |
| EH | Extension Header，扩展首部 | |
| EIA | Electronic Industries Association，美国电子工业协会 | |
| EPON | Ethernet Passive Optical Network，以太网无源光网络 | |
| ER | Echo Reply，回送应答 | |
| ER | Echo Request，回送请求 | |
| ERP | Exterior Routing Protocol，外部路由协议 | |
| ESP | Encapsulation Security Payload，封装安全荷载 | |

| ETSI | European Telecommunication Standards Institute，欧洲电信标准协会 |
| EUI | Extension Unique Identifier，扩展唯一标识符 |
| EUI-64 | 64-bit Extension Unique Identifier，64 位扩展唯一标识符 |

| FCS | Frame Check Sequence，帧校验序列 |
| FH | Fragment Header，分段扩展首部 |
| FIS | Full Internet Standard，全 Internet 标准 |
| FO | Fragment Offset，段偏移 |
| FP | Format Prefix，格式前缀 |
| FR | Frame Relay，帧中继 |
| FTP | File Transfer Protocol，文件传输协议 |

| GPON | Gigabit-Capable Passive Optical Networks，千兆位无源光网络 |
| GPRS | General Packet Radio Service，通用分组无线业务 |
| GRE | Generic Routing Encapsulating，通用路由封装 |
| GRP | Global Routing Prefix，全球路由前缀 |
| gTLD | general Top Level Domain，通用顶级域名 |

| HA | Home Agent，家乡代理 |
| HDLC | High Data Link Control，高级数据链路控制 |
| HHOH | Hop-by-Hop Options Header，逐跳选项首部 |
| HMAC | Hash-based Message Authentication Code，哈希运算报文认证码 |
| HTML | Hyper Text Markup Language，超文本标记语言 |
| HTTP | Hyper Text Transfer Protocol，超文本传输协议 |

| IAB | Internet Architecture Board，Internet 体系结构委员会 |
| IANA | Internet Assigned Number Authority，Internet 编号分配机构 |
| ICANN | Internet Corporation for Assigned Names and Numbers，互联网名称与数字地址分配机构 |
| ICF | Inter Communication Flip Flop，内部通信触发器 |
| ICMP | Internet Control Message Protocol，Internet 控制报文协议 |
| ICMPv4 | Internet Control Message Protocol for IPv4，IPv4 的 Internet 控制报文协议 |
| ICMPv6 | Internet Control Message Protocol for IPv6，IPv6 的 Internet 控制报文协议 |
| ICV | Integrity Check Value，完整性检验值 |
| ICP | Internet Content Provider，Internet 内容提供商 |
| IDC | Internet Data Center，互联网数据中心 |
| IDS | Intrusion Detection Systems，入侵检测系统 |
| IDP | Intrusion Prevention System，入侵防御系统 |
| IEEE | Institute of Electrical and Electronic Engineers，电气与电子工程师协会 |
| IESG | Internet Engineering Steering Group，互联网工程指导委员会 |
| IFIT | In-situ Flow Information Telemetry，随流信息测量（逐流检测技术） |
| IETF | Internet Engineering Task Force，Internet 工程任务组 |

| IGMP | Internet Group Management Protocol，Internet 组管理协议 |
| IGP | Interior Gateway Protocol，内部网关协议（内部路由协议） |
| IID | Interface Identifier，接口标识符 |
| IKE 协议 | Internet Key Exchange，Internet 密钥交换协议 |
| IMP | Interface Message Processor，接口报文处理机 |
| IP | Internet Protocol，网际互连协议 |
| IPAE | IP Address Encapsulation，IP 地址封装 |
| IPE | IPv6 Enhanced innovation，IPv6 增强创新 |
| IPng | IP the next generation，下一代互联网协议 |
| IPS | Intrusion Prevention System，入侵防御系统 |
| IPSec | IP Security，IP 安全协议 |
| IPSP | IP Security Policy，IP 安全策略 |
| IPv6CP | IPv6 Compression Protocol，IPv6 压缩协议 |
| IRP | Interior Routing Protocol，内部路由协议 |
| ISA | Internet Security Architecture，Internet 安全体系结构 |
| ISAKMP | Internet Security Association and Key Management Protocol，Internet 安全关联与密钥交换协议 |
| ISATAP | Intra-Site Automatic Tunnel Addressing Protocol，站点内自动隧道寻址协议 |
| ISG | Industry Specification Group，行业规范组 |
| ISL | Inter-Switch Link，交换机间链路 |
| ISO | International Standardization Organization，国际标准化组织 |
| ISOC | Internet Society，互联网社会 |
| ISP | Internet Service Provider，Internet 服务提供商 |
| IT | Iterated Tunneling，迭代隧道 |
| ITU | International Telecommunication Union，国际电信联盟 |
| ITU-T | ITU Telecommunication standardization sector，国际电信联盟电信标准化部 |
| IPTV | Internet Protocol Television，采用 IP 协议的交互式网络电视系统 |
| IX | Internet Exchange，Internet 交换中心 |
| | |
| JPL | Jumbo Payload Length，超大有效荷载长度 |
| | |
| KDC | Key Distribution centers，密钥分发中心 |
| KM | Key Management，密钥管理 |
| KT | Keygen Token，密钥标记 |
| | |
| L2FP | Layer 2 Forwarding Protocol，第二层转发协议 |
| L2TP | Layer 2 Tunneling Protocol，第二层隧道协议 |
| LAN | Local Area Network，局域网 |
| LACNIC | 拉丁美洲和加勒比互联网络信息中心 拉丁美洲和一些加勒比岛屿区域 |
| LCP | Link Control Protocol，链路控制协议 |
| LDP | Label Distribution Protocol，标签分发协议 |
| LDSM | Limited Dual Stack Model，有限双栈技术 |

| | | |
|---|---|---|
| LNHNA | Length of Next Hop Network Address，下一跳网络地址的长度 | |
| LLA | Link Local Address，链路本地地址 | |
| LLC | Logic Link Control，逻辑链路控制 | |
| LR-WPAN | Low Rate Wireless Personal Area Network。低速无线个域网 | |
| LS | Link State，链路状态 | |
| LSA | Link State Advertise，链路状态通告 | |
| LSAck | Link State Acknowledgment，链路状态确认 | |
| LSDB | Link State Database，链路状态数据库 | |
| LSN | Large Scale NAT，运营商级网络地址转换 | |
| LSN/CGN | Large Scale NAT/Carrier Grade NAT，运营商级网络地址转换 | |
| LSP | Link Status Packet，链路状态分组 | |
| LSR | Link State Request，链路状态请求 | |
| LST | Link State Type，链路状态类型 | |
| LSU | Link State Update，链路状态更新 | |
| LTE | Long Term Evolution，长期演进 | |

| | | |
|---|---|---|
| MA | Multicast Address，多播地址 | |
| MAC | Media Access Control，介质访问控制 | |
| MAC | Message Attestation Code，消息认证码 | |
| MANET | Mobile Ad Hoc Network，无线自组织网络 | |
| MBGP | Multiprotocol BGP，多播协议边界网关协议 | |
| MD | Message Digest，报文摘要 | |
| MDU | Maximum Data Unit，最大数据单元 | |
| MIB | Management Information Base，管理信息库 | |
| MIMO | Multi-Input & Multi-Output，多输入多输出 | |
| MIP | Mobile IP，移动 IP | |
| MIPv6 | Mobile IPv6，移动 IPv6 | |
| MIPL | Mobile IPv6 in Linux，Linux 操作系统中实现移动 IPv6 的软件模块 | |
| MLD | Multicast Listener Discovery，多播监听发现 | |
| MPLS | Multi Protocol Label Switching，多协议标记交换 | |
| MPRNLRI | Multi Protocol Reach NLRI，多协议可达 NLRI | |
| MPURNLRI | Multi Protocol UnReach NLRI，多协议不可达 NLRI | |
| MOSPF | Multicast Extension to OSPF，OSPF 的多播扩展 | |
| MSA | Mobile Security Association，移动安全关联 | |
| MSDP | Multicast Source Discovery Protocol，多播源发现协议 | |
| MT | Multi Topology，多拓扑 | |
| MTU | Maximum Transfer Unit，最大传输单元 | |
| MW | Mobile Wireless，移动无线 | |

| | | |
|---|---|---|
| NANH | Network Address of Next Hop，下一跳网络地址 | |
| NA | Neighbor Advertisement，邻居通告 | |
| NAP | Network Access Ponit，网络接入点 | |

| NAPT | Network Address Port Translation，网络地址端口转换 |
| NAPT | Network Address Protocol Translate，网络地址协议转换 |
| NAT | Network Address Translation，网络地址转换 |
| NAT-PT | Network Address Translation Protocol Translation，网络地址转换与协议转换 |
| NBMA | Non Broadcast Multiple Access，非广播多路访问 |
| NCC | Network Coordination Center，网络协调中心 |
| NDP | Neighbor Discovery Protocol，邻居发现协议 |
| NGI | Next Generation Internet，下一代 Internet |
| NGN | Next Generation Network，下一代网络 |
| NLAI | Next Level Aggregation Identifier，次级聚类标识 |
| NLAID | Next Level Aggregation ID，下一级汇聚标识符 |
| NLPID | Next Level Protocol ID，下一级协议标识 |
| NLRI | Network Layer Reachability Information，网络层可达性信息 |
| Nonce | Number once，在密码学中是使用一次的任意或非重复的随机数值 |
| NPT | Network Prefix Translation，网络前缀转换 |
| NS | Neighbor Solicitation，邻居请求 |
| NSAP | Network Service Access Point，网络服务访问点 |
| NSSA | Next Sub Stub Area，次末节区域 |
| NUD | Neighbor Unreachability Detection，邻居不可达检测 |

| OAM | Operation Administration and Maintenance，操作维护管理 |
| OFDM | Orthogonal Frequency Division Multiplexing，正交频分复用 |
| ONC | Open Networking Controller，开放网络控制器 |
| ONU | Optical Network Unit，光网络单元 |
| OPS | Operations and management，运维管理域 |
| OSI | Open System Interconnection，开放系统互连 |
| OSI/RM | Open System Interconnection Reference Model，开放系统互连参考模型 |
| OSPF | Open Shortest Path First，开放最短路径优先 |
| OSPFv3 | Open Shortest Path First version 3，开放最短路径优先第 3 版 |
| OPL | Optional Parameter Length，可选参数长度 |
| OUI | Organizationally Unique Identifier，机构唯一标识符 |

| PAN | Personal Area Network，个域网 |
| PCT | Private Communications Technology，保密通信技术 |
| PDU | Protocol Data Unit，协议数据单元 |
| PIM | Protocol Independent Multicast，协议无关多播 |
| PIM-SM | Protocol Independent Multicast Sparse Mode，协议无关多播—稀疏模式 |
| PING | Packet Internet Groper，数据包 Internet 探索者 |
| PKI | Public Key Infrastructure，公共密钥基础设施 |
| PM | Proxy Mobile，移动代理 |
| PMTU | Path Maximum Transfer Unit，路径最大传输单元 |
| PNAT | Prefix based NAT，基于 NAT 的前缀 |

| | | |
|---|---|---|
| PNLA | pseudo Next Level Aggregator，伪下一级聚类地址分配机构 | |
| PPP | Point-to-Point Protocol，点对点协议 | |
| PPPoA | PPP over ATM，ATM 上的 PPP 协议 | |
| PPPoE | PPP over Ethernet，以太网上的 PPP 协议 | |
| PPTP | Point to Point Tunneling Protocol，点对点隧道协议 | |
| PTI | Public Technical Identifiers，公共技术标识符部 | |
| PTLA | pseudo Top Level Aggregator，伪顶级聚类地址分配机构 | |
| p-TLA | pseudo Top Level Aggregation，顶级聚类 | |
| PTR | Pointer Record，指针记录 | |
| PVC | Permanent Virtual Circuit，永久虚拟电路 | |

QoS      Quality of Service，QoS

| | |
|---|---|
| RA | Routing Algorithm，路由算法 |
| RADIUS | Remote Authentication Dial In User Service，远程用户拨号认证系统 |
| RARP | Reverse Address Resolution Protocol，反向地址解析协议 |
| RCF | Route Change Flag，路由改变标记 |
| RDI | Router Dead Interval，路由器失效间隔 |
| RDT | Reliability Data Transfer，可靠数据传输 |
| RFC | Request for Comments，请求文件评注（IETF 技术文档） |
| RH | Routing Header，路由选择扩展首部 |
| RIB | Routing Information Base，路由信息库 |
| RIB | Routing Information Broadcast，路由信息通告 |
| RIP | Routing Information Protocol，路由信息协议 |
| RIPng | RIP next generation，IPv6 采用的基于距离向量算法的路由协议 |
| RIR | Regional Internet Registry，区域 Internet 注册处 |
| RIPE-NCC | 欧洲地区互联网注册网络协调中心，欧洲、中东、中亚区域 |
| RKAP | Reconfigure Key Authentication Protocol，重配置密钥认证协议 |
| RLT | Router Lifetime，路由器生存时间 |
| RoHC | Robust Header Compression，鲁棒性报头（首部）压缩 |
| RP | Routing Protocol，路由选择协议 |
| RP | Routed Protocol，路由转发协议 |
| RP | Router Priority，路由器优先级 |
| RRP | Return Routability Procedure，返回路由可达过程 |
| RSA | Rivest Shamir Adleman，一种公钥加密算法 |
| RSVP | Resource reSerVation Protocol，资源预留协议 |
| RTCP | Real Transfer Communication Protocol，实时传输通信协议 |
| RTE | Route Table Entry，路由表项 |
| RTP | Real Transfer Protocol，实时传输协议 |

| | |
|---|---|
| SA | Security Association，安全关联 |
| SA | Stub Area，末节区域 |

| | | |
|---|---|---|
| SAD | Security Association Database，安全关联数据库 | |
| SAFI | Subsequent Address Family Identifier，子序列地址簇标识符 | |
| SAP | Service Access Point，服务访问点 | |
| SAVA | Source Address Validation Architecture，真实 IPv6 源地址验证体系结构 | |
| SCTP | Stream Control Transmit Protocol，流控制传输协议 | |
| SDN | Software Defined Network，软件定义网络 | |
| SEND | Secure Neighbor Discovery，安全邻居发现 | |
| SFM | Source-Filtered Multicast，过滤源多播 | |
| SHA | Secure Hash Algorithm，安全哈希算法 | |
| SHTTP | Security Hyper Text Transfer Protocol，安全超文本传输协议 | |
| SID | Segment ID，分段标识 | |
| SIIT | Stateless IP/ICMP Translation，无状态 IP / ICMP 转换 | |
| SIPP | Simple Internet Protocol Plus，简单增强 IP 协议 | |
| SKEM | Secure Key Exchange Mechanism，Internet 安全密钥交换机制 | |
| SLA | Site Local Address，站点本地地址 | |
| SLAAC | StateLess Address Auto Configuration，无状态地址自动配置 | |
| SLAID | Side Level Aggregation ID，站点级汇聚标识符 | |
| SLD | Second Level Domain， | |
| SNA | System Network Architecture，系统网络体系结构 | |
| SOCKS | Protocol for sessions traversal across firewall securely，防火墙安全会话转换协议 | |
| SOCKS64 | Socket Security，套接字安全性协议 | |
| SP | Security Protocols，安全协议 | |
| SPD | Security Policy Database，安全策略数据库 | |
| SPD | Security Protocol Design，安全协议设计 | |
| SPF | Shortest Path First，最短路径优先 | |
| SPI | Security Parameter Index，安全参数索引 | |
| SPN | Service Provider Network，服务提供者网络 | |
| SPT | Shortest Path Tree，最短通路树 | |
| SQL | Structured Query Language，结构化查询语言 | |
| SR | Segment Routing，分段路由 | |
| SSB | Single Side Band，单边带 | |
| SSL | Security Socket Layer，安全套接字层 | |
| SSM | Source-Specific Multicast，指定源多播 | |
| ST | Site Topology，站点拓扑 | |
| STB/TV | Set Top Box/Television，机顶盒/电视 | |
| SUN | Sun Microsystems，太阳计算机系统公司 | |
| SVC | Switched Virtual Circuit，交换式虚拟电路 | |
| | | |
| TA | Target Address，目标地址 | |
| TA | Traffic Analysis，通信量分析 | |
| TA | Transport Adjacency，传输邻接 | |
| TCP | Transmission Control Protocol，传输控制协议 | |

| | | |
|---|---|---|
| TELO | Tunnel Encapsulation Limit Option，隧道封装限制选项 | |
| TELNET | Telecommunication Network，远程登录协议 | |
| TEP | Tunnel End Points，隧道端点 | |
| TLA | Top Level Aggregation，顶级聚合 | |
| TLAID | Top Level Aggregation ID，顶级汇聚标识符 | |
| TLD | Top Level Domain，顶级域 | |
| TLS | Transport Layer Security，运输层安全 | |
| TLV | Type Length Value，类型长度值的编码格式 | |
| TOS | Type Of Service，服务类型 | |
| TPAL | Total Path Attributes Length，总路径属性长度 | |
| TRPB | Truncated Reverse Path Broadcasting，截断式反向路径广播 | |
| TSCH | Time Slotted Channel Hopping，时隙信道跳频 | |
| TSIG | Transaction Signatures，事务签名 | |
| TTL | Time to Live，生存时间 | |
| TUBA | The TCP/UDP Over CLNP Bigger Addressed，在 CLNP 更大编址上的 TCP/UDP | |

| | | |
|---|---|---|
| UA | Unicast Address，单播地址 |
| UCAID | University Corporation for Advanced Internet Development，大学高级互联网发展集团 |
| UDP | User Data Protocol，用户分组协议 |
| UMTS | Universal Mobile Telecommunications System，通用移动通信系统 |
| URL | Uniform Resource Lactor，统一资源定位符 |

| | |
|---|---|
| VAN | Vehicle Area Network，车域网 |
| VCC | Virtual Channel Connection，虚通道连接 |
| VLAN | Virtual Local Area Network，虚拟局域网 |
| VLSM | Variable Length Subnet Masking，可变长子网掩码 |
| VoIP | Voice over Internet Protocol，一种由 IP 网络传送话音的技术服务 |
| VPN | Virtual Private Network，虚拟专用网 |
| VPS | Virtual Private Server，虚拟专用服务器 |

| | |
|---|---|
| WAN | Wide Area Network，广域网 |
| WG | Working Group，工作组 |
| WGLC | Working Group Last Call，工作组最后修订 |
| WLAN | Wireless Local Area Network，无线局域网 |
| WIDE | Widely Integrated&amp Distributed Environment，大规模一体化分布环境（日本互联网级产学研联合研究开发组织） |
| WPAN | Wireless Personal Area Network。无线个域网 |
| WRED | Weighted Random Early Detection，加权随机先期检测 |
| WWW | World Wide Web，万维网 |

# 参考文献

[1] RICK GRAZIANI. IPv6 技术精要[M]. 夏俊杰，译. 北京：人民邮电出版社，2013.

[2] 伍孝金. IPv6 技术与应用[M]. 2 版. 北京：清华大学出版社，2020.

[3] 陈佳阳，王林蕾，黄洋，等. 互联网协议第六版（IPv6）部署方案及设计[M]. 北京：人民邮电出版社，2020.

[4] 崔勇，吴建平. 下一代互联网与 IPv6 过渡[M]. 北京：清华大学出版社，2014.

[5] JOSEPH DAVIES. 深入解析 IPv6[M]. 3 版. 汪海霖，译. 北京：人民邮电出版社，2014.

[6] 李清，KEICHI SHIMA. IPv6 详解：核心协议实现[M]. 陈娟，赵振平，译. 北京：人民邮电出版社，2009.

[7] 崔北亮，徐斌，丁勇. IPv6 网络部署实战[M]. 北京：人民邮电出版社，2021.